U0444427

中国美学研究

第五辑

朱志荣 主编

华东师范大学中文系
华东师范大学美学与艺术理论研究中心 编

商务印书馆
The Commercial Press

图书在版编目(CIP)数据

中国美学研究.第5辑/朱志荣主编.—北京:商务印书馆,2015
ISBN 978-7-100-11265-9

Ⅰ.①中… Ⅱ.①朱… Ⅲ.①美学—中国—文集 Ⅳ.①B83-53

中国版本图书馆 CIP 数据核字(2015)第 094199 号

所有权利保留。
未经许可,不得以任何方式使用。

中国美学研究(第五辑)
朱志荣　主编

商务印书馆出版
(北京王府井大街36号　邮政编码100710)
商务印书馆发行
山东临沂新华印刷物流集团
有限责任公司印刷
ISBN 978-7-100-11265-9

2015年6月第1版　　开本 710×1000　1/16
2015年6月第1次印刷　印张 22.75
定价:40.00元

目　录

【比较美学】

中西异质文化中之美学学科形态问题
　　——兼评牟宗三"真善美"合一说 ………………… 劳承万（1）
"至人无己"与"诸法无我"
　　——兼及中国古代文人对道、佛思想的接受差异 ………… 柳倩月（32）

【艺术美学】

艺术即意象:艺术意象本体论阐释 ………………… 施旭升（43）
先贤与琴 ………………………………………………… 罗筠筠（56）
"矫若游龙　疾若惊蛇"
　　——从以龙蛇喻书看书法的生命精神 …………… 崔树强（72）
论汉赋丽格的类型生成与整体性审美方式 ……………… 王怀义（83）

【中国美学】

儒家"中和"思想的内在特质及其美学表现 …………… 黄意明（100）
新审美理想理论体系建构
　　——"神味"说诗学理论要义萃论 ……………… 于永森（118）

【现代美学】

知情意分立思想与中国现代美学的起源 ………………… 王宏超（143）
中国现代心理美学研究困境的反思 ……………………… 王　伟（162）
味·趣味·品味——对一种美感的系谱学考察兼论梁启超
　　的趣味主义美学及其他 ……………………… 李　弢　付　娟（168）
蒋孔阳《先秦音乐美学思想论稿》方法论 ……………… 朱志荣（178）

【审美意识】

"游":"君子"和"至人"之间的张力及其释放 ………… 韩德民（184）
以悲为美:六朝音乐的悲剧意识探析 ………… 李修建（192）
笔墨与图式:烟客山水的画学审美意识 ………… 杨明刚（204）

【实证美学】

论中国史前陶器 ………… 刘成纪（224）
审美品格与当代人的生存智慧 ………… 宋生贵（239）

【实践美学】

浅析传统文化视域下审美境界的构成与实现 ………… 王　鑫（246）
以圣王文心为师
　　——刘勰《征圣篇》里的"文心"教育 ………… 李智星（256）
中国古代旅游美学及其当代意义 ………… 胡远远（267）

【西方美学】

陆扬教授的西方美学研究
　　——从《后现代文化景观》谈起 ………… 祁志祥（277）
纳斯鲍姆论脆弱性与好生活 ………… 李文倩（280）

【美学译文】

文学真实论 ………… ［波兰］罗曼·英伽登 著　张旭曙 译（291）
何谓审美判断 ………… ［德］史蒂凡·马耶夏克 著　潘华琴 译（318）
康德视角下的全球艺术史:以印度现代艺术
　　为例 ………… ［美］普拉迪普·狄伦 著　胡　漫　谭玉龙 译（326）

【书评】

美育:跨越感性与情感的人的教育
　　——评曾繁仁先生《美育十五讲》 ………… 张　硕（347）

稿　约 ………… （356）

CONTENTS

Comparative Aesthetics

The Morphological Issue on the Aesthetic Subject between Chinese and
   Western Heterogeneous Culture—Comments on the Oneness
   of "Truth, Kindness and Beauty" of Mou Zongsang ⋯ Lao Chengwan (1)
"A Man with Virtue Complies with Objectives and Forgets Himself"
   and "All Objective Existence Shows no Characteristics of itself and
   is a combination of conditions"—Comments on the Different
   Reception of Taoism and Buddhism by Ancient Chinese
   People ⋯⋯⋯⋯⋯⋯⋯⋯⋯⋯⋯⋯⋯⋯⋯⋯⋯⋯ Liu Qianyue (32)

Artistic Aesthetics

Art is Image: The Explanation of Artistic Image
   Ontology ⋯⋯⋯⋯⋯⋯⋯⋯⋯⋯⋯⋯⋯⋯⋯⋯ Shi Xusheng (43)
The Sage and Zither ⋯⋯⋯⋯⋯⋯⋯⋯⋯⋯⋯ LuoYunyun (56)
"As Supple As a Diving Dragon, as Spanking as a Startling Snake"—
   to Observe the Spirit of Calligraphy by Comparing Dragons to
   Snakes ⋯⋯⋯⋯⋯⋯⋯⋯⋯⋯⋯⋯⋯⋯⋯⋯ Cui Shuqiang (72)
On Genre Generation of *Han Fu* and its Holistic Aesthetic
   Way ⋯⋯⋯⋯⋯⋯⋯⋯⋯⋯⋯⋯⋯⋯⋯⋯⋯⋯ Wang Huaiyi (83)

Chinese Aesthetics

Neutralization and Aesthetic Expression in
   Confucianism ⋯⋯⋯⋯⋯⋯⋯⋯⋯⋯⋯⋯⋯⋯ Huang Yiming (100)
Construction of New Ideal Aesthetic Theoretical System—"Romantic

Charm" Comment on Poetic Theory ⋯⋯⋯⋯⋯⋯⋯⋯ Yu Yongsen（118）

Modern Aesthetics

The Separation of Cognition, Emotion and Motivation Thoughts and
   the Origin of Chinese Modern Aesthetics ⋯⋯⋯⋯⋯ Wang Hongchao（143）
Reflection of the Predicaments in Chinese Modern
   Psychological Study ⋯⋯⋯⋯⋯⋯⋯⋯⋯⋯⋯⋯⋯⋯⋯ Wang Wei（162）
Taste, Interest and Savor: Observation of a Genealogy and
   Comments on Interesting Aesthetics of Liang Qichao
   and etc. ⋯⋯⋯⋯⋯⋯⋯⋯⋯⋯⋯⋯⋯⋯⋯⋯⋯ Li Tao Fu Juan（168）
Methodology of Jiang Kongyang's *Essay on Musical Aesthetic
   Thoughts of Qin Dynasty* ⋯⋯⋯⋯⋯⋯⋯⋯⋯⋯⋯⋯ Zhu Zhirong（178）

Aesthetic Consciousness

"Wandering": Tension and Release between the "Gentleman" and
   "Top Man" ⋯⋯⋯⋯⋯⋯⋯⋯⋯⋯⋯⋯⋯⋯⋯⋯⋯ Han Demin（184）
Sadness as Beauty: The Exploration and Analysis on Tragic
   Consciousness of Six Dynasties' Music ⋯⋯⋯⋯⋯⋯ Li Xiujian（192）
Painting and Schema: The Painting Aesthetic Consciousness of
   Smoky Mountains and Waters ⋯⋯⋯⋯⋯⋯⋯⋯ Yang Minggang（204）

Empirical Aesthetics

On Chinese Prehistoric Pottery ⋯⋯⋯⋯⋯⋯⋯⋯⋯⋯⋯ Liu Chengji（224）
Aesthetic Quality and Survival Wisdom of Modern
   People ⋯⋯⋯⋯⋯⋯⋯⋯⋯⋯⋯⋯⋯⋯⋯⋯⋯⋯⋯ Song Shenggui（239）

Practical Aesthetics

An Analysis of Composition and Realization of Aesthetic Realm
   on the View of Traditional Culture ⋯⋯⋯⋯⋯⋯⋯⋯⋯ Wang Xin（246）

Follow the Example of the way of Writing by Great Kings—

On the Way of Writing Education in Liu Xie's

Zhengsheng ··· Li Zhixing (256)

Chinese Ancient Traveling Aesthetics and its Modern

Significance ··· Hu Yuanyuan (267)

Western Aesthetics

A Study of Professor Lu Yang's Achievement in Western Aesthetic

Research ·· Qi Zhixiang (277)

Nusbaum's View on Vulnerability and A Good Life ······ Li Wenqian (280)

Translated Text of Aesthetics

On Literary Reality ··· Roman Iagarden (291)

What is Aesthetic Judgment? ·························· Stefan Majetschak (318)

Global Art History from the Perspective of Kant: with the Indian Modern

Art as an Example ·································· Pradeep A. Dhillon (326)

Book Review

Aesthetic Education: People Across the Sensual and Emotional

Education: on Zeng Fanren's *the Fifteen Lectures of the*

Aesthetic Education ································· Zhang Shuo (347)

Notice to Contributors ··· (356)

中西异质文化中之美学学科形态问题

——兼评牟宗三"真善美"合一说

劳承万

（湛江师范学院　524037）

摘　要：西方文化曰"造物塑型"文化，这是西方人在理论与实践上改造世界的主要方式，故有亚里士多德的四因说之产生。黑格尔则称之为"古希腊精神"（雕刻家把石头雕成艺术品之三联式过程）。西方之真善美三分一体结构皆体现于"造物塑型"之"物"上，故有马克思的"人也按照美的规律来造型"的定义。中国文化绝非造物塑型文化，而是心性文化，它根源于圣人系列之仁心、德性与六经精神中，其"乐"不在"物"上，而在心性境界中。故在中土文化中既没有西方真善美之三分一体结构，更无西方式之美学。若对应求之，则只有"礼—乐"（忧—乐）境界中之"乐"学。美学与乐学之混淆纠缠，困惑了几代学人，至今都仍在混乱中，甚至连中西文化相汇通的一代大师牟宗三先生，也难以厘清其间之种种似是而非的纠葛。但他的真善美分别说与合一说（尤其合一说），却有许多启示与开拓，足可为鉴也。

关键词：真善美　分别说　合一说　乐学

一、中西文化是异质文化,其学科形态也判然有别

西方文化,从发生根源上看,是什么样式的文化呢？我们只看看黑格尔如何论述古希腊精神（观念）之"具形方式"（牟宗三）,即可知其性质和特征了。黑格尔说:"希腊精神等于雕刻艺术家,把石头做成了一种艺术作品。在这种形成的过程中间,石头（未雕刻前之自在物已雕成为艺术作品的石头——引者

按)不再是单纯的石头——那个形式(即艺术品的形象——引者按)只是外面(即雕刻家的观念)加上去的;相反地,它(石头)被雕塑为'精神的'一种表现,变得和它(石头)的本性(自在性)相反。"另一方面,"那位艺术家需要石头、颜色、感官的形式作他的精神概念来表达他的观念。假如没有这种因素(石头、颜色等——引者按),他不但不能够亲自意识到那个观念,而且也无从给这个观念一个客观的形式;因为它不能单在'思想'之中变成他的一个对象"①。这便是西方文化"观念具形"的全过程(也是黑格尔"绝对理念"发生的母胎)。这种观念具形之过程,实际上便是造物塑型的过程,简而言之,这是西方造物文化的本质特征("造物塑型"是西方人在理论上与实践上改造世界的主要方式。马克思说:"人也按照美的规律来造型。"这是"造物塑型"观念系统中的最高信条)。西方文化中之"造物塑型"过程,包含了他们的一切观念,这是他们观念中的"整全"世界。后来,黑格尔哲学中极具实践性格的命题"对象化"理论,即由此而来。马克思哲学直接继承了这个实践命题,且作了经典性表述:"在生产中,人客体化;在人中,物主体化。"(《〈政治经济学批判〉·导言》)此经典命题的主客关系中的相关通透性与互贯性,开创了现代西方认识论的基本思路与主客关系的基本框架。由对象性之客体造物塑型,而反映于其内在的主体观念的"造物塑型",这便是主客体的相互适应关系。尽管如此,这种主客体相互关系发生的基础与开端,全在古希腊精神的造物塑型功能中。如果没有这种造物塑型功能,西方文化则不成为其西方文化了。我们今天在面对西方思想观念的万花筒世界时,如果不知其根系功能与发生样式,而乐此不疲地在万花筒世界中抓住一两点便广说开去,那只能是"一叶障目而不识泰山"了。因此,本文认为:西方传统文化,是通贯因果律(凡造物塑型,必存着因果律的普遍性、必然性作用)的造物塑型之"真—善—美"文化(由四因说而来),它统属于逻辑·理性之大范围内,其建构学说之整体观,是"逻辑结构体系"(因果链与范畴的协合)。这是一种向外逐物的文化(其对应性地反馈于主体自身,那是一种能动性的"副产品")。

中土文化与西方文化迥然有异,它之"观念具形",并非如古希腊精神那样向外造物塑型,而是来源于古代圣人"天人一体"之自身的德性感悟。汉代之

---

① 黑格尔著,王造时译:《历史哲学》,商务印书馆1958年版,第284页。

哲人贤者总结道:"天生万物,以地养之,圣人成之,功(业)德(化)参合(天地人一体),而道术生焉。"(贾陆《新语·道基》)此即"天生—地养—圣成"之观念具形(道术)三项式。"天生—地养"是宇宙万物的"义理"、"大道",圣者则随之从自身血气上贯通、接续此义理大道(由"生生之谓德"而来之道术)。就观念之历史形态而言,贾陆又曰:"(春秋之后)礼义不行,纲纪不立,后世衰废,于是后圣(孔子)乃定五经,明六艺。承天统地,穷事察微,原情立本,以绪人伦(得人伦之道的统绪)。宗之天地,纂(集)章篇脩,重诸来世,被之鸟兽(德及鸟兽),以匡衰乱,天人合策(董子发挥为天人相感),原道悉备(高诱注《淮南子·原道》曰:本道根真,包裹天地,以历万物,故曰'原道')。智者达其心,百工穷其巧,乃调之以管弦丝竹之音,设钟鼓歌舞之乐。以节奢侈,正通俗,通文雅。"(《新语·道基》)这是春秋后圣人孔子订六经、明大道(原道)治乱世之大体历程。这不是造物塑型历程,而是德性、仁心之统绪治世过程,亦是中土文化中心性观念"承天统地"之感悟、协合和谐之过程。若溯源亘古历史,就中土文化之辉煌开端而言,盘古开天浑身都是贡献,夏禹治水"三过其门而不入"。这便是中国古代圣人之伟大献身精神,亦曰德性精神,这种向内之心性义理精神,不管是从方向上(内外)还是从性质上,都绝异于古希腊之造物塑型精神。故中土文化传统,是通贯类比律("将心比心"/"心心相印")的心性文化,讲仁义礼智之四端说,其统属于圣人·德性大范畴内,其建构学说的整体观,是纲目体系(如《文心雕龙》/《大学》之道的"三纲八目"),这是面向仁义的心性文化。

由上看来,中西文化是异质文化(造物塑型与仁义心性方向各异),其建构之学科形态,也必将迥然有异。

西方之"真—善—美"文化,均由其造物塑型(古希腊之雕刻艺术)"潜能—实现"二项式中呈现出来。所谓"潜能",即亚里士多德四因说中的"材料因",所谓"实现",即亚氏四因说中的"形式因"(实现过程是"动力因"与"目的因")。造物塑型文化,本质上就是从"潜能"转化为"实现"(现实)的过程。此"潜能"(材料),又曰"实在";"实现"(现实),又曰"形式"(形态塑造)。康德把"材料/潜能/实在"称为"物自身"(可信,但不可知,不可言说),把"实现/作品/形式"称为"现象"(可知,可以言说)。不难看出:造物塑型文化由"材料·潜能·实在·物自身"而对峙地演变为"实现·形式·作品·现象",这是一种确确凿凿的文化实现过程与跨越方式。其"真",是依托于"材料"(潜能/物自身)而来的"形式"性呈现(即"造型")——塑造出一个由人工而来的有用之物(如房子);其"善",是运用知识造物塑型过程中的人的活动功能(在"目的因"指导下的人的行为,如建筑师的行为);其"美",是造成(塑型)此物的静观形态即"形式"存在(如房子形态)。(以上定义均见亚里士多德《形而上学》四因说中的"真—善—美"分析)。造物塑型过程(文化),贯通其间者,是西方文化之大律,曰因果律,亚氏展开为经典的"四因说"。亚氏说,这是寻求"原因智慧"的大学问(反拨于柏拉图的"理型"论。此"理型"只存在于"形式因"中)。从四因说之一体结构中,我们可以看出:一、什么是真,什么是善,什么是美;二、真善美三者统一于"造物"塑型的一体结构(过程)中(按因果律去造型之物是真,按因果律去造型的知识活动是善,按因果律去造型之物的静观形态是美)。

西方文化精神的"真—善—美"三分结构系统,其发端无疑地是由亚氏之四因说启开、定调,而其宏观、严密形态的一体结构,则是由康德批判哲学完成。康德在总结其批判哲学所要探索的问题时说,共有四大问题:一、我能够知道(认识)什么(第一批判);二、我应该做什么(道德/第二批判);三、我能够希望什么(美学·目的论/第三批判);四、人是什么(人类学)。依传统说法,前三者就是完善而通透地阐析了西方文化中"真—善—美"的内在结构系统问题。此说法大体无误,但其中康德却有两点突破性贡献:一是在第三批判中,创生了一个"反省判断力"之全新范畴概念,由此而拓开了全新的文化思路。本来依西方文化传统,他们只有"决定的(概念的)判断力",而绝无什么"反省判断力"("判断力"按其实质来说,只是概念的)。康德之睿智一旦引入一个与逻辑"概念"异向的"反省"概念,这便意味着西方文化在方向上即将发生大转折、开辟新领域(参见牟宗三论述),故在传统美学形态上,除了"自由美"(传统形态)之外,又开启了一个新的美学形态(定义):"依存美"("美是道德的象征")。此令西方哲人咋舌不解,而此却正是拓开"中西美学形态"交映互照之通道。关于这一点,中国大陆学人,压根儿就没有感觉到,这是非常失策的一种"文化失明"病。二是康德由自然天体史的"自然目的论"过渡到"人学目的论",由此而推至"道德目的论—道德神学"(取代了西方自然神论和基督教神学),一方面完成了突破西方传统的美学学科形态建构(确立"依存美"形态),另一方面,又把三大批判在"目的论"的聚焦点上统一起来了,故最后引出了康德批判哲学聚焦点的新问题:"人是什么"(人类学),从人类历史之整体历程看,其深层始于"人类之原始发生",其表层终结于当今与未来之全人类(中西两半球)。康德此等胸怀与贡献大矣,大矣。话说回来,康德之真—善—美系统,便是:认识—道德—美学·目的论三大系统。其异于传统者:把认识论之"真"推向极其谨严之境地;把"善"扩展于道德律令(但仍归属于先验理性);把"美"拓展为"依存美"("美是道德的象征")。故西方文化中的"真—善—美"观念,从亚氏至康德即有了重大拓展,尤其是善与美。即使如此,康德之善,虽名曰道德律令,但本质上仍是为先验理性所主宰(阿多诺),尚非中土文化中之"仁"心功能。最可值得注意者,是开拓出了"美是道德的象征"的伟大命题,为中土美学形态的建构指明了方向。概而言之,康德以其三大批判去证成了"真—善—美"三分系统之内在结构性,也是康德极大的理论创造,既非纯逻辑推演,更非学说之魔术也。此与当今美学界名家之定义大有差距:真是合规律性/善是合目的性/美是真与善的统一(或曰:以美启真,以美储善)。这是离开西方文化的"造物塑型"过程之油滑逻辑运转术或曰一种自由言说。离开"观念之造物"(塑型过程)去侈谈西方之真善美,这是等于离开西方文化之固有特征之自由谈,而非学术研究。此类论者之想象油滑而奇巧,指而不定,抓之不确,故归根结蒂,何谓真善美,仍是不知所云(造成之物,当然必须合乎造物的规律性,但又并非一切"合规律性",都是造物塑型;造物过程中的向善行为,当然必须合乎造物之目的性,但又并非一切"合目的性",都是造物塑型;故离开"造物塑型"仅言规律性、目的性,就显得空泛而无寄托,终于不知所云。至于说到"美",那则更是油滑逻辑的捏合了)。另一种误解,是望文生义式的:真,是知识;善,是道德;美,是美学。以为任何客观世界,都存在着此等真善美三分自足性。这是"天下乌鸦一般黑"、西方文化"放之四海而皆准"的学术观念。此是西方殖民观念之广泛流布所至也。

中土心性文化,发源于圣人系列之德性精神,故出现了原典之六经:诗、书、礼、乐、易、春秋。其中之"乐"经,与其说是失落了,毋宁说是分化渗入到各经之情调中了,故中国文化,又叫"礼—乐"文化,其凝聚方式,就是孔子的三项式:"兴于诗—立于礼—成于乐"。儒家讲人乐(乐天知命),"乐是心之本体"(王阳明);道家讲出世之天乐,佛家讲空世之"极乐"。这是由德性而来的"乐心"文化。在心性世界中,只讲仁—义—礼—智之四端"十字"打开,绝不讲什么"真—善—美"之三分结构。今人把中西文化"一锅煮",亦在中土文化历史中大讲真善美,大写专著《美的历程》《善的历程》,三分天下已有其二,只差一个"真的历程"了。谁敢在中土文化历史中写"真的历程"？恐怕这只能是一摊大笑话。

笔者认为,如果要在中国文化中寻找西方式的美学,那是找不到的,也是不存在的;如果要在与西方美学相对应的意义上,近似地去摄取,也许仅有那个"乐"字(中土的"美"字与西方"真善美"中的美字,相去甚远)。在中西文化中,若坚持用同一个"美"字去建构美学学科形态,那必是赝品,即殖民文化的仿制品,它是没有生命的东西。故可行途径,只能是梳理与拓通西方的"美"与中土的"乐"之关系,而绝不可照仿照搬。梁启超早在20世纪初便告诫学界:"于今日泰西通行诸学科中,为中国所固有者,惟史学。"(《中国之旧史学》)在中土文化中,除史学之外,其他之社会科学,诸如哲学、美学、文艺学、语法学等等均是舶来品,这是颇值人深思的告诫。今人之毛病是照搬照仿,成为西方殖民文化的应声筒,故学科形态也自然地成了"殖民"形态。当今,有民族文化使命的学人,皆应三思而后行矣。

二、中土仁心、德性之"忧—乐"圆融境界说

西方美学是依托于"造物塑型"框架的真善美三分结构中之"美"论,中西文化是异质文化,故中土之美学形态(取其对应义),绝非那个"美"论,而应是心性之"忧—乐"圆融境界说。西方文化静观物之形式之美(秩序、匀称、明确),与中土文化直接感受心性境界中之乐("忧—乐"之对立统一源自"礼—乐"中之乐,"礼—乐"结构中之"乐学"另文深释)是不相同的。美感与乐感有同向性,但又绝非一个东西。中国民族之"乐"学境界从何而来？首先从六经中,尤其从《易经》中而来。四库提要曰:《易》包众理,事事可通,且《易》为五经之源,其义深矣,大矣。无疑地,中国经学正是中国古代乐学的哲学根基。

中国民族最崇高的人生格言,与封邦立国的最伟大的思想,并非西方的"灵魂—自由—上帝",而是孟子的告诫"生于忧患,死于安乐。"(《告子下》)与北宋大政治家范仲淹的豪言壮语"先天下之忧而忧,后天下之乐而乐"。其精义是:一是"忧—乐"互通并举,无忧即是死亡;二是先后有分("家—国—天下"

有序)。中国历史悠久之德性文化的千古精神,即是以忧显乐,以乐见忧;无忧之乐与无乐之忧,都不是中国心性文化的真精神。"忧—乐"双融精神,并非"杞人忧天"之举,而是中国农业社会中,天人关系(天时—地利—人和)的沉重历史经验意识,与"道(德/礼)济天下"的阔大心性胸怀相结合的深厚道德精神,亦是一种心性二元交融的"尽性"精神,故更非权宜之计或暂时的心理对策。这是那天人一体之大法,在"忧—乐"双融中的心性体现。所以,直至今天,中国人最相信的格言,仍是《左传·襄公十一年》的话:居安思危(安即乐,危即忧)。这是中国民族尊重历史、借鉴历史,同时又瞻前顾后的一种自强不息、珍重生命的伟大精神,是中国民族永立于世上而不衰败的千古信条。唯有历史悠久、文明深蕴的民族,才会有这种"忧—乐"双融的大生命境界。因而,许多论者说,中国古人多有忧患感,中国古文化多有忧患意识。此等忧患意识从何而来?根源于何处?这才是关键。

我们先看《易经》中之忧患意识,才能知其本源。下面有三大命题。

A.《易·系辞下》:"作《易》者,其有忧患乎?""《易》之为书也不可远,为道也屡迁。变动不居,周游六虚,上下无常,刚柔相易。不可为典要,唯变所适。其出入以度外内,使知惧。又明忧患与故,无有师保,如临父母。"

B.《易·系辞上》:"乐天知命,故不忧。""(道)显诸仁,藏诸用,鼓万物而不与圣人同忧。盛德大业至矣哉。"

C.《易·杂卦传》:"《比》乐(亲近和融为乐)《师》忧(兴师动众、相互打斗为忧)。"

这里的"忧—忧患"意识,来源于三种不同情况。A 点是作《易》者的深度历史根源。B 点,是"乐—忧"之一体圆融结构,属"尽性"功能。C 点是"乐—忧"之两种对峙的日常道德现象(以人为善,以和为贵)。

分析经学精神(尤其易经作为五经之源),首先在学术方法论上要弄明白:绝对不能主观地、为所欲为地以自家的理论或西方时髦理论作为分析框架或根据,必须沿着"经—传—注(疏)"之一体性与传承之基本脉络去发掘、分析,在其不足处再以己之"新论"补充之,否则很难符合原始之经学精神。故本文将按照"经—传—注"之一体性及其疏通之脉络走向,以及现代"新儒家"之传承与深度反省之基本观念展开。圣人之论,底蕴无穷,欲求其"是",非依圣道"尽性"不可也。

关于上文之 A 点,朱子在《周易本义》中注释曰:"夏商之末,《易》道中微;文王拘于羑里而系《彖辞》(论述六爻一体之卦义),《易》道复兴。"此曰:周文王作《彖辞》,以复兴易道,防患于忧。此构成"德"之九卦(履、谦、复、恒、损、益、困、井、巽)之大德图像。此"德"(履)亦曰"礼"也。周文王以"礼(德)"防"忧"而生"乐"。此"忧—乐"之一体结构,后来过渡为"礼—乐"结构(详下),则成为必然。

我们再看孔颖达《周易正义》的分析。其(王弼注)曰:"无忧患则不为而足也。"(A)唐氏曰:"其于中古乎者,谓《易》之爻卦之辞,起于中古。若《易》之爻卦之象,则在上古伏牺之时,但其时理尚质素,圣道凝静,直观其象,足以重教矣。但中古之时,事渐浇浮,非象可以为教,又须系以文辞,示其变动吉凶,故爻卦之辞,起于中古(B)。……'作《易》者其有忧患乎'者,若无忧患,何思何虑,不须营作。今既作《易》,故知有忧患也。身既忧患,须垂法以示于后,以防忧患之事,故系之文辞,明其失得与吉凶也(C)。其作《易》忧患,已于初卷详之也"(所谓"初卷详之",指"略附之卷首尔八论"中之第四节"论卦辞爻辞谁作"。其曰:"故史迁云'文王囚而演《易》',即是作《易》者,其有忧患乎","周公被流言之谤,亦得为忧患也"……)①引文中有三个要点,A 点,是王弼的注,直言"忧患"之大用,在于"无忧患则不为而足也"(人无忧患意识,则会自满自足,而无所作为,此与自强不息之道背道而驰,此言出于道家王弼之口,真震撼乾坤也)。B 点,言说为何忧患意识起于中古(上古"其时理尚质素,圣道凝静,直观其象〈卦象〉,足以重教",而时至中古"事渐浇浮,非象可以为教,又须系以文辞,示其变动吉凶")。C 点,强调忧患观念之全体大用与方法(一是"若无忧患,何思何虑,不须营作",二是呈现警示忧患之客观大法,"身既忧患,须垂法以示于后,以防忧患之事,故系之以文辞,明其失得与吉凶也")。

以上三点,实际是两个方面:一是无忧患则无思虑,无作为。这是反思人生为何而生活着的根本动力,也是中国历史文化观念的一种特质(自强不息/生生之德)。二是警示忧患之大法,以文辞(爻辞)明得失与吉凶。此大法之客观意念,至今都存留于每个中国人心中(婚喜大事皆择日子,贴标语,放鞭炮,锣鼓喧天,红旗招展)。唐氏又曰:"以为忧患,行德之本也。六十四卦悉为修德

---

① 孔颖达:《周易正义》(下册),九洲出版社 2004 年版,第 694—695 页。

防患之事,但于此九卦(履、谦、复、恒、损、益、困、井、巽),最是修德之甚(德之基、柄、本、固、修、裕、辨、地、制),故特举而言焉,以防忧患之事。"①唐氏进而指出:一、只有心怀忧患,才会有"行德之本"。无忧患之德,不是真正的德;德之全体大用,全在免除忧患上,亦唯免除了人间之忧患,大德才所以立,善心才能呈现。故"忧患—大德—仁心"在《易》中,是三位一体的东西。因而熊十力常说,《易经》所成者,就是一个"仁心",儒家本之于《易》者,即此也。二、指出六十四卦皆是"修德"可以"防患"之大律,例如开卷这乾卦,九三:君子终日乾乾,夕惕若厉,无咎。王弼注曰:"处下体之极,居上体之下,在不中之位,履重刚之险。上不在天,未可以安其尊也;下不在田,未可以宁其居也。纯修下道,则居上之德废,纯修上道,则处下之礼旷。故'终日乾乾',至于夕惕尤若厉也。居上不骄,在下不忧,因时而惕,不失其几,虽危而劳,可以'无咎'。处下卦之极,愈于上九之亢,故竭知力而后免于咎也。乾三以处下卦之上,故免亢龙之悔;坤三以处下卦之上,故免战龙之灾。"王弼由"不中之位"而见出诸多忧患问题(安其尊/宁其居/德废—礼旷;以及"免亢龙之悔"/免"战龙之灾"等等问题),这是通忧患而见大识之论。孔颖达则在"疏"中说:"在忧危之地,故'终日乾乾'……'夕惕'者,谓终究此日后,至向夕之时,犹怀忧惕。'若厉'者,若,如也;厉,危也。言寻常忧惧,恒如倾危,乃得无咎。谓既能如此戒慎,则无罪咎,如其不然,则有咎。"②孔氏之补充,更加入微,处处见忧患之危,以之防微杜渐也。此外,又强调了六十四卦中"修德之甚"者有九卦,从德之基到德之制,把行德的全幅图像都展现了出来,这是显明修德之路及其要义之前后关联性。故朱子在《周易本义》中注曰:"九卦皆反身修德以处忧患之事也,而有序焉。"朱子指出,九卦之间的"有序"性(无序者,乱行也),亦是一大卓识,此为当今一切谈忧患者所不曾涉及的领域。以"德"言忧患(即以德去通透与免除人生忧患),朱子在《周易本义》中指出:"此章三陈九卦,以明处忧患之道。"由此也可以作出两个简明之推论:一、修德即防忧患也,二、修德之序,反显"忧患之道"以"明处之"。只要人生懂得从"德之基"开始,途径德之柄、本、固、修、裕、辨、地,而终于德之制(巽卦)的修德序列,这便是践履了人生防忧患之大道,从而豁免了人生之大忧

---

① 孔颖达:《周易正义》(下册),第694—695页。
② 同上书,第25页。

患。古语曰："'居安思危',思则有备,有备无患。"(《左传·襄公十一年》)此中之"安",即是乐;"危"即是忧。此"思"字之意义极大——"有备"足可为之。备什么?只有一条大道:以德备,以礼备,即能进入海阔天空的世界而无所障碍。

我们转而看看当代海外学人对周易忧患观念来源之分析,那是另一番情调。徐复观在其颇有力度的《中国人性论史》中说:"忧患意识不同于作为原始宗教动机的恐怖、绝望……'忧患'与恐怖、绝望的最大不同之点,在于忧患心理的形成,乃是从当事者对吉凶成败的深思熟考而来的远见;在这种远见中,主要发现了吉凶成败与当事行为的密切关系,及当事者在行为上所应负的责任。忧患正是由这种责任感来的要以己力突破困难而尚未突破时的心理状态。所以忧患意识,乃人类精神开始直接对事物发生责任感的表现,也即是精神上开始有了人的自觉的表现","这种忧患意识,实际是一种坚强的意志和奋发的精神","只有自己担当起问题的责任时,才有忧患意识",它"凸显出主体的积极性与理性作用"①。徐氏对《易》之忧患意识之分析,不能说没有己见,但其分析见微显神之立足点,不是紧贴"作《易》者,其有忧患乎"之真际,不依传统注释(经—传—注)的真知灼见,而是抛开传统从"人类精神—区别于宗教"的另一平台上起念,一是沿着心理分析之道,求其时际的合情合理;二是按照西方主客体认识论的二分框架(主体积极性/理性作用),抓住主体责任感(曰忧患心理)对自身行为的审度,来展示这种忧患意识。这种以西方当代心理分析法与认识论方法来剖析中国古代文化典籍的方法论开拓(这是海外、台港学人研究中国古代文化的共同方法论),虽有一定的优越(有新奇话可说),但却消解了古代文化典籍的精义与要髓。以此对比与王弼、孔颖达的"注—疏"型分析,简直不可同日而言。徐氏之说,一是摈弃了深蕴的经学历史精神,二是抛弃了前人探索的成果,尤其是"经—传—注"一体性之成果。而急不可耐地以西方时髦框架、陌生语言,来刷新传统。笔者为什么要引入这一"题外话"呢?目的是要显露现当代中国学人不以中国元典文化作为学术元气,再去吸收异质文化来营养自身,而是倒将过来,化奴为主,混淆观念,模糊读者,其害大矣。这是追踪《易》之忧患意识来源的歧出观念,此曰:防邪可以归正矣。

---

① 徐复观:《中国人性论史》,华东师范大学出版社2005年版,第14—15页。

以上所言,是解析"作《易》者,其有忧患乎"发生的历史根源。此是解说《易》之"忧患"意识的第一个命题。作为这个命题之必要的补充成分,则是孔子对《诗经·关雎》诗的评论:"乐而不淫,哀而不伤。"这里的"乐而不淫"、"哀而不伤"与"忧患"意识,又有何瓜葛?本来,周公开拓的"礼—乐"文化,定调了中国文化的基本性质:"礼—乐"圆融一体(乐中见礼,礼中显乐),"礼—乐"从不单边存在,若否弃了对方,仅显自身之存在,则会礼乐双亡。至于"哀—乐"、"忧—乐"关系,亦无不如此也。这是一种对立的二相性圆融(或双融)关系。这种二相性之双融关系所形成的特有之心性—精神境界,即是中国历史文化精神之最高旨趣。故朱子叫做圣人之"尽性"境界——对立之二元一体性交融才能"尽性"(全性),偏于一方,皆不能曰"尽性"。

我们且看熊十力先生对"哀—乐"、"忧—乐"、"礼—乐"双分与双融境界的分析。

"常与物同休戚故,其心无有不哀时;心失其哀者,必其迷执小己而不能与天地万物通为一体也。此心便为形役,非本心也(A)。此哀与忧异者,哀虽缘事而见,要非缘事而有,至诚恻怛是本心也,不论触事与否,恻怛悱然在心中。其流通于天地万物,息息无间而若不容已者,乃恻怛之几,即哀是也。忧则缘事而发,外缘所牵故,常忧其中(心中),昔人言忧能伤人是也。哀者,恻怛内蕴,本性自然,不杂以私,恒无过激。故哀即不伤,伤便成忧,已非哀也(B)。乐不淫者,明此乐为真乐,本性自然,无待于外,若待外境而乐者,境便牵心,令其浮举。浮举谓之淫。浮即心不安,已成苦恼,何可云乐?故不淫之乐,方是本心固有之乐;不伤之哀,方是本心固有之哀(C)。哀乐同属一心,非如两物不可并容。哀者,言乎此心之恻怛;乐者,言乎此心之通畅。……人生如失其哀乐双融之心体,则无大自在力,不能有衣养万物而不为主之热诚与勇气(D)。孔子删《诗》,以《关雎》冠经首,而《论语》记其赞《关雎》,乃是以哀乐双融发明心地。呜呼!全经之蕴在是,人生无上之诣亦止乎此矣。"(E)[①]引文之所论共五个方面,即心性本体,为何具有"哀乐双融"之特定境界(A、D、E),其间区分了何谓真正的"哀"与"忧"(B、C),最后熊氏强调了"《关雎》乃是以哀乐双融发明心地"(尽性也),这是研究《诗》与中国元典文化之一大卓识。何谓乐?那是转

[①] 熊十力:《论六经·中国历史讲话》,中国人民大学出版社2006年版,第91—92页。

化、提升哀、忧的巨大力量与源泉,具体所指是"礼—乐"结构中的乐,是孔颜之乐,是王阳明"乐是心之本体"之乐,是王心斋作"乐学歌"之乐。此"乐"字是活泼之生命之心性自足的存在方式,故熊十力说:"乐者,本性自足。廓然无待。故见性,则无羡欲之累。无纷驰之感,无挂碍,无恐怖,而至乐者备于己也。"①"心灵超拔,而至乐不待外求(心灵不役于物欲,故云超拔)。超拔故无待,无待则乐足,无所外求也。孔颜之乐以此尔。"②由此看来,"哀—乐"(或忧—乐/礼—乐)双融之境界呈现,确是生命(心性)的灿然奋进方式,比平静的人生海洋要深蕴得多、丰富得多,那是心性的超拔世界。在中国元典文化中,其血气主脉,如果离开了"以哀乐(或"忧乐"、"礼—乐")双融发明心地",失却这种二元双融境界,则一无所成;而在研究中同元典文化中,如果不抓住这个"双融"以"发明心地"之路径,只"顾左右而言他",搞新奇异说,多是空话或废话矣。

  熊氏在《读经示要》中对提升一境说:"《关雎》古今人谁不读,熟有体会到乐不淫,哀不伤者。<u>情不失其中和</u>,<u>仁本全显也</u>。仁者,万化之本源,人生之真性也。吾人常彼于形,染于物欲,而情荡而失其性。乐至于淫,哀至于伤,皆由锢于小己之私,以至物化,而<u>失其大化周流之真体</u>,<u>此人生悲剧也</u>。夫子于《关雎》,直领会到仁体流行,其妙如此。从来哲学家几曾识得此意。"③熊氏又说:"经学者,仁学也。其言治,仁术也","学不至于仁,终成俗学,……治不至于仁,终是苟道"④。大易首建"乾元","夫元者,言乎生生不测之仁体,健以动也。《易》之乾乾,即仁也"⑤(由此而拓开了为其大弟子牟宗三所调侃的熊氏之"乾元性海"的大千世界)。熊氏之见,是"哀—乐"(或"忧—乐"/"礼—乐")双融之神圣本体是仁体,仁体流行发用,执于无己而有哀、有忧、有礼,而明于本心,则有乐(仁为体,哀乐为用)。何谓仁体之发用流行? 天地以生物为心,人以天地为命,心命交融无间,于自强不息中,终成"生生之大德也"。此大德即是仁体,其流行发用,即是心—命之上下交融无间。孔子之"仁"说,并非他自

---

① 熊十力:《读经示要》,中国人民大学出版社2006年版,第111页。
② 同上书,第127页。
③ 同上书,第388页。
④ 同上书,第50页。
⑤ 同上书,第328页。

己之创造,而是继承《易》之传统而来(钱穆)。何谓人生?即仁心在哀乐二元双融境界中之当然呈现与消逝。若失去这种由仁体而来之二元"双融"境界、或过程,则是人生之悲剧也。

中国心性文化之全部要义与真髓,是"仁体全显—发明心地"之二元双融境界之呈现。古圣人心体之"哀"与"忧",都是心体之"乐"的另一面,这正如"一阴一阳之谓道"一样的二元双融过程。这种二元双融境界,是中国文化超越西方文化而特有之境界也。

下面将转到《易经》忧患意识的第二个重大命题:"乐天知命,故不忧。"(《易·系辞》)

中国几千年来,都是处于农业社会状态中,即使当今有了若干商品市场,但农业社会之血脉大气,仍是中国社会的生命所在。农业社会的根本特征,是三才之道的融贯与浑然一体,此即"天时—地利—人和"的一体性。幸福,来源于一体性之协合完善;灾难,来源于一体性之失调崩溃。前者为乐,后者成忧。故忧—乐常在,则是常态然。唐诗曰:春种一粒粟,秋收万颗子。这与其说是"一粒粟"之道,毋宁说是农业社会中,中国人的生命之道。这充分地体现了中国人生命之道之艰难与漫长,也体现了中国人生命存在之确凿性,和可触可摸的时空观。从春至秋,历经三季,变化万千,不知等待着什么;那一粒粟,何以能变为万颗?播种者之忧虑,只有在吉凶观念之祝福中,企求于"天—地"了;"等待—企求"仿佛是希望,然而尚未到那一天真的收了"万颗子",都是吉凶未卜的一桩幻梦……故中国人在几千年的农业社会中,早已练就了一颗心性平静、自足安稳,然而又有性命难以克服的"天时—地利"的忧虑之心;"谋事在人,成事在天",忧而无忧,无忧而忧;"逝者如斯乎"——这似乎就是最通俗、最感性的"乐天知命,故不忧"的来源。这可谓是中国农业社会中,生命依附天地而存在的最高人生感受,也是最确凿、最自足、最幸福的人生格言——其姐妹篇则是"知足常乐"。"天—地—人"三才协合授给人的是"生生不息"、"自强不息"的心性功能,生命血气一旦融贯它,即会成为不朽的力量,此即仁心与道德也(三才之道得之于己故曰德)。故"乐天知命(知足常乐)——故不忧",本质上,是农业社会中中国人的伟大人格与崇高道德情操。此即曰:德配天地也矣!

我们看看朱子对此命题"乐天知命,故不忧"的注释。曰:"此圣人尽性之事也。天地之道,知仁而已(上文已言,天地以生物为心,人以天地为命,心命交融无间,终成生生之德,此即仁体也)。知周万物者,天也;道济天下者,地也。知且仁,则知而不过也……既乐天理,而又知天命,故能无忧,而其知益深。"朱子之见,有二点值得注意:一是"此圣人尽性之事也",二是"天地之道,知仁而已"。何谓"尽性"？只有熊十力的解释才符合国情与具有生命之通透性。其曰:"我国先哲向来以尽性为学。性者,(在物)宇宙生生不息的真理,在人则为性。尽者,吾人日用践履之间,释率循乎固有真实的本性,而不以私欲害之,故说尽"①;"圣者,尽性之称。天性真实,万善具足,不以私欲害之,使本性之善完全显现,故云尽性。"②熊氏之见实是两要义:一、中国哲学是<u>尽性之学</u>("我国先哲向来以尽性为学"),圣人之性道即是"尽性";二、尽性包含积极与消极两个方面。从积极方面看,是"天性真实,万善具足"、"本性之善完全显现";从消极方面看,是"不以私欲害之"。熊氏评孟子"尽心—知性—知天"说,则曰:"尽者,言心之德用显发,无有亏欠。心即是性,亦即是天,故尽心,即已知性知天(知者,自明自了义,非知识之知)。"因而"尽心—知性—知天",即是"还复其与万物同体之本性"③。此曰:"心—性—天"之本性,实是与万物同体之本性。《易》与古圣人之仁体流行发用,与万物一体同性也。熊氏之论,是冠绝于当今学界之大卓识。请看,除熊氏之外,还有谁正明大当的说过:中国先哲之学就是"尽性之学"？又有谁对这个"尽性"之尽字,作出过如此高度的概括(万物与心性一体)？又有谁对这个"尽"字作过正反二相性之判明？故熊氏之论,全通透于朱子的卓识:"尽性之道,即圣人之道","天地之道,知仁而已"。"圣人—尽性—仁"皆《易》之道也,《易》之理也。

　　孔颖达在《周易正义》中,先示出王弼之注"顺天之化,故曰乐也"。孔氏正义曰:"顺天施化,是欢乐于天;识物始终,是自知性命。顺天道之常数,知性命之始终,任自然之理,故不忧也。"④王氏只释"乐天"(顺天之化),而未释"知命"。何谓知命？孔氏释为"知性命之始终",亦即知人生一段生命的存活过程,性命只有顺应于天(天人一体,同化于性),任自然之理,才是当下之真实性命。真实性如此,何必乎忧？孔氏之释有其深刻的一面。但此等解释,尚未把

---

① 熊十力:《论六经·中国历史讲话》,第155页。
② 同上书,第185页。
③ 熊十力:《读经示要》,第60页。
④ 孔颖达:《周易正义》(下册),第602页。

《易》之真髓与阔大之心性规模展现出来,此是大憾也。请看熊十力先生之释义:"古今哲人之人生观,有乐天知命而不忧者。如《易·系传》曰:'乐天知命,故不忧',此义甚深。命者,流行义。知大用流行之至健,而体之于己,则遗小己,而同于天矣。如是,则超脱于世路荣枯与险阻之外,何忧之有?"①熊氏感叹"乐天知命,故不忧"底蕴甚丰、甚厚,故曰"此义甚深"。特释"命"为"流行义",即既及于天,也及于人;既不局限于天,也不局限于人。"天人一体"者,亦即"天心—人命"一体也,仁性发用流行,一片光彩,天人浑然无间。熊氏见出此即"超脱于世路荣枯与险阻之外,何忧之有"。此是熊氏注释之最高视界。然而,对此"命"字解释,另外则有佛老之歧义,也必须加以对照、澄清,才能深透地把握儒者之"乐天知命,故不忧"之真谛。熊氏曰:"复有悲天道而悯人穷者。如老子有'天地不仁'之叹。庄生曰:'知其无可奈何而安之若命。'此命字,指运会言。这会值险阻之交,只是无可奈何,安之而已。此中'安命',与《易》云'知命'截然异旨。《大易》便超过庄子意思。老庄都有厌世意味,庄之无可奈何,分明有厌世意在。老(氏)叹不仁,其不得毋厌可知。但老、庄均不作'出离'想,此其迥异印度佛家处。佛家自释迦氏,便说'厌离'二字。厌者,厌患;离者,出离。老庄却只有厌患,而未至求出离。因此,老庄便是厌世派之哲学,而佛氏却成为宗教。然佛氏求出离故,便有破除一切黏滞之大勇。所以说无挂碍、无恐怖。……老庄既不似佛,至如儒家之超脱世间情见,而直证得刚健本体,流行不息,老庄便未能臻斯诣,只欲一身向虚静中讨生活,于不仁与没奈何中,聊以自利而已。老、庄直恁地无气力。"②在"知命"问题上,儒、道、佛三家意旨全异:儒家是"超脱世间情见,直证得刚健本体",此即仁体流行,天人同命;老庄是"无可奈何而安之若命",且对此"命"而生"厌患",但又未"出离";佛家:则是入空而"出离",远离老庄之"命"。由"乐天"而"知命"者,唯儒家矣,道、佛皆有所阻隔障碍(庄子有:通天下一气耳。这只是"气",而未及"命")。此等阻隔又可反过来证明儒家"仁"之健体流行与老子"天地不仁"的大分别。熊氏这种区分意识,把儒家的"乐天知命,故不忧"的重大命题,提到一个"超脱于世路荣枯与险阻"之平台上,以见其重大意义:"君子惧以始终,而

---

① 熊十力:《读经示要》,第131—132页。
② 同上书,第132页。

后可以成德。立国不忘忧患,而后可以至治。"此在个人,是一种"成德"策略;在国家,是"至治"的方针。故宋代大政治家范仲淹(989—1052)在《岳阳楼记》中则写下了千古佳句:"先天下之忧而忧,后天下之乐而乐。"在"忧—乐"心性境界中,以天下为己任,把个人与民族、国家融合与统一起来了。熊氏感叹曰:"呜呼!生民以来,有身、有国者,忧勤惕厉,能自求阙,而信(诚)以发志者,罔不兴;反是者罔不亡,此吾之所以自忧而忧人也。"①

从《易》之第一个命题"作《易》者,其有忧患乎",而至于第二个命题"乐天知命,故不忧",两个命题,实可以看作是"忧—乐"尽性境界形成的纵横图。前者,是《易》对忧患之历史发生根源之深远寻求;后者,是以"乾元"之心性仁体贯通天人,入于"周游六虚"。无忧,则无作为;无作为,即无"生生之德",这是死寂,何来乐乎?乐不自生,而在忧中呈现自身;无忧之乐,非乐也。"忧—乐"是天人一体的心性圆融结构——忧,是乐之忧;乐是忧之乐;"先天下之忧而忧,后天下之乐而乐",先后仅是一个时间观念,而非尽性观念,此中之忧、乐却是一体圆融,这正如"一阴一阳之谓道"的内在理路一样,无"阴"之道,不是道;无"阳"之道,也不是道,只有阴阳融合、贯通才生道。若进而言之,《易》之极诣,是"穷理尽性以至于命"。此"理—性—命"是什么?与"忧—乐"境界又有何牵连?熊十力说:"此理、性、命只是一事。皆斥指本体而目之也。本体者(即仁体),万化之大源,是名真理(应是"理"——引者)。但以其在人而言,则曰性以其赋予于人,则曰命。穷理者,谓穷究吾人与宇宙万有所共同之真实本源也。尽性者,谓已证知此真实本源,即是在己之真性。则不可以小己之私蔽之,当率由吾性,以显其至善,而无所亏损,故曰尽也。至命者,谓此真实本源之赋予于吾人,即是吾之真实固己……至命,即复其本体,而吾之生命与宇宙大生命为一。所谓游于无待,振乎无穷者也。"②要而言之:理,是仁体流引,成为万化之源;性,是仁体流行而止于人身(人获得"真实本源");命,仁体流行之真实本源赋予人者。"理—性—命"是心性仁体流引发用的循环结构,而贯通其中者,就是那个"本体"(仁体)。理,是就万化之源而言,成为一种客观存在;性,就万化之源通过人之环节而言,成为人之性;命,就万化之源赋予人而言,成为

---

① 熊十力:《读经示要》,第133页。
② 同上书,第126页。

命令。当此三联式循环时,此"命"则又成为宇宙的大生命了。生生不息,循环无穷,故熊氏又说:"经学要归穷理,尽性至命,方是哲学之极诣。可以代替宗教,而使人生得真实归宿。盖本之正知正解,而不杂迷情。明乎自本自根,而非从外索。"①所谓中国哲学之极诣,便是心性仁体在"理—性—命"(穷理—尽性—至命)循环结构中之大贯通,且有"自本自根"的功能,故不似宗教而胜于宗教,成为人生的真实归宿。由此"极诣"而统摄"乐天知命,故不忧"之大思路,其也必然汇合于"穷理—尽性—至命"之循环结构中,此即天人一体也。在此循环结构中,人之真正使命是什么?就在于凝定一个自足而又生生不息的"忧—乐"圆融的心性境界,使人之心性"日新又日新,苟日新",以"忧"开拓大千的"乐"世界,以"乐"思虑、反顾"忧"的无尽深渊,此即成语曰:"居安思危"(安则乐;危而忧)、"防微杜渐",知此而达成心性"自强不息"的人生归宿。由此可清楚地见出,此"穷理—尽性—至命"三联体确由两个方面达成:一是内蕴之整合:"理—性—命";一是功能之整合:"穷—尽—至"。前者以物(天)言,后者以人(心)言。故此等"天人一体"才是阔大通透而明亮的"天人一体",中间毫无阻碍与阴影,真"仁体"流行也。

此外,《易》中牵涉到"忧—乐"问题者,尚有"《比》乐《师》忧"之第三个命题。王弼注曰:"亲比则乐,动众则忧。"这是中国心性文化的中和精神,侧重于日常人际关系"以人为善,以和为贵"。人际中一旦和善相亲(《比》),那则是乐;一旦兴师动众相互打斗(《师》),此即是忧。此等"忧—乐"的日常道德行为,也可被统辖于"乐天知命,故不忧"的大框架中,唯有"乐天知命",才能有《比》之乐,也才能免于《师》之忧。人如果不通于"乐天知命",那与禽兽何异也。

《四库提要》曰:《易》包众理,事事可通。《易》确是中国心性文化中之哲理要义宝库,故智者哲人皆曰:《易》为五经之源。由此可见《易》在六经中以及全部中国文化中的重要意义与深蕴包容。我们欲在中国文化中寻找对应于西方美学的学科形态,就首先应该在中国文化基石的六经中,尤其《易》经中去寻求。依上文之所述,中国之美学形态者,实是"乐"学也。此"乐"字是严依《乐记》之"礼—乐"结构而言,但其一体之双融结构,则首先是"忧—乐"(哀—乐)结构。"忧—乐"(哀—乐)属异向相融结构,"礼—乐"属同向相长结构。前者,

---

① 熊十力:《读经示要》,第125页。

侧重于仁体发用流行之纵向性的历史循环结构（故"作《易》者，其有忧患乎"），见出心性仁体贯通天地之循环性；后者，侧重于社会实践生活之德性循环结构（故礼辨异，乐统同/礼是道德规范，乐是心性状态），见出心性仁体之横向性的社会行为规范。熊十力说："乐出性情之和，礼本性情之序，故礼乐之原，一而已矣"，"制礼作乐是仁术也。"①此命题强调了礼乐本于一原，是一种"仁术"，故也是以包涵"忧—乐"之境界了。不难看出，从《易》之"忧—乐"一体圆融结构，进向《乐记》之"礼—乐"一体圆融结构，此是历史之必然，也是圣道之双向"尽性"过程。不管是"忧—乐"结构，还是"礼—乐"结构，都是同质之"尽性"结构，皆"是仁术也"。此外，从《易传》可知，唯一能免除"忧患"者，即在"德"性之行为中，故"《履》者德之基也"，此《履》，即礼也。上文说到，唯以九卦之德才能免除历史性之忧患，朱子在《周易本义》中注曰："《履》，礼也。上天下泽，定分不易，必谨乎此，然后其德有以为基而主也。《谦》者，自卑而尊人，又为礼者之所当执持而不可失者也"。德即礼也。亦即化忧为乐，唯德与礼也。"忧—德—礼"皆仁术也，都是尽性之过程环节，唯"乐"才是尽性之终成环节，即效应环节，故孔子《论语》曰："兴于诗，立于礼，成于乐"，唯有如此才能产生朱光潜和宗白华称谓的"奠定中国古代美学基础"的《乐记》。故《乐》学之学科形态于中国心性文化的历程中必然得以确立，此是中国心性文化中的"尽性"之学。

回顾近百年来，西学东渐，在我们这里普遍地形成了《西方××学在中国》的殖民局面，就美学来说，就是"西方美学在中国"。其运转之主轴便是影响深远的空泛的"真—善—美"之三分一体说，"真，是合规律性；善，是合目的性；美，是真与善（合规律性与合目的性）之统一"。若以此三分一体说，去套在中国心性文化中（六经中，尤其《易》中），那则是一场游戏或荒谬。在二极之双融"尽性"一体结构中（"忧—乐"/"礼—乐"），何来三分一体说？而那"美"字又从何方、何时才能说及？中国心性文化所求取的，是二元双融（圆融）境界说，是一种由圣人而来的"尽性"观念（二向性交融的尽性观念），而西方则是造物塑型之三分一体说；前者，是就心性仁体之发用流引而言；后者，是就造物塑型之物态化结果而言。二者之路向迥然大异：一是向内之心性人事问题，一是向外之造物塑型问题。西方之美，是对物态形式之静观，在大脑中之反映，是美

---

① 熊十力：《读经示要》，第39页，第49页。

感;中土之乐,是仁体流行之心性圆融,通乎天地,融乎全身之"尽性"方式。不管是从广度或深度来说,"乐"比"美"要阔大、深蕴得多,中土之"乐"学形态,完全可统辖西方之美学形态。时下之潮流,是照搬照仿,以那个"美"字(或"感性意识"、"艺术意识"等等),在"似是而非"中建立学科形态,这是极不可靠的。中国当代学人们早当细细反思崔颢的诗句另求出路了:

日暮乡关何处是?烟波江上使人愁!

三、牟宗三论美学形态之"移花接木"说

牟宗三先生(1909—1995),毕生从事于康德哲学与中国心性哲学之汇通,成为难以企及的一代大师。创作—讲述—翻译,三管齐下,成为当今学术高峰之"整全"世界。

牟氏对美学之真正关顾,是比较迟的晚年,他直言自己对美学不感什么兴趣,原因在于它不是"建体立极"之学,仅是人之一种悠闲"休息状态"而已。"我本来不想翻译第三批判,因为我对于美学没有多大兴趣。这个不是做学问的可以用力处。"(《康德美学讲演录》第七讲)但他为什么又"急起直追"呢,原因也许有二:一是康德三大批判毕竟是一个整体,是一个完整之先验哲学大系统,若缺少第三批判,则成残缺矣。他早已先后翻译完康德第一、第二批判,又分别撰写了《现象与物自身》、《圆善论》等著作,以前者来"消化"第一批判,以后者来"消化"第二批判。但尚缺少翻译第三批判,以及"消化"第三批判之作品。而全面汇通与消化康德之宏大心愿,又使他无法安闲了。二是一种偶然刺激、感悟,"宗白华先生翻译康德的《判断力之批判》上半部,但不达。韦卓民翻译下半部,也不达,但译得比宗白华好,能表达一些,宗白华则一句不达。我不能说他德文不好,但他译做中文则完全不能达意……","宗白华讲美学是辞章式的方式,是在诗评品题中烘托出来的,这不算美学。康德是概念式的义理的讲法,而且是专门套正康德他自己系统中的美学。你不了解康德的思想方式,不了解他的辞语,你翻译第三批判是不自量力"。[①] 品评同行之是非,是知识分

---

① 牟宗三著,卢雪崑整理,杨祖汉校:《康德美学讲演录》(第一讲),文载《鹅湖》月刊,第34卷,第11期(1989年4—5期)。

子之习性,但品评之真实及其合理之程度,需历史考验之客观确证。笔者也不想介入此类译事之议论。但牟氏在这里却提出了一个极为重要的翻译原则,尤其是翻译康德哲学,到底是"辞章式的方式"为当呢? 还是"概念式的义理的讲法"为当呢? 前者讲究辞章(句)之通顺畅美,后者讲究"义理—概念"之切合(译事极难两全其美)。这又是中国"五四"时代译界之原则"信雅达"的老问题了。但不管怎样,牟氏于高龄之晚年,最后又全力译完第三批判,且作了两次系列演讲,撰写了译著卷首之"商榷"长文,确是作出了重大的贡献。

牟氏在翻译第三批判时(过程中,或初稿译毕之后),为了"消化"第三批判,作了两次系列性演讲,待第三批判正式出版时(1993 年),则写成了长达数万言的"商榷"论文附于卷首。牟氏第一次演讲(共九讲)是 1989 年 4—5 月在台湾"中央"大学(第一讲至第六讲),第七讲至第九讲在台北《鹅湖》杂志社,时间是 1990 年 5、6 月间。这些讲演,均由卢雪崑整理,杨祖汉校正,先后发表于台北《鹅湖》月刊上(总号第 407 期至 416 期),后收集成册为《康德美学讲演录》;牟氏第二次演讲(共 16 讲)是 1990 年 9 月至 1991 年 1 月间,讲授于香港新亚研究所,亦均由卢雪崑整理、杨祖汉校正(刊出于同上杂志总号 303—310),后收集成册为《康德第三批判讲演录》(两次讲演录达 30 余万字)。牟氏之两次"讲演录"和卷首之"商榷"长文,即组成牟氏"消化"第三批判之全貌。查牟宗三全集(共 32 卷),未见收集这两次"讲演录"。因此本文之所述,则侧重于"讲演录",以窥见牟氏更多真实的东西。

牟氏之两次讲演录(尤其第一次)与附于译著卷首之"商榷"长文,有何不同呢? 其根本区别在于:为了理论逻辑系统之谨严、畅通与重点突出之需要,"商榷"长文独占优势,一切都为了——以"贯通"代替"沟通"(第三批判是以"目的论"沟通"自然—自由〈道德〉"两界,牟氏拒"沟通",而用"贯通",此即真美善之"合一说"。详见劳承万著《中国古代美学(乐学)形态论》导论篇)。严谨理论之需要,往往"杀伤力"极大,把讲演录中那些别开生面、摇曳婆娑、多姿多态的"理论景点"、"智慧火花",全部一扫而光;给读者的亲切感、性灵感也随之风吹云散。这正如花园管理工,为了整齐美观,必须对婆娑多姿的花树,进行剪枝削叶,殊不知,此即削剪了独特的绿色生命。笔者所叹惜者,即此也。"讲演录"是什么? 用牟先生自己的话来说,就是"坐下来随便谈谈天,也可以谈一两个小时"(《康德美学讲演录》第七讲)。故"讲演录"的情趣、性质、洞见、智慧火花,全在这"谈谈天"的情境中透出,牟先生特说这是"坐下来"的——"随便"的——一谈便是"一两个小时"的——谈天。从中我们窥见什么?一、学术之谈天能至一两小时者(尤其面对莘莘学子),浅陋之辈能行之,非大智大慧不可也;学术之谈天,绝异于学术之逻辑论证,它海阔天空,忽如雷雨大作,忽如杨柳飞絮;古今中外,无所不包;它虽"杂而乱",但却有学术大慧之题旨灵妙地牵连着,使之万变不离其宗,让读者全副身心广受其益,故中国俗语曰:"与君一席谈,胜读十年书。"二、"谈天"之所谓"随便"的、"坐下来"的,即脱去了一切讲堂之常规、习气,脱尽一切束缚和忌讳,乃至一切装饰与虚伪;放松全副身心灵魂,让"天机"如行云流水,随地赋形;与听众心心相印,灵性交流,达至一片壮观:大智大慧、学术洞见,皆虎头而又龙尾不断跃动……这也许就是孔夫子的"寓教于乐"的另一种方式吧。

以上是"题外话",回到主题上来。

1. 美就是美,不可说——美之神秘性。

"美就是美。美究竟是什么东西?这最难了解。我到现在还不能了解美是什么东西,这个真是不可说、不可说。"(《康德美学讲演录》第八讲)

"康德只是告诉我们审美判断的四个 moments(契机),但没有告诉我们,这个美究竟在哪里,甚么是美。这个想不通,这个是神秘,愈想愈想不通……美不在内(人心之内——引者),也不在外(客观对象——引者),也不在两者中间。而美也在内,也在外,也在两者中间。这就是神秘……谁也想不通,所以审美是神秘。"(《康德美学讲演录》第九讲)。牟先生由于对美学不甚感兴趣,加之又有强烈的时代感,"吾意无意译此书(第三批判),平生亦从未讲过美学。处此苦难时代,家国多故之秋,何来闲情逸致讲此美学?故多用力于建体立极之学。两层立法皆建体立极之学也。立此骨干导人类精神于正途,莫急于此世"(第三批判"译者之言")①。故其得出一个与康德美学原义有别的"审美神秘"论来。这不是牟氏的随口所出,而是发自肺腑的深虑之言。抓住这个"审美神秘"论,即可以理清牟氏在"真美善合一说"中之失误及其智慧火花所照明的新路向。所谓失误者,指在"真美善"三分一体结构中,真与善皆透明如水,唯有美"不可说",那么这个完美的"一体结构"便必然有破裂之处了。此处尚

---

① 康德著,牟宗三译:《判断力之批判》(上册),台湾学生书局1993版,第10页。

未理顺,而又趋于论述它们的合一说,这"裂"缝必然越来越大。难道这就是一种珍贵的超越逻辑的"难得糊涂"么?在译著卷首之商榷长文中,牟氏对美的定义曰:"分别说的美指自然之美与艺术之美说","美则是由人之妙慧之静观直感所起的无任何利害关系、亦不依靠任何概念的'对于气化光彩与美术作品之品鉴'之土堆(以陆象山"平地起土堆"喻之)。"此定义,除了重述康德审美四契机中之三个契机之外,便是保留讲演录中之比喻语言"对于气化光彩与美术作品之品鉴"。思想中的那个"神秘"说,并未消除。正因为始终都有这个"神秘"说的阴影拖累着,造成后来关于"合一说"的多种想法,甚至在举棋不定中,只捡了芝麻,而丢掉了西瓜(详下)。概而言之,如果不在大脑中彻底激活这个"美"字的潜能、活力,乃至相近而转译,从各个角度、各个维度去审视它之"妙慧"真面貌,那么,随后之"合一说"也必然异途而歧向。

2. aesthetic(美学/感性)这个字与丹麦哲学家齐克果之"生命发展三阶段"论以及孔子的"兴于诗,立于礼,成于乐"之关系。

"我提醒大家注意,aesthetic 这个字很麻烦","什么时候西方人用 aesthetic 这个字代替美学呢?英美方面都是 taste(品味),凡是讲到美都是用 taste 这个字,不用 aesthetic 这个字。Aesthetic 成为一个学名,代表一门学问,叫做美学是从德国人鲍姆加登开始。Aesthetics 这个字亚里士多德的时候就使用,我们平常也经常使用这个字,那都不是美学的意思","比如丹麦哲学家齐克果讲人的生命发展三阶段,第一阶段就是 aesthetic,这个地方就不能译作美学。第二阶段是宗教 A(ethics)。第三阶段是宗教 B(religion),宗教 B 是真正的宗教,那是 religion","宗教 A 就是道德本身的意义,代表胜利。这很有道理,这是古今中外所同然……因为道德这个阶段代表扭转的阶段。扭转就要奋斗、斗争。斗争的力量就是意志的力量……扭转什么?……就是从感性的阶段扭转过来,使你的生命服从理性","人不能离开感性,但不能以感性作主宰(否则便是"堕落"——引者)","第三阶段是宗教,信仰是意志的弱化"(《康德美学讲演录》第八讲)。

以上是牟氏从词源学之考察开始,进向齐克果之"人生三阶段":aesthetic—宗教 A(道德)—宗教 B(宗教本义)。目的是要把美学还原为一种平平常常的感性之学,而非英美人之 taste(品味)。牟氏要"正本清源",在"防邪归正"中,把"美"(美学)之神秘性消解掉,还它一个确切的品性和地位,然后才能把其"合一说",引向新途。于是他顺水推舟,走向了合一说之新境地。"依照中国的讲法,类比这三个阶段,就是孔子说,'兴于诗,立于礼,成于乐'","'兴于诗',也在开头,那么你从'兴于诗'了解齐克果所言第一阶段 aesthetic 的意思,aesthetic 就相当于诗的兴发阶段。所以一般的讲法,aesthetic 是感性的阶段。第二阶段的道德就是感性扭转过来进到理性。进到理性,正是立于礼。人要在礼中站立起来,这话很有道理……立于礼,显然是道德阶段","'成于乐'呢……乐代表谐和。这才是真正的美呢,美在<u>最高境界</u>这个地方。'成于乐'是大和谐,这是中国人所向往的,用普通的话说,就是大团圆","所以'成于乐'才是康德所说的审美判断所担负的那个责任。美学应当在(人生)最高阶段,不是在开头阶段(即 aesthetic 阶段——引者按)。要是放在人生开头阶段,而名之曰 aesthetic,这个 aesthetic 不是美学,是感性。要是取美学的意义,那在'成于乐',在'成于乐'这个地方就是康德美学判断所讲的最高境界。"(《康德美学讲演录》第八讲)此是牟氏的大慧。

牟氏由 aesthetic 之词源学考察开始,途经齐克果之人生三阶段论(感性—道德—理性),而跃迁到孔子之"兴于诗,立于礼,成于乐"三联式。这三大步,跨得极其高远,真不啻是学海泛舟中的伟大舵手。在 1990—1991 年的《康德第三批判讲演录》(第十三讲)中,他则集中谈了以"乐学"来代替"真美善"之合一说。其曰:"王艮有一首《乐学歌》,王阳明也有一句话:'乐是心之本体'(《传习录》中)……以乐作主,乐就是本体";"先分别地讲什么是真、什么是善、什么是美。然后合一讲,往上转把真化掉了,把善化掉了,把美也化掉了。那个时候,本心当然是乐";"心就是道,乐就是心"。然后又接而讲"孔颜之乐",曰:"'吾与点也',我们叫这种境界做'曾点传统',这就是孔颜乐处的传统。泰州学派之言<u>乐的境界</u>就叫做<u>孔颜乐处</u>的传统。"由此看来,牟先生学思中围绕这个合一说,是大力搜索了一番的,先由宋儒的土堆"平伏下去"、四无句(无心之心则藏密,无意之意则应圆,无知之知则体寂,无物之物则用神)所示之"无"境等等,而返回到"孔颜之乐",再由此而转出"乐是心本体"之"乐学"等等,实开一大思路也。以上皆是牟氏企图以中国民族的大智慧来"消化"康德美学的重大设想(即智慧方向的转换)。笔者认为,在以上之三大步中,虽然还有很顽强的西方(康德)理性惰力之拉扯,一、二两步仍是西方人之智慧使然(应该说"兴于诗",不等同于"感性阶段";"立于礼",也不等同于"道德阶段",中土之心性文化流程,与西方之认识论程序有根本之区别),唯有第三步之全力一跃,才是中国民族的智慧促成。在牟氏之美学思想领域中,实是西方渠道(智慧)与中土渠道(智慧)两股不同渠道之交互纠缠、撞击,起伏不断而已,故他之真美善合一说,到底是"合"于中,还是"合"于西?从表面说,无疑地是要"合"于中,他的态度是分明的。但这个跳跃式(联想式)的"合"之方法,仍是一种灵光之闪动,而非以中土心性哲学为根基的系统理论的证成,更非中国文化智慧在美学学科形态"根—干—枝叶"层序上的自然生成。这样说,并不抹煞牟氏在中西方美学学科不同形态上的体验与感悟(顺便指出:真美善之分别说,实际就是西方形态;真美善之合一说,本来应是中土形态,但由于牟氏仍坚持真美善三分,尤其执着"美"字不能转译,凝固于西方之"美"字上,因而失误),下面再看牟氏之深刻而又矛盾的分析:

"独立讲的科学代表真,独立讲的艺术、美术代表美,独立讲的道德代表善。中国人独立讲道德还可以,理学家独立讲道德有成就。但独立地讲的真没有;独立地讲的美没有。这是个毛病。中国人在 taste(品味)这方面,在诗词歌赋、艺术方面成就大得很,如何从美学的观点把它建立起来,独立地讲美呢?这个要费点劲。……中国人对分别讲没有多大兴趣,儒、释、道三家讲合一说的兴趣很高。合一讲就是同时即真即美即善,中国人合一讲的境界很高。在佛教就是禅宗;在道家就是庄子;在儒家就是天理流行,就是孔子所说的'兴于诗,立于礼,成于乐'。最后一定是成于乐。"(《康德美学讲演录》第七讲)牟氏之真知灼见,如群星闪动,但"月光"、"星光"又难以寻踪、厘析清楚。中土智慧时刻在涌动着他,但他却无法把这个西方人之"美"字从根源上转译成中国人之"乐"字,致使他的颖思纠合难分而起伏不断,中西"卫星"之对接未能成功。惜哉!惜哉!

以孔子的"兴于诗,立于礼,成于乐"之三联式,及其以最后之"乐"字去统辖西方之美学(不管是分别说,还是合一说),应是牟氏学思中之大卓识(尽管牟氏对孔子三联式的解释,是西方思路,不是中国文化思路,但仍是大师卓识),两次讲演录(1989—1991年)都提得十分明白,第一次(1989年)讲演录,即有良好开端;第二次讲演录(1990—1991),不但没有减色,反而由"曾点传统"而及乎"孔颜之乐",再转入王心斋之"乐学歌"、王阳明"乐是心之本体"——心性之乐的通途,一大景观也。至1993年正式出版的第三批判译著卷首之"商榷"长文,则几乎全都消失了,仅剩下陆象山的"平地起土堆"、王龙溪的"四无句"、《易》之"天垂象见吉凶"等等比喻词标示中土智慧之大方向。牟氏在中西哲学相会通上之贡献真可谓大之又大矣,然而在哲学之美学相会通上,却未能捅破"美—乐"间的一纸之隔,然后返回到"乐"之发生本根上,寻求其极富生机之学科形态,使其美学成就失之交臂矣。

绝代大师的教训,应该足以惊醒那些仍沉睡于"美"中去建构中土美学学科形态的学人们——此路连牟宗三都走不通了,何不早早"回头是岸"?

3. "道平行而不相悖"——"贯通"何须管"沟通"。

牟先生是以中土的观念(成于"乐"之境界),提出其"贯通"说的。他一方面以"贯通"说将西方真美善分别说消解掉,另一方面,又以"贯通"说,提出其"真美善之合一说"来,这就是"贯通"说之一体两面。

牟先生的中心观点是:否弃康德以美作为中介环节来"沟通"真与善的(即以第三批判来"沟通"第一批判与第二批判之关系的),认为"沟通"是行不通的;因之,他不再按西方观念,而是掉头转向中土,搜索一切所谓"最高境界"观念[真如/四无/平地起土堆(土堆平伏下去)/"兴诗—立礼—成乐"(大团圆、大和谐)……]将西方真美善之分别说[真是科学知识/善是道德创造/美是taste(品味)]、乃至审美之普遍性、必然性等等一律统入中土之最高境界中(一个大口袋),令真善美各自满足,达乎西方人的逻辑自足律(内涵与外延等价等值),此曰"贯通"说。所谓贯通者,就是在此最高境界中,"真无真相,善无善相,美无美相",但是亦真、亦善、亦美。三者皆是"真如"(一如)之境界也。应该说,这绝非康德第三批判之思路,仅是中土观念之使然。

牟氏弃康德之"沟通",而取中土的"贯通",笔者认为这是一种奇妙的"移花接木"法,即以西方的"花"对接于中土的"木"上。这不是真正的有机嫁接法,只能使"花—木"两枯萎而已。西方之花,因失去其"沟通"之本根,必然会误入歧途,"反认他乡是故乡",失去鲜活的水分与奶汁;而中土的树兜树干,顶接着西方的异体之"花",使自身待发的花枝无法绽放,难以贯注而成全为一体。牟氏把这种中西转换法,又叫作智慧方向的大转换。笔者认为:这仍是一种卓识,只是不彻底而已。而所谓彻底,就应该是让西方的花不要脱离它的根、干、枝、叶,做到有根、有干、有枝、有叶、有花,这才是其西方的生命形态;同样,让中土的树,也能生成自己的根、干、枝、叶和花,才是中土的生命形态。而真美善之分别说纯然是西方的"花",其合一说,则纯然是中土的"根"。这便造成了西方失去下半截,中土失去上半截的两残现象。笔者始终认为,西方之下半截,牟氏也是耕耘得很深的(对目的论之追踪分辨,是非常清楚的);对中土的上半截也是得心应手的(对中国民族 taste 之感受是很深的)。但为何终于没有让中西各"花开两枝",而又各有其根,一定要"移花接木"呢?全部关键就在于"美—乐"一纸之隔,牟氏始终认为"美就是美","不可说",故本文特引述牟氏如此看法,以见其对于"美"字的执着(牟氏在词源学上对 aesthetic 与 taste 之分别考察,真可谓用心良苦,谈中土之美,也揪着庄子的"备于天地之美,称神明之容"),他总想在"美"字身上挤出如"真"、如"善"一样清晰的概念与灵魂来,这怎么可能呢? 真,属对象(物)相;善,属主体(道德)相;牟说,美,既不在对象,也不在主体,也不在对象—主体间,然而却又在对象、又在主体,又在对象—主体间。牟氏的这种"不在—又在"观念,大大失去了其一体结构关系中"真—善","兄弟"之本性与规定了,尽管其说也有一定的真实性,但那是"油手抓泥鳅",除了"滑"之外,一无所得。在牟氏是坚守在"真善美"概念之主航道上,以真善开路,然后强探力索,企求以"真善"之概念规范性来获取"美"之本相及其概念圈之伸延与界限的。此地正是一大"雷区"。康德无疑地是依循"美—崇高—美是道德的象征(目的论)"三联式之主航道去追寻的(见第三批判上册之结尾处。这是一种逐级转译,由自由美到依存美之过程)。其间当有诸多转折,但最后以"目的论—人是目的—道德目的—道德神学"之转折环节,既完成美学学科的探索,又使三大批判最后在"目的论"中统一起来。这便是康德美学的"下半截"。而牟氏由于对"美"字的强固执着(连康德的"崇高—壮美"都否定为美了),所以把康德美学"下半截",便视作一块不长花叶的矿石之地。故必须掉头转向中土寻找一块肥沃滋润之地,作为坚实的依托基础。

牟氏说:"《康德判断力之批判》有两部分:一部分讲美,另一部分讲最后的圆融。讲到目的论判断就是最后的圆融。康德的系统到这里就完成了,他所完成的最后的圆融就是道德的神学。"(《康德美学讲演录》第三讲)牟氏是很懂康德的思路的,但为什么又不赞同其沟通法呢?这就牵涉到对康德"目的论"系统的理解了。牟氏认为,"目的论"概念,不属审美判断,康德强力挤入一个"目的论"来,那是无法解决"沟通"问题的。牟氏之此等理解,带有相当的类型性和普遍性,亦是西方哲人为何读不懂第三批判的原因。若以纯理而论之,则必浩繁难收,还是从客观之实际出发吧。在这里,歌德(1749—1832)的看法则有解谜的作用。歌德在《新哲学的影响》一文中说:"后来我得到一本《判断力批判》,而我一生中最愉快的时刻都应归功于它。在这本书里我找到了我的那些井然有序的极其多种多样的兴趣:对艺术作品和自然界作品的解释是按同一方式进行的,审美的和目的论的判断力是相互得到阐明的。"①这里的关键问题仍然是"审美的和目的论的判断力"二者间的关系问题。一般哲人皆谓"审美的"和"目的论"的实属两码事,是无法接合起来的,然而歌德却"独上高楼,望尽天涯路",认为"审美的和目的论的判断力是相互得到阐明的",即"对艺术作品和自然界作品的解释是按照同一方式进行的"。所谓"艺术作品",是人按照审美判断力来完成的;所谓"自然界作品"(中国人曰:鬼斧神工/天衣无缝之物),是大自然界按照自身之生命"目的"去完成自己的,"松竹梅兰"四君子,皆分别按照自身之生命"目的"去发芽、生根、长叶、开花,代代如此,美不胜收,令人叹绝。其"美"不是由人工而来,而是自然界按其"有机生命目的论"(黑格尔特别注重康德这个"有机生命目的论",但未作揭示其体系的阐释。这是过渡到"人是目的"的中介环节)而来之"美"。由此即可得出宇宙间的两类美:艺术作品之美(以人之审美判断力完成者)/自然界作品(松竹梅兰)之美(是自然界按自身生命目的论完成自身形态者)。但艺术作品的美(画松竹梅兰者)又多是吸取了"自然界作品"(松竹梅兰)的形态、性灵而来,此曰:艺术之源泉。何谓两类作品"按照同一方式进行"?这个"同一"指什么?就是"人工美—自然美"之根源同一性(皆属"反省判断力")。自然界(主要指有机自然界)按自身生命之基因秩序发芽开花结果,完成自身的生命历程与形态,这本来是一件习常而又极平凡的事(种瓜得瓜,种豆得豆,决不会种瓜得豆,种豆得瓜),从亚里士多德之"四因说"开始,便创立出一个"目的因"(目的论)来,以之统辖西方文化之灿然。故目的论者,事物自身之生命基因设计程序也。生命"目的论"之美,是天生之美(鬼斧神工)。莱布尼兹曰:世界上之树叶子没有一片是相同的,亦是"艺术作品"之美(人类审美判断力)之根本源泉也。歌德不但是一个伟大的旷世诗人、艺术家、哲学家,而且又是一个伟大的光学家、科学家,只有此等智慧之"双料贷"(艺术家、哲学家/科学家),才能真正把握住"审美判断—目

---

① 转自[苏]古留加:《康德传》,商务印书馆1992年版,第206页。(又见[德]恩斯特·卡西尔:《卢梭·康德·歌德》,生活·读书·新知三联书店1992年版,第119页。)

的论判断"相互沟通之真谛,故卡西尔说:"对于歌德来说,理解康德哲学的钥匙,正是《判断力批判》。"①而单纯的艺术家、哲学家,只能熟悉审美判断力;唯有兼而为科学家者,才能在自己的大脑深处打通审美判断力到目的论之大通道。在第三批判中,康德拿出一个"目的论"来,既完成美学学科形态之建构,又最后又把三大批判统一起来,说明康德不但是一个天才艺术家、哲学家,而且首先是一个伟大的天体史数学物理学家(且得到恩格斯的高度称赞)。康德的创举在于:以西方文化传统中所没有的自家独创的"反省判断力"(西方有的只是判断力,又曰决定的判断力),逆向地去包括审美与生命目的论,使二者皆有自身之活力态,而又统辖于世界之"一"(道德目的)上。这便是"艺术作品—自然界作品"、"审美判断力—目的论判断力"之同一性。就此而言,康德确是一个独具"目的论"最高视界的"本体宇宙论"者:"艺术作品"的美,是艺术家在审美维度上实现其模仿"自然界作品"之"生态基因程序"(即自然"目的论")的产物,此可曰"艺术—目的论";"自然作品"的美,是自然有机体,在其"天工"维度上,实现其生命"目的论"的产物,此可曰:"自然—目的论"。因而,在自然作品与艺术作品之间,便可以双向贯通:既可以由审美判断力向目的论方向贯通,又可以由目的论向审美判断力方向贯通。

不过在这里要顺便说一下康德之目的论系统,它从属于康德自然天体史理论:宇宙世界的发展过程,先是机械论阶段,接着是自然界的有机生命阶段。机械过程,无所谓目的;自然界之有机生命过程,本来亦无所谓"目的",而只有"生命基因程序自觉自动地完成其自身"之过程与形态而已,康德称之为"自然目的"。此"自然目的"是过渡到人界之目的论之参照、启示,即中介环节。故康德又说,自然界没有什么目的,只有人才有真正的目的(启示于自然基因程序之完成过程)。人之目的必须进向"道德目的"——"道德神学"(目的论的最高的善),才是哲学目的论之最后完成。此一创举为何又能把三大批判最后统一起来?这就必须从亚里士多德的"四因说"说起。所谓四因:1.物因(潜能/质料);2.本因(实现/式因/形式因,吸取了柏拉图的"理念"论);3.动因;4.目的因(最高的善)。亚氏又说"本因"与"目的因"在最高境界上是合一的,即一个东西。康德之第一批判是处理"质料(潜能/物自身)—形式(现象/呈

---

① [德]恩斯特·卡西尔:《卢梭·康德·歌德》,第119页。

现)"之范畴知识问题;第二批判是处理"最高的善"(仍属先验理性)的道德实践问题;第三批判是处理宇宙世界二分(形式—目的)之两维问题:由形式处入,处理一般世俗之审美判断问题;由"目的"处入,既逆返沟通审美判断(自然界作品之生命基因目的论),又向前趋于世界之最后目的——最高的善。因为亚氏学说,"形式—目的"尽管是两个原因,但最后却融合为一个,体现最高智慧的原因。此即以"形式"实现"质料"(潜能)过程,这是一个无限过程。"形式"理性,是西方智慧的理想。康德先验理性,本质上是一种形式理性(对峙于质料/潜能)。而追求这类形式之灿烂"王国",就是西方人的最后目的,亦即最高的善。此即亚氏的形式因与目的因最终是一个东西的重大理论。(关于此类问题,笔者另有两篇长文详论。亦可参见劳承万《康德'自然天体史'视野中的先验哲学》,载《学术研究》2009年第7期)。

牟先生之失,是没有把康德之目的论与亚里士多德的四因说沟通起来,这是一大遗憾。本来,研究亚氏四因说是牟先生之拿手好戏,并著有宏富繁丽的《四因说演讲录》,这是失之交臂矣。

综合本节关于牟氏之论,即可见出:一、牟氏过分地强固执着那个"美"字,而不捅破它与中土"乐"字的相应、对峙关系,必然拉扯不绝、捉襟见肘。执着那个"美"字之花,在西方去寻找底层之根、干,康德说是"目的论"(目的论判断),牟说不可能,目的论沟不通,必须回到中土老家找"合一说",才能"贯通"。二、牟氏灵性闪动,以中土之"一如"、"四无"、"土堆"、"成乐"……做成其颇具气象的合一说之大底盘,以之安插分别说之西方花。此即上文所说,以西方真美善之上半截,安插在中土合一说之下半截之上,亦即把西方的花移接在中土的根子上。这是无法成功的,因为"花—根"对接错了,故这不是生命之存在方式。三、牟氏洞见了中西美学双方学科形态之"龙头"与"虎尾",各显其形态,尤其是中土之"虎尾"。西方美学之"龙头",牟氏把握得甚好,只是未辨明其"龙尾"在何处,发生了错觉(否定目的论与审美判断之内在关系),而歌德之看法,正好摆正了西方美学学科形态之龙头、龙尾关系;中土美学形态之"虎尾",牟氏亦把握得甚好,只是未能追踪于其"虎头"之气势,"虎头"、"虎尾"未能接合为一体,仅以"成于乐"为终结。若能以"成于乐"贯通于中土之六经中,沟通各种体用关系,如上文笔者之所论,此必是"虎头—虎尾"之一体猛厉形态。四、牟氏第三批判译著卷首"商榷"长文,除保留"一如"、"四无"、"土堆"之合一说外,"兴于诗、立于礼、成于乐"之大识,已风吹云散。足见牟氏之通盘思考尚未理清,处于纠缠不定之中。故欲建构中土美学学科形态,执着"美"而弃"乐",这不能不说是一大失误。何故?一如、四无、土堆平伏等等之合一说,有境而无根,是一个圆点,而不是一条生命奔流之线;远不如"兴于诗,立于礼,成于乐"之合一说,及其在六经中之核心流贯作用。六经,是中国人心性生命呈现之起点,亦是中国民族文化的真正开端。离开六经之源头,去寻求中土之学科形态,那将是很单薄的,也难以支撑起建构一门学科形态之重任。

总结本节所论,即泛说牟宗三之"真美善"合一说,既见其矛盾,又见其卓识与洞见,可惜者是"移花接木"不成功。然而就在其不成功处,也能窥见了成功之方向。那"兴于诗、立于礼、成于乐"之卓识,便是学科形态的一大闪光,但终于被其严酷的西方思维方式(真美善分别说之思维方式)所掩没了,这只能令人叹惜。应该说,牟先生之宏大、深远之学思,既可由其谨严之理论证成见出,也可由其"谈天"式的"讲演录"透现。前者,对训练读者的理论能力无疑地很有好处;后者,对启示读者的性灵,鲜有人能达到他的水平与深广度。故牟先生之《康德美学讲演录》—《康德第三批判讲演录》—"商榷"长文,三者实构成一个丰富多姿的牟氏学思整体。

牟先生"商榷"长文之结语曰:"人之渺然一身,混然中处于天地之间,其所能尽者不过是通彻于真美善之道,以立己而立人并开物成务以顺适人之生命而已耳(A)。张横渠所谓'为天地立心,为生民立命,为往圣继绝学,为万世开太平'之宏愿尽在于此矣(B)。"①这是一段有异常气象与诗哲饱满而又感慨的深刻结语,亦是"真美善"合一说,在牟氏灵魂中之诗化底蕴,但A点与B点不接合。何以故?即使是"通彻真美善之道"(西方人之道),也无法"立心—立命—继绝学—开太平";西方文化是造物塑型之理性文化、因果律文化,它只能"立学—立说—创造物质—开有限之太平",而绝做不到张子之所言。张载之言,是面对"天地—生民—往圣—万世"之"天道—人道"而言之。彼西方只见地而蔽于天,只见民而蔽其生,往圣与"真理"不相容(吾爱吾师,吾更爱真理):线性逐物只讲究"前—后"(学派)之别,何来积累性之"万世"观念?故张子之言,真不愧是中国心性文化的辉煌使命与归宿,亦是中国心性哲学、心性乐学的辉

---

① 康德著,牟宗三译:《判断力批判》(上册),台湾学生书局1993年版,第93页。

煌使命与归宿。而彼西方人之"真",成就科学;其"善",是知识的完善,创造道德(从属于目的论);其美,静观 Aesthetic(或 taste)且"不可说";其宗教,只创造那个上帝,仅此而已。又何能相较于中土之"兴于诗—立于礼—成于乐"之六经条贯一体精神呢!

中国人应该如此说:"人之渺然一身,混然处于天地之间,其所能尽者不过是——尽性、尽心而至尽于乐(知天)——以立己、立人并开物成务以顺适人之生命而已耳。"这是笔者之篡改,也许更有中国民族之灵气:"其所能尽者",只能是个体生命中之尽心、尽性(知天),而"真美善"之芜杂阔大世界,仁义心性何能"尽"之!

若以"尽心—尽性"之中国民族之"经"学精神,去"开务"西方智思之"真美善"世界及其学科形态,或反之,若以西方智思之"真美善"精神,来"开务"中国民族的"尽心—尽性"世界及其学科形态,这真可曰:"和尚拜错了庙。"唯一的办法是管好自家的"和尚",各拜自家的"庙"。

概而言之,中西文化归根到底是异质文化,若永远执着于西方的"真善美"(不管是分别说,还是合一说)去建构中土之美学形态,那只能是既貌异而又神离。唯有抛开西方之"真善美"之异质范畴,取向于中土之"诗—礼—乐"方向,那才有中土的美学(乐学)形态可言。

"至人无己"与"诸法无我"

——兼及中国古代文人对道、佛思想的接受差异

柳倩月

（湖北民族学院　445000）

摘　要：庄子"至人无己"思想与佛学"诸法无我"思想，从字面义上来看颇相契近，但实质上这是两种分属不同思想体系的观念，二者之间差别明显。中国古代文人对这两种思想观念的接受也存在差异，文人对"无己"思想的接受，比对"无我"思想的接受更为广泛深入。其原因主要在于代表本土原生文化的道家思想更容易理解和接受，而外来的佛教文化在向异质文化移植的过程中，也不可避免地要经过本土化的进程。

关键词：至人无己　诸法无我　文人接受　差异性

印度佛教进入中土之时，以老庄哲学思想为重要接穗，方能顺利移植并向中国化佛教转化，这说明老庄哲学思想与印度佛教教义之间颇有近似之处。但是，老庄哲学思想与佛教教义毕竟分属不同的思想体系，二者之间具有明显的差异性，它们在构成中国士人和文人的精神世界方面也产生了不同的影响。本文首先廓清人们对庄子"至人无己"思想和佛学"诸法无我"思想认识上的模糊不清，然后例析古代文人对"无己"和"无我"思想的接受差异，并追索导致接受差异的原因，从而进一步论证老庄哲学思想对中国文人精神世界的深刻影响。

一、"至人无己"与"诸法无我"的释义

人们在习读老庄哲学和汉译佛典时，受汉字本义理解的影响，不易将不同典籍中的"我"与"己"分开，尤其是庄子哲学的"无己"和汉译佛典中的"无

我",更容易混为一谈,这造成了对老庄哲学思想和佛教教义理解上的混乱。

《庄子·逍遥游》曰:"至人无己,神人无功,圣人无名。"这句话应视为《逍遥游》一篇的主旨,它明确地表达了庄子哲学的基本人格观。什么是"至人无己"? 郭象注曰:"无己,故顺物,顺物而至矣。"成玄英疏曰:"至言其体,神言其用,圣言其名。故就体语至,就用语神,就名语圣,其实一也。诣于灵极,故谓之至;阴阳不测,故谓之神;正名百物,故谓之圣也。一人之上,其有此三,故显功用名殊,故有三人之别。此三人者,则是前文乘天地之正、御六气之辩人也。欲结此人无待之德,彰其体用,乃言故曰耳。"① 归纳郭注成疏,"至人无己"可简要地概括为"顺物"和"无待"。这样的解释虽得庄学之总要,似仍不太符合于《逍遥游》原文语境。陈鼓应给予了另外的解释:"意指没有偏执的我见,即去除自我中心;亦即扬弃为功名束缚的小我,而臻至与天地精神往来的境界。"陈鼓应又引徐复观《人性论史》之论:"庄子的'无己',与慎到的'去己',是有分别的。总说一句,慎到的'去己',是一去百去;而庄子的'无己',让自己的精神,从形骸中突破出来,而上升到自己与万物相通的根源之地。"② 陈鼓应有援佛释庄的嫌疑,尤其"指没有偏执的我见"之句,几乎就是佛教用语,即使如此,陈注仍然明确易解,所以影响很大。考诸家之注释"至人无己",虽略有所异,均有一个共同点,即视"至人"(神人、圣人虽异名而实同)为最高的人格典范。结合《逍遥游》上下文,庄子所谓"无己",就是抛弃那个喜欢事事以自我为中心来比量万事万物,因而产生种种私心杂念和功名利禄之欲望的我,只有这样,主体才能进入超越万物,不依待于万物的"逍遥游"之境。《逍遥游》一篇的核心任务,就是要帮助人们树立"至人无己"的基本思想,以"无己"为根本,"无名"、"无功"也就能够递相达到。《齐物论》中所谓的"吾丧我",也正是"无己"之后才可能进入的境界。

"诸法无我"是佛教所谓"三法印"之一。"三法印"指"诸行无常"、"诸法无我"、"涅槃寂静",这是大小乘佛教的三大纲领,是整个佛学的理论枢纽[3],

---

① 郭庆藩撰,王孝鱼点校:《庄子集释》,中华书局1961年版,第22页。
② 陈鼓应注译:《庄子今注今译》,第17页。
③ 《成实论》卷一云:"佛法中有三法印:一切无我,有为诸法,念念无常,寂静涅槃,是三法印。"见大正32·243c;《妙法莲华经玄义》卷八云:"诸小乘经,若有无常、无我、涅槃三印之,即是佛说,修之得道。无三法印,即是魔说。"见大正33·779c。

"诸行无常"是说明世间一切现象都生灭无常的原理,这是世间现象(有为法)的特征;"涅槃寂静"是说佛陀为引导一切有情出离苦海,得证寂灭之境,故说涅槃的道理,这是宇宙本体(无为法)的特征;而"诸法无我"则通揽现象和本体,把二法结合起来,以破除迷执。所以在"三法印"之中,对"诸法无我"的理解尤为关键。

"诸法无我印"又称"一切法无我印"。佛教所谓"法"是"轨持"的意思,"轨"是说"法"有一定的范围与相貌,能够让我们知道它;"持"是说"法"能够保持它被我们知道的某种特性。这世间任何东西必然有一定的相貌,保持一个时候被我们知道,这就是"法"。"我"有两个意思,一个意思是"主宰",另一个意思是"常"、"一",即一直存在。"诸法无我"的基本意思就是世间一切"生灭法"都没有永恒不变的自性。"诸法无我"的理论基础是佛教哲学的"缘生性空"论。世间一切法之所以被称为"生灭法",就是因为它们都是因缘所生,缘聚而生,缘散而灭,一切"生灭法"中间并没有永恒不变的东西,没有永恒不变的自性,故而说"诸法无我"。包括人自身,也是世间一切"生灭法"中之一种,同样没有自性,因为人是色身和意识觉知之心的因缘和合之物,是色、受、想、行、识五蕴聚合的"假名我"。执著于"我"的人,以为昨天的我是今天的我,今天的我也就是明天的我,它没有改变,这叫做"常";以为这个我是单独一个的我,不可以有两个,这就是"一"。此意义上的"我"是否存在?佛说没有。常人不懂得这个道理,不仅以为诸法之中有永恒不变的自性存在,而且以意识觉知之心为真正的自己,这就是"我见",这是五邪见之首,一切大小乘都必须断除这个错误的见解。"诸法无我"是我们理解佛教解脱思想的关键,所以梁启超在《说无我》一文中强调:"佛说法五十年,其法语以我国文字书写解释今存大藏中者垂八千卷,一言以蔽之,曰'无我'。"[①]

二、"至人无己"与"诸法无我"的比较

庄子所谓"至人无己"和佛学所谓"诸法无我",这两种思想理论都力图超越世俗人生及有着种种俗见和成见的"我",来达成某种认识上的飞跃,这是二

---

① 梁启超:《佛学研究十八篇》,上海古籍出版社2001年版,第85—86页。

者的相似之处。正因为如此,佛教在传入中国的过程中,最初由于其义理过于晦涩生僻,僧人学者和习佛文人就采取了"格义"①的方式来理解佛学,即将更容易为国人所理解的老庄思想借鉴过来,特别是以发展了老庄思想的魏晋玄学,作为移植外来佛教的重要思想基础。但是,随着人们对佛教思想的理解更为深入,二者之间的差异也就凸显出来。后秦著名译经大师鸠摩罗什深感佛教在进入中国后被以"格义"解释的方式庄玄化,与佛教教义实相抵牾,遂开展了大量的译经工作。② 我们仔细分析庄子所谓"至人无己"与佛教之"诸法无我",可以发现二者之间的确貌合神离。

庄子之提出"至人无己",目的是为了达成主体精神上的逍遥游。在庄子的思想体系中,始终肯定着那样一个超越于功名利禄之上的精神主体,这个主体可以否定佛教所谓的"色我",甚至也可以在一定程度上否定佛教所谓的心智意识层面的"我执",但它通过"吾丧我"的方式肯定了一个超越于"旧我"之上的"新我",肯定了在这一个世俗的"我"之外还有一个超越世俗的"我",那个超越世俗的"我"神于天地之间,与天地万物为一,那是一个连鬼神也不能迫责的精神主体。这个"新我"就是"至人"、"神人"、"圣人",三者合而为一就是"真人"。庄子对这种精神主体的肯定和顶礼膜拜是无以复加的,"至人神矣,大泽焚而不能热,河汉冱而不能寒,疾雷破山,风振海,而不能惊。若然者,乘云气,骑日月,而游乎四海之外,死生无变于己,而况利害之端乎?"(《齐物论》)这样的精神主体就如姑射山上的神人,"肌肤若冰雪,绰约如处子;不食五谷,吸风饮露;乘云气,御飞龙,而游乎四海之外。其神凝,使物不疵疠而年谷熟。"(《逍遥游》);如大宗师,是对大道的积极赞美:"夫道,有情有信,无为无形;可传而不可受,可得而不可见;自本自根,未有天地,自古以固存;神鬼神帝,生天生地;在太极之上而不为高,在六极之下而不为深,先天地生而不为久,长于上古而不为老。"(《大宗师》)。

而佛教的"诸法无我",思维方式是不断地否定,目的是为了证成"缘生性

---

① 格义,即量度(格)经文,正明义理,也就是用中国固有哲学的概念、词汇和观念来比附和解释印度佛教经典及其思想,由此形成了"格义"式的佛教哲学。参见方立天《中国佛教哲学要义》(上),中国人民大学出版社2005年版,第32—37页。

② 鸠摩罗什以姚秦弘始三年(公元401年)冬至长安,十五年(公元413年)四月迁化。他精通西域文字和汉文,十余年中,手持胡本,诵译为汉文,广出妙典,博大精微。弟子中有道生、僧肇为特出者。参见汤用彤《汉魏两晋南北朝佛教史》,武汉大学出版社2008年版,第十章。

空"之说。佛教认为,"色"是物质和生理的现象,"名"是指生理的现象,能认识所有"名色"的,就是"识"。"识"与"名色"相对待相接触,这就是"因缘"。无"识"即无"名色",无"名色"亦无"识"。既然无现象界,也就不存在着一个可以超越现象界,或者说超越于于功名利禄之上的主体。佛教认为,如果执著于追求那样一个主体,就是执空为有,就是一种虚妄。梁启超曾对此进行详细分析:"今试问我在哪里?若从物质要素中求我,到底眼是我呀,还是耳是我、鼻是我、舌是我、身是我?若说都是我,岂不成了无数的我?若说分开不是我,合起来才成个我,既已不是我,合起来怎么合成个我?况且构成眼、耳、鼻、舌、身的物质排泄变迁,刻刻不同,若说这些是我,则今日之我还是昨日之我吗?若从精神要素中求我,到底受是我呀,还是想是我、行是我、识是我?抑或合起来才成我,答案之不可通,正与前同。况且心理活动刻刻变迁,也和物质一样。此类之说,所谓'即蕴我'(求我于五蕴中),其幼稚不合理,无待多驳。"梁启超接着又对那种求我于五蕴之外的"离蕴我"的认识进行破解,认为:"此类神我我,在事实上既没有绝对见证,用科学方法去认识推论又绝对不可能。佛认为是自欺欺人之谈,不得不严行驳斥(欲知佛家对于有我论之详细辩驳,可读《成唯识论述记》卷一、卷二)";"一般人所指为人格、为自我者,不过我们错觉所构成,并没有本体。佛家名之为补特伽罗 Pudgala 译言'假我',不是真我。要而言之,佛以为在这种变坏无常的世间法中,绝对不能发见出有真我。既已无我,当然更没有我的所有物。所以佛教极重要一句格言曰:'无我无所'。"[1]事实上,理解了"诸法无我"的基本性质和思维方式,我们就很容易理解《金刚经》所谓:"一切有为法,如梦如幻,如露亦如电,应作如是观,无我相,无人相,无众生相。"很容易理解《心经》所谓的:"诸法空相,不生不灭,不垢不净,不增不减。是故空中无色,无受想行识,无眼耳鼻舌身意,无色声香味触法,无眼界,乃至无意识界,无无明,亦无无明尽,乃至无老死,亦无老死尽。无苦集灭道,无智亦无得,以无所得故。"

---

[1] 梁启超:《佛陀时代及原始佛教教理纲要》(原题《印度之佛教》),见《佛学研究十八篇》,上海古籍出版社2001年版,第79—81页。

三、古代文人对"至人无己"与"诸法无我"思想的接受差异

众所周知,庄老哲学和佛教义理在中国文人的精神建构中起到了重要的作用,但是,由于文化思想本身的发展和变迁,不同文化思想之间的冲突和交融等原因,我们已经不太容易辨析清楚,究竟中国文人更多地受到哪种文化思想的影响。或者说,学界对中国文人接受道家思想和佛教思想的差异关注程度不够,这就可能导致一些不恰当的看法或结论。

庄子之"至人无己"思想与佛教之"诸法无我"思想之间的差异是明显的,从这一角度重新分析具有代表性的中国古代文人的行持和创作,可以发现,中国文人对庄子"无己"的思想和佛教"无我"思想的接受程度是不一样的。这里试以唐代的四个著名文人为例,来说明庄子"无己"和佛学"无我"思想的接受差异。王维、白居易、柳宗元、李白被公认为是受到了佛教或道家思想的影响,其中王维、白居易、柳宗元一般被定位为多受佛教的影响,而李白被定位为多受道家思想的影响。大体上看来,这样的定位似乎不成问题,但如果从庄子之"无己"和佛教之"无我"思想的角度来进行辨析,某些定位仍然值得商榷。

被誉为"诗佛"的王维,的确深受佛教思想的影响,可以作为接受了佛教"诸法无我"思想的一极。著名的《叹白发》一诗曰:"宿昔朱颜成暮齿,须臾白发变垂髫。一生几许伤心事,不向空门何处销。"这首诗打破了常规思维,以老与少之间的须臾转换,恰到好处地表明了人生无常的道理。《终南别业》中著名的诗句"行到水穷处,坐看云起时。偶然值林叟,谈笑无还期"是诗人看透世相虚幻不实,不再着相,不再着执,以一种随缘任运的心态闲居于终南别业的生动表现。《过感化寺昙兴上人山院》之"野花丛发好,谷鸟一声幽。夜坐空林寂,松风直是秋"是以动写静的名作,动与静对,不落一边,营造出了寂灭的心境。《北垞》"北垞湖水北,杂树映朱阑,透迤南端水,明灭青林端"则是表现色空如一的名作。除了大量诗作表现了佛教的"诸法无我"思想,王维的生平、一生行持,与他的诗歌创作也是相应的,所以佛教"无我"思想对他的影响无可置疑。

学者又认为白居易深受佛教思想影响,如胡遂《中国佛学与文学》一书就

提出:"白居易的佛学思想与行持实践则不仅代表了中国文人居士佛的特点,也代表了中国官僚居士佛的特点。"[1]但是,白居易曾自谓"栖心释梵,浪迹老庄"(《病中诗十五首·序》),所以他的思想具有相当的复杂性,需要具体分析。首先,白居易对于佛教的信仰并不虔诚,他一生的行持,和他在诗中体现的"亦莫恋此身,亦莫厌此身"(《逍遥咏》)"面上灭除忧喜色,胸中灭尽是非心"(《咏怀》)的思想之间存在着明显的矛盾。白居易在"兼济天下"之志难以达成愿望之时,就转向"独善其身",其"独善其身"的方式是耽酒枕琴、纵情风月,很难说这样的生活方式是白居易诚心向佛的证明。其次,佛教之"诸法无我"的思想是要破除人的各种执著,白居易虽然破除了兼济天下之执,却落入了独善其身之执。也就是说,在佛教思想"无我"的这个基本的原则上,很难说白居易有透彻的领会,佛教的"无我"思想并没有真正渗透到白居易的灵魂之中。对于白居易来说,佛教只是在其人生经验的基础上所找寻到的一剂疗救精神痛苦的猛药,它发挥的实际功能主要是明哲保身。再次,白居易事实上更多地受到了道家思想的影响,白居易曾说:"世间尽不关吾事,天下无亲于我身。只有一身宜爱护,少教冰炭逼心神。"(《读道德经》)"庄生齐物同归一,我道同中有不同。遂性逍遥虽一致,鸾凰终校胜蛇虫。"(《读庄子》)这些诗句完全可以视为白居易接受了道家思想的自白书。其实早在20世纪40年代,陈寅恪就提出白居易"外虽信佛,内实奉道","所谓禅学者,不过装饰门面之语,故不可据佛家之说以论乐天一生之思想行为也。"[2]学者苏仲翔《白居易传论》则认为白居易思想的二重性主要体现为,在从政方面的思想出于儒家,而在生活方面,却近于道家的放任自然。[3] 在老庄思想中,白居易尤其深受庄周思想的影响,他对《庄子》是熟悉的,譬如其《禽虫十二章》的小序说:"庄列寓言,风骚比兴,多假虫鸟以为筌蹄。故诗义始于《关雎》、《鹊巢》,道说先乎鲲、鹏、蜩、鷃之类是也。"[4]他对《庄子》之所谓的"道"也有独特的领会,如《求玄珠赋》一文就充分地发挥了《庄子·天地》的"玄珠"之喻。特别是庄子"至人无己"的思想,使白居易最终能够放弃对建功立业的追求之心,而选择了"独善其身"的人生实践方式。

---

[1] 胡遂《中国佛学与文学》,岳麓书社1998年版,第214页。
[2] 陈寅恪:《白乐天之思想行为与佛道之关系》,《岭南学报》第10卷1期,1949年。
[3] 苏仲翔:《白居易传论》,古典文学出版社1957年版。
[4] 《白居易集》(第三册),中华书局1979年版,第857—858页。

学者还认为柳宗元受到佛教思想的影响,并声称柳宗元是崇佛的文人。①但是,柳宗元是一个学者型的文人,本身就具有浓厚的批判精神,他对儒、佛、道文化都有批判和吸收,而学者多只关注柳宗元与儒家思想和佛教思想之间的关系,忽略了他与老庄道家思想之间的密切联系。如果注意到这一点,一些习以为常的评价就需要进行重新审视。首先,相对于力主排佛的韩愈来说,柳宗元对于佛教是批判性地接受的。柳宗元的确说过"吾自幼好佛,求其道,积三十年。世之言者罕能能其说,于零陵,吾独有得焉"(《送巽上人序》)。他的《晨诣超师院读禅经》、《巽公院五咏》等诗也和佛教有关联。但是,在《柳河东集》中,除了有一些抑佛的言论之外,没有多少诗文能证明他对于佛教达到崇奉信仰的程度。他与僧人交游、登临佛寺、谈禅说法,为高僧大德写碑铭等,充其量只能是当时文人受文化环境影响的一种正常的行为。而柳宗元对于老庄道家思想的接受,却达到了自然而然、水乳交融的境界。这可以从他的大量文章和诗歌中得到证明。柳宗元写有《辨〈列子〉》、《辨〈文子〉》、《辨〈亢仓子〉》、《辨〈鹖冠子〉》等文章,对道家典籍进行辨析,说明他熟悉道典。柳宗元还曾明确地说:"庄周言天曰'自然',吾取之。"(《天爵论》),认为写文章要"参之《庄》、《老》以肆其端"(《答韦中立论师道书》),又说:"庄周、屈原之辞,稍采取之。"(《报袁君陈秀才避师名书》)他的《设渔者对智伯》《愚溪对》《临江之麋》《黔之驴》《永某氏之鼠》《蝜蝂传》等文章的确颇得《庄子》一书的风采和神韵。《柳河东集》第四十二卷至第四十三卷,共收入柳宗元"古今诗"138篇,其中与佛教有关联的诗作并不太多②,与《庄子》一书的关联却更为密切。比如,有不少诗句直接化用于《庄子》一书,《同刘二十八院长》曰:"鹓翼尝披隼,蓬心类倚麻。"《酬娄秀才将之淮南见赠之什》曰:"好音怜铄羽,濡沫慰穷鳞。"《朗州窦常员外寄刘二十八诗见促行骑走笔酬赠》曰:"疑比庄周梦,情如苏武归。"《游南亭夜还叙志七十韵》曰:"鱼乐知观濠,孤赏诚所悼。"《龟背戏》曰:"庙堂巾笥非余慕,钱刀儿女徒纷纷。"③还有不少诗作实达《庄子》之旨,如《溪居》《秋

---

① 参见胡遂《中国佛学与文学》,岳麓书社1998年版,第180—213页。孙昌武:《柳宗元评传》,南京大学出版社1998年版,第320—369页。
② 《柳河东集》(上海人民出版社1974年版)中载柳宗元"古今诗"138篇,直接涉佛者仅有《晨诣超师院读禅经》《赠江华长老》《与浩初上人同看山寄京华亲故》《法华寺石门精室三十韵》《游朝阳岩遂登西亭二十韵》《构法华寺西亭》《戏题石门长老东轩》《巽公院五咏》等。
③ 以上柳宗元诗句均引自《柳河东集》(下),上海人民出版社1974年版。

晓行南谷经荒村》《冉溪》《行路难》《跂乌词》《笼鹰词》《放鹧鸪词》《渔翁》《读书》等等。其次，柳宗元最受推崇的《江雪》一诗，视为寄寓了幽深孤峭的禅意，《江雪》一诗是禅诗，几成定论。但我认为，这首诗与佛教禅宗没有什么关系，它更多的是发扬了庄子的"至人无己、神人无功、圣人无名"的思想。在这首诗中，一个超越的、不与世俗为伍的、个性鲜明的主体是被肯定的。从字面义来看，这几句诗写的是一个披蓑戴笠的老翁，傲视严寒，在冰天雪地里垂钓。从其隐喻义来看，一个孤独地挺立在天地之间的精神主体的形象却非常分明，这个精神主体超越了世俗间的种种困境。至于诗中"绝"与"灭"这两个字眼，很容易使人误以为是佛教的"寂灭"思想，其实，在具体的语境中，它们只是用来描写客体世界的寒冷萧瑟罢了。如果说《江雪》一诗中包含了禅意的话，那么钓翁的形象应该是与冰天雪地融为一体，但是，"孤舟"、"独钓"给我们留下的印象反而是钓翁与他身边的世界格格不入。所以，《江雪》一诗更多的是受庄子"至人无己"思想的影响。

在唐代文人中，李白是明显受道家思想影响更深的著名诗人，代表了文人接受道家思想的一极。从庄子的"无己"思想的角度来看，李白的人生行持、人格形象及其诗歌创作之间都是一以贯之地坚持和发扬了道家的"至人无己"的思想。首先，"无己"思想体现为对世俗人生中的自我进行超越。其次，"无己"思想体现为对自由个体的高度肯定。而这两方面，在李白的大量诗歌中都有突出的表现。由于学界对李白与道家关系的研究非常深入，这里不再展开论证。

通过以上四位唐代诗人的简要论析，对他们所受思想文化的影响的定位则应该重新表述为：王维主要受佛教思想的影响，白居易、柳宗元较多受道家思想的影响，李白主要受道家思想的影响。

四、"无己"、"无我"的接受差异之原因

上面以唐代著名文人王维、白居易、柳宗元、李白为例，实质上形成了一个中国唐代文人接受老庄思想和佛教思想的系谱。这个简要的系谱大略可以说明，中国文人接受老庄思想和佛教思想的程度存在着差异性，庄子的那种崇尚超越精神的"无己"思想更容易为中国古代文人所接受，而主张"桶底子脱"的佛教"无我"思想向文人内心渗透的过程则相对困难一些。其主要原因有二：

首先，老庄哲学仅仅是教人超凡脱俗，而佛教义理往往教人断念绝欲，这对于大多数中国文人来说实在是太困难；其次，生长于中国原生文化传统中的文人对老庄道家思想的理解更方便，而佛教思想则由于文化的异质性和极富于思辨，义理深奥，不太容易理解。所以，中国文人对老庄道家思想的接受，才更加深入骨髓。文人亲近佛教，除了一部分是真心皈依佛门，或者希望用佛教来疗救自己的痛苦之外，大多数仍然只是一种追随潮流的行为。

另一个中国思想发展史上的事实也不容忽视，即隋唐以后的佛教只能称之为"中国化的佛教"。中国化的佛教本身就融入了较多的老庄道家思想。虽然有一些僧人学者西行求法，希望中国佛教能真正续接印度佛教之精髓，但中国人总体上仍然较难于适应印度佛教特有的否定性思维方式，最终还是把印度佛教本土化，改造成了中国式的佛教。隋唐之后的中国佛教论疏，绝大多数仍然多引庄玄之语来阐释佛教义理。佛教在中国的不断世俗化的进程，更是使佛教与道教合流，变成了修道成仙、祈福禳灾的又一种渠道，这与原始佛教的基本精神更是背道而驰。① 因此，当代佛学者麻天祥认为，在中国佛教史上产生最大影响的禅宗，就是"纯粹中国化的，又是大众化的老庄哲学"；"典型中国化了的禅宗所谓的禅实际上是：一种意境，一种力图摆脱思维羁绊，超越相对，涵盖相对，游行自在的意境。"②除此之外，佛教禅宗的基本精神是"明心见性"，它明确肯定了"佛性"的存在，如慧能大师曰："菩提般若之知，世人本自有之，即缘心迷，不能自悟，须求大善知识示道见性。"③"善知识！见自性自净，自修自作自性法身，自行佛行，自作自成佛道。"④"善知识！摩诃般若波罗蜜，最尊、最上、第一，无住、无去、无来，三世诸佛从中出，将大智惠到彼岸，打破五阴，烦恼尘劳，最尊、最上、第一。赞最上最上乘法，修行定成佛。"⑤这种对于"自性佛性"的肯定和追求，实质上犯了"佛性执"，这与"三法印"的"诸法无我"原则颇相抵触，倒是与庄子之"至人无己"思想的精神实质有相契之处。因为"无己"思想就肯定了一个超越的精神主体。从这个意义上来说，中国历史上的所谓习

---

① 汤用彤《汉魏两晋南北朝佛教史》，武汉大学出版社2008年版；《隋唐佛教史稿》，武汉大学出版社2008年版。
② 麻天祥：《中国禅宗思想发展史》（修订版），武汉大学出版社2007年版，第2—3页。
③ 慧能著，郭朋校释：《坛经校释》，中华书局1983年版，第24页。
④ 同上书，第38页。
⑤ 同上书，第51页。

禅文人,或许都难以彻底摆脱老庄道家思想的影响。

　　综之,佛教作为一种外来宗教,通过嫁接的方式移植到中国的土壤上,仍然不可避免地要受到本土传统文化思想的影响。这种影响也使佛教本身发生变迁,这一本土化进程的结果是形成了"中国佛教"。不可否认,中国佛教也影响了中国文人的精神世界,但作为中国本土的原生哲学思想的庄老哲学对中国文人的影响尤其根深蒂固,它渗透在中国文人的人生行持和艺术创作中,更透彻、更圆融、更加不着痕迹却又处处皆有。

艺术即意象：艺术意象本体论阐释

施旭升

（中国传媒大学　100024）

摘　要：意象，作为一种理论话语，之所以能够成为当今的美学热点，不仅在于其贯通古今中西美学，而且以其而成为艺术审美的核心范畴；与"形象"等概念范畴相比较，意象更具有本体性、整合性与包容性。意象，既关乎历史本体的展开，更需要落实到心理本体的建构。在艺术中，意象构成了一个包含着形式意蕴于自身的完整的感性世界。意象不仅构成了艺术的基本粒子，而且体现出艺术之本质。

关键词：形象　意象　历史本体　心理本体　艺术即意象

作为一种理论话语，"意象"之所以能够成为当今的美学热点，不仅在于其概念内涵的丰富复杂而贯通古今中西美学，而且更以其精神特质与实践品格而足以成为艺术审美的核心范畴。因为，在东西方艺术美学演变的历史进程中，特别是在当下的全球化的文化语境当中，意象范畴不仅广泛汲取了传统哲学、美学、心理学、文化人类学等多领域的思想成果，而且以其兼容并包的蕴涵而贯通东方与西方、传统与现代，甚至意象更以其鲜活的精神体验及感性品格而广泛涉及艺术审美的实践，于是，确立一种以"意象"范畴为核心的艺术本体论，就不仅是出乎一种逻辑的推衍，同时更是属于一种历史的必然的选择。

一、从"形象"到"意象"

诚然，至少到目前为止，人们关于"意象"的定义以及对于意象的理解还不尽一致，甚至不同语言中"意象"一词至今还缺乏学界所普遍认可的对译，以至于不同语境中人们在运用这一关键概念来分析艺术作品、解析艺术现象、透视审美文化现象时还不免感到言不尽意、捉襟见肘、困难重重。

何以至此？细究起来，其原因主要有这样几个方面：一是艺术文本及其创作者的意识、情感和经验的复杂性使得意象的呈现相当复杂，也使得艺术接受者对意象的理解和分析也因之而复杂化；二是由于意象范畴涉及从现象到本体的多个层面，向来难以做到语义的精确界定；特别是作为中国古典艺术论的范畴的延续，人们对于"意象"概念的使用多是过于随意，在一些印象式的艺术批评当中，这种情形尤为突出；三是中文话语对于西方文化中的"意象"的误译误用，且由此而带来更多的是艺术观念的混杂。所以，当下最为重要的就是需要正本清源，需要对于意象范畴的跨文化的解析乃至思维整合，从而，本文不仅只是对"意象"这一范畴的意义内涵加以梳理，而且还是要转换立场，立足于古今及中西文化的融通，并试图在此基础上建立起一种以"意象"为本体的艺术学的理论体系。

应该说，此前关于艺术的本体学说，最有影响的可能当属"形象说"。其源头一般都认为可追溯到影响西方艺术两千多年的"模仿说"，其实"形象说"的集大成者还当属黑格尔与别林斯基。黑格尔关于美与艺术的经典定义："美是理念的感性显现。""艺术的内容就是理念，艺术的形式就是诉诸感官的形象，艺术要把这两个方面调和成为一种自由的统一的整体。"[①]这里，黑格尔固然突出了艺术的感性形象的品格，然而细究起来，他所强调的却不单是"形象"本身，而是"理念"与"形象"两者的统一，因而实则与一种意与象相结合理论在本质上是相通的。19世纪俄国文艺评论家、哲学家别林斯基（1811—1848）有着更为明确的论述：诗或艺术的本质就是"形象"；艺术是"寓于形象的思维"，"诗人则用形象和图画说话"[②]。在《智慧的痛苦》一文中他强调指出："诗人用形象来思考；它不证明真理，却显示真理。可是诗歌在自身以外没有目的——它本身就是目的；因此，诗的形象对于诗人不是什么外在的或者第二义的东西，不是手段而是目的：否则，它就不会是形象。"进而，他把"形象"概念用于所有的艺术，认为："艺术是对真理的直感的观察，或者说是用形象来思维。"[③]确实，别

---

① [德]黑格尔著，朱光潜译：《美学》第一卷，商务印书馆1979年版，第142、87页。
② 满涛译：《别林斯基选集》第2卷，上海译文出版社1980年版，第429页。
③ 满涛译：《别林斯基选集》第3卷，第93页。

林斯基的"形象说"范畴界定明晰,体系严密,20世纪以来在苏俄、中国影响广泛,以至于有论者就以"形象"范畴为中心构建起"形象诗学"或"形象学"①。然而,亦如有论者所分析指出的:"别林斯基用'形象'来界定文学艺术的本质和特征也会带来一些麻烦,因为即使在理论中,词语的日常含义总是潜在的,很显然,用'形象'的日常含义来界定文学,会把文学降格为'图画'";"在文学作品中,作家所写的东西,其中有一部分是具有直观形象的事物,也就是说具有视觉形象的事物,还有一些是不具有视觉形象的。比如听觉的、味觉的、嗅觉的、触觉的,再比如心理感觉、痛感和快感,各种情绪情感等。除此之外,在文学艺术中,作家还可以写对各种事物的感悟和理解。按照上述理解,文学形象就很难包括这些视觉以外的东西。"②

"形象"概念开始在中国的传播乃是与西学东渐分不开的。在古代中国很少用"形象"一词,常常单见"形"或"象",以至"形相",而更多的还是"意象"③。作为艺术理论范畴的"形象"概念的大规模的流行,则是与20世纪初以来西方美学与艺术理论的引进直接相关。然而由于"形象"概念的多源性及其内涵的复杂性就不免带来某种程度上的含混性。如艾青就曾在其《诗论》中宣称:"形象孵育了一切的艺术手法:意象、象征、想象、联想……使宇宙万物在诗人的眼前互相呼应。意象是纯感官的,意象是具体化了的感受。意象是诗人从感觉向他采取的材料的拥抱,是诗人使人唤醒感官向题材迫近。"就是把"意象"包含于"形象"之中,似乎在概念内涵上"形象"要大于"意象"。这不能不说又是一个明显且普遍性的误解。

其实,细加辨析,黑格尔、别林斯基所强调的"形象"与"意象"之间的区别还是很明显的。虽然"意象"和"形象"在英、法文中都是image,但是,"形象"的本义侧重于"形",强调的是"外观"、"样子",作为西方理性思想传统中的核心概念,"形象"在黑格尔和别林斯基那里就成为与"理念"或"真理"相对应的范畴,更多侧重于外在形貌的表现。而"意象"则属于西方近代以来的主体哲学与心理美学的范畴,更侧重于强调主体精神意蕴与观念的表达。

---

① 参见[俄]佩列韦尔泽夫著,宁琦等译:《形象诗学原理》,中国青年出版社2004年版;宗坤明:《形象学基础》,人民出版社2000年版。
② 傅道彬、于弗:《文学是什么》,北京大学出版社2002年版,第162页。
③ 敏泽:《论魏晋至唐关于艺术形象的认识》,《形象 意象 情感》,河北教育出版社1988年版。

从而,20世纪以来,基于"形象诗学"而兴起的比较文学(文化)的"形象研究"因其多注重对象的形貌类比而忽视其文化或精神的根基,就表现出明显的局限。以至于比较艺术中的"形象研究也遭到了不少人的责难,其中包括著名学者韦勒克和艾田伯"。法国学者保尔·利科指出:"形象一词因被认识论经验论滥用而名声不佳。"另一法国学者巴桑也指出:"形象一词已被用滥了,它语义模糊,到处都通行无阻。"①

当然,与"形象说"相关联,传统艺术理论关于艺术本体的学说,影响较大的还有"表现说"、"形式说"及"经验说"等。比如,意大利美学家克罗齐就认为:艺术即直觉的表现。他指出,人们常有一种错觉,以为某些艺术家"只是零星片断地表现出一种形象世界,而这个世界在艺术家的本身的心目中则是完整的";其实,"艺术家心目中所具有的恰恰就是这些片断零星的东西,而且同这些片断零星的东西在一起的,也不是那个人们所设想的世界,充其量也不过是对这个世界的向往和朦胧的追求,也就是说,对一个更加广泛、更加丰富的形象的向往和追求,这个形象也许会显现,也许不会显现"。② 那么,这种"对一个更加广泛、更加丰富的形象的向往和追求"实际上也就是一种根植于直觉的"意象"体验。所以,事实上,克罗齐的"直觉"也就具有"意象"的特征。克罗齐指出:"每一个直觉或表象同时也是表现。没有在表现中对象化了的东西就不是直觉或表象,就还只是感受和自然的事实。心灵只有借造作、赋形、表现才能直觉。"③因为,所谓直觉,并不是简单的感性,而是柏格森所说的"是一种理解的交融,这种交融使人们对自己置身于对象之中,以便与其中的独特的、从而是无法表达的东西相符合的"。所以,亦如朱光潜对"直觉"的定义:"这种见形象而不见意义的'知'就是直觉。"克罗齐指出:"所谓艺术就是把一种心情寄托在一个意象里面,心情离意象或是意象离心情都不能单独存在。"④而英国的克莱夫·贝尔则提出:艺术就是所谓"有意味的形式";视觉艺术的共同性质就在于

---

① [法]保尔·利科:《在话语和行动中的想象》,以及[法]达尼埃-亨利·巴桑:《形象》。引文见孟华主编:《比较文学形象学》,北京大学出版社2001年版,第3页。
② [意]克罗齐著,黄文捷译:《美学或艺术和语言哲学》,中国社会科学出版社1992年版,第15—16页。
③ [意]克罗齐:《美学原理》,作家出版社1958年版,第7页。
④ [意]克罗齐著,朱光潜译:《艺术是什么》,译文见《朱光潜全集》第20卷,安徽教育出版社1993年版,第37页。

一种"线、色的关系和组合","审美地感人的形式"①。克莱夫·贝尔以"形式"作为艺术之根本,设想形式与情感之间的对应关系,然而,二元论的思维框架使得他难以解释这种对应关系所形成的原因,甚至难免在形式与意味之间陷入一种循环论证和同义反复。美国实用主义美学家约翰·杜威则强调"艺术即经验",他认为艺术哲学的功能就是要"恢复作为艺术品的经验的精致与强烈的形式,与普遍承认的经验的日常事件、活动,以及苦难之间的连续性"②。事实上,这里的"经验"作为人生体验的一部分贯穿于日常生活与艺术审美。

归根结底,无论是克莱夫·贝尔的"有意味的形式"说,还是克罗齐的"直觉"说,以至杜威的"经验"说,虽然都不曾否认艺术的鲜活的感性具体性的品格,同时也认同艺术意义之呈现,但是事实上又不免各有所偏。因为,我们不妨进一步追问:"形式"何以具有"意味"?"直觉"乃至"经验"怎样才能具备精神的高度?诸多问题的纠结就足以显示出需要超越这些概念而别开生面、别立新宗。诚如叶朗所指出的:"'模仿说'和'表现说'都抓住了艺术本质的一个方面,但同时都忽略了艺术本质的一个更重要的方面:艺术是艺术家借助于某种感性媒介物进行构形(formative),从而创造出一个新的意象世界的活动。艺术不是任何一种自然情感的自发流溢,而是将情感纳入一个明确的艺术结构,从而把它符号化为一个'意象'。"③

惟其如此,自黑格尔以来,用"形象"或者"直觉"、"形式"、"经验"等范畴来界定文学艺术的基本特征就越来越明显地受到了"意象论"的挑战。早先如歌德就曾指出:"每一种艺术的最高任务即在于通过幻觉,产生一个更高真实的假象。"④而这种建立于"幻觉"之上的"假象",实则也就是一种意象。近则如美国的苏珊·朗格更是在本体意义上指出:"艺术品作为一个整体来说,就是情感的意象。"⑤因而,较之"形象"、"直觉"等范畴,"意象"也就更具有本体性、整合性与包容性。或者说,"意象"作为艺术审美的本体范畴,可以涵盖甚至取代以往的"形象"、"直觉"、"形式"或"经验"等概念。因为,在其本质上,

---

① [英]克莱夫·贝尔著,周金环等译:《艺术》,中国文联出版公司1984年版,第4页。
② [美]约翰·杜威著,高建平译:《艺术即经验》,商务印书馆2010年版,第3页。
③ 转引自李世涛:《20世纪中国艺术理论中的表现说》,《阴山学刊》,2005年6月。
④ 引自伍蠡甫主编:《西方文论选》下卷,上海文艺出版社1963年版,第446页。
⑤ [美]苏珊·朗格:《艺术问题》,滕守尧等译,中国社会科学出版社1983年版,第129页。

"意象不是一种图像式的重现。"①它不仅涉及艺术的本质及其样式,而且涉及艺术的意义及其表现。所以,它显然不仅仅像克罗齐所宣称的那样是纯粹直觉的;也不仅仅是外相的("形式"或"形象")。意象,既有着外显的具体的形相、形态,又包括相对抽象的形式、符号,还有着内在的意义、意味、意韵等;而且,意象的内在的意韵与其外显的形相总是鲜活的结合在一起的,是活生生的,相关一体;意象蕴涵着艺术的基本精神,体现了艺术的全部奥妙。因而,可以说,艺术就是意象本身。当然,我们不能反过来说:意象就是艺术。因为,意象,既有审美的意象,也有众多的非审美的意象。以"意象"形态存在的还有着许多非艺术的东西,比如日常生活中常见的诸多"心理意象"乃至"文化意象"。事实上,从古老的巫术意象到现代各种商业广告的意象,都属意象之列。而唯有审美化且趋向于一个明确的艺术符号结构表现的才可谓之艺术意象。

明乎此,人们才可以就艺术的意象本体性来展开进一步讨论,或者,由此才可以谈论如何以"意象"范畴为核心构建起一种跨文化与跨时代的艺术理论的新体系;也惟其如此,意象才足以成为我们"打开一个新的世界的钥匙"②。

二、从历史本体到心理本体

以一种意象艺术美学的视野来观照中西艺术审美的历程,不仅能够十分明晰地显示出艺术意象的精神特质,而且更能揭示出意象从历史本体到心理本体的积淀过程。

就中国古代艺术意象而言,汪裕雄曾将中国传统的审美意象归为"诗乐意象"和"楚骚意象"两大流脉,以"兴观群怨"的诗乐意象与"发愤抒情"的楚骚意象相对举。汪裕雄指出:在中国,诗乐皆为"发乎情,止乎礼义"的产物,将一切情绪统行归入礼治的正轨,使人情政治化、伦理化,这便是诗乐意象的情感净化功能;而楚骚与此不同,其意象"盖自怨生",一腔忧愤,突破礼义规范的铁闸奔涌而出,化为狂放不羁的想象而入于幻渺的神游之境,抒发的是一己的人生感慨,获得的是个体的精神自由。诗乐虽强调"兴观群怨",却追求个体与社会

---

① 汪正龙:《文学意义研究》,南京大学出版社版 2002 年版,第 105 页。
② [美] 苏珊·朗格著,滕守尧等译:《艺术问题》,第 126 页。

群体和谐,而楚骚在字里行间所流露的,则是一种遗世独立的人格所焕发的感人力量。从意象的内在构成来看,诗乐意象强调外物兴发感动,它所带来的主体内在情感冲动,需纳入外在的道德规范而趋于完善,情感的起始与归宿,两皆由外而及内;楚骚意象却强调主体内在美质的外扬,而不求假借于外物。"发愤抒情"本身就意味着跟现存社会秩序与理性规范的冲突,本身就反中和。从这个意义上说,"发愤抒情"正是对儒家"致中和"的审美理想的一种反拨与消解。并且,诗乐意象与楚骚意象的哲学归属也判然有别。诗乐理论借重于儒家,楚骚精神则借重于道家,表现出一种对现实的强烈不满,对儒家仁义道德愤激的批判态度。从而。可以说,《乐记》与《诗大序》将易象引入诗乐,构成"感物动情",创造以物象为基础的喻象和兴象,以此意指政治伦理情感;即使是较为自由的"兴象",最终也不脱伦理教化的总的轨道。楚骚意象以"抒中情"为归趋,在想象中随机驱遣种种幻觉意象,特别是通过传统民间民俗意象的取用,实现抒发主体情意的相对自由。楚骚意象业已突破现存社会理性规范的拘囿,对这种社会理性规范本身,仍不无怀疑、动摇和消解作用。因此,每当社会历史转折关头,敏感的士人总不忘返顾楚骚传统,并借以否定旧的理性结构而呼唤新的理性。可以见出,中国传统意象论,至楚骚始已获得相对独立的审美品格;艺术作为人生感遇的再体验的基本功能,方得以确立。并且,由此,中国传统的审美意象实现了一个从"诗言志"到"抒中情"、"逍遥游"的转变,显示出中国传统意象论的一个历史演进发展的轨迹。[①]

  这种论述自然是极有见地并富有启发意义的。然而,还需要补充的是,如果就意象审美创造的特质而言,在中国传统意象美学的流变中,诗乐意象和楚骚意象之外,还可以分辨出佛教文化的鲜明印记。无疑,佛教在中国的流传与盛行深刻地影响了汉魏以来中国的文化艺术。其中,佛教所倡导的"是相非相"之说就与道家的"大象无形"之说相一致,形成一种特有的佛禅意象,对于中国传统审美意象的构成与特征也有着明显的造就之功。《金刚经》云:"凡所有相,即是虚相,若见诸相非相,即见如来。是实相者,即是非相。"其中的所谓"相",既表征天地万物之外在的形象,更是指人的心灵感悟之本体。在佛教看来,天地万物的森罗万象无非都是虚幻的,因而它所呈现的各种相貌形状并非

[①] 汪裕雄:《意象探源》,安徽教育出版社1996年版,第334—352页。

是事物的本真状态(即所谓"实相");事物的本真相状只存在于一种佛心朗照之中。"虚相"与"实相"之间乃是一种不即不离的关系。这种观念影响到艺术审美的意象创造,就使得那种对于"象外"神韵的追求得到更明显的强化。艺术中所描绘的一切也无非都是一些虚拟的假象,却并不妨碍一种拈花微笑的神韵境界的表达,也不妨碍人们从中获得种种独到的心灵感悟。恰如王骥德所指出的:"佛家所谓不即不离、是相非相,只于牝牡骊黄之外,约略写其风韵,令人仿佛中如灯镜传影,了然目中,却摸捉不得,方是妙手。"①汤显祖也曾指出:"禅在根尘之外,游在伶党之中,要皆以若有若无为美。"②从而,在诗乐意象和楚骚意象之外,佛禅意象既植根深厚,又别开生面。惟其如此,中国审美文化传统才在整体上显示出如许悠深绵长而又丰富多样。中国艺术意象本体的统一性与多样性的表现的根源庶几也正在于此。

在西方,自古埃及以来的艺术都是基于一种"神—人"对立的二元思维模式而建构起自己的艺术意象体系,而柏拉图的"理念"之于"现实",基督教的"天国"之于"人间",康德的"本体"之于"现象",等等,也就是这种二元对立结构的体现。从而,以具体的形式、色彩来表现一种形上的精神意蕴和生命情怀,也就成为西方人文主义特色鲜明的意象造型传统。恰如宗白华在《看了罗丹雕刻以后》一文中所写道:"他(罗丹)的雕刻是从形象里面发展,表现出精神生命,不讲求外表形式的光滑美满。但他的雕刻中没有一条曲线、一块平面不有所表示生意跃动,神致活泼,如同自然之真。"③可以说,追求"精神生命"与体现"自然之真"成为西方艺术意象造型的两个重要方面,而且这两个方面都可以归为主体精神世界的建构上来。亦如马赫在《感觉的分析》中对于主体精神的强调,它认为客体世界只不过是一些色、形、声等感觉要素的复合,而终究得归结为人的心理世界。他说:"如果我们将整个物质世界分解为一些要素,它们同时也是心理世界的要素,即一般称为感觉的要素。"④也就是将物质世界还原为主体的精神世界,由此来理解艺术创作的主体精神世界,它所包含情和理、趣和旨、意和志等,也就需要与物质的形色的世界相对应才得以表现。从而,在一

---

① 王骥德:《曲律·论咏物》。
② 汤显祖:《玉茗堂文之四·如兰一集序》。
③ 宗白华:《美学与意境》,人民出版社1987年版,第60页。
④ [法]马赫:《感觉的分析》,商务印书馆1986年版,第240页。

种艺术的眼界中,"他看见这宇宙虽然物品繁富,仪态万千,但综而观之,是一幅意志的图画。他看见这人生虽然波澜起伏、曲折多端,但合而观之,是一曲情绪的音乐。"①即使是形式的塑造,也主要取决于艺术主体处理形素的旨趣,体现于他对组合手段和结构原则的调配和使用。

这种基于"神—人"之间的二元对立贯穿于西方艺术从传统到现代的历史发展进程,并进而体现出一种与其历史进程密切相关的艺术意象生成模式的演变。从古希腊神话的神人同形、同性及基督教神学圣父、圣子、圣灵"三位一体"的观念,到文艺复兴以来所兴起的以人(人情、人性、人权)为中心的人文精神的演变,影响到艺术意象是生成,也就从对于无限的神性的追求逐渐演变为通过对于人的现实行为、性格心理的描绘以表现精神世界的深邃与博大,"神—人"关系也逐渐演变为形神关系或形意关系;而且,后者也一直受到前者的影响与制约。

因此,就形与神或形与意的关系而言,可以说,"形式"与"意象"原本就是艺术审美创造的一对重要范畴。在中国古代,"象"和"形"是有区别的。"象"是"意象"、"气象",如"风声鹤唳"、"行云流水",需要靠体验、意会和感悟;而"形"则是"形式"、"形成",是"形于外"的、"外显"的和"已成"的,在具体的符号表现中得以确定,可以具体感知的,并在此基础上加以细细品味的。虽然有所谓"大象无形",但是,在艺术中,"象"毕竟还是要靠"形"来加以体现的。从而,形式唤起意象并融入意象。固然,形式可直接诉诸人们的视听感知,而意象则主要的诉诸人们的心灵体验。故而,与中国古典意象论强调"以意为主"相一致,在西方现代形式美学乃至心理美学当中,意象也首先是一种意中之象,以"意"来统摄的"象"。中国现代意象艺术论无疑受此二者共同影响,一者强调主体内在精神生命的统摄与表达,一者显示出对于形式符号的规范的遵从。按照诗人流沙河的说法:"意象就是表意的象。接受这个定义,我们就能在纵的方面承继了中国古代的意象论,并在横的方面认同了西洋现代的意象论。接受这个定义,将有助于增强我们的历史感和现实感,将有利于中西文艺交流。"②

故而,无论中西,艺术作品无疑都需要经过意象生成体系而呈现出一种

---

① 宗白华:《美学与意境》,第61页。
② 《流沙河诗话》,四川文艺出版社1995年版,第285页。

"情致模态"。其间经过主体的构思和传达,已纳入特定的艺术规范,取得特定的符号化形式;从而,主体心智也就不再是赤裸裸的外显心理形式,而是深潜于意象之中,深潜于感性符号面貌之中的心理形式了。正如音乐艺术需要音乐家把人类精神提升到了自然之上,创构乐象之"以类相动",进而达到与人同乐、"与天地同和"的境界。

在这个意义上,可以说,意象是艺术审美的核心,而形式则是艺术审美的锁钥。或者说,意象,成为艺术审美的根本目的,而形式,则是达到这一目的的必要途径。而且,意象比形式也许更具有本体性的价值和意义。从而,对于艺术来说,一方面,需要关注艺术的形的品味,那么,另一方面则更需要深入象的体悟。在形式与意象之间,两者既有着密切的关联,又各有其侧重。意象侧重于内在的体验,形式则侧重于外在的表现;意象成为形式的内在质地,形式则成为意象的感性显现。形式直接诉诸人们的视听,而唤起意象;而意象则通过诉诸人们的心灵而直接归于生命精神的体验。惟其如此,对于作为一种审美文化的艺术来说,就不仅需要在其独特的形式的表现中把握其丰富的审美和文化的"意味",而且更需要在其绚丽的意象世界中理解其生命的精神本质。于是,艺术意象,在审美实践中最终也得以经形式的生成而走向精神的重构,或者说,从历史本体的展开走向心理本体的建构。

三、艺术即意象

毋庸置疑,艺术作品作为人类创造的审美意象形态的承载物与符号体现,必然包含有诸多不确定的种类与样式。一般说来,普遍被认可的艺术作品基本上都是由外在形式与内在意蕴两部分组成;前者属于创作生产者选用特定物质媒介进行创作生产的符号化产品,作用于人的生理感官;后者则既是创作者个人的艺术观念和审美趣味的表达,也是特定时空环境下人类文化的意识积淀,进而作用于人的精神体验活动。而意象,作为一种本体性的存在,便是贯穿两者并统摄其间。

意象何以能够成为艺术的本体存在?我们不妨从海德格尔关于艺术品格的思考中来加以认识。就此,海德格尔提出了两个问题,即:"艺术何为?"(Why art?)和"艺术性质何在?"(What kind of art?)在海德格尔看来,艺术的主要特征似乎可以简化为两个方面。其一是艺术作为一种意外"事件"(event)而"具有取代话语和理论的'烦扰性'(disturbing)品质",这也正是艺术所具有的解构性和破坏性力量;其二是艺术的真理性品格,"艺术是:真理的创造性保存于作品之中。艺术因而是真理的生成与发生。……艺术打开了敞开之地,在这种敞开之中,万物是不同于日常的另外之物"①。"意象"以其作为一种向真理的"敞开",区别于日常生活的观念,构成了艺术的存在之根。

故而,"艺术何为?艺术在艺术的范围内为我们提供了一种对于世界和我们自身的特殊的'认知图绘',因为它建立了一些特定的意义类型,把我们置于我们所栖居的象征的和想象的领域之内"。② 这里所谓"特殊的'认知图绘'"也就是关于人类自我以及我们所栖居的社会图景的一种"象征的和想象"的表现,或者说,也就是作为"一些特定的意义类型"的审美意象性的表现。并且正是这种艺术意象在人们规避与超越异化、扩大自我感知阈限、确证和建构自我存在的主体性等方面,有着决定性的作用,成为艺术存在的价值根底。

固然,就艺术的存在方式而言,"意象"的基础是"象",它属于视听知觉所感知与体验的对象。它既包括具体可感的"形",也包括意味深长的"象"。或者说,这个"象"之中既呈现出外物的形貌,又包含着人的主观感受与体验之"意",这才足以构成真正的"意象"。它既是心理的,又是符号的。在艺术中,为什么对任何景物或事物的描摹写照,都总是含有人的情绪或意念呢?如金圣叹所言,《诗经》三百篇,虽草木虫鱼鸟兽毕收,而并无一句写景;或者,也就是王国维所说的"一切景语皆情语也"。其原因也就在于:"意象"固然是以视觉形象为基础,这是缘于人们对视觉对象的直接感知和依赖,但同时"意象"又不仅仅以视觉形象为限。或者说,意象既离不开人们的视觉经验,同时又超越了人们的视觉体验。从意象的视觉基础和生成过程来看,它起码应该包含这么几个方面的相互作用:其一是其可见的部分,即 Vision;其二是其想象虚拟的部分,即 Imagination;最后是其表达构绘的部分,即 Composition。如果说,其中的视觉形象还只是属于其心理基础,即所谓表象或印象,所谓"见乃谓之象",那么,对于艺术审美创造来说,更为重要的还是其中的想象虚构及符号表现;三个

---

① [德]海德格尔著,彭富春译:《诗·语言·思》,文化艺术出版社1990年版,第67页。
② [斯洛文尼亚]阿莱斯·艾尔雅维茨著,胡菊兰等译:《图像时代》第十章,吉林人民出版社2003年版。

层面相互贯穿,才构成了从形到神、由象到意的一个中介,成为意象生成过程中一个必不可少的重要环节,并由此体现出一个由人的感觉参与、意识统摄乃至情感共鸣而构成的"自然向人生成"的过程。

进而言之,无论中西,艺术之意象本性却是相通的。从意象生成与发生的进程来看,不仅体现为"象"与"意"之间的交流沟通,而且还必然要通过语词或符号来加以表达。如郑板桥的《题画》揭示的,"手中之竹"的形成须经"眼中之竹"与"胸中之竹"两个阶段的酝酿与准备。画家将直观到的"眼中之竹"与自己的心意相融合,构成心理意象的"胸中之竹",再"倏作变相",将"竹"的意象符号化,形成艺术作品中的"竹",即"手中之竹"。在这个意义上,意象的生成就不仅具有明显的"直觉"特征,而且经情物相融,以象贯之;甚至还有可能被赋予更多的文化传统的内涵和意蕴。司空图《诗品》云:"意象欲出,造化已奇。"表明意象欲出之际,胸臆之中已有了创造化育之功。胡应麟《诗薮》谓:"古诗之妙,专求意象。"这种"专求意象"与王弼所谓"象生于意,故可寻象以观意,意以象尽……"①的观念有着异曲同工之妙。王延相在其《与郭价夫学士论诗书》中指出:"夫诗贵意象透莹,不喜事实黏着,古谓水中之月,镜中之影,难以实求是也。……言征实则寡余味也,情直致而难动物也,故示以意象,使人思而咀之,感而契之,邈哉深矣,此诗之大致也。"固然,和西方传统强调摹仿与再现的"艺术形象"的创造及现代主义的"喻象"表现不同,中国传统艺术中的"意象"不是简单的符号化的"立象见意"或"假象会意",而是更注重创造出一种虚实相生、形神兼备、情景交融的审美情境。

由此,一种融合中国传统美学智慧又汲取了西方现代审美精神的艺术意象本体论基本上得以确立。恰如叶朗所指出的:中国传统美学将"意象"视为艺术的本体,而"意象"的基本规定就是情景交融,由此构成一个包含着意蕴于自身的一个完整的感性世界。从而,以"意象"为本体的现代艺术美学就建立在对传统的客观论和主观论美学的双重否定基础上,或者说,这个双重否定正是它的逻辑起点。它"一方面否定了实体化的、外在于人的'美',另方面又否定了实体化的、纯粹主观的'美'"。"美(意象世界)一方面是超越,是对'自我'的超越,是对'物'的实体性的超越,是对主客二分的超越,另方面是复归,是回

---

① 王弼:《周易略例·明象章》。

到存在的本然状态,是回到自然的境域,是回到人生的自由的境界。美是超越与复归的统一。"①

惟其如此,可以说,在艺术中,意象构成了一个包含着形式意蕴于自身的完整的感性世界。意象不仅构成了艺术的基本粒子,而且体现出艺术之本质。或者,简而言之,艺术即意象。

---

① 叶朗:《美学原理》,北京大学出版社2009年版,第79页。

先贤与琴

罗筠筠

（中山大学哲学系　510275）

在2003秋季拍卖会上，由中国著名文物鉴定家王世襄收藏的一把唐代"大圣遗音"伏羲式琴，以891万元创造了新的中国古琴拍卖世界纪录。而仅仅几年后，2010年11月15日，在苏州吴门十周年庆艺术品拍卖夜场上，一张明代晚期的孔府"御书堂"乾隆御用无底蕉叶古琴以5800万元的天价拍出，再次刷新古琴拍卖的纪录。伏羲这位中国人的始祖乃至他后来的上古先贤，均与琴文化的发展有着不解之缘。琴，承载着整个中华文明，从其肇始时就如此。

一、伏羲首创

在关于中华民族起源的上古神化中，伏羲（一作宓羲、包牺、庖栖、伏戏、伏牺、牺皇、皇羲）是中国人的始祖。传说中，伏羲是母亲华胥氏在雷泽踩了巨人的脚，怀孕所生的"人首蛇身，有圣德"的神人。尽管华夏民族有着灿烂的文明，但由于历史久远，对于这些文明的肇始者往往难以记载清楚，既然搞不清楚，善良的先民便把所有华夏文明的创始都归功于神话中的祖先。所以三皇五帝都是大发明家。尤其是伏羲，《易·系辞下》载，包牺氏"观物取象"作八卦；《绎史》引《河图挺辅佐》说伏羲禅于伯牛，钻木作火；又引《三坟》说伏羲教民炮食（炮食即熟食）；《史记索隐·三皇本纪》说伏羲"养牺牲以充庖厨，故曰庖牺"。《易·系辞下》说伏羲"作结绳而为网罟，以佃以渔"。《序命历》说他"始名物虫鸟兽之名"；《路史·后纪一》则说他豢养牺牲，服牛乘马。《尸子》说伏羲教民狩猎。《孔丛子·连丛子下》说伏羲冒中毒的危险，亲尝各种草木，辨别五谷；《帝王世纪》则说他尝百药之味，制造九针，祛除病魔。《路史》说伏羲作布,又引《皇图要览》说他化成蚕,西陵氏始养蚕,使民有衣穿。《尚书孔传》和《拾遗记》又说伏羲造书契以代结绳,文籍因此而兴起。《管子·轻重戊》说他作九九之数,发明了乘法。《历书序》和《周髀算经》又说,他发明甲子历法和为周天划分了度数。《世本·作篇》和《古史考》又说,他用俪皮制定了嫁娶的礼仪。《山海经》、《淮南子》等书又说伏羲创造了叫"建木"的天梯,通天上人间。

这么一看,中国古人的衣、食、住、行、用诸方面和诗、书、礼、乐、易诸种文化传承似乎全都源自于伏羲。《通典》说:"伏羲以俪皮为礼,作[琴]瑟以为乐,可为嘉礼。"又说:"伏羲乐曰《扶来》,亦曰《立本》。"①原来中国古代礼乐的创始人也是伏羲。可以想象,"琴"也一定是伏羲发明的,果然在不少历史典籍中就是这样记载的,在专门记载各种器物发明的战国时赵国史书《世本》中的"作篇"中,"王谟辑本"、"张树稡集补注本"、"雷学淇校辑本"、"茆泮林辑本"中均记载伏羲作琴,蔡邕等人诸语继续了这种观点。马融《长笛赋》中写道:"昔庖羲作琴,神农造瑟,女娲制簧,暴辛为埙,倕之和钟,叔之离磬,或铄金砻石,华睆切错,丸挺雕琢,刻镂钻笮,穷妙极巧,旷以日月,然后成器,其音如彼。"②将古代乐器的发明者一一列举,而伏羲作琴列为首位。

唐代以后,古琴形制渐渐定型,"伏羲式"也成为典型的最古老琴形之一。现存的唐琴九霄环佩、太古遗音、春雷,都是伏羲式。伏羲式古朴大气,具远古风范,仿佛另一个中华文明都写在了上面。伏羲既然创造了"琴",理当有琴歌琴曲流传,遗憾的是,今天关于此的记载却没有。一般的琴史,均自帝尧始。

二、神农作琴

除了伏羲外,神农造"琴"也是一种说法。神农、黄帝与伏羲并称"三皇",《世本》中的"作篇"中记载了许多器物都是由他发明的,在《世本》的"陈其荣辑本"中记载"宓羲作瑟,神农作琴","秦嘉谟辑补本"中也说"庖牺氏作瑟,神农作琴"。这种说法也被古代一些乐论中认可,例如扬雄《琴清英》说:"昔者神农造琴,以定神禁淫嬖去邪,欲反其真者也。"③桓谭《新论·琴道》也说:"昔神

---

① 杜佑:《通典》。
② 马融:《长笛赋》。
③ 扬雄:《琴清英》。

农氏继宓羲而王天下,上观法于天,下取法于地,近取诸身,远取诸物,于是始削桐为琴,绳丝为弦,以通神明之德,合天地之和焉。"①傅毅《雅琴赋》有"盖雅琴之丽朴,乃升伐其孙枝。命离娄使布绳,施公输之剞劂。遂雕琢而成器,揆神农之初制。尽声变之奥妙,抒心志之郁滞"②之句。傅玄《琴赋》开始便说:"神农氏造琴,所以协和天下人性,为至和之主。"③宋代欧阳修所编《艺文类聚·帝王世纪》中也说是神农造五弦琴,并载有魏陈王曹植《神农赞》一篇,曰:"少典之胤,火德承木,造为耒耜,导民播谷,正为雅琴,以畅风俗。"④

早在徐坚所著唐代类书《初学记·琴第一·叙事》中已经说明了对于琴的始作者自古就有不同看法:"《琴操》曰:伏牺作琴,以修身理性,反其天真也。又,按:《世本》《说文》《桓谭新论》,并云神农作琴。二说不同。"⑤除了伏羲、神农外,炎、黄、尧、舜也在一些史书中被视作琴的创造者,所以对于这个历史之谜我们不需深究,至少可以肯定,琴是上古之时有我们先圣所发明的一种用来通神明、合天地、修身养性的器物。

当然,琴不同于他器,它是一种能发音的乐器。伏羲、神农所创也并非仅仅是琴器,他们同时创造了琴曲和音乐。这也是有历史记载的,成玉磵《琴论》:"且琴曲始自神农氏,流及尧、舜、文、武、周、孔,后蔡邕、嵇中散、柳文畅等,皆规模古意为新曲,迄今千载矣。"⑥

三、黄帝之乐

在三皇中,惟一有曲目传世的是黄帝。《夜航船》中说伏羲之琴名"离徽",又说:"伏羲始为《琴操》。师延始为新曲。"⑦关于伏羲与神农的琴曲作品没有历史记载,但与他们并称"三皇"的黄帝,却不仅有"清角"之琴名,也有《咸池》《清角》《云门》《龙门》《大卷》《承云》(也有称为颛顼之乐)等作品存于记

---

① 桓谭:《新论·琴道》。
② 《艺文类聚》四十四,《初学记》十六。
③ 傅玄:《琴赋》。
④ 欧阳修:《艺文类聚·帝王世纪》。
⑤ 徐坚:《初学记·琴第一·叙事》。
⑥ 吕不韦:《吕氏春秋·古乐》。
⑦ 张岱:《夜航船》。

载。同时,在古代乐论中,他也是五音的始创者,《管子》中说:"昔者黄帝以其缓急作五声,以政五钟,令其五钟:一曰青钟大音,二曰赤钟重心,三曰黄钟洒光,四曰景钟昧其明,五曰黑钟隐其常。五声既调,然后作立五行以正天时,五官以正人位。人与天调,然后天地之美生。"①《吕氏春秋》中也赞颂了黄帝对于音乐的贡献:"昔黄帝令伶伦作为律。伶伦自大夏之西,乃之阮隃之阴,取竹于嶰溪之谷,以生空窍厚钧者断两节间,其长三寸九分而吹之,以为黄钟之宫,吹曰'舍少'。次制十二筒,以之阮隃之下,听凤皇之鸣,以别十二律。其雄鸣为六,雌鸣亦六,以比黄钟之宫,适合。黄钟之宫皆可以生之。故曰:黄钟之宫,律吕之本。黄帝又命伶伦与荣将铸十二钟,以和五音,以施《英韶》。以仲春之月,乙卯之日,日在奎,始奏之,命之曰《咸池》。"②

《庄子·天运》讲的是北门成关于《咸池》一曲与黄帝的对话,北门成问黄帝,为什么当他在洞庭之野演奏《咸池》时,初听上去感到惧怕,之后又感到懈怠,最终感到迷惑?黄帝回答说:"汝殆其然哉!吾奏之以人,征之以天,行之以礼义,建之以太清。**夫至乐者,先应之以人事,顺之以天理,行之以五德,应之以自然,然后调理四时,太和万物。四时迭起,万物循生。一盛一衰,文武伦经。一清一浊,阴阳调和,流光其声。**蛰虫始作,吾惊之以雷霆。其卒无尾,其始无首。一死一生,一偾一起,所常无穷,而一不可待。汝故惧也。吾又奏之以阴阳之和,烛之以日月之明。其声能短能长,能柔能刚,变化齐一,不主故常。在谷满谷,在坑满坑。涂却守神,以物为量。其声挥绰,其名高明。是故鬼神守其幽,日月星辰行其纪。吾止之于有穷,流之于无止。子欲虑之而不能知也,望之而不能见也,逐之而不能及也。傥然立于四虚之道,倚于槁梧而吟。目知穷乎所欲见,力屈乎所欲逐,吾既不及已夫!形充空虚,乃至委蛇。汝委蛇,故怠。吾又奏之以无怠之声,调之以自然之命。故若混逐丛生,林乐而无形,布挥而不曳,幽昏而无声。动于无方,居于窈冥,或谓之死,或谓之生;或谓之实,或谓之荣。行流散徙,不主常声。世疑之,稽于圣人。圣也者,达于情而遂于命也。天机不张,而五官皆备。此之谓天乐,无言而心说。故有焱氏为之颂曰:'听之不闻其声,视之不见其形,充满天地,苞裹六极。'汝欲听之而无接焉,而故惑也。

---

① 管仲:《管子》。
② 吕不韦:《吕氏春秋·古乐》。

乐也者,始于惧,惧故祟;吾又次之以怠,怠故遁;卒之于惑,惑故愚。愚故道,道可载而与之俱也。"①

可以看出,《咸池》被历代看作圣乐(如:王肃"周家祀天,唯舞《云门》;祭地,唯舞《咸池》",长孙稚"周存六代之乐,《云门》、《咸池》、《韶夏》、《濩武》用于郊庙",庾信"圣人功成,则风行有节,故六德在《咸池》之官,山谷可调;八风入《承云》之奏,人神不杂"。徐坚《初学记·雅乐第一·叙事》:"天子祭祀用六代之乐。一曰云门,二曰咸池,三曰箫韶,四曰大夏,五曰大濩,六曰大武。"其中蕴含着无穷的变化与哲理,乃"**应之以人事,顺之以天理,行之以五德,应之以自然,然后调理四时,太和万物**"之作。黄帝的其他乐曲,也都具有祭天地、和人伦的重要作用,《云门》为黄帝之舞乐,《艺文类聚·乐部》曰:"王朗表曰:'凡音乐以舞为主,自黄帝云门,至周大武,皆大庙舞乐名也,乐所以乐君之德,舞所以象君之功。'"又《周官·大司乐》:"奏黄钟,歌大吕,舞《云门》,以祀天神。奏《太簇》,歌《应钟》,舞《咸池》,以祭地祇。"②

在传为黄帝所作的乐曲中,唯有《清角》明确说明是琴曲,当是以其所取之"清角调"为曲名③,黄帝之琴也名曰"清角",也是以此命名。司马承祯《素琴传》说:"黄帝作《清角》于西山,用会鬼神。"④看来,《清角》之曲是古代先贤与天地鬼神对话沟通的作品,黄帝通过弹奏一曲犹如天籁的《清角》,达到天人合一的境界。嵇康《琴赋》中说:"尔乃理正声,奏妙曲,扬《白雪》,发《清角》。纷淋浪以流离,奂淫衍而优渥。粲奕奕而高逝,驰岌岌以相属。"⑤把《清角》当作能够言理正声的妙曲,不仅如此,其艺术上还具有淋漓而光灿、浸润而深厚、盛美而清雅、高耸而令人心属的审美特色。

---

① 《庄子·天运》。
② 《艺文类聚·乐部》。
③ 清角调:角一弦,定倍应钟之吕,清变宫高六,得下徵之分,转角弦之分。应大吕之吕,清宫高五,为下羽之分,转变徵之分。徵紧二弦,应夹钟之吕,得太簇之律,清商高乙,商声乙字,得变宫之分,转徵弦之分。羽三弦,定仲吕之吕,清角高上,得宫弦之分,转羽弦之分。应林钟之吕,清变徵高尺,为商弦之分,转变宫之分。宫紧四弦,应南吕之吕,得夷则之律,清徵高工,徵声工字,得角弦之分,转宫弦之分。商紧五弦,应应钟之吕,得无射之律,清羽高凡,羽声凡字,得变徵之分,转商弦之分。角六弦,定半大吕之吕,清变宫高六,得徵弦之分,转角弦之分。应半夹钟之吕,清宫高五,为羽弦之分,转变徵之分。徵紧七弦,应半仲吕之吕,得半姑洗之律,清商高乙,商声乙字,得变宫之分,转徵弦之分。
④ 司马承祯:《素琴传》
⑤ 嵇康《琴赋》,叶朗主编:《中国历代美学文库 魏晋南北朝卷上》,高等教育出版社2003年版,第1、4页。

从《韩非子·十过》中所述晋平公与师旷的对话中,也可知《清角》乃是极为清丽、高深之琴曲,非有厚德积养之人不能听之:

平公问师旷曰:"此所谓何声也?"师旷曰:"此所谓清商也。"公曰:"清商固最悲乎?"师旷曰:"不如清徵。"公曰:"清徵可得而闻乎?"师旷曰:"不可,古之听清徵者,皆有德义之君也,今吾君德薄,不足以听。"平公曰:"寡人之所好者音也,愿试听之。"师旷不得已,援琴而鼓。一奏之,有玄鹤二八道南方来,集于郎门之垝。再奏之而列。三奏之,延颈而鸣,舒翼而舞。音中宫商之声,声闻于天。平公大说,坐者皆喜。平公提觞而起为师旷寿,反坐而问曰:"音莫悲于清徵乎?"师旷曰:"不如清角。"平公曰:"清角可得而闻乎?"师旷曰:"不可。昔者黄帝合鬼神于泰山之上,驾象车而六蛟龙,毕方并辖,蚩尤居前,风伯进扫,雨师洒道,虎狼在前,鬼神在后,腾蛇伏地,凤皇覆上,大合鬼神,作为清角。今吾君德薄,不足听之,听之将恐有败。"平公曰:"寡人老矣,所好者音也,愿遂听之。"师旷不得已而鼓之。一奏之,有玄云从西北方起;再奏之,大风至,大雨随之。裂帷幕,破俎豆,隳廊瓦。坐者散走,平公恐惧,伏于廊室之间。晋国大旱,赤地三年。平公之身遂癃病。故曰:"不务听治,而好五音不已,则穷身之事也。"①

这个故事印证了后来司马承祯《素琴传》中"非丝桐之奇致,何感会之若是?取声之入神者《清角》、《清徵》,体之全真者素也"②之言。所以,正如刘安《淮南子·俶真训》中说:"抱其太素,以利害为尘垢,以死生为昼夜。是故目观玉辂瑰象之状,耳听《白雪》、《清角》之声,不能以乱其神。"③若要欣赏黄帝之上古琴曲《清角》,没有一定的修为是绝对不行的,必须要养德修心,超凡脱俗。王充《论衡·虚感篇》对"清角"之音也有所研究,其中说:"夫《清角》,何音之声而致此?'《清角》,木音也,故致风。而如木为风,雨与风俱。'三尺之木,数弦之声,感动天地,何其神也!此复一哭崩城,一叹下霜之类也。师旷能鼓《清角》,必有所受,非能质性生出之也。其初受学之时,宿昔习弄,非直一再奏也。

---

① 韩非:《韩非子·十过》。
② 司马承祯:《素琴传》。
③ 刘安:《淮南子·俶真训》。

审如传书之言,师旷学《清角》时,风雨当至也。传书言:'瓠芭鼓瑟,渊鱼出听;师旷鼓琴,六马仰秣。'"①可见,《清角》之声在五行之中属"木",琴乃木制,木声可说是其最本质的声音,斫琴之木经过千百年风雨沧桑,经由琴家倾情鼓弄,三尺之木便能发出"下霜"、"崩城"感天动地的琴音,没有深厚修养难以承受这种清音。所以,西晋成公绥的《琴赋》赞颂说:"伯牙弹而驷马仰,子野挥而玄鹤鸣。《清角》发而阳气亢,《白雪》奏而风雨零。"②另外,据张岱《夜航船》中言,"《胡笳》本黄帝吹角,战于涿鹿。魏时减为半鸣始衰"③。此言虽未确凿,但黄帝精擅琴道与琴艺是无需置疑的。

与黄帝相关(传说黄帝所作、也有说为伶伦所作)还有《华胥引》一曲。《神奇秘谱》、《浙音释字琴谱》、《风宣玄品》、《重修真传》、《琴苑心传》等早期重要琴谱记有该曲。《神奇秘谱》题解云:

> 臞仙按,琴史曰:"是曲者,太古之曲也。尤古于《遯世操》,一云黄帝之所作,一云命伶伦所作。"按《列子》:"黄帝在位十五年,忧天下不治,於是退而闲居大庭之馆,斋心服形,三月不亲政事。书寝而梦游华胥氏之国,其国自然,民无嗜欲,而不夭殇,不知乐生,不知恶死;美恶不萌於心,山谷不踬其步,熙乐以生。黄帝既寤,怡然自得,通於圣道,二十八年而天下大治,几若华胥之国。"故有华胥引。

《列子·黄帝》中的这个故事讲得长而详细:"黄帝即位十有五年,喜天五戴己,养正命,娱耳目,供鼻口,焦然肌色皯黣,昏然五情爽惑。又十有五年,忧天下不治,竭聪明,进智力,营百姓,焦然肌色皯黣,昏然五情爽惑。黄帝乃喟然赞曰:'朕之过淫矣。养一己其患如此,治万物其患如此。'于是放万机,舍宫寝,去直侍,彻钟县。减厨膳,退而间居大庭之馆,斋心服形,三月不亲政事。昼寝而梦,游于华胥氏之国。华胥氏之国在弇州之西、台州之北,不知斯齐国几千万里;盖非舟车足力之所及,神游而已。其国无帅长,自然而已。其民无嗜欲,自然而已。不知乐生,不知恶死,故无夭殇;不知亲己,不知疏物,故无爱憎;不

---

① 王充《论衡·虚感篇》。
② 见《艺文类聚》四十四,《文选·别赋》注,《初学记》十六。
③ 张岱《夜航船》,浙江古籍出版社 1987 年版,第 419 页。

知背逆,不知向顺,故无利害;都无的爱惜,都无所畏忌。入水不溺,入火不热。斫挞无伤痛,指擿无痟痒。乘空如履实,寝虚若处床。云雾不硋其视,雷霆不乱其听,美恶不滑其心,山谷不踬其步,神行而已。黄帝既寤,怡然自得,召天老、力牧、太山稽,告之,曰:'朕闲居三月,斋心服形,思有以养身治物之道,弗获其术。疲而睡,所梦若此。今知至道不可以情求矣。朕知之矣!朕得之矣!而不能以告若矣。'又二十有八年,天下大治,几若华胥氏之国,而帝登假,百姓号之,二百余年不辍。"①

《浙音释字琴谱》有《华胥引》三段歌词,内容也大致是这个故事的:

一段退闲:闲居大庭,斋心服形。忧天下之不宁,何堪政事民情。久居三月之零,海河欲致清平。悠悠一梦之录,致华胥之行。

二段寤梦:华胥之国依谁识,远飞魂聊自适。蘧然寤梦也,那地天南北为无极。蔼蔼淳风,人民安宿食。如画夜,月盈日昃。冠仪而不忒,如君臣,如父子,如宾客,如亲而如戚。桃李如色,覃恩布泽,别有华胥之国。

三段乐生:淳风而美俗,乐自然那民无嗜欲。接比邻,相劝也衷心诚服。重土居安食足,刑免而无讼狱。无是无非,无荣无辱,进势无拘无束。从死从生,此心也无抑郁。俄然今一梦惊心触目,兆太平之永福,至治怡然自卜。一统乾坤,皇风清穆穆。

四、尧舜禹汤

三皇五帝毕竟近似传说的人物,而中国的琴史确切可考的应该始于帝尧。宋代朱长文《琴史·志言》曰:"琴之为乐,行于尧舜三代之时。"②其《琴史》便以"帝尧"开篇。尧、舜、禹、汤乃中国上古的仁德君王。他们治理华夏之时,正是中国古代音乐形成发展时期。

据《吕氏春秋·古乐》:"帝尧立,乃命质为乐。质乃效山林溪谷之音以歌,

---

① 列寇:《列子·黄帝》。
② 朱长文:《琴史·卷六·志言》,上海古籍出版社1991年版。

乃以麋革冒缶而鼓之，乃拊石击石，以象上帝玉磬之音，以致舞百兽。瞽叟乃拌五弦之瑟，作以为十五弦之瑟。命之曰《大章》，以祭上帝。舜立，命延，乃拌瞽叟之所为瑟，益之八弦，以为二十三弦之瑟。帝舜乃令质修《九招》、《六列》、《六英》，以明帝德。禹立，勤劳天下，日夜不懈。通大川，决壅塞，凿龙门，降通潦水以导河，疏三江五湖，注之东海，以利黔首。于是命皋陶作为《夏钥》九成，以昭其功。殷汤即位，夏为无道，暴虐万民，侵削诸侯，不用轨度，天下患之。汤于是率六州以讨桀罪，功名大成，黔首安宁。汤乃命伊尹作为《大护》、《晨露》，修《九招》、《六列》，以见其善。"①又据班固《白虎通义》言："《礼记》曰：'黄帝乐曰《咸池》，颛顼乐曰《六茎》，帝喾乐曰《五英》，尧乐曰《大章》，舜乐曰《箫韶》，禹乐曰《大夏》，汤乐曰《大濩》，周乐曰《大武象》，周公之乐曰《酌》。合曰《大武》。'"②

可见，经过这几位上古君王的倡导与振兴，不仅将三皇五帝时的音乐发扬光大，而且都为民族留下自己的音乐篇章。琴曲的发展也可以说是从这个时候正式开始篇。

1. 尧畅神人

据司马迁《史记·五帝本纪》载，帝尧是黄帝的直系后裔："帝尧者，放勋。其仁如天，其知如神。就之如日，望之如云。富而不骄，贵而不舒。黄收纯衣，彤车乘白马。能明驯德，以亲九族。九族既睦，便章百姓。百姓昭明，合和万国。"③

尧不仅是一位有德之明君，而且也是通音晓律之雅圣。朱长文《琴史》说："旧传尧有《神人畅》，古之琴曲。和乐而作者，命之曰畅；达则兼济天下之谓也。"④又《琴史·尽美》言："是故君子之于琴也，非徒取其声音而已。达则于以观政焉，穷则于以守命焉。尧之《神人》，舜之《南风》，武王之《克商》，周公之《越裳》，所以观政也。"⑤《神人畅》如果真如历史记载的这样是帝尧所谱琴曲，那应该是流传至今的最古老的琴曲了。值得一提的是，这是一首罕有的仅

---

① 《吕氏春秋·古乐》。
② 班固：《白虎通义》。
③ 司马迁：《史记·五帝本记》。
④ 朱长文：《琴史·卷一·帝尧》。
⑤ 朱长文：《琴史·卷六·尽美》。

用五弦演奏的琴曲,无论是何原因,至少可以感受到其更接近于上古的纯朴。《西麓堂琴统·卷二十一》载有《神人畅》八段,后有注解说:"谢希逸《琴论》曰:'《神人畅》唐尧所作。尧弹琴,神降其室,故有此弄。'《古今乐录》曰:'尧祀天座,有神见尧曰,"洪水为害,命子救之。"'①《乐府诗集·卷五十七·琴曲歌辞一》中则载有《神人畅》的琴曲歌辞,曰:"清庙穆兮承予宗,百僚肃兮于寝堂。醼祷进福求年丰,有响在坐,敕予为害在玄中。钦哉皓天德不隆,承命任禹写中宫。"②庄严肃穆的歌辞,"神降其室"的传说,都说明了这首中国最古老的琴曲中凝聚了古人最高尚纯真的理想和最善良美好的愿望。奏唱此曲,可以使人体验到宁静平和、天人合一的境界。所以,杨抡《琴谱合璧》云:"琴能制柔而调元气,惟尧得之,故尧有《神人畅》。"③

2. 舜操思亲

舜是尧通过民主选举而选择的继承者。尧看中舜自然是因为他的贤德,当然他对音乐的通晓热爱,也受到尧的赞许。《史记·五帝本纪》载:"舜年二十以孝闻。三十而帝尧问可用者,四岳咸荐虞舜,曰可。于是尧乃以二女妻舜以观其内,使九男与处以观其外。舜居妫汭,内行弥谨。尧二女不敢以贵骄事舜亲戚,甚有妇道。尧九男皆益笃。舜耕历山,历山之人皆让畔;渔雷泽,雷泽上人皆让居;陶河滨,河滨器皆不苦窳。一年而所居成聚,二年成邑,三年成都。尧乃赐舜絺衣,与琴,为筑仓廪,予牛羊。"④尧在选择承继天下大统之人时,明智地选择了天下共推的舜,他不仅把自己两个孝女娥皇、女英嫁给他,还特别赐予舜琴作为嫁妆,可见在这两代先祖伟业传承之时,琴成为重要的纽带和见证。

舜的音乐事迹颇多。《尚书·舜典》:"帝曰:'夔,命汝典乐,教胄子,直而温,宽而栗,刚而无虐,简而无傲,诗言志,歌永言,声依永,律和声,八音克谐,无相夺伦,神人以和',夔曰:'于予击石拊石,百兽率舞。'"⑤这可以说是舜对于中国古典文化最重要的贡献。他命令当时掌管音乐的夔,选取适当的音乐来教授那些将来有可能担当官任的贵族子弟,开启了中国古代乐教的大门。舜对音

---

① 汪芝:《西麓堂琴统》。
② 《乐府诗集·卷五十七·琴曲歌辞一》。
③ 杨抡:《琴谱合璧》。
④ 司马迁:《史记·五帝本纪》。
⑤ 《尚书·舜典》。

乐标准的要求严格而中庸,达到"直而温,宽而栗,刚而无虐,简而无傲"(把握正直而温和、宽弘而庄严、刚毅而不苛刻、简易而不傲慢的度)是相当难的。提出这种严格的要求,是因为,以声、律为表现的音乐,与"言志"的诗是相辅相成的,音乐的根本是八音和谐,不违秩序,神人相通。正如唐代《乐书要录·卷五·乐谱》所说:"昔舜以五声察政,处致休明,故知音声之道,为教所急,监抚之暇,可不崇焉!"①

按《世本·作篇》中所言,中国乐器中与琴最为相合的"箫"即为舜所造。徐坚《初学记》中对此有说明:"《风俗通》曰:舜作箫,其形参差,以象凤翼。"②唐代段安节《乐府杂录》记载:"舜时调八音,用金、石、丝、竹、匏、土、革、木,计用八百般乐器。至周时改用宫、商、角、徵、羽,用制五音,减乐器至五百般。至唐朝又减乐器至三百般。太宗朝三百般乐器内,挑丝竹为胡部,用宫、商、角、羽,并分平、上、去、入四声;其徵音有其声,无其调。"③可见,舜当天下时,由于其对音乐的重视,乐器和对音乐的认识都有了很大的发展。北宋神宗云门僧人契嵩《潜子·论原》言:"舜修礼得礼之实也,作乐得乐之本也。"④《琴史·释弦》中说到了舜当天下之时,琴仍为五弦,那是因为五弦正好与五声(宫、商、角、徵、羽)、五行(金、木、水、火、土)、五辰(日、月、星、辰、天)、五材相合:"舜弦之五,本于义也。五弦所以正五声也。圣人观五行之象丽于天,五辰之气连于时,五材之形用于世,于是制为宫、商、角、徵、羽,以考其声焉。"⑤又"昔舜之弹五弦也,非独舜能弹也。当是时,百辟卿士,孰不知乐也?舜之命夔曰:'命汝典乐,教胄子。'此之谓也"⑥。又说:"帝舜曰:'予欲闻六律五声八音,在治忽,以出纳五言,汝听。'盖察音声以为政也。"⑦

舜也有重要的音乐作品传世。《吕氏春秋·古乐》中说:"舜立,命延,乃拌瞽叟之所为瑟,益之八弦,以为二十三弦之瑟。帝舜乃令质修《九招》、《六列》、《六英》,以明帝德。"⑧《九招》、《六列》、《六英》成为后世历代帝王重大活动中使用的乐曲。

---

① 《乐书要录·卷五·乐谱》。
② 徐坚:《初学记》。
③ 段安节:《乐府杂录》。
④ 契嵩:《潜子·论原》。
⑤⑥⑦ 朱长文:《琴史·释弦》。
⑧ 吕不韦:《吕氏春秋·古乐》。

舜所作琴曲有乐谱流传至今的,至少有《思亲操》和《南风》两首。朱长文《琴史·卷一·帝舜》中说:"帝之在侧微也,以琴自乐。《孟子》曰:'舜在床琴。'盖虽瞍象之难而弦歌不绝,所以能不动其心,孝益蒸也。旧传有《思亲操》,此之谓乎。及有天下,弹五弦之琴,以歌《南风》而天下治。其辞曰:'南风之熏兮,可以解吾民之愠兮;南风之时兮,可以阜吾民之财兮。'当是时,至和之气充塞上下覆被,动植书曰:'箫韶九成,凤凰来仪',和之极也。"①关于舜所作这两首琴曲,其他史籍中也都有记载。《乐记·乐施篇》:"昔者舜作五弦之琴以歌《南风》,夔始制乐以赏诸侯。故天子之为乐也,以赏诸侯之有德者也。"②杨抡《琴谱合璧》:"其次,能全其道。则柔懦立志,舜有《思亲操》、禹有《襄陵操》、汤有《训畋操》者,是也。"③

关于《南风》与《思亲》两首琴曲,古今文献中有许多记载。如《尚书》曰:"舜弹五弦之琴,歌《南风》之诗。"④司马迁《史记·乐书》中则简要说明了《南风》之曲的内容:"舜歌《南风》而天下治,《南风》者,生长之音也。舜乐好之,乐与天地同,意得万国之欢心,故天下治也。"⑤谢琳《太古遗音》中有《南风歌》、《思亲操》的曲谱和歌辞。《南风》歌辞有两首,第一首较为常见,即:"南风之熏兮,可以解吾民之愠兮;南风之时兮,可以阜吾民之财兮。"另据《全唐诗·乐府诗集·卷五十七·琴曲歌辞一》所载,还有另一首为舜所作之《南风》,歌辞内容宏大气魄,展示出一代君王的宽广胸怀:"反彼三山兮商岳嵯峨,天降五老兮迎我来歌。有黄龙兮自出于河,负书图兮委蛇。罗沙案图观谶兮闵天嗟嗟,击石拊韶兮沦幽洞微,鸟兽跄跄兮凤皇来仪,凯风自南兮喟其增叹。"关于《南风》一曲的解释,大多是从治国安邦的角度而言,和煦的南风吹拂,可以抒解天下百姓怨气,使他们心态平和;同时也可以令百姓的财富兴旺。因而舜喜爱南风,以此作曲,为的是使天下得治。《孔子家语·辩乐解》中通过孔子向冉有评价子路之琴声,说明了南风之所以可以兴国的原因:"子路鼓琴,孔子闻之,谓冉有曰:'甚矣由之不才也。夫先王之制音也,奏中声以为节,流入于

---

① 朱长文:《琴史·卷一·帝舜》。
② 《乐记·乐施篇》。
③ 杨抡:《琴谱合璧》。
④ 《古今乐录》。
⑤ 司马迁:《史记》。

南,不归于北。夫南者,生育之乡,北者,杀伐之城。故君子之音温柔居中以养生育之气,忧愁之感,不加于心也,暴厉之动,不在于体也。夫然者,乃所谓治安之风也。小人之音则不然,亢丽微末,以象杀伐之气,中和之感,不载于心;温和之动,不存于体,夫然者乃所以为乱之风。昔者舜弹五弦之琴,造南风之诗,其诗曰:"南风之熏兮,可以解吾民之愠兮;南风之时兮,可以阜吾民之财兮。"得其时阜盛也唯修此化,故其兴也勃焉,德如泉流,至于今王公大人述而弗忘。殷纣好为北鄙之声,其废也忽焉,至于今王公大人举以为诫。夫舜起布衣,积德含和而终以帝,纣为天子,荒淫暴乱而终以亡,非各所修之致乎。由今也匹夫之徒,曾无意于先王之制,而习亡国之声,岂能保其六七尺之体哉?'"①

后一首是否为舜所作无法考证,但从歌辞大意看,如果说《南风》是展现舜帝宏图伟志的作品,《思亲操》则是描绘舜至孝心声之曲。《思亲操》之歌辞曰:"陟彼历山兮进嵬,有鸟翔兮高飞。瞻彼鸠兮徘徊,河水洋洋兮青泠。深谷鸟鸣兮莺莺,设罝张罣兮思我父母力耕。日与月兮往如驰,父母远兮吾当安归。"对于《思亲操》历史上的解释也很多,《全唐诗·乐府诗集·卷五十七·琴曲歌辞一》载:"《古今乐录》曰:'舜游历山,见鸟飞,思亲而作此歌。'谢希逸《琴论》曰:'舜作《思亲操》,孝之至也。'蔡邕《琴操》:'舜耕历山。思慕父母。见鸠与母俱飞鸣相哺食。益以感思。乃作歌曰。'"②《思亲操》是舜见到自然界鸟的亲情而思念父母亲人而作的琴曲,其歌辞中反映仁德君王的凡人情怀。岁月如梭,父母年高,即使是有雄心伟志,也当思归尽孝。所以,《南风》和《思亲操》两首琴曲将一位古代仁君能忠能孝的形象展现出来,充分表现了中国传统的理想人格。

《孔子家语·辩乐解第三十五》:"舜帝在位十四年,禅位于禹,又作《卿云歌》:"卿云烂兮,糺缦缦兮。日月光华,旦复旦兮。"群臣进颂:"明明上天,烂然星陈。日月光华,弘予一人。"《尚书》舜帝再歌:"日月有常,星辰有行。四时从经,万姓允诚。于予论乐,配天之灵。迁于圣贤,莫不咸听。鼚乎鼓之,轩乎舞之。精华以竭,褰裳去之。"

与舜帝有关的琴曲还有《湘妃怨》、《苍梧怨》两首。

---

① 《孔子家语·辩乐解》。
② 《全唐诗·乐府诗集·卷五十七·琴曲歌辞一》。

3. 禹志深河

大禹从《史记》记载的世系来说,也是黄帝的直接后裔:"夏禹,名曰文命。禹之父曰鲧,鲧之父曰帝颛顼,颛顼之父曰昌意,昌意之父曰黄帝。禹者,黄帝之玄孙而帝颛顼之孙也。禹之曾大父昌意及父鲧皆不得在帝位,为人臣。"[①]又说:"禹为人敏给克勤;其德不违,其仁可亲,其言可信;声为律,身为度,称以出;亹亹穆穆,为纲为纪。"[②]大禹的丰功伟绩历史记载诸多,特别是他继承父亲鲧的遗志,治理洪水,造福天下的事迹,千百年来为人称颂。基本上说来,禹是一位偏武的君王,但是在文化与音乐的领域,他仍然有青史留名的功绩。如《吕氏春秋·古乐》中说:"禹立,勤劳天下,日夜不懈。通大川,决壅塞,凿龙门,降通漻水以导河,疏三江五湖,注之东海,以利黔首。于是命皋陶作为《夏钥》九成,以昭其功。"[③]《夏钥》后又称《大夏》,历代《乐志》中都有记载,前人的解释是"其德能大诸夏也"[④]。又《吕氏春秋·音初》中还记载:"禹行功,见涂山之女。禹未之遇而巡省南土。涂山氏之女乃令其妾待禹于涂山之阳,女乃作歌,歌曰:'候人兮猗。'实始作为南音。周公及召公取风焉,以为《周南》、《召南》。"[⑤]可见,最早的南音及后来《诗经》中的"国风"的起源,是与禹有关的。又据《鬻子·禹政》说:"禹之治天下也,以五声听,门悬钟鼓铎磬,而置鞀,以待四海之士。为铭于簨簴,曰:'教寡人以道者击鼓,教寡人以义者击钟,教寡人以事者振铎,语寡人以忧者击磬,告寡人以狱讼者挥鞀。'此之谓五声,是以禹尝据一馈而七十起,日中而不暇饱食,曰:'吾犹恐四海之士留于道路。'是以四海之士皆至,是以禹当朝廷间也,可以罗爵。"

禹像上古其他君王一样也有音乐作品传世,并且成为古代音乐中的典范。在琴曲方面,禹留传下来的是与他的丰功伟绩有关的《禹操》。桓谭《新论》中说:"《禹操》者,昔夏之时,洪水襄陵沈山,禹乃援琴作操,其声清以溢,潺潺志在深河。"朱长文《琴史》中对以往的资料总结后描述说:"观洪水襄陵泛丘乃援琴作操,其声清以溢,潺潺志在深河也,名《禹操》或曰《襄陵操》,及嗣舜之业,

---

①② 司马迁:《史记》。
③ 《吕氏春秋·古乐》。
④ 《乐叶图徵》曰:禹乐曰大夏。宋均注曰:其德能大诸夏也。
⑤ 《吕氏春秋·音初》。

尝作《大夏》,《大夏》也,言治水之功为大也。"①关于《禹操》(《西麓堂琴统》卷十三存有《襄陵操》),《全唐诗·乐府诗集·卷五十七·琴曲歌辞二》中说:

> 一曰《禹上会稽》。《书》曰:"汤汤洪水方割,荡荡怀山襄陵,浩浩滔天。"《古今乐录》曰:"禹治洪水,上会稽山,顾而作此歌。"谢希逸《琴论》曰:"夏禹治水而作《襄陵操》。"《琴集》曰:"《禹上会稽》,夏禹东巡狩所作也。"呜呼,洪水滔天,下民愁悲,上帝愈咨。三过吾门不入,父子道衰。嗟嗟不欲烦下民。

可以看出,这首琴曲主要是描绘当天降洪水、万民蒙难之时,大禹牺牲个人的情感,不顾父亲曾因治水而获罪的苦痛,勇于挺身而出,拯救下民与水火之中的事迹。

另外,琴曲中还有描写大禹事功的《禹会涂山》(历代各种琴学著作均有保存),南朝梁任昉《述异记·卷上》说:"昔禹会涂山,执玉帛者万国。防风氏后至,禹诛之,其长三丈,其骨头专车。今南中有姓防风氏,即其后也,皆长大。越俗,祭防风神,奏防风古乐,截竹长三尺,吹之如嗥,三人披发而舞。"②《史记·孔子世家》:"仲尼曰:'禹致群神于会稽山,防风氏后至,禹杀而戮之。'"③

4. 汤歌训畋

汤,据说是帝喾后代契的子孙,为商部落首领。商部落的历史可以追溯到母系氏族公社时期。这个部落的始祖叫契,传说契的母亲简狄在洗澡时,忽然发现燕子下了个蛋,吃了以后便怀孕生契《史记·殷本纪》、《楚辞·天问》都有记载)。所以,《诗经·商颂·玄鸟》说:"天命玄鸟,降而生商。"汤原名履,又称武汤、成汤,灭夏而建商,所以大多数史书称他为"商汤"。汤在位13年后病死。大凡一代伟大君王都有其名垂青史的功绩,商汤的英明伟大,史书中已经记载得非常多。讨伐暴虐的夏桀,可以说是汤最为人称颂的功劳,他的这个功劳无疑被许多艺术作品记载和歌颂。《吕氏春秋·古乐》中说:"殷汤即位,夏为无道,暴虐万民,侵削诸侯,不用轨度,天下患之。汤于是率六州以讨桀罪,功

---

① 朱长文:《琴史·卷一·大禹》。
② 任昉:《述异记·卷上》。
③ 司马迁:《史记·孔子世家》。

名大成,黔首安宁。汤乃命伊尹作为《大护》、《晨露》,修《九招》、《六列》,以见其善。"①伊尹名挚,原是商汤家里做饭的奴隶②,但他极为聪明又有抱负,几经周折被汤命为相,最终伊尹帮助商汤筹划进攻夏的大计,并一举灭亡了夏朝,建立了商朝,同时也帮助汤以礼、乐的方式来管理国家。许多历史著作中对此有记载,如《墨子》中说:"子墨子曰:'昔者尧、舜有茅茨者,且以为礼,且以为乐;汤放桀于大水,环天下自立以为王,事成功立,无大后患,因先王之乐,又自作乐,命曰《护》,又修《九招》'。"③一般乐史类著作中,都把汤的乐曲称为《大濩》,"濩"是水流自上而下汹涌澎湃的样子,或者有散布、流散的意思,可以说是把商汤的丰功伟绩形容成江河大流,四处流散。

在琴曲的发展中,《琴史·卷一·成汤》说:"旧云有《训畎操》,其谓此乎,或曰《畎亩操》也,盖汤聘伊尹于畎亩而作也。"④《训畎操》今天似乎没有流传,我们也无法体会其中的曲意,但推测起来是通过成汤与伊尹君臣之间的相识相知,来描写君臣一心、治国安邦的故事。

---

① 《吕氏春秋·古乐》。
② 《史记·殷本纪》中说:"伊尹名阿衡。阿衡欲奸汤而无由,乃为有莘氏媵臣,负鼎俎,以滋味说汤,致于王道。或曰,伊尹处士,汤使人聘迎之,五反然后肯往从汤,言素王及九主之事。汤举任以国政。伊尹去汤适夏。既丑有夏,复归于亳。入自北门,遇女鸠、女房,作女鸠女房。"
③ 《墨子·三辩》。
④ 朱长文:《琴史·卷一·成汤》。

"矫若游龙　疾若惊蛇"*
——从以龙蛇喻书看书法的生命精神

崔树强

（西南大学　510275）

摘　要：以龙蛇喻书，是中国古代书法品评的传统，所谓"笔走龙蛇"。龙蛇的意象，体现了书法的生命精神，也是中国人在线条里所表达出的对永恒生命活力的赞颂和向往。这种精神，在草书中表现得最为充分，它折射出中国书法重视生命、生机和活力，强调生命的整体性、连续性和完整性。中国书法家总是试图从生命和精神的生生不息的运动中去寻找美的理想，这是一个重要的思想。书法中这一美学思想，和中国文化中强调生命的不断流变、生生不息和健动不已的精神是一脉相承的。

关键词：龙蛇　草书　一笔书　整体性

中国人喜欢龙、崇拜龙，中国书法也喜欢以龙蛇作喻。龙是大龙，蛇是小龙，中国古代书论常以龙蛇来比喻书法。比如，"状如龙蛇，相勾连不断"；"矫若游龙，疾若惊蛇"；"龙蛇竞笔端"；"但觉烟云龙蛇，随手运转，奔腾上下"；"见蛇斗而草书长"等等，都是这方面的显例。因为龙善变，能大能小、能屈能伸、能隐能显、能飞能潜，而书法的线条之所以充满生机和活力，就在于充满运动和变化，一切都在流动中、变化中和游走之中。

龙蛇的意象，充分体现了书法的生命精神。在中国书法的线条里，龙蛇形象充分表达出书法家对于永恒生命活力的赞颂和向往。这一点，在草书中表现

---

*　本文为2011年度国家社会科学基金艺术学西部项目"'气'的思想与中国艺术观念之关系研究"阶段性成果之一（项目编号：11EA127）。

得最为充分。刘熙载说:"地师相地,先辨龙之动不动,直者不动而曲者动,盖犹草书之用笔也。"①刘熙载借鉴风水师相地观龙之理,来比喻草书用笔。它折射出中国书法重视生命、生机和活力,强调生命的整体性、连续性和完整性。中国书法家总是试图从生命和精神的生生不息的运动中去寻找美的理想,这是一个重要的思想。书法中这一美学思想,和中国文化中强调生命的不断流变、生生不息和健动不已的精神是一脉相承的。

一、活的线条

我们常以"笔走龙蛇"来比喻书法线条的生动和充满活力,这是因为书法是线条的世界,而线条必须是活的,不能是死的,要像蛇舞龙飞一样。中国书法是纯线条的艺术,但这个线条不是西方几何学的线条。几何学的线条是死的,而书法的线条是活的。书法的线条,不仅仅是在空间上划界线,而且是一种时间性的绵延,是生命延展的过程。几何学的线条,没有生命的跃动在里面,它是一种程式和形式,而书法却反对被程式化,线条必须是活的。所以,书法既不是西方意义上的抽象,也不是对具象的模拟。它所书写的虽然是汉字符号,但它的意义并不在符号本身。因为符号的作用是象征,是用一个东西象征另一个东西,是逻辑的"所指";而书法则是艺术的"能指",它本身就是活的线条、活的生命,它的意义在线条流走的过程之中。

书法本来不过是墨涂的痕迹,但我们却把墨涂的痕迹看作是有生气、有性格的东西。书法线条的这种活的生命,一方面来自于书法家对造化自然中永恒生命力的体悟,另一方面来自于主体生命力对线条的贯注。"气","是人自身生理和精神所形成的一种综合的、整体的生命力,把这种生命力灌注到点画中去,并与宇宙永恒运动的生命精神相同构,才是书法创作最后的目的。我们反复练字,就是练习并养成把自我生命力融入点画的能力。中国书法强调要'活',要有活趣,因为中国人是用变动的眼光来看世界的"。② 中国人认为,无时无处不在变,作为群经之首的《易经》就是一本讲变化的书,它以简易的方法

---

① 刘熙载:《艺概·书概》。《青囊奥语心印》云:"先看金龙动不动,次察血脉认来龙。"
② 崔树强:《气:中国书法的生命》,《光明日报》2013 年 5 月 20 日。

说明变易是天地不易之理;《庄子·大宗师》中讲"藏舟于壑,藏山于泽"的故事,结果被大力士给背走了,这个大力士就是变化。而书法,就是要去把握和体现这个变动不拘的世界的风神。古人对于书法的精妙比喻,如"婉若银钩,漂若惊鸾"①,"奔雷坠石之奇,鸿飞兽骇之资"②,"右军如龙,北海如象"③等等,都是描述一种活泼泼的趣味。郑板桥《题画》中说:"不泥古法,不执己见,唯在活而已。"一个"活"字,道出了中国书法艺术最精深的意味。

活,就是要生动。生和动的观念,与《易传》思想有关。《易传》说:"天地之大德曰生。"又说:"生生之谓易。"在《易传·观卦》的象爻辞中,多次提到"观我生",王弼注云:"生,犹动出也。"孔颖达疏曰:"或动或出,时生长之义。"可见,生就是动,生就是生长,生长不能离开运动。到了汉代,生动的思想又和"气"化生出宇宙万物的思想结合到一起。王符《潜夫论》中说,万物的变化"莫不气之所为也"。可见,生动是由气的运动变化引起的。没有气,一切都是死物,不会有生动的表现。所以,气与生动不可分,有气即有生动,没有生动,气也不存在,生动就是气的特性。

而在表现这种生命的活趣、动态和"气"的特性时,线条有着无可比拟的优越性。西方艺术也用线条,但与中国的线条有很大的不同。黄宾虹说:

> 欧洲绘画,亦由印象而谈抽象,因积点而成线条。艺力既臻,渐与东方契合。只不过一个从机器摄影而入,偏拘理法,得于物质文明居多;一从诗文书法而来,专重笔墨,得于精神文明尤备。此科学、哲学之攸分,即士习、作家之各判。技进乎道,人与天近。④

欧洲画家试图用形和色作为绘画艺术的语言,而中国的画家喜欢用线条。中国画家认为,在线条中,能最充分地体现出人的精神中的种种愿望、喜悦和烦恼,也最能体现出人的精神中那种通过艺术作品可以表达出来的他们与世界和宇宙之间的关系。西方艺术家原本对于动植物的形状观察得也很细密,但一旦

---

① 索靖:《草书势》,《历代书法论文选》,上海书画出版社1979年版,第19页。
② 孙过庭:《书谱》,《历代书法论文选》,第125页。
③ 董其昌:《画禅室随笔》卷一《跋李北海缙云三帖》。
④ 黄宾虹:《论中国艺术之将来》,见《美术杂志》1934年第1卷第1册。

用于装饰之上,被一再重复之后,那种活物的形态感就渐渐消泯,逐渐被人遗忘,只剩下一个空壳和模式而已;而这样的退化现象,在中国艺术中很少发生。中国艺术家总是喜欢把玩现在和过程本身,他们"在刹那的现量生活里追求着极量的丰富和充实,不为着将来和过去而放弃现在价值的体味和创造。"①美的价值,就在过程之中,所以中国艺术对动态有着特殊的喜爱,他们把它看作生命的表现。书法中的线条总是奔放而又流畅、激越而又欢快,总是充满了生命的动感。

线条被中国书法家赋予独立的审美价值,它有着抒发心性、表达情感的巨大力量,给人以充满生命力的感觉。中国绘画中的线条美,不同于西方绘画一般的笔触之处就在于,它具有可以独立于形象描绘之外的特殊的审美价值,这在宋、元、明清的文人画中更是得到极大的强调。而线条的这一品格,无疑是来自于中国书法。书法作为艺术,其意义和内容不是文字的意义。欣赏书法,完全在于点画线条本身,与文字内容无关。"气是活的生命,气在书法中的作用,只不过是借助点画线条的塑造,把此时所流露出来的生命的节律,注入线条形迹之中去,使点画线条也带有活的、升华了的生命节律。换句话说,就是借助着气的承载力量,把书法家主观的性情和客观的笔墨结合在一起。气,一方面把性情承载向点线,同时把点线承载向性情,这样一来,性情因为气而能向外表达,点线因为气而得到了活的生命,于是,气在书法中的作用,就被发挥出来了。"②

在中国书法中,简单的线条,竟然具有如此的表现力。秩序和自由、理智和想象、节制和力量,这些相反相成的原则,通过相反相成的点线的形象,通过直线和曲线的反复和对比,通过那种柔韧的、流动的、自然的线条表现出来了,这才是中国书法真正的魅力所在。书法在最实用性的文字书写中,升华进入了艺术的领域,使得个人的人格和宇宙的秩序同构。它以生命的美的形式,作为中国人的形而上的宇宙秩序和宇宙生命的象征。书法所寻求的到底是什么呢?它不是追求虚无缥缈的抽象的概念,那是哲学的探求;它也不是追求眼睛看不见的因素和力量,那是科学的探求。它追求的是某种真实的东西,是某种使人

---

① 宗白华:《论〈世说新语〉和晋人的美》,《宗白华全集》(2),安徽教育出版社1994年版,第279页。

② 崔树强:《气:中国书法的生命》,《光明日报》2013年5月20日。

通体畅快、深感满足的东西，它不仅仅诉诸人的理智，更诉诸人的情绪和感觉，它让人的身心能跃入到大化流行之中去，并不是要作玄远的冥想，而是让身心与造化同流，让精神腾跃到无上的自由境域中去。

二、草书的精神

书法线条中的这种活的生命和龙蛇精神，在草书中，被淋漓尽致地表现出来了。

在其他字体中，并不是没有那种对曲线美的追求，也不是没有对线条中那种波动感、流动感与灵活性的钟爱，只不过，和草书相比较起来，都显得不够彻底和充分。或者说，在篆书、隶书、楷书中，线条的盘桓诘诎，还没有能够给书法家性灵的飞舞腾跃提供足够的精神空间。这些字体线条的波撇曲直固然也美，但总觉得字体和线条法则本身的制约，对于书法家精神生命的表达终究是一种限制，或者说，从笔走龙蛇的线条境界看来，还嫌不够彻底。

比如，在篆书中，无论大篆小篆，作为象形文字，都是"画成其物，随体诘诎"①的结果，"诘诎"就是弯曲、曲折，是用曲线和直线的巧妙配合，完成了形式美的创造（例如，《毛公鼎》、《峄山刻石》、李阳冰、吴让之篆书等），但这种美，还是一种偏于静态的美。隶书虽然是"省篆之环曲，以为易直"②，但在隶书书写中，实际发展出另一种曲线的美，即"波画"。隶书讲究点画波撇之趣，有了波磔，书法的线条就有了肥瘦的变化，从而，用笔有了提按，收笔有了藏露，这样，曲线美的变化，也就更丰富了，例如汉代简牍和碑刻隶书中"波画"的飘逸和生动。楷书亦然。张怀瓘评褚遂良楷书："真书甚得其媚趣，若瑶台青璅，窅映春林，美人婵娟，似不胜乎罗绮，增华绰约，欧、虞谢之。"③观褚遂良的《大字阴符经》，其线条善于化直为曲，迎风弄态，屈曲多姿，是从隶书中借鉴了笔意，有一种灵活和流动。元代赵孟頫《胆巴碑》也是一波三折，富于柔和优美的曲线。但所有这些线条的"动"，都让人感觉是局部的，因而是有限的，它们始终被限定在一种无形的结构桎梏之中，因而主体的精神也就不能得到彻底地

---

① 许慎：《说文解字·序》。
② 包世臣：《艺舟双楫·历下笔谭》，《历代书法论文选》，第650页。
③ 张怀瓘：《书断中》，《历代书法论文选》，第192页。

自由。

只有到了草书,才真正实现了根本性的转变。古人以龙蛇喻书,最为集中地就是表现在草书上。书法品评中特别喜欢以龙蛇的生动姿态比喻草书的变化多端。在古代书论中,类似的表述不胜枚举。《草诀歌》一开头就说:"草书最为难,龙蛇竞笔端。"《草书韵会·序》云:"矫若游龙,疾若惊蛇。……千态万状,不可端倪。"汉代崔瑗《四体书势·草势》云:"腾蛇赴穴,头没尾垂。"[①]西晋索靖《草书势》云:"虫蛇虺蟉,或往或还,类婀娜以赢赢,欻奋䰆而桓桓。"[②]东晋王羲之说学习草书要"字之体势,状如龙蛇,相勾连不断"[③],又在《笔势论十二章》中说放纵的笔画要"状如惊蛇之透水"。梁武帝萧衍评价王羲之书法"字势雄逸,如龙跳天门,虎卧凤阙"[④]。又在《草书状》里形容草书体势为"疾若惊蛇之失道,迟若渌水之徘徊";"泽蛟之相绞,山熊之对争";"婆娑而飞舞凤,宛转而起蟠龙"。[⑤]李白《草书歌行》说:"恍恍如闻神鬼惊,时时只见龙蛇走。"怀素也说:"其痛快处如飞鸟出林、惊蛇入草。"[⑥]唐代窦蒙释"草"云:"电掣雷奔,龙蛇出没。"[⑦]蔡襄说:"每落笔为飞草书,但觉烟云龙蛇,随手运转,奔腾上下,殊可骇也。"[⑧]苏轼曾提到:"文与可亦言见蛇斗而草书长。"[⑨]明代费瀛说大字的体势要"飞动如龙骧凤翥,天趣溢出,神与之谋"[⑩]。清代宋曹也说:"草如惊蛇入草,飞鸟出林。来不可止,去不可遏。""古人见蛇斗与担夫争道而悟草书,……可见草体无定。"[⑪]等等。可以说,"龙蛇"二字,表明了中国书法家对草书精神最深刻的体验。

在理解草书中这种以龙蛇作喻的美学趣味时,我们可以与西方美学家的相关表述作一对比。英国美学家威廉·荷迦兹在其《美的分析》一书中,多次论

[①] 卫恒:《四体书势》中崔瑗作《草势》,《历代书法论文选》,第17页。
[②] 索靖:《草书势》,《历代书法论文选》,第19页。
[③] 王羲之:《题卫夫人〈笔阵图〉后》,《历代书法论文选》,第27页。
[④] 萧衍:《古今书人优劣评》,《历代书法论文选》,第81页。
[⑤] 萧衍:《草书状》,《历代书法论文选》,第79页。
[⑥] 参见陆羽:《释怀素与颜真卿论草书》,《历代书法论文选》,第283页。
[⑦] 窦蒙:《〈述书赋〉语例字格》,《历代书法论文选》,第266页。
[⑧] 蔡襄:《自论草书》,《历代书法论文选续编》,上海书画出版社1993年版,第51页。
[⑨] 苏轼:《论书》,《历代书法论文选》,第314页。
[⑩] 费瀛:《大书长语·神气》,卢辅圣主编《中国书画全书》(六),上海书画出版社2009年版,第392页。
[⑪] 宋曹:《书法约言》,《历代书法论文选》,第565、572页。

到"蛇行线"的问题,他说:

>蛇行线赋予美以最大的魅力。请注意:在最优美的形体上,直线最少。
>
>蛇行线灵活生动,同时朝着不同的方向旋绕,能使眼睛得到满足,引导眼睛追逐其无限的多样性。
>
>不仅由于角的弯曲,而且由于它旋扭起来,因而从波状线变成了蛇行线。这条线,从视野中逐渐向角后面的中心消失,并变成角的缩小的末端。这不仅使想象得以自由,从而使眼睛看着舒服,而且说明着其中包括的空间的容量和多样。
>
>如果在可能想象得出来的大量多种多样的波状线中,只有一种线条真正称得上是美的线条,那么,也只有一种准确的蛇行线,我把它叫做富有吸引力的线条。[1]

如果说波状线是一种美的线条,蛇行线就是一种更富有吸引力的线条。尽管威廉·荷迦兹也谈到蛇行线的灵活生动和善于变化,以及欣赏这种线条给眼睛所带来的愉悦和满足。但是,这种愉悦和满足,更多的是一种美的形式上的,是视觉上的,是引导眼睛作的一种变化无常的追逐的乐趣。他曾以下垂的卷发为例,认为许多卷发自然地形成了许多波浪线和交叉的曲线,可以使眼睛由于追逐而感到高兴,特别是一阵微风将它们吹动的时候。但是,这时的曲线或蛇行线,主要还是构图的一种手段,是与直线掺杂使用的一种手段。这与草书中的线条趣味,还是有差异的。

草书的线条,有曲有直,有缠绕有交织,有蛇行线的生动,但是,草书线条的全部意义,就在于线条本身,它不是任何构图的手段,它本身就是目的。它是让精神在线条里自由自在地流走,而流走的结果,才是构图。当代有的书学研究者,从西方图式研究的角度,来揣摩中国草书构图的种种匠心,实在是一种本末倒置的猜想。中国的草书,从根本上不是安排出来的,而是流淌出来的,不是数理的结果,而是生命的过程。这种差异,在一定程度上也反映出中西艺术的不同精神。

---

[1] [英]威廉·荷迦兹著,杨成寅译:《美的分析》,广西师范大学出版社2002年版,第91、95、115、116页。

三、生命的整体性

　　常山蛇阵是古代兵家之阵法。《孙子·九地篇》曰："故善用兵者,譬如率然;率然者,常山之蛇也。击其首则尾至,击其尾则首至,击其中则首尾俱至。"率然,指古代传说中的一种蛇。草书因为有了气的贯注,便有了气脉的流动,生生不息,笔笔相联,书法的点画自然构成了一个生命的整体,牵一发而动全身,如常山之蛇,击首尾应,击尾首应,击腹则首尾应。书法之线迹,如草蛇灰线,一切都在联系中存在,生命是流动性的绵延;一切都在秩序中存在,举生生而该条理。

　　这一特点,在"一笔书"中表现得最为充分。书法史上"一笔书"的出现,与今草书体密切相关。我们知道,在西汉中后期的简牍中,已经出现了成熟的草书,但这些草书都属于章草。因为汉代的笔很小,蓄墨量少,而简牍一般十分狭窄,所以,所写的章草大多字字独立,笔画不连。章草经过长安以西的西州地区几代书法家(比如刘睦、杜操、崔瑗、崔寔)的研习,笔法结构已经日趋精熟。汉末张芝尤好草书,他学习崔瑗、杜操之法,"家之衣帛,必先书而后练之"。以衣帛写字,比简牍的篇幅更宽大,而且未煮练的帛是生帛,吸墨快而多,所以张芝改良了毛笔(张芝笔与左伯纸、韦诞墨并称妙物),使之更适合写缣帛。缣帛的篇幅,配合着改进的毛笔,就比在简牍上书写章草,用笔更加流动放逸,字画间常常萦带连绵,所以,如果说是张芝创造了今草,完全是可能的。今草相对于章草而言,并不是创造了一种崭新的字体,而是在书写风格上发生了转变,增加了放纵连绵之势,就更加适合抒发人的性灵和情感。所以,从章草到今草的转变,与其说是文字实用上的要求,不如说是艺术精神发展的必然。

　　"一笔书"的特点,是形散而神不散。有了内在流动的气脉,书法的点画线条,就成了人们心中飘动不已的黑色丝带,书法家用它来完成心灵的舞蹈。那流动的飘带,那样柔软、弯曲,仿佛在温软的风中轻轻抖动,又如袅袅香篆在空中缭绕漂浮。在表达这种飘飘欲仙的动态时,毛笔堪称一件无可匹敌的工具。张怀瓘谈到张芝和王献之的"一笔书"时说:

　　　　字之体势,一笔而成,偶有不连,而血脉不断。及其连者,气候通而隔行。唯王子敬明其深旨,故行首之字,往往继前行之末,世称"一笔书"者,起自张伯英,即此也。

张芝变为今草,如流水速,拔茅连茹,上下牵连,或借上字之下而为下字之上,奇形离合,数意兼包,若悬猿饮涧之像,钩锁连环之状,神化自若,变态不穷。①

张彦远也说:

或问余以顾、陆、张、吴用笔如何?对曰:顾恺之之迹,紧劲联绵,循环超忽,调格逸易,风趋电疾,意存笔先,画尽意在,所以全神气也。昔张芝学崔瑗、杜度草书之法,因而变之,以成今草。书之体势,一笔而成,气脉通连,隔行不断,唯王子敬明其深旨。故行首之字,往往继其前行,世上谓之"一笔书"。其后陆探微亦作"一笔画",连绵不断,故知书画用笔同法。②

王献之的"一笔书",在于其超逸优游、从意适便的情调。米芾对王献之的行草书极为折服,他称子敬《十二月帖》"运笔如火箸画灰,连属无端末,如不经意,所谓'一笔书',天下子敬第一帖"③。二王父子的书法,大王灵和,小王神俊,逸少秉真行之要,子敬执行草之权。和王羲之相比,王献之的成就,在于完成了对书法体势的创变,他曾劝父亲改体:"子敬年十五六时,尝白其父云:'古之章草,未能宏逸。今穷伪略之理,极草纵之致,不若稿行之间,于往法固殊,大人宜改体。'"④子敬因为章草未能"宏逸",希望能"极草纵之致",所以劝父亲改体。因为,章草虽为草书,但字字独立,草而不"纵"。楼兰出土汉晋之间草书遗迹,草势稍"纵",但仍缺乏连绵。草书只有极"纵"之致,才能放逸生奇。王献之行草书之所以"逸气过父",能得奇逸神俊之致,就是因为他的"一笔书"中增加了"纵"势,而"纵"和"逸"是紧密相联的。

---

① 张怀瓘:《书断上》,《历代书法论文选》,第166、163页。
② 张彦远:《历代名画记·论顾陆张吴用笔》,卢辅圣主编《中国书画全书》(一),第126页。
③ 米芾:《书史》,卢辅圣主编《中国书画全书》(二),第243页。
④ 张怀瓘:《书议》,《历代书法论文选》,第148页。王献之劝父亲改体一事,另见张怀瓘:《书断上》,文辞略有出入。

"一笔书"强化了纵逸之势,使得线条连绵,状若龙蛇。但并不是说,"一笔书"真的就必须是一根首尾连接不断的线条。郭若虚在说到王献之的"一笔书"和陆探微的"一笔画"时指出,"一笔"并不是"一篇之文、一物之像,而能一笔可就也",而是"自始及终,笔有朝揖,连绵相属,气脉不断。所以意存笔先,笔周意内,画尽意在,像应神全。夫内自足,然后神闲意定;神闲意定,则思不竭而笔不困也"。① 可见,"一笔书"的关键,是内在气脉畅通,虽然形迹时断时续,但内在流动的气脉未尝有一丝衰竭。有气,则能笔断而气脉相联;无气,则如断线残珠。也就是潘天寿说的"画中两线相接,不在线接,而在气接。气接,即在两线不接之接"②。而要想内在的气不断,就要以意来引领气,意为气之帅,气为体之充。意在笔前,是为了令筋脉相联;意存笔先,就是以意识作为气之统领,把一种蓬勃的生命状态收束于笔端。前人形容书法之线迹,如草蛇灰线。所谓草蛇灰线,就是蛇在草中,有的部位能看见,有的部位被草遮住了看不见,但是前后是关联成一个生命的整体。

　　"一笔"的"一",是一泓生命的清流,是一脉生命的律动,有了这股清流和律动,才能真正成为一个生命的整体。这"一笔"就是"一脉",而今草(以及狂草)的"纵势"更能完美展现出这"一脉",所以,刘熙载说:"故辨草者,尤以书脉为要焉。"③中国书法家追求的"一笔书",是在连绵相属、血脉不断之中,构成一个有筋有骨、有血有肉的生命单位,成功一个艺术境界,它是气的整体性和联系性在书法中的表现,这才是"一笔书"(以及"一笔画")的真正涵义。

结　语

　　不管龙也好,蛇也好,中国书法里所描述里的龙和蛇,都不是呆的、死的,不是"行行若萦春蚓,字字如绾秋蛇"④,而是活的、动的,是惊蛇,是游龙,它们在"腾"、在"赴"、在"往"、在"还",一切都充满了活泼泼的动态和生命感。唐代

---

① 郭若虚:《图画见闻志》卷一《叙论·论用笔得失》,卢辅圣主编《中国书画全书》(一),第469页。
② 潘公凯编:《潘天寿谈艺录》,浙江人民美术出版社1985年版,第99页。
③ 刘熙载:《艺概·书概》,《历代书法论文选》,第690页。
④ 李世民:《王羲之传论》,《历代书法论文选》,第122页。

书法家李阳冰篆书线条蜿蜒生动,变化开阖,被窦蒙称为"开阖变化,如虎如龙"①。明末清初书法家王铎草书线条如神如鬼,变化不可端倪,他说自己是"根本二王,变化如龙"②。王铎的连绵草书线条,既是"蛇形线",更是"蛇行线"。人们在欣赏草书的"蛇行线"中,不仅是获得了视觉追逐的快乐和想象的自由,更"带有令人解放的性质"(黑格尔语),让人感受到一种生生不息的生命活力。

草书的线条,忌讳程式化、模式化,要每一个下一秒都在变化之中,充满了偶然性、随机性和不确定性。深入浅出,纵横驰骋,书法家在挥洒的笔迹中,享受着动物敏捷活动所产生的乐趣,享受动物逃跑时的狡诈机趣。但这些动物,并不是西方那种先知性的动物,而是具有奇妙的生命力。仿佛世间所有生灵的运动,都不能让中国人获得最后的满足,他们必须要发明一个像云又像水那样行动敏捷、体型弯曲的生灵,发明一个以无限广阔的空间为家、永远运动不息的生灵,这就是"龙"。龙象征一种力,一种类似云和水的力,它永远运动,永远变化,它既在破坏,又在结果,还在保存。龙可以从水里腾起,进入云间,让人瞥见它强健有力的身影。在西方,龙是一种传说中罪恶可怕的怪物,但在中国,它以令人敬畏的精神获得了一种撼人心灵的力量。

书法家似乎也分享了它那种变化无常的生命,为它的力量和永远运动而欢欣鼓舞。龙象征的力,是宇宙最后的动力,是中国人心目中那只"上帝的手"。中国人爱龙,龙的形象就是中国人钟爱的永远运动不息的宇宙精神,就是生命的不断流变和生生不息。在中国人看来,最宝贵、最持久的艺术品,并不是某些获得最纯洁的形式感的东西,而是最充分体现出他与身外的自然万物同化的境界,他们要把自己最秘密、最深刻的经验具象化。在中国书法中,我们所能认识到的,不单单是被称为知识的东西、感官的东西、也不仅仅是感情的东西,而是自由而无所顾忌地流溢到整个宇宙中去的一种精神。

---

① 窦臮、窦蒙:《〈述书赋〉并注》,《历代书法论文选》,第258页。
② 王铎:《拟山园选集》(王鑨刻本)卷三九之题跋二。

论汉赋丽格的类型生成与整体性审美方式

王怀义

（江苏师范大学 221116）

摘　要：对汉赋丽格的研究要破除统治两千年之久的以巨丽格统摄汉赋的历史成见，从汉赋丽格本身的实际情况出发。总体上看，汉赋丽格可分为巨丽、奇丽和清丽三种基本类型，具有动态生成性特征，反映出两汉时期新的审美意识内容的兴起和审美原则的确立。这种新的审美原则是指将主体心胸在以视觉享受为核心的感性审美的基础上，将自然万物和历史时空统摄起来，将神话与历史、想象与现实、社会与人生等融为一体以超越时空、消泯自我，进而获得对宇宙万物进行整体性体悟的审美思维方式。它既不同于史前先民通过对神的膜拜而获得情感愉悦所形成的宗教审美，也不同于儒家仁学将主体对自然神灵的崇拜内化为自我德性进而获得人生在世之价值的现实审美，同时也不同于由原始道家发其轫、庄子扬其波的"神与物游"、主体与自然冥合无间的超越审美。它是对三者的综合与超越，决定了汉赋丽格的形成和发展。

关键词：汉赋　丽格　基本类型　思维方式

一、引言：回归汉赋丽格本身

将丽美作为汉赋的根本审美特征，是古今学人的共识。刘勰《文心雕龙·宗经》说"楚艳汉侈"[①]，其中"汉侈"是指汉赋"丽美"的特征。扬雄《法言·吾

---

① 范文澜：《文心雕龙注》，人民文学出版社1958年版，第23页。

子》在总结汉赋的审美特征时称"诗人之赋丽以则,辞人之赋丽以淫"①,也将"丽"作为区分诗人之赋与辞人之赋的标准。司马相如在谈赋的创作时说:"合纂组以成文,列锦绣而为质。"②他一反儒家文质观,以丽统摄文质关系,这在当时是大胆的言论。他们的概括是准确的,后人也多从此说,并以"宏丽"、"巨丽"、"艳丽"、"侈丽"、"壮丽"等来评价汉赋。但这种看法忽略了汉赋丽格动态生成的特点。"巨丽"是汉赋丽格的类型之一,但不是全貌。

  首先要说明,汉赋丽美特征的形成并不是汉初统治者"润色鸿业"的结果,而这种观点却统治国人两千年之久。在某种思维方式的固化作用下,这一观点至今仍在产生影响。有学者说:"汉赋是适应汉初新的时代形势发展起来的。我们读汉赋,尤其是读其中那些有代表性的汉大赋,往往会感受到一股强大的力量在摇撼着我们的心灵,有一种欢快的上升的气氛在激励着我们的神经。这就是蕴含在作品中的大汉帝国的统一、强大、文明和昌盛。"③这种观点不能解释现代人怀念两汉盛世而不再爱读汉赋的基本事实,社会历史文化环境的变化不能解释这一现象,因为现代人仍然爱读唐诗、宋词和明清小说等,这是因为后者与现代人的审美思维方式是契合的,而前者是隔阂的。还有学者说:"汉朝经济的繁荣、国力的强盛、疆域的拓展,使那个时代的作家充满胜利的喜悦和豪迈的情怀。反映在文学上,就是古往今来、天上人间的万事万物都要置于自己的观照之下,加以艺术的表现。"④这种观点既不符合赋本身的发展经历,也不符合两汉赋家的生命事实。一方面,赋从产生到汉末,从来都是抒情写志的娱乐文艺作品,从未被单纯当作政治工具,正如司马相如所说,赋乃"所以娱耳目而乐心意者";两汉赋家虽屡次在功用上强调赋的讽谏作用、在起源上强调"诗赋一体",张衡更是有意识在他的作品中增加讽谏内容的比例,但这扭转不了赋作为娱乐作品的现实。另一方面,以枚乘、司马相如、东方朔、班固等为代表的两汉赋家都不曾官居高位,实现自己的人生理想和价值,而是被倡优视之,是"言语侍从之臣",他们多沉沦下僚,或郁郁而终,或获罪而死,"胜利的喜悦和豪迈的情怀"与他们无关。所以有学者

---

① 扬雄:《法言》,见《诸子集成》第七册,中华书局 2005 年版,第 4 页。
② 刘歆:《西京杂记》,见《汉魏六朝笔记小说大观》,上海古籍出版社 1999 年版,第 89 页。
③ 龚克昌:《两汉赋评注》"序言",山东大学出版社 2011 年版,第 1—3 页。
④ 袁行霈主编:《中国文学史》第一卷,高等教育出版社 2003 年版,第 175 页。

将扬雄不再作赋的行为看作是他对汉赋价值的否定,认为这"不仅表现了他为政教意识所驱策,同时也暴露了其将汉赋这一文学样式强行纳入政教轨道努力的失败"[①]。

汉朝从建立到武帝时期,社会环境起了变化,需要相应的文艺形式对之记录和表现,统治阶层和知识阶层首选的是五经、诗歌、音乐、礼制而不是赋。在有汉一代,赋向来是被皇帝们作为娱乐工具来看的,他们并未将赋单看作"润色鸿业"的工具。后人之所以这样看,一方面是受儒家讽谏观和"诗赋一体"观的影响,另一方面也是过多听信了班固的话。班固《两都赋序》:"至于武宣之世,乃崇礼官,考文章,内设金马石渠之署,外兴乐府协律之事,以兴废继绝,润色鸿业。"[②]这说明,赋在当时与"润色鸿业"根本无关。赋与"润色鸿业"发生关系主要是因为赋与帝王生活有关,这从宋玉《风赋》即已开始。班固作《两都赋》固然有讽谏之目的,但其原因仍是因为赋在当时符合大多数人的审美要求,所以他说自己创作《两都赋》首先是"以极众人之所眩曜"。班固之所以在序中将赋与"润色鸿业"联系起来,提倡"赋者,古诗之流也",其目的是为了说明《两都赋》并不是娱乐作品,他本人也不是"弄臣"。这是受经学思想禁锢的汉代文人的通病。他在论述完汉初"润色鸿业"的伟大创举后列举了一大批赋家对当时国家政事以赋记述的事实,其原因亦在此。这一叙述进一步强化了汉初社会对汉赋兴盛起到决定性作用的观点,从而建立了"润色鸿业"与汉赋之间的必然性联系。这一观点在历代汉赋研究著作中被不断强化,至今仍有不少学者认为"汉大赋的丽美是一种强烈的巨丽、宏丽、靡丽、遒丽之美。它的最突出特色是繁富铺陈,恢宏瑰伟。这一特色又与其'润色鸿业'、歌功颂德的宗旨紧密相连"[③],这个观点看似合理但却忽略了汉赋的独特性。汉代当时独特的社会环境对汉赋丽美的形成不具有决定性意义,而毋宁说只是一种契机。

汉武帝并不是最早欣赏赋的汉代王侯。在汉武帝之前,吴王刘濞、梁孝王刘武、淮南王刘安等藩国王早已以赋娱乐、写作等,这时赋主要是娱乐感怀的文学样式,武帝爱赋是受了他们的影响:"辞赋因藩国的提倡而产生了一批优秀

---

① 于迎春:《汉代文人与文学观念的演进》,东方出版社1997年版,第53页。
② 扬雄:《两都赋序》,见龚克昌《两汉赋评注》,第464页。
③ 黄南珊:《"丽":对艺术形式美规律的自觉探索》,《文艺研究》1993年第1期。

的作家和作品,同时也引起了汉武帝的爱好。"①武帝、成帝等帝王虽喜好赋,但这种喜好不能决定社会整体对赋的看法,因而对汉赋丽美的形成也不具有决定意义。汉武帝等作为特定历史时期中的个体,他们的喜好固然可以影响作家创作,但不能决定整个时代审美原则和审美趣味的形成,他们本身也要受到时代审美取向的影响。毋宁说,他们只是汉赋兴盛的一种契机或催化剂。汉武帝们当时是将赋作为文化娱乐产品来看待的,并"表现出鲜明的享乐主义倾向"②,所以武帝读了相如赋很高兴,但并不理会其中可能蕴含的"深意"。这种将赋娱乐化的倾向在东汉灵帝鸿都门学时期达到了极致。这说明,赋与当时人们的娱乐活动是密切联系的,所以才有那么多人创作赋,有那么多人诵读赋;读赋娱乐是当时的"小资情调",是时尚和潮流,汉武帝们是其中的重要成员。但由于他们是皇帝,位高权重,所以后世学者往往将赋与他们联系起来,要求赋具有讽谏功能。这对赋是不公平的,也掩盖了赋的本质。

应该注意,除"巨丽"外,汉赋丽格还有其他样态,奇丽和清丽两种丽格就不可忽视。汉赋作家在创作时虽常崇拜、依附特定的模式,追求特定的场面,但汉赋创作作为文学活动的本质属性要求三种丽格之间进行互动交融,哪怕在交融中还存在排斥、对抗。因此,汉赋三种丽格之间也存在互动发展关系,从而使汉赋丽格呈现出多样的表现形态和动态生成态势。汉赋丽格多样发展的背后,所蕴含的是有汉一代独特的审美意识内容。这种新的审美意识一方面追求以视觉冲击为主要感受的感官审美,另一方面以主体对天地万物进行统摄观照的整体性思维为基质。有学者这样评价汉赋:"汉赋是人对自然事物作对象化审美观照和对外部世界作整体性审美观照的艺术,所以主要表现于外在感官的视觉美和涂饰美。"③这个评价是恳切、准确的。总之,汉赋丽格既在汉代审美意识环境中孕育、形成,又以其巨大影响力反过来滋养、孕育着汉代审美意识。

二、巨丽格:义尚光大

不可否认,汉赋丽格的首要特征是"巨丽",因为它太典型了。与此相关的

---

① 中国科学院文学研究所中国文学史编写组《中国文学史》,人民文学出版社1962年版,第117页。
② 踪凡:《汉赋研究史论》,北京大学出版社2007年版,第122页。
③ 许结:《汉代文学思想史》,人民文学出版社2010年版,第120页。

是"宏丽"、"靡丽"、"遒丽"、"壮丽"等。巨丽以刚健宏大为精神特质,以富丽奢靡为内容特点,以遒劲有力为论说气质。这也是某些赋作被以"大"名之的原因所在。刘勰说汉赋"义尚光大",也是针对汉赋巨丽之美的。同样不可否认,汉初统治者追求以大为美,并将统治思想渗透其中。这是刚取得天下的汉初统治者的审美理想。当萧何营建富丽宫室并提出"天子以四海为家,宫室非壮丽无以重威"的观点时,刘邦是首肯的。这种政治文化心理反映在汉赋的审美风格上就是巨丽。

汉赋巨丽之美的形成,一方面与其描写对象的"博"与"富"、描写范围的"广"与"大"有关,另一方面与汉赋独特的表达方式有关,反映出汉赋作家以大为美的审美取向。汉大赋一般篇幅较大,动辄数千言或上万言,张衡《二京赋》让这种写作方式达到了顶峰。汉大赋体大但不零散,体式之大与结构之谨严是一体的。这既打破了此前文章的体制规模,也打破了传统的诗歌抒情方式。在创作过程中,汉赋作家往往从不同角度、不同层次,运用各种手法对事物(哪怕是微小的事物)进行层层皴染,由此形成颇具气势的写作方式。与其他文体往往要求用语避免雷同不同,汉赋从来不回避雷同,它正是要通过雷同来营造完满铺张、逼人眼球的意象世界,以给人宏大巨丽之感。首先,汉赋作家在创作时往往会从上、下、左、右、东、南、西、北等各个方位展开,实现全方位空间的一体化,形成强大的空间力度;其次是穿越古今,实现当下与历史的融合渗透,形成深远的时间力度;再次,如果是对某一物品进行描绘,则烘云托月、连类比喻,加强其丽美属性;复次,如果是论述某一道理,汉赋作家则层层递进、多向展开,笔势纵横,颇具战国策论的气势,给人词理兼容、犀利雄壮之感。在这种写作方式下,汉赋所涉及的事件、名物、场景、义理等都会被囊括到汉赋严谨的时空结构中,描写对象也会被无以复加地放大以容纳宇宙万物。这就形成汉赋视野开阔、气势宏大的表达效果。这是汉赋作家欲求完满的创作心理的使然,即"在形式上求大,在内容上求全,在描写上求尽,在气势上求放,在艺术上求美"①,这种欲求完满的创作心理是汉赋巨丽之美得以形成的心理基础。汉赋宏大巨丽的气势是汉赋作家集体努力创造的结果。

汉赋巨丽格本身具有显著的动态生成性特点。这是因为:一方面,这类赋

---

① 霍松林、尚永亮:《司马相如赋的主体特征和模式作用》,《陕西师大学报》1992年第1期。

作确实从侧面承担了某些润色鸿业的功能(写给皇帝看的),因而其体制气象须能体现当时国家的整体气势,在这方面,司马相如、扬雄、班固等在创作时都有过痛苦的构思经历;另一方面,汉大赋在颂圣的同时还承担着娱乐帝王的功能,因而其对游猎、宫殿、宴会等的描写必然通过多样的名物、富丽的色彩、神奇的想象等来塑造鲜活的文学形象以给观者强烈的视觉享受。这两种情况的并存使汉赋巨丽美处于不断的动态发展过程中,当其描写侧重点发生转变时,巨丽格也就有向不同方向发展的可能性。主要有三种情况:当赋家的描写对象以地域时空为主要对象时,巨丽就转向为宏丽或壮丽;当赋家的描写对象以皇家生活为主要对象时,巨丽就转向靡丽、富丽或侈丽等;当赋家将这些描写对象纳入长达数千言的作品中,形成气象宏大的意象世界时,汉赋的巨丽同时给人遒劲有力、酣畅流动的审美感受,由此生成遒丽之美。司马相如的《天子游猎赋》(一般将之分为《子虚赋》和《上林赋》两篇)充分展现了汉赋巨丽格的这些特点,并被其他赋家仿效。

汉赋的巨丽之美得自于赋家囊括宇宙万物的宏大心胸、流贯其间的精神气蕴,以及作者运思创构的精巧文思,即所谓"控天引地,错综古今"。王锺陵说:"汉代文艺给人的美感是繁复之中的充沛,是堆垛之中的厚重,是排比之中的遒劲。"[1]在这方面,司马相如的《天子游猎赋》成为汉赋作品中不可企及的范本。将才气、笔力、精神、气蕴完美融合以达到宏大遒劲之境界,是汉赋作家追求的目标。但达到者了了,要么是词章绵丽而无骨气,要么是意蕴率露而无韵致,要么是辞章富丽而无境界,等等。即使是司马相如《天子游猎赋》这样的优秀之作,仍存在浮华虚无之病,所以不久就受到了扬雄的批评。当然,这种情况的出现与汉赋创作思维方式对主体情感的抑制亦有关系,下文还要谈到。

三、奇丽格:尚奇心态

如果说汉赋的巨丽是"以大为美"审美意识观的体现,那么,奇丽则是汉赋"以奇为美"审美观的体现。在汉代,尚奇思想得到了复苏,并表现在社会生活

---

[1] 王锺陵:《中国中古诗歌史》,人民出版社2005年版,第216页。

的各个领域（包括艺术领域）。其中，汉赋是重要体现者之一，进而形成了汉赋奇丽的审美特征。有学者说："赋非奇不丽，赋家推言自然，不仅称珍怪以为润色，而且以物的奇势、奇态为丽。"①应该说，奇丽是汉赋之为汉赋的本质规定性之一。

汉赋奇丽之美的重要体现之一，是人们对日常生活中寻常事物的细致描绘，这种描绘在神奇想象的作用下可以容纳万物，达到"芥子藏世界"的艺术效果。在汉赋作家笔下，日常生活中常见的笛子、温泉、水果、屏风、团扇等，甚至是树木的纹理，也都彰显出非同寻常的奇异之美。赋的"体物"功能在此运用得淋漓尽致。这些"体物"之作与《楚辞》中的同类作品具有不同的审美取向和精神价值。在《楚辞》中，作家对自然万物的描摹不仅没有达到如此精细的程度，而且这些描摹是抒情的手段而不是描摹本身，主体自身的情趣和思考是核心，如屈原的《橘颂》。汉赋与此不同。汉赋对日常事物的描摹不能说没有作者主观情趣的渗透，因为当作家将自我眼光投向某物时他已将自己的情感投射其上，但这种投射的力度和强度是有限的，他们对日常事物描摹的细致程度是屈原等作者不能比肩的，他们所专注的似乎只是对象本身，他们对日常事物的专注程度令人惊讶。显然，这种描摹方式体现了汉赋作家专注于自然万物的情趣和态度，日常事物也在这种细致描摹中呈现出非同寻常的面貌，进而在人们的审美活动中获得位置。

汉赋作家使用连类、铺陈、排比、想象、比喻等修辞手法，从不同角度、不同侧面对之描绘，使之呈现出立体化、多样性的完整面貌。这种完整性呈现与日常生活中人们对该事物的单向度观察是不同的。据记载，中山王刘胜见鲁恭王刘馀获得"文木一枚"，"意甚玩之"，充分体现出作者对文木的浓厚兴趣和审美态度。作者写伐木工人将文木砍伐时"隐若天崩，豁如地裂"，然后"既剖既刊，见其文章"："或如龙盘虎踞，复似鸾集凤翔；青绚紫绶，环璧珪璋；重山累嶂，连波叠浪；奔电屯云，薄雾浓霏；麕宗骥旅，鸡族雉群；蝎绣鸳锦，莲藻芰文；色比金而有裕，质参玉而无分。"②刘胜对文木的描绘在汉代体物赋中有代表性和典型性。他似乎完全沉浸在对文木纹理的欣赏中，不仅忘却了自己和世间所有，而

---

① 阮忠：《汉赋艺术论》，华中师范大学出版社2008年版，第80页。
② 刘胜：《文木赋》，见龚克昌《两汉赋评注》，第154页。

且又将自我的生命经验和所知所想完全融入到他对文木纹理的欣赏中了。显然,刘胜对文木纹理的观照方式是一种"整体性观照"。他充分调动想象和日常经验以与他所观照的对象进行互动交流;在他眼里,文木的纹理是天地自然万物生命精神的集中体现者。这种观察眼光和思维与日常生活中人们对事物的关注方式是不同的。汉赋作家的多角度描述所呈现出的事物因其全面、客观、多样而超出人们的日常生活经验,进而使人们对之产生不同的审美感受和体验,日常事物由此获得审美价值而成为人们的审美对象。

汉赋作家在描摹这些日常事物时,还往往使用神话意象对之进行譬喻、衬托,由此形成日常事物与神话意象的相互交织,这种瑰丽新奇景象是令人向往的,也契合了人们以奇为美的审美价值取向。汉赋神奇的想象和遒劲的气魄所营造的神奇幻境让人迷醉,使人留念,所以汉武帝阅后"飘飘然有凌云气"。有学者说:"正是幻境与现实的相交互叠,才构成了汉大赋繁复、神奇、遒劲、整体的审美图景。"①这也反映出汉赋作家和当时人们的精神状态和审美取向。有人认为汉赋作家对神灵的这种态度表现出主体"控驭外部世界的信心和力量"②,这种观点不符合汉代整体性的天人关系思想,是不准确的。

汉赋奇丽之美的形成与汉赋作家的知识构成和卓绝追求有关。汉赋作家的小学修养是深厚的。当时,文字学具有百科全书性质:人们通过对文字内涵及其所代表事物的总结和分析以认识、理解和掌握世界。应该说,汉赋作家首先是文字学家、训诂学家,然后才是汉赋作家,所以刘师培说他们在小学基础上,"发为文章,沈博典丽,雍容揄扬"③。落实在文字上,汉赋的奇丽美表现为汉赋作家往往在自己的赋作中运用繁多的连绵词和同义词等来修饰同一事物,以生成寻常事物的奇异性质。他们以或字形相似、或偏旁相同、或内涵相近的大量的不同词汇对同一事物进行细致描摹,产生了多样的审美效果。首先,这些词汇不仅可以形成非同寻常的语言铺排气势,而且那些生僻怪诞的词汇也拉开了读者与文本之间的距离,使读者在面对这些名物时感受到前所未有的距离感、压迫感和陌生感。其次,这些词汇的连绵运用往往形成一个整体性极强的动感画面,读者不仅可以在这画面中想象作者所描绘的对象到底是何种形态,

---

① 许结:《汉代文学思想史》,第116页。
② 黄广华、刘振东:《从审美角度看司马相如的赋》,《文史哲》1987年第3期。
③ 刘师培:《文章源流》,见《中国历代文论选》(第四册),上海古籍出版社1980年版,第334页。

从而将读者引入赋家所创设的境界中;而且,作者所描绘的对象在这整体画面中也获得了生命灵动之气,顿时活跃起来,从而给人震惊、神奇的审美感受。

汉赋奇丽之美的形成与两汉时期人们"以奇为美"的时代审美风尚有关。这种风尚虽在东汉时受到了唯物主义思想家王充的严厉批判,但改进甚少。由刘歆所撰、葛洪辑录的《西京杂记》对两汉时期兴起的"以奇为美"现象有大量记述,这些记述可与汉赋的奇丽之美相互印证。《西京杂记》卷一记述了时人雅好"奇丽"的社会现象:"初修上林苑,群臣远方,各献名果异数,亦有制为美名,以标奇丽。"①"以标奇丽"说明时人对新奇事物的雅好心态。在衣食用度等方面,人们"竞致奇膳"、"以为奇味",也给人们的日常生活增添了乐趣。

四、清丽格:情感寄托

汉赋巨丽和奇丽的审美特征发展到极致,不可避免给汉赋带来一些弊端,如注重形式而缺乏情感等。而且,汉赋巨丽和奇丽的发展,往往也让人们忽略汉赋清丽之美的存在。汉赋清丽格的存在是必然的。刘勰说"辨丽本于情性"(《情采》),即是说丽美的存在须以主体情感为根柢,没有这个根柢,丽美也不能存在。战国后期出现的杂赋在借用《诗经》"赋"的表现手法的基础上而形成,它本就是以抒写性情为主要目的;而给汉赋以极大滋养的楚辞也具有极为鲜明的情感性,是情与丽的完美统一体。因此,汉赋作家在追求汉赋巨丽和奇丽之美的同时,也常用赋来表达自己内心的情感诉求,这些赋作的情感是充沛浓郁的,形式是完美的,一反汉大赋铺张扬厉的风格而给人以清新动人、浓郁深沉的审美感受。这就形成了汉赋"清丽"的审美特征,所以有学者说:"辞赋中艺术价值最高、传诵之作最多的当推抒情之作。"②相对于巨丽和奇丽的时间局限性,清丽在汉赋发展史上长存不衰,直至汉赋完成它的历史使命。如果说巨丽和奇丽是汉赋的典型特征,那么,清丽则是汉赋的主要特征。

有汉一代,主导这种清丽之美的赋作主要有两类,一为体物之作,一为悼亡之作。这印证了赋"体物言志"的创作传统,也说明汉代体物赋创作主要通过

---

① 刘歆:《西京杂记》,见《汉魏六朝笔记小说大观》,第83页。
② 曹道衡:《汉魏六朝辞赋》,上海古籍出版社2011年版,第26页。

"体物"来达到"言志"的目的。体物赋所咏的对象主要是植物、动物、器物、饮食等,多是赋家自我娱乐的产物,因而这类赋作所体现出的赋家情感显得颇为明快、疏朗和自然,除了有数几篇(如贾谊《旱云赋》等)愤世之作外,两汉体物赋大多是清丽自然的,进而构成了汉赋清丽格的主要基调。在这类赋作中,有些由于所咏对象具有特定的情感积淀,而使赋作流露出浓郁的哀伤情调——虽然这类哀伤不好断定是否为作者真情实感的流露——清丽由此走向了婉丽,这方面王褒《洞箫赋》、马融《长笛赋》、蔡邕《琴赋》等是代表作品。此外还有一些咏物赋是汉赋作家在王侯宴会上受命而作,娱乐功能明显,这类作品多自然灵动、轻快奇美,是汉赋清丽格的重要组成部分。在这些作品中,作家在以他物来衬托所描写的对象时,隐喻、象征等艺术手法的运用也多营造出清幽自然的审美情境,如公孙乘《月赋》对月下境界的描绘,清新淡雅,音韵谐和,达到了很高的艺术境界。他们似乎在对外物的细致观察和描摹中泯灭了自我的情感,也让自我抑郁的情感得以消解。

汉赋中的"悼亡之作"所"悼"之对象主要是屈原。这是因为:一,屈赋是汉赋的渊源所自;二,屈原本身独特的冤屈遭遇与汉赋作家比较类似。在这两者中,后者是主要的。他们觉得屈原的"忠而被谤"与自己一样,屈赋的情感也深契自我之心。他们对屈原的悼念实际是在悼念自身。这方面,贾谊的《惜誓》和《吊屈原赋》、东方朔的《七谏》、王褒的《九怀》、严忌的《哀时命》等都是代表作品,扬雄、蔡邕、班固等均作过此类作品。正是这些哀思悼念、发愤写情之作构成了汉赋中清丽之美的本质内容,这类著作中屡次出现的"蹇驴"、"驽骡"等意象或许即为作者自况。与此相关,明珠与瓦砾、骐骥与笨驴、山间与庙堂,等等,这些对比鲜明的抒情意象成为赋家情感的流露和表征;后者所潜藏的幽怨心绪,是不言自明的。这为此类赋作的清丽色彩蒙上了一层淡淡的哀伤色调。但是,由于这类赋作首先以屈原为咏叹、模仿对象,以至于屈赋的抒情模式对汉赋作家的创作产生了极大的限制作用,同时也抑制了他们的创造力。而且,由于汉赋作家的人格精神受到政治现实和思维模式的双重扭曲,因而他们往往缺乏屈原人格精神所具有的刚烈、高洁的品质,他们的赋作往往抒发一己私情者多,而缺少屈赋中鲜亮的主人公形象、宏大的精神气象和感人至深的情感魅力,以至于婉转而不蕴藉,流利而不含蓄。

清丽格贯穿了汉赋发展的全过程,没有出现断裂,张衡《归田赋》最终成为这方面的殿军。在汉初文景时期,以清丽为主要特征的赋作是汉赋丽格的主要代表。这种情况的出现主要源于汉赋作家与政治统治之间"剪不断,理还乱"的纠结关系。汉初时,国祚初定,民生凋敝,人们还没有条件欣赏宏大巨丽的作品。与此相关,当时的文帝、景帝等也不提倡文学消费活动,致使这一时期能够创作赋的"辞人"在社会上无用武之地,这为汉赋清丽之美的存在创造了条件。对此,刘勰《文心雕龙·时序》云:"施于孝惠,迄于文景,经述颇兴,而辞人勿用,贾谊抑而邹枚沈,亦可知矣。"[1]在这种情况下,贾谊的《吊屈原赋》《旱云赋》《鹏鸟赋》,孔臧的《杨柳赋》《蓼虫赋》等相继出现。在武宣盛世时,以清丽为典型特征的赋作与以巨丽为典型特征的赋作并行发展,清丽仍是汉赋丽美的重要组成部分,只不过人们往往关注后者而忽略前者。在两汉大一统的政治环境下,敢怒而不敢言的情感纠结从未从士人心中离开过,所以抒发这类情感的赋作也一直绵延不绝:董仲舒有《士不遇赋》,司马迁有《悲士不遇赋》,东方朔有《答客难》,后来的扬雄也有《解嘲》《解难》,张衡有《应间》,蔡邕有《释悔》,等等。正是这种情况的存在,使得汉赋清丽格一直绵延不衰,构成了汉赋丽格中独特的风景。

还应注意,汉赋保有清丽格与赋作为文学体裁之一的本质属性相关:它本就是文士们抒发自我感情的文体之一。赋在形成之初,铺陈、夸饰等多种表现手法是存在的,但这些表现手法主要是用来表现赋家本人失志抑郁的内心情感,而不是用来表现万物、人世社会的繁复多样,因而赋从一开就具有清丽的审美特征。只不过,在赋鼎盛时期,巨丽格太引人注目,致使人们忽视了清丽格。《汉书·艺文志》:"春秋之后,周道寖坏,聘问歌咏不行于列国,学《诗》之士,逸在布衣,而贤人失志之赋作矣。大儒孙卿及楚臣屈原,离谗忧国,皆作赋以风,咸有恻隐古诗之义。"[2]可见,最初的赋作者都是孤臣孽子似的人物,他们在人生失意时,觉得《诗》的表现手法不足以充分表达自己心中郁结的情感而采用赋这种手法多样、可肆意渲染的文体,从而使自我情感得到反复渲染、多向展露。这是赋作为文学作品的本质规定性。这类以多种手法表达哀怨凄婉情感的赋作,成为早期赋的主流;而多种表现手法的运用让早期赋作中哀艳感伤的

---

[1] 范文澜:《文心雕龙注》,第672页。
[2] 班固:《汉书》,颜师古注本,中华书局2005年版,第1383—1384页。

情感表达得淋漓尽致,同时也埋下了赋从清丽走向巨丽和奇丽的伏笔,一旦时机成熟,巨丽和奇丽便成为赋作的典型特征。尤其是在汉代天人思想大发展的时代背景下,在枚乘、司马相如、扬雄等"竞为侈丽闳衍之词"的刺激下,这种浓郁的情感抒发自然从主体内心转向对自然万物的整体性观照,清丽便被巨丽和奇丽所掩盖。

东汉时期,赋家们专注于抒情赋的创作,人们的视野重新返回到主体内心的情感世界,清丽又成为赋的典型特征,至此,赋作为一种文体基本完成了它的生命历程,走向了终结。应该说,清丽之美是汉赋丽美的主要组成部分,但当人们试图将清丽与巨丽相统一、力求实现情与丽的统一时,汉赋的巨丽之美就走向了被清丽之美所取代的路途,所以随着东汉抒情小赋的出现和兴盛并在魏晋时期达到鼎盛,汉赋也就完成了它在华夏民族审美历史上的使命,并在这种完成中使自己成为永恒:它塑造了华夏民族集体的审美风貌和独特气质。

五、汉赋丽格的纠缠与融合

在古代,"丽"范畴有极强的统序作用和开放性、衍生性特质,各种丽格之间常发生交融现象。因此,汉赋的上述三种丽格不是互相独立的,它们同时存在于两汉特定的文化环境中,由此形成三者之间相互对抗、纠缠或融合的现象。从发展顺序上看,清丽格伴随了汉赋发展的全过程,一直延续到魏晋赋作中;巨丽格是武宣时期汉赋的典型特征,并在东汉早期被继续发扬,东汉末则逐渐消失而被清丽格所取代;奇丽格也伴随了汉赋发展的全过程,但在发展中又与清丽格和巨丽格时有交叉,并时常受到两种丽格的影响或改造,因而独立性最弱。总体上看,这三种丽格之间并非可以完全融合,同时还存在排斥、对抗现象,由此形成三种丽格之间动态生成的历史发展格局,进而形成汉赋多样性的审美风貌。

首先,巨丽与奇丽的融合现象在汉赋中是常见的;而且,这两种丽格的融合也是必然的。尤其是在以铺张扬厉、想象夸饰为典型特征的汉大赋中,巨丽之美生成的同时也生成奇丽之美,《上林赋》、《两都赋》、《二京赋》等是这方面的典型作品。这与汉赋本身丰厚的内容含量有关。祝尧《古赋辨体》云:"取天地百神之奇怪,使其词夸;取风云山川之形态,使其词媚;取鸟兽草木之名物,使其词赡;取金璧彩缯之容色,使其词藻;取宫室城阙之制度,使其词庄。"[1]汉赋将如此众多的内容纳入自己宏大谨严的结构中,既能巧构神奇的环境,又显示出浓郁的浪漫与想象,将现实生活与神话幻境融于一炉,自然生成宏大而神奇的审美效果,这就实现了巨丽与奇丽的融合。其中,赋家所具有的非凡想象力具有核心统摄作用。赋家如果做到了司马相如所说的"苞括宇宙,总览人物",也就在某种程度上实现了赋作巨丽与奇丽的融合,所以王世贞说汉赋"变幻之极,如沧溟开晦;绚烂之极,如霞锦照灼","变幻"与"绚烂"能否融合成为赋作是成功与否的重要标志。刘勰称之为"穷环奇之服馔,极蛊媚之声色"(《杂文》),而这正是汉赋的"立本之大要"。巨丽与奇丽两种丽格的融合在汉赋中是颇为常见的,是汉赋丽格融合现象的主流。

其次是奇丽与清丽的融合现象。在以清丽为主导丽格的赋作中,奇丽之美所蕴含的不仅是赋家的"囊括宇宙之心",而且还是对日常世俗世界的疏离心态和绝望对抗。他们或将日常生活中常见的动植物进行扭曲,或将那些生活在阴暗角落的"怪虫毒物"等置于日常生活中,以增强作品的表现力度和"陌生化效果",本来正常的日常生活由此被赋家扭曲了,龙凤、麒麟等神话意象也被世俗化和阴暗化,他们以此来表现自己的绝望心情:"怪虫毒物在这里不只是比喻,而是直接身触目睹;仿佛仅存的生人,活在毒怪充斥的世界,这个变形世界理所当然地翻转一切价值体系,肆无忌惮地抹灭一切信念传统。正是透过如此深切的不可置信,作者传达了极端的怨忿与无可挽救的绝望。"[2]奇丽与清丽的结合,形成了汉赋诡谲恍惚、凄迷朦胧的色调。这一点多被研究者忽视。

在汉赋中,巨丽和清丽是难以融合的,甚至还存在某种对抗。原因主要有二:一是含纳万物的对象化和整体性思维方式对主体情感有某种程度的抑制作用,二是汉赋作家的矛盾心理对此亦起到了限制作用。就前者看,以整体性为观照方式的汉赋创作思维与赋本身尚丽的内在要求相吻合,再加上时代要求和汉赋作家的集体努力,必然形成汉赋重在夸饰、繁复汪洋的巨丽风格,自我消融在万物中。就后者看,一方面,当汉赋作家为了某种外在原因(如颂圣、媚主等)而进行创作时,他须充分考虑主上审美情趣和国家文化政治的因素,他不

---

[1] 引自许结:《汉代文学思想史》,第115页。
[2] 郑毓瑜:《性别与家国:汉晋辞赋的楚骚论述》,上海三联书店2006年版,第134页。

能在自己的作品中表达自我的情感态度,主体须对自我情感进行抑制,主体消泯在外在化的规训中,这样以彰显自我情思为主的清丽格便很难融入其中。另一方面,在儒家人生观的作用下,当汉赋作家发现自己被"俳优视之"时,往往对自己的人生价值产生怀疑,甚至后悔自己创作了那些颂圣之作;而当他们在仕途遭遇挫折而不能施展抱负、沉沦下僚时,他们所创作的传达自我真情实感的清丽赋作又不能同时兼具巨丽一格。这就形成了汉赋巨丽格与清丽格之间的排斥现象,两者很难实现兼容。在屈赋中,巨丽格与清丽格相容的程度稍微高一些,但氤氲在屈赋中的哀伤情绪还是超过了其中的宏大想象,进而形成哀艳之美,这种美无疑更接近于清丽而非巨丽。因此,无论从哪个方面看,巨丽格与清丽格在汉赋中不相容都是不可避免的。

　　艺术追求完美,但不存在没有缺陷的艺术。汉赋亦然。汉赋三种丽格之间虽存在并行发展、交融、对抗而形成多种审美形态的情况,但汉大赋的非凡艺术成就和宏大精神气魄掩盖了汉赋丽格的多样性,要么是奇丽格被纳入巨丽格,要么是清丽格被巨丽格所取代。而且,清丽格在汉赋发展过程中虽存在时间最长,但被掩盖得也最厉害:一方面是巨丽格的引人注目,另一方面是在表现自我情感方面它又很难与屈赋相媲美,因而也不能引起后世学者的重视。所以,在回首汉赋时,人们往往只将眼光投向汉赋的巨丽一格并对之进行种种批评,这无疑放大了汉赋巨丽格的缺陷。于是,人们一方面惊讶于汉赋丽美的丰富迷人、色彩绚烂,另一方面也叹息丽美所带来的种种"局限"。给汉赋带来所谓"缺陷"的仍是让人产生惊异之美的多种表现手法。今天,人们在评价汉赋艺术成就时,仍多持此种观点[①]。这是从后世发展了的艺术观来对汉赋进行批评的结果。问题在于,如果汉赋没有了华丽的语言、繁琐的铺陈、神奇的想象,那它的美还如何存在?实际上,汉赋丽美特征的存在是汉赋之为汉赋的本质规定性,这一点在它开始兴起时就已埋下了伏笔。

六、汉赋丽格的形成原因

　　汉赋丽美的形成首先与赋体本身的表现手法有关。从文学发展本身的规

[①] 陈庆元:《汉大赋美学品格的得与失》,《福建师范大学学报》1998 年第 2 期。

律看,"赋"首先是作为《诗》的一种表现手法得到人们广泛使用,而将这种手法发展到极致所形成的新文体就是"赋"。在《诗经》中,赋与比、兴一样,是诗人表现自我情感的手法之一。《楚辞》借用了它,并使之得到大发展,夸张、想象、连类、比喻等都被赋所吸收。因此,将各种艺术表现手法综合起来的文体就称为"赋",而具有这种艺术效果的作品也被称为"赋"。因此,赋作为一种文体,首先是从其表现手法进行规定的。刘勰说"赋者,铺也",正是从这个角度来理解的,汉赋丽美也是这种表现手法必然形成的。

人们往往说"汉赋",赋似乎成了汉代的专属作品,从而将赋从形成到发展的漫长历史斩断了。从《诗经》到《楚辞》再到武帝时期汉大赋兴盛,这期间经历数百年的积累过程,文学艺术本身的发展,也要求这种文体登上历史舞台。先秦荀子等人以及秦人所作杂赋,都为汉赋的兴盛做了艺术上的准备。毕竟,诗已兴盛了数百年,也完成了对各种情感的抒发、对历史功绩的颂扬等任务。但人们新的审美趣味处在不断变动中,这需要新的文艺形式对之进行表现,于是人们将目光转向这种已经过长期发展但尚未成气候的文体。刘熙载,这位离汉已远的卓识理论家一语中的:"赋起于情事杂沓,诗不能驭,故为赋以铺陈之。斯于千态万状、层见迭出者,吐无不畅,畅无求竭。"(刘熙载《艺概·赋概》)

汉赋作家群集体选择了赋,也集体塑造了汉赋的丽美,同时赋也为他们赢得了不朽声誉,这标志着一种新的审美原则和趣味的兴起。汉赋既塑造着这种原则和趣味的形成,也在这种原则和趣味的陶养下而形成、兴盛。这种新的审美原则、趣味或理想,就是主体在对自然万物的整体性观照中实现心灵的愉悦和安宁。这是前人所无、后代不存的审美理想。我们将之称为"整体性审美观照"方式。所谓整体性审美观照,是指主体以自我心胸将自然万物和历史时空统摄起来,将神话与历史、想象与现实、社会与人生等完全融为一体以超越时空、消泯自我进而获得对宇宙万物进行整体性体悟,以设置自我在宇宙秩序中的确切位置的一种审美思维方式。它既不同于史前先民通过对神的膜拜而获得情感愉悦所形成的宗教审美,也不同于儒家仁学将人们对自然神灵的崇拜内化为自我德性进而获得人生在世之价值的现实审美,同时也不同于由原始道家发其轫、庄子扬其波的"神与物游"、主体与自然冥合无间的超越审美。这种审美方式综合了上述诸种审美方式,是对三者的综合,也是对三者的超越。正是在这种审美思维方式的作用下,"人这时不是在其自身的精神世界中,而完全融合在外在生活和环境世界中,在这琳琅满目的对象化世界中"①。这是有汉一代基本的、主要的审美思维方式,汉赋是这种思维方式的主要结晶体。

汉赋作家在创作时具有深邃宏大的时空超越意识,即所谓"控引天地,错综古今"、"苞括宇宙,总览人物",这是独特的"赋家之心"。天、地、神、人四界时空和社会历史事件完全被容纳到作者的想象世界中;即使是对极其细小、常见物品的描绘,他们也会将这种整体性的时空超越意识渗透其中。比如,贾谊咏"簴"云:"妙雕文以刻镂兮,象巨兽之屈奇。戴高角之峨峨兮,负大钟而顾飞。美哉烂兮,亦天地之大式。"②簴是古代悬挂钟鼓之类乐器的柱子,贾谊对柱子上所刻镂的精彩花纹和飞动奇兽进行了细致刻画,以突显簴本身所具有的神奇魅力;尤其是簴上所刻的长着长长犄角的神奇怪兽在五彩纹饰的衬托下,好像要背负着大钟而腾云飞去。显然,在贾谊看来,簴和它身上的花纹和灵兽是一体的,它们动静谐和,构成了和谐灵动的生命共生关系;天地万物、历史时空,俯仰之间全被纳入这一灵动的互生关系中。这一关系的表现形式是完美的、绚丽的,因而可以与天地融合的形式相媲美。这种描述方式从天地万物所构成的整体性关系入手,将所赋对象置于特定的生命环境中进行铺陈描绘,实现超越时空的虚拟架构和对日常事物的超越姿态。它形成了汉赋作家开阔、完整、包容的审美心胸和气魄。这即是司马相如所说的"赋家之心",也是扬雄所说的"伏习象神"。它是汉赋作家创作的心理基础,也是汉代审美意识的特质所在。

这一点在赋初形成时期既已萌蘖,后在汉代天人合一思想大发展的基础上定型。《汉书·艺文志》引"登高能赋可以为大夫"后说:"言感物造耑,材知深美,可与图事,故可以为大夫。"颜师古注云:"因物动志,则造辞义之端绪。"③也就是说,在具有特殊意义的时间节点,人们在山巅之上登高远望,视野开阔,宇宙山川万物尽入眼底,主体心胸也为之疏朗开阔。在这种情境下能作出好文章的人可任大夫。可见,在萌芽阶段,人们就要求作赋不仅要有宏大全面的时空观照,而且还要在外物的感发下体物写志,揭示万物与人事之间的深层内在关

---

① 李泽厚:《美的历程》,生活·读书·新知三联书店2008年版,第83页。
② 贾谊:《簴赋》,见龚克昌《两汉赋评注》,第21页。
③ 班固:《汉书》,颜师古注本,第1383—1384页。

系。这就为赋的丽美特征奠定了思想基础。六朝赋在兴盛的同时也宣告了汉赋的终结，因为支持汉赋丽美特质的思维基础已经消失。

汉赋以"丽美"为本质规定性与汉代天人合一思想的定型化过程有着密切关系。当时，以阴阳、五行、谶纬等思想为根柢的"天人合一"思想在汉代的逐渐兴起、形成和兴盛直到占据统治地位，并渗透到社会文化和艺术形式的建构中。这种思想既不同于先商时期神灵对人的压制，也不同于先秦仁学对自我德行的内在省察，而是在两者融合的基础上将主体向万物延伸，是一种"天、地、神、人"结为一体的"整体性"的思维结构。在汉代，前两种思想已发展到极致，其本身也迫切需要进行演进以实现突破，而当时的社会发展和文化创制也需要一种新的思想来引导，这自然也包括艺术创作。这种思想在当时得到了普遍认同。李泽厚指出："总起来看，在当时的历史条件下，企图把天文、地理、气象、季候、草木鸟兽、人事制度、法令政治以及形体精神等万事万物，都纳入一个统一的、相互联系和彼此影响并遵循普遍规律的'类'别的宇宙图式中，从总体上加以认识和把握，这应该是理论思维的一种进步。"①司马相如的"赋心""赋迹"说、扬雄的"神化"说等，是这种思想在文艺创作上的反映。

总之，汉赋赢得社会各阶层的喜爱，说明这一审美思维方式在当时是有共识的。汉赋作家呕心十余年乃至梦见肠子掉在地上的苦心构思，实际上是在寻找实现上述精神境界的载体，载体既有，文章亦成。因此，汉赋之所以能以其宏大气魄、巨丽风格而折服世人，即是因为它背后有这样一种深厚的思想底蕴，没有这个底蕴，无论汉武帝如何提倡、社会如何"大一统"，汉赋作家群如何集体塑造，也难以成就汉赋的丽美，更不会得到社会集体的认可。也正是这种审美思维方式形成了汉代艺术雄浑朴拙而又灵动自然的整体风貌。

---

① 李泽厚：《中国古代思想史论》，生活·读书·新知三联书店2008年版，第149页。

儒家"中和"思想的内在特质及其美学表现[*]

黄意明

（上海戏剧学院　200040）

摘　要：中和思想在中国文化史上曾起过重要的作用，它既构成了儒家哲学的本体论基础，又影响到国人的基本价值观和行为方式，并成为中国传统和谐文化的重要组成部分，后者则构成了中国传统文化的核心内容和最高价值所在。中和思想同时也为中国美学的发展规定了方向。在今天这样一个社会转型和文化重建的时代，我们一方面要深化和弘扬传统价值，另一方面必须注重传统思想的转型发展。本文分析了儒家中和思想最本质的特征为"诚"与"时中"，并分析了这些特征对中国艺术批评观念的影响。

关键词：中和　诚　时中　艺术批评

一、中和观作为儒家哲学的基本思想

"中和"是中国儒家哲学和美学的常用范畴，对后世影响深远，"中和"的思想出现得比较早，早期"中"与"和"分别言之，却又有着内在的联系。"中"，《说文解字》云："内也，从口，丨，上下通。"段玉裁注：中者，别于外之辞也。别于偏之辞也，亦合宜之辞也。

"中"字在典籍中很早就出现了，《尚书·盘庚中》："汝分猷念以相从，各设中于内心。"此处的"中"，孔颖达释为"中正"，释此句为"群臣当分明相与谋

---

[*] 本论文为上海市教育委员会科研创新项目（编号11zz156）的阶段性成果。

念,和以相从,各设中于汝心"。①《尚书·酒诰》:"丕惟曰,尔克永观省,作稽中德。"这里的中,也是中正的意思。《尚书·大禹谟》:"人心惟危,道心惟微,惟精惟一,允执其中。"此处之中,则为中道义。《论语》也多处提到"中","中庸之为德也,其至矣乎!民鲜久矣。"(《雍也》)此处"中庸"之"中",即无过无不及之处中。又"礼乐不兴则刑法不中","不得中行而与之,必也狂狷乎!"(《子路》)前一个"中",释为得当;后一个"中"指合乎中庸之道。《易传》作为一部反映先秦哲学思想的作品,更处处以中道为标准,来衡量事物的吉凶,故涉及"中"的语汇特多。如:"大矣哉!大哉乾乎?刚健中正,纯粹精也。"(《乾·文言》):"君子黄中通理,正位居体,美在其中,而畅於四支,发於事业,美之至也。"(《坤·文言》)总结而言,《易传》之"中"往往具有中正、合适、恰当、无过、无不及等义。这里限于篇幅,兹不多举。后来,在汉语中与"中"相联系的词汇有中庸、中道、中观、中正等。

"和",《说文》:相应也,从口,禾声。甲骨文中另有一"龢"字,许慎释此字曰:"龢,调也,从龠,禾声。"段注云:"此与口部和音同义别,经部多假和为龢。"而"龠",说文释为:"竹之管,三孔,以和众声也。"由此可知,最早的"龢"主要指音乐的和谐,以后与"相应"义之"和"逐渐通用。后来,在汉语中与"和"相联系的词汇有和谐、冲和、和乐、和睦、和平等。

"和"字在典籍中的出现同样也很早,在我国殷商甲骨文中,就有了"和"字。根据典籍资料分析,"和"最初往往与音乐与烹饪有关。《尚书·舜典》云:"诗言志,歌永言,声依永,律和声,八音克谐,无相夺伦,神人以和。"《左传·襄公二十九年》"季札观乐"篇有"五声和,八风平,节有度,守有序,盛德之所同也"的说法。《国语·周语下》单穆公有"政象乐,乐从和,和从平"的论述,此皆从"乐"立论。而在《左传》中,晏子则有著名的"和同之辨"的论述:"和如羹焉,水火醯醢盐梅以烹鱼肉,燀之以薪。宰夫和之,齐之以味,济其不及,以泄其过。君子食之,以平其心。先王之济五味,和五声也,以平其心,成其政也。……声亦如味,一气,二体,三类,四物,五声,六律,七音,八风,九歌,以相成也。"在这段论述中,晏子首先以宰夫烹饪为喻,谈到做菜必须盐、酸、酱等配伍恰当,水火和谐、才能使菜肴五味调和。这是以烹饪为喻。接着进一步以为

---

① 李学勤主编:《尚书正义》,北京大学出版社1999年版,第241页。

音乐的道理也一样,旋律、歌声、气息、乐器等必须谐调,才能奏出悦耳的音乐。物质和精神两方面都和谐了,就能起到调节统治者心理的作用,由此促进政治的和谐,社会的稳定。另外《国语·郑语》关于"和同"问题的讨论,更为著名。史伯以为:"夫和实生物,同则不继。以他平他谓之和,故能丰长而物归之。若以同俾同,尽乃弃矣。"也就是说,事物产生发展的根据在于多种事务的互补和谐,而不是万物的趋同一致,史伯也进一步以烹调和音乐为喻,总结"声一无听,物(色)一无文,味一无果,物一不讲(构)"①的道理。

在这些讨论的基础上,孔子等哲人对和谐的思想又有进一步的贡献。孔子提出的"君子和而不同"、"礼之用,和为贵"等著名论断,强调了"和"在修身和社会政治中的重要性。荀子主张"因天下之和,遂文武之业,明枝主之义,抑亦变化矣,天下厌然犹一矣"(《儒效》),并认为"列星随旋,日月递照,四时代御,阴阳大化,风雨博施,万物各得其和以生,各得其养以成"(《天论》)。荀子并有对音乐和谐的讨论:"乐者,天下之大齐也,中和之纪也。人情之所不免也。"(《乐论》)《礼记·乐记》则在进一步提出"乐者,天地之和也;礼者,天地之序也"之论点的基础上,强调了"乐和"能导致政通人和,所谓"声音之道,与政通矣"。

在这些和谐思想的基础上,和谐理论被进一步上升为一种本体论。《易传》云:"乾道变化,各正性命,保合太和,乃利贞。"(《乾·彖》)认为天地的理想境界即是"保合太和"的状态。

由此前提出发,和谐体现于整个世界,人类社会自然在此范围之中。和谐家族,和谐国家,万邦协和,天人和合既是和谐理想的题中之义,②也是具体体现。正如《尚书·尧典》所言:"克明俊德、以亲九族,九族既睦、平章白姓。百姓昭明,协和万邦,黎民于变时雍。"

"中"与"和"又是密切相关的,"中"强调不偏颇,不走极端,处理任何事物要恰到好处,"允执其中"。而"和"强调万物要转对立为统一,和谐相处。因此在较早的典籍中,已将中、和连称,《周礼·春官·大司乐》提到:"以乐德教国子中、和、祈、庸、孝、友。"已将中与和并列为六德之二,《周礼·地官·大司徒》

---

① 此处文字具徐元诰《国语集解》,中华书局2002年版,第472页。
② 参见夏乃儒:《儒家和谐思想的现代阐释》,《儒家文化与和谐社会》,学林出版社2005年版。

有:"大司徒以五礼防万民之伪,而教之中,以六乐防万民之情,而教之和。"这里的"中"与"和"意思是一致的,一指礼的和谐,一指乐的和谐,其实是培养人民真诚和谐的情感。孔门经典《中庸》一篇,将"中"与"和"两者关系作了很好的概括:

> 喜怒哀乐之未发,谓之中;发而皆中节,谓之和。中也者,天之大本也,和也者,天下之达道也。致中和,无地位焉,万物育焉。

由此,"中"与"和"的关系,就转化为情感的未发与已发关系,当情感未发之时,先天符合中道,当情感已发之后,如果能够和顺中节,即为和谐。由于这段影响深远的文字将喜怒哀乐的情感和"位天地、育万物"的宇宙境界联系在一起,因此这种中和的情感就是人类的情感,也是宇宙的情感。朱子云:"盖天地万物本吾一体,吾之心正,则天地之心亦正矣,吾之气顺,则天地之气亦顺矣。"①这样,社会和谐、人我和谐、天人和谐就和人类的心灵和谐、情感和谐紧密地联系起来。

荀子也极重视中和与情感的关系,他在《乐论》中说:

> 故乐者,天下之大齐也,中和之纪也,人情所不免也。……乐也者,和之不可变者也,礼也者,理志不可易者也。故乐合同,礼别异。礼乐之统,管乎人心矣。

"乐"代表着快乐的情感,所以人不能无"乐",情感需要宣泄表达。但情感之宣泄表达又不能过度,所以必须以中和雅正的音乐——"乐"来调节,②使情感归于中正平和,以造成"血气和平,移风易俗,天下皆宁,美善相乐"的效果。

这里顺带说一下道家虽无中和的明确提法,但对"和"也有高度认识,他们以为万物的存在就体现着和谐。老子说:"万物负阴而抱阳,冲气以为和。""和是综合阴阳的本体之道……由于和既是本体,又是规律,所以说知和曰常,知常

---

① 朱熹:《四书章句集注》,中华书局1983年版,第18页。
② 先秦所谓的乐,与今日意义的音乐是有区别的,指的是最高统治者制定的雅乐,即先王制礼作乐的"乐"。

曰明。"①《庄子》一书中也多次提到和,"夫明白于天地之德者,此之谓大本大宗,与天和者也。所以均调天下,与人和者也。与人和者,谓之人乐;与天和者,谓之天乐"(《天道》)。"若夫乘道德而浮游则不然,无誉无訾,一龙一蛇,与时俱化,而无肯专为。一上一下,以和为量,浮游乎万物之祖。物物而不物于物,则胡可得而累邪!"而此两处的和,指的是人顺应自然规律。由此可见,道家的"和",更强调人的行为因顺自然之道,超越是非毁誉的人为对立,而和光同尘,与时俱化。因而人与自然和谐的色彩更为浓厚,此显然与前述儒家中和观的强调重点有所不同。

这样,中和不仅成为中国哲学,尤其是儒学的一个基本范畴,其和谐观也代表中国文化的一个基本理念,中国人行事的一种基本标准。

二、儒家中和思想的本质特征

儒家中庸和谐的思想,固然是中国文化的基本理念,然而也并不能说为我国独有,西方文化中也很早产生了和谐的思想,这一思想就和我国的儒家中和论多有相通处。古希腊哲学家毕达哥拉斯就认为音乐的本质体现着"数"的和谐。"他们首先从数学与声学的观点去研究音乐节奏的和谐,发现声音的差别(如长短、高低、轻重等)都是由发音体方面数量的差别决定的。例如发音体(如琴弦)长,声音就长,震动速度快,声音就高,震动速度慢,声音就低。因此,音乐的基本原则在数量的关系,音乐节奏的和谐是由高低、长短、轻重各种不同的音调,按照一定数量上的比例而组成的。"②"当毕达哥拉斯发现音之高度与弦之长度成为整齐的比例时,他将何等地惊奇感动,觉得宇宙的秘密已在他面前呈露。"③把数的和谐的原理推广到其他方面,就形成了"宇宙和谐"的概念。希腊哲学家柏拉图和亚里士多德对和谐理论有进一步的发挥。在西方美学和哲学的历史上,16世纪意大利的美学家瓜里尼、17世纪法国的美学家波瓦洛、17世纪英国美学家夏夫兹博里,18世纪德国哲学家费希特等,都讨论过和谐问

---

① 袁济喜:《和:审美理想之维》,百花洲文艺出版社2009年版,第40页。
② 朱光潜:《西方美学史》,人民文学出版社1985年版,第33页。
③ 宗白华:《美学散步》,上海人民出版社1981年版,第195页。

题,①可见这是一个人类历史上较具普遍意义的问题。但儒家中和观与西方和谐论相比,究竟有哪些独特性呢？西学东渐以来,颇有一些学者比较过两者异同。有人认为儒家的中和强调"执两用中"之中和,而西方历史上的和谐观强调"寓多于一"之调和。②也有人以为,相较于西方和谐观,中国的中和观更强调和谐统一是事物发展的最终原因。③也有学者则从哲学前提、思维方式、价值取向、审美内涵、建构方式等方向,对古希腊"和谐"美学与中国古代"中和"思想作了比较。④ 这些比较试图分析中西（或古希腊）和谐论的差异,从学术上自有其价值。然而笔者以为,这样的比较,还没有注意到两者在哲学本体论和实践论上的不同,从而未能揭示两者最本质的区别,故犹有未尽之义,因此笔者在此略作评说,以作一些讨论。

笔者认为,儒家"中"观有两个最基本的特征,一为在本体论上以"诚"为本,二为在实践上注重对"时中"的把握。

（一）关于以"诚"为本

据《中庸》文本,人际的和谐,社会的和谐乃至宇宙万物的和谐都被认为来自于人心的和谐与情感的和谐,但人心的和谐则来自于真诚的心灵,"诚"是其本源基础,故可称之为"诚体"。

《中庸》说："喜怒哀乐之未发,谓之中,发而皆中节,谓之和。中也者,天下之大本也；达也者,天下之达道也。"又说："诚者,天之道也。诚之者,人之道也。诚者不勉而中,不思而得,从容中道,圣人也"；"唯天下至诚,为能尽其性。能尽其性,则能尽物之性。能尽物之性,则可以赞天地之化育。可以赞天地之化育,则可以与天地参矣。"所以在《中庸》文本中,"诚"即是"中",即是"性"。正因为在《中庸》中"诚"有本体之义,故必有"万物并育而不相害,道并行而不

---

① 参见《西方美学家论美和美感》,商务印书馆1980年版。
② 见仪平策：《中国美学文化阐释》,首都师范大学出版社2009年版,第46—63页。仪先生的观点不乏启发性,但用"执两用中"来定义"中和",则值得商榷。《中庸》强调中和,倡导"万物并育而不相害"的境界,当非仅指对立双方而言,荀子的《乐论》倡导乐的"中和",也包括比物、合奏等多样统一。"中和"应该包括了"执两用中"和多样统一等方面,只是比较而言更强调"执两用中"。在中国哲学史上,"多"和"两"的关系,是值得研究的问题。
③ 参见周来祥：《再论美是和谐》,广西师范大学出版社1996年版。
④ 李旭：《试论古希腊"和谐"美学与中国古代"中和"美学的异同》,《乌鲁木齐职业大学学报》2005年第12期。

悖"的大和谐境界。此可谓由诚而中。

这一说法是符合孔子的思想的,孔子虽未讨论和谐与诚的关系,但他标举仁道,也推重中庸,因为真正能贯彻中庸之道的是仁者,惟仁者最具真诚之情感,能处理好人己、群我之关系,执守无过无不及的中道。孔子论"韶"乐以为尽善尽美,正是因为此乐表现禅让的真诚境界。

不过诚虽为天之道,但作为并非生而拥有全德之善的普通人,还须下一番知、行、学、思的"诚之者"的功夫,"诚之者"即"择善而固执之也",也即奉行中庸之道。从情感论的角度而言,即是涵养真诚美好的情感与调节情感归于中和。这样才能不勉而中、不思而得。

先秦儒家另一重要人物荀子以人性为恶,因而特别重视转化性情作用,其中君子的修养性情以达中和又特别重要。关于养心化性的手段,他说:"君子养心莫善于诚,致诚则无它事矣。惟仁之为守,惟义之为行。诚心守仁则形,形则神,神则能化矣。诚心行义则理,理则明,明则能变矣。变化代兴,谓之天德。天不言而人推其高焉,地不言而人推其厚焉,四时不言而百姓期焉。夫此有常,以至其诚者也。"(《不苟》)荀子重学守礼、中和情感的最终目的是对"诚"的体认。所以《中庸》和荀子的两种理路都强调"诚之者"的功夫。

先秦儒家另一经典《易传》对儒家中和观也有重要阐释,《文言》云:"修辞立其诚,所以居业也。"又曰:"闲邪存其诚。"《周易折中》引程子曰:"修辞立其诚,不可不仔细理会,言能修省言辞,便是要立诚,若只是修饰言辞为心,只是为伪也,修辞立其诚,正为立己之诚意。"①《文言》强调君子言行要出于诚信,在平时要注意防恶止非来充实诚心。《易传》虽处处提倡"得中"之中道,同样很重视诚信。

对于"中和"与"诚"的关系,后代儒者多有讨论。朱熹认为:"诚、中、仁三者发明义理,固是许多名,只是一理,但须随时别之。"②"中是道理之模样,诚是道理之实处。中即诚矣。"③明末大儒刘宗周强调"慎独"功夫,他说:"学者大要只是慎独,慎独即是致中和,致中和则天地位、万物育。此是仁者以天地万物

---

① 黄寿祺、张善文:《周易译注》,上海古籍出版社2001年版,第12页。
② 《朱子语类》卷九十五,中华书局1986年版,第2415页。
③ 《朱子语类》卷六十二,第1843页。

为一体实落处,不是悬空设想也。"①由于刘宗周语境中的"独"即独体,相当于人心中"好善恶恶"的最初之机,又称意根,因而慎独的方法就是诚意。他说:"然则致知功夫不是另一项,仍只就诚意中看出。如离却意根一步,亦更无致知可言。"②独体也称为中体,慎独才能中和。黄宗羲论述刘宗周的思想道:"先生之学,以慎独为宗,儒者人人言慎独,唯先生始得其真。盈天地间皆气也,其在人心,一气之流行,诚通诚复,自然分为喜怒哀乐,仁义礼智之名因此而起者也。不待安排品节,自能不过其则,即中和也。"③也即是人心只要一气流通,诚通诚复,行为自然能够中和。

所以,在儒家传统哲学中,中和的实现必须发自于内在的真诚,应该是一个基本的认识。

(二)关于"时中"

儒家典籍中的哲学思想充分反映了"时中"的观念。《中庸》言:"君子中庸,小人反中庸。""君子之中庸也,君子而时中,小人之中庸也,小人而无忌惮也。"文中明确提出了"时中"的概念。《中庸》言:"君子素其位而行,不愿乎其外。素富贵行乎富贵,素贫贱行乎贫贱。"即是此一观念的体现。关于"时中",朱子解释说:"君子之所以为中庸者,以其有君子之德,而又能随时以处中也。"④"随时以处中",即是根据时代和环境等的不同,而寻找最合适的平衡点,讲究在变化中达到和谐。《易传》对"时中"有更详细的发挥,其对"时"的强调,即体现了"时中"的原则。《易传》讲究"时"与"位",处处贯彻时位的思想,而注重时位的目的,是为了求得和谐的平衡点。《乾·彖》云:"大明终始,六位时成,时乘六龙以御天。"《文言》云:"终日乾乾,与时偕行";"亢龙有悔,与时偕极";"是故居上位而不骄,居下位而不忧,故乾乾因其时而惕,虽危无咎";"坤道其顺乎,承天而时行。"这些表述均强调君子要处处注重时位的变化,以找到合宜的处事方式。

这方面的描述在《易传》中随处可见,下面再略举数例以说明"时"、"位"和"时中"的关系。

---

① 《刘蕺山集》卷六,《答秦履思》,转引自董根洪《儒家中和哲学通论》,2001年版,462页。
②③ 《蕺山学案》,《明儒学案》卷六十二,中华书局1985年版。
④ 朱熹《四书章句集注》,第19页。

论时,如"以亨行,时中也"(《蒙·彖》);"大有,柔得尊位,大中而上下应之,曰大有。其德刚健而文明,应乎天而时行,是以元亨"(《大有·彖》);"损刚益柔有时,损益盈虚,与时偕行"(《损·彖》);"彖以时升,巽而顺,刚中而直,是以大亨"(《升·彖》);"变通者,趋时者也"(《系辞》下)。这些论述,都表达出行为的刚柔进退,要考虑具体的时空环境,才能合理和顺。可见通过对"时"的把握达到中和始终是《易传》关注的重点。此即同于《中庸》的"时中"。

《易传》讨论"位"之重要性的文字也随处可见。"天下之理得,而成位乎其中"(《系辞》上);"是故列贵贱者存乎位"(《系辞》上);"天地设位而《易》行乎其中矣"、"天地之大德曰生,圣人之大宝曰位,何以守位曰仁"(《系辞》下);"谦也者,致恭以存其位者也"(《系辞》上);"二与四同功而异位"(《系辞》下);"哐人之凶,位不当也";"夬履贞厉,位正当也"(《履·象》);"'包羞',位不当也";"大人之吉,位正当也"(《否·象》);"孚于嘉吉,位正中也"(《随·象》);"久非其位,安得禽也"(《雷·象》);"艮,君子以思不出其位"(《艮·象》);"甘节之吉,居位中也"(《节·象》);等等。"位"可指卦位,但更多指的是爻位,也可引申为现实世界各种位置关系,在这些关于位的讨论中,体现了《易传》"中正当位"的思想。

《易传》"象辞"总论六十四卦之"吉凶悔吝"时,也注重"位"和中道的关系。如论"节"卦,"说以行险,当位以节,中正以通"(《节·象》),说明节制(节约)必须根据具体情况节制才能符合中道。"《周易》设立《节》卦,正是集中阐说'节制'应当'持正'、'适中'的道理,故卦辞既称节制可致亨通,又戒不可'苦节'。卦中六爻两两相比之同,三正三反之象。……其中凡有凶咎者,皆因不中不正所致;而最吉之爻,当推九五中正甘节。可见《节》卦的基本含义在于,合乎中道的节制有利于事物的正常发展,反之则致凶咎。"[1]其他如论"需"卦,"需有孚,位乎天位,以正中也。利涉大川,往有功也";"小畜"卦,"柔得位而上下应之,曰小畜。健而巽,刚中而志行,乃亨";"大有"卦,"柔得中位,大中而上下应之,曰大有。其德刚健而文明,应乎天而时行,是以元亨"。这些也体现出"时中"思想。

由此可见,《易传》注重"时"、"位"其要旨乃在于寻找适合的行为与标准,

---

[1] 黄寿祺、张善文:《周易译注》,第490页。

此行为与标准即为中道,只有达到了万物的最佳平衡点"中",才能做到和谐,所谓"乾道变化,各正性命,保合太和,乃利贞"(乾·彖),"《易》之为书也不可远,为道也屡迁。变动不居,周流六虚,上下无常,刚柔相易,不可为典要,唯变所适。"(《系辞》下)

后代儒家对"时中"观念有深刻的体认和发挥。朱子云:"《中庸》一书。本只是说随时之中。然本其所以有此随时之中,缘是有那未发之中,后面方说那'时中'去。"①《中庸》未发之"中"与已发之"和"的说法,都和"诚"相关,所以"诚"应是"时中"前提,"诚"接近于原则性,"时中"则接近于变通性和发展性。

王阳明强调"一体之仁"而区分对待不同对象的怵惕、恻隐、不忍、悯恤、顾惜等不同情感(《大学问》),也是遵循中和之"时中"原则。

三、"中和"美学与艺术风格论

以诚为本与"时中"的儒家哲学内涵,对中国传统文化的影响是多方面的,就艺术而言,影响尤为深远,形成了"修辞立其诚"的文艺价值观和以"中和"为追求的审美艺术风格论,广泛体现在音乐、书法、绘画、戏曲等艺术门类之中。

(一)修辞立其诚

在早期的儒家典籍中,与强调情感真诚的人生价值观相一致,文艺的真诚被强调到决定艺术价值的高度。《易·系辞》云:"修辞立其诚。"所谓诚,即内在情感的真实。王应麟解释说:"修其内则为诚,修其外则为巧言。《易》以辞为重,《上系》终于'默而成之',养其诚也。《下系》终于六'辞',验其诚不诚也。辞非止言语,今之文,古所谓辞也。"②《乐记》云:"乐也者,情之不可变者也。礼也者,理之不可易者也。……穷本知变,乐之情也;著诚去伪,礼之经也。"又云:"德者性之端也;乐者,德之华也。金石丝竹,乐之器也。诗言其志也。歌咏其声也,舞动其容也。三者本于心,然后乐气从之。是故情深而文明,气盛而化神。和顺积中而英华发外,唯乐不可以为伪。"所谓"著诚去伪"、"情

---

① 《朱子语类》卷六十二,中华书局1986年版,1840页。
② 《困学纪闻》(上),上海古籍出版社2008年版,第1页。

之不可变"都强调真正的"乐"必须有内在的道德真诚,否则就可能流于溺音或乱世之音等。

这种思想影响文艺至深,成为后世的主流文艺观。汉代王充云:"精诚由中,故其文语感动人深。是故鲁连飞书,燕将自杀,邹阳上疏,梁孝开牢。书疏文义,夺于肝心,非徒博览者所能造,习熟者所能为也。"(《超奇篇》)[1]以文史典故,说明真诚的艺术感染力。元好问也说:"唐诗所以绝出于《三百篇》之后者,知本焉尔矣。何谓本?诚是也。……故有心而诚,有诚而言,有言而诗也。"又云:"唐人之诗,其知本乎,何温柔敦厚,蔼然仁义之言之多也!幽忧憔悴,寒饥困疲,一寓于诗。而其厄穷而不悯,遗佚而不怨者,故在也。"(《艺山先生文集卷三十六·杨叔能小亨集序》)[2]

这里元好问不仅强调了诚为诗本的道理,更说到了诗家温柔敦和之旨,实来自于内心之诚,而温柔敦厚,在传统文论中,是一直作为中和的表现被提倡的,此即前面所论之"由诚而中"。明代剧作家汤显祖云:"情不知所起,一往而深,生者可以死,死可以生。生而不可与死,死而不可复生者,皆非情之至也。"(《玉茗堂文集·牡丹亭记题辞》)[3]

表面上看,此论可归为浪漫主义宣言,其实涉及文艺情感真实性的问题。明代性灵派文学家袁宏道在谈到屈原之辞赋时也说:"大概情至之语,自能感人。是谓真诗,可传也";"弟小修诗,……大都独抒性灵,不拘格套,非从自己胸臆中流出,不肯下笔。"(《袁中郎全集·序小修诗》)[4]至于李贽影响深远的"童心说",即是"真心说":"夫童心者,真心也。若以童心为不可,是以真心为不可也";"天下之至文,未有不出于童心焉者也。"(《焚书》卷三)[5]此类论调,皆出于"修辞立其诚"的范畴。

(二)艺术境界的"时中"原则

1."乐"以中和为至乐

在最早的乐论典籍中,论者就已将中和作为衡量艺术水准的最高标准。

---

[1] 于民:《中国美学史资料选编》,复旦大学出版社2008年版,第101页。
[2] 同上书,第321页。
[3] 同上书,第359页。
[4] 同上书,第374页。
[5] 同上书,第352页。

《左传》《襄公二十九年》"季札观乐"章记:"为之歌《颂》曰:'至矣哉!直而不倨,曲而不屈,迩而不偪,远而不携,迁而不厌,哀而不愁,乐而不荒,用而不匮,广而不宣,施而不费,取而不贪,处而不底,行而不流,五声和,八风平,节有度,守有序,盛德之所同也。"在这段讨论中,季札以为《颂》包含多种意义和情感,但其最主要的特点是和谐,既包含对立面的统一,又是杂多的和谐;既体现出明显的情感特征,又不失于过度与无序。这就具有典型中和特征。《左传·昭公元年》晋侯求医章,医和以乐喻医云:"先王之乐,所以节百事也。故有五节,迟速本来以相及,中声以降,五降之后,不容弹矣。于是有烦手淫声,慆湮心耳,乃忘平和,君子弗听也。"这里,医和认为晋伯得病的原因是情绪不调,而情绪不调是因为五声乱耳,喜听违背中和原则的靡靡之音。这段文字中,一方面强调乐的节奏和旋律要有迟速本末的对立,另一方面又强调这种对立必须以中和为依归。至于如何达到对立统一,这段文字未进一步讨论。

《虞书·舜典》中的那段著名的话:"直而温,宽而栗,刚儿无虐。简而无傲。……八音克谐,无相夺伦,神人已和。"则在强调对立之折中和多样化之统一的和谐美。

《礼记·乐记》是一步音乐专论,对音乐的作用评价极高,所谓"揖让而天下治,礼乐之谓也"。《乐记》对音乐艺术的评价标准就是有没有达到中和:"合生气之和,道五常之行,使之阳而不散,阴而不密,刚气不怒,柔气不慑,四畅交行于中而发于外,皆安其外而不相夺也。"并要求"君子反情以和其志,比类已成其行。……使耳目鼻口心知百体,皆由顺正以行其义。然后发以声音而文以琴瑟,动以干戚,饰以羽毛,从以箫管。奋至德之光,动四气之和,以著万物之理";"小大相成,终始相生倡和清浊,迭相为经"。

这里首先强调君子要修身,使身体的阴阳刚柔之气平和,情感合宜,这种状态下创作出来的音乐才会平和中正,情理交融。另外,阴阳刚柔清浊这些对立统一关系,无法做固定的限定,要交替使用,已成其变化。这也符合"时中"的原则。

比较多地涉及音乐创作中和方法论的是《吕氏春秋》中的相关论述。和《乐记》一样,《吕氏春秋》也强调"和乐"必须"和心",而"和心"则在于"行适"。"心必和平然后乐,心必乐,然后耳、目、口、鼻有以欲之。故乐之物在于和心,和心在于行适。"(《适音》)《吕氏春秋》也提到在创作中要努力做到对立面的和谐,"夫音亦有适:太巨则志荡,以荡听巨,则耳不容,不容则横塞,横塞则振;太小则志嫌,以嫌听小则耳不充,不充则不詹,不詹则窕;太轻则志危,以危听清,则耳溪极,溪极则不鉴,不鉴则竭;太浊则志下,以下听浊则耳不收,不收则不抟,不抟则怒。故太巨、太小、太清、太浊,皆非适也"①。因此和谐的音乐就是"巨小"和"清浊"的平衡。

至于怎样才算"适音",他又提出"衷音"的概念,"何谓'衷'?大不出钧,重不过石,小大轻重之衷也。

这里用重量单位"钧"和"石"来指代音乐的高低适度。钟音的最大律度不得超过钧的声音,钟的最大重量不得超过120斤。又说:"黄钟之音,音之本也,清浊之衷也。"这是以黄钟之宫音,来作为音乐的基调(黄钟的宫音,是十二音律的基本,是所有音乐定调的标准音)。所以"衷音"即为中音,不过《吕氏春秋》对"衷音"有了具体的规定。

2. 书法以"时中"为旨归

书法作为一种重要的艺术形式和书写手段,在历史上习之者众多,因而其理论也相当丰富深瞻,在艺术史上具有重要价值:唐代书家孙过庭《书谱》云:"观夫悬针垂露之异,奔雷坠石之奇,鸿飞兽骇之资,鸾舞蛇惊之态,绝岸颓峰之势,临危据槁之形;或重若崩云,或轻如蝉翼;导之则泉注,顿之则山安;纤纤乎似初月之出天涯,落落乎犹众星之列河汉;同自然之妙,有非力运之能成。"揭示了书法艺术的迷人魅力。又云:"讵若功定礼乐,妙拟神仙,犹埏埴之罔穷,与工炉而并运。好异尚奇之士;玩体势之多方;穷微测妙之夫,得推移之奥赜。著述者假其糟粕,藻鉴者挹其菁华,固义理之会归,信贤达之兼善者矣。存精寓赏,岂徒然与?"又将书法的社会价值和哲理价值推到了很高的高度。而在对书法艺术的高低评价标准方面,孙过庭运用的同样是中和尺度。他说:

真以点画为形质,使转为情性;草以点画为情性,使转为形质。

篆尚婉而通,隶欲精而密,草贵流而畅,章务检而便。然后凛之以风神,温之以妍润,鼓之以枯劲,和之以闲雅。故可达其情性,形其哀乐,验燥

---

① 廖名春等:《吕氏春秋全译》,巴蜀出版集团2004年版,第403页。

湿之殊节,千古依然。体老壮之异时,百龄俄顷。①

这是认为书法各体之间的标准是不同的,楷书以点画作为基本形态,靠使转表现情感;草书则以使转为基本形态,靠点画来体现情感。而不管是主学楷书还是主学草书,两者都应兼通以资互补,这也就是前面所论的"时中原则",既有大致的规范,又无绝对的标准。在谈到书法的学习过程时,他说:

> 至如初学分布,但求平正;既知平正,务追险绝,既能险绝,复归平正。初谓未及,中则过之,后乃通会,通会之际,人书俱老。仲尼云:五十知命,七十从心。故以达夷险之情,体权变之道,亦犹谋而后动,动不失宜;时然后言,言必中理矣。
>
> 是以右军之书,末年多妙,当缘思虑通审,志气和平,不激不厉,而风规自远。

书法的最高境界是所谓"人书俱老",但这并不是可以一蹴而就地学得的,在学习书法的过程中,必须经历"平正"、"险绝"和"通会"的过程,在不同的阶段,追求不同的风格,是比较自然合宜的。这里仍然体现着"时中"原则。

> 至有未悟淹留,偏追劲疾;不能迅速,翻效迟重。夫劲速者,超逸之机;迟留者,赏会之致。将反其速,行臻会美之方;专溺于迟,终爽绝伦之妙。能速不速,所谓淹留;因迟就迟,讵名赏会!非其心闲手敏,难以兼通者焉。

这部分又谈到"淹留"与"劲疾"风格的取舍问题。所谓淹留的风格也好,劲疾的风格也好,都是在了解相对书风的基础上,才能有所偏至,偏至的背后隐含着中和的大原则。同时学习何种风格要针对自己的个性特点,书风当然要强调个性。但有时候也需对自己的弱点做些矫正:

> 是知偏工易就,尽善难求。虽学宗一家,而变成多体,莫不随其性欲,

---

① 于民《中国美学史资料选编》,第194页。后面有关《书谱》内容均同此。

便以为姿。质直者则径侹不遒,刚很者又倔强无润,矜敛者弊于拘束,脱易者失于规矩,温柔者伤于软缓,躁勇者过于剽迫,狐疑者溺于滞涩,迟重者终于蹇钝,轻琐者淬于俗吏。斯皆独行之士,偏玩所乖。

过分强调个性,就容易走到"偏玩所乖"的怪异风格上,违背了中和的原则。所以好的作品,孙过庭认为应该是:

违而不犯,和而不同;留不常迟,遣不恒疾;带燥方润,将浓遂枯;泯规矩于方圆,遁钩绳之曲直;乍显乍晦,若行若藏;穷变态于毫端,合情调于纸上;无间心手,忘怀楷则;自可背羲献而无失,违钟张而尚工。譬夫绛树青琴,殊姿共艳;隋殊和璧,异质同妍。何必刻鹤图龙,竟惭真体;得鱼获兔,犹恡筌蹄。

这种 A 而不 A' 的形式①,可谓既难有绝对的楷则可说,又不违反书写的美学原则,充分认识到书法艺术中疾迟、润燥、浓枯的对立而加以综合运用,以时中为依归。

具体而言,在书法的字体结构和篇章结构中,时中这一原则体现得更为充分。宗白华云:"晋人尚韵,唐人尚法,宋人尚意,明人尚态。"这是人们开始从字形的结构和布白里见到各时代风格的不同。其着力推介的唐代书家欧阳询的真书结构三十六法和戈守智的评论②,就贯穿着"时中"的思想。

其一"排叠"云:"字欲其排叠,疏密停匀,不可或阔或狭,如'壽、藁、畫、筆、麗、羸、爨'之字,系旁、言旁之类,八法所谓分间布白,又曰调匀点画是也。"这是强调结构的对称与合理,字形结构总体上应符合和谐的原则。

然而这种对称与平衡并非绝对,在其三"顶戴"中,戈守智强调:"顶戴者,如人戴物而行,又如人高妆大髻,正看时,欲其上下皆正,使无偏侧之形。旁看时,欲其玲珑松秀,而见结构之巧。如'臺'、'響'、'營'、'帶',戴之正势也。高低轻重,纤毫不偏。便觉字体稳重。'聋'、'藝'、'氂'、'鵞',戴之侧势也,

---

① 这一形式由庞朴先生提出,前项 A 代表美德,后项 A' 代表美德前进一步而造成的谬误。见《"中庸"评议》,中国社会科学 1980 年第 1 期)。
② 关于三十六法等内容,见宗白华著:《美学散步》,第 145 页。

长短疏密,极意作态,便觉字势峭拔。又此例字,尾轻则灵,尾重则滞,不必过求匀称,反致失势。"

其八"相让"云:"字之左右,或多或少,须彼此相让,方为尽善。如马旁、糸旁、鸟旁诸字,须左边平直,然后右边可作字,否则妨碍不便。如'巒'字以中央言字上画短,让两糸出,如'辦'字以中央力字近下,让两辛字出。又如'鳴呼'字,口在左者,宜近上,'和'、'扣'字,口在右者,宜近下。使不妨碍然后为佳。"

其二十四"附丽"云:"字之形体有宜相附近者,不可相离,如'影、形、飞、起、超、飲、勉',凡有文旁、欠旁者之类。以小附大,以少附多。附者立一以为正,而以其一为附也。凡附丽者,正势既欲其端凝,而旁附欲其有态,或婉转而流动,或拖沓而偃蹇,或作势而趋先,或迟疑而托后,要相体以立势,并因地以制宜,不可拘也。如廟、飛、澗、胤、嬶、慝、導、影、形、獸之类是也。"

以上三条,都是强调变化,之所以要变化,是因为字形千差万别,如果想寻找绝对的平衡,既不可能,也使得书法作品了无生气,丧失艺术审美功能。因此欧阳询和戈守智强调既立其大体,又要据字形而制宜。是结构具有动态平衡的特点。

此外,其二十七条"小成大"讨论字形整体感与笔画之关系:"字之大体犹屋之有墙壁也。墙壁既毁,安问纱窗绣户,此以大成小之势不可不知。然亦有极小之处而全体结束在此者。设或一点失所,则若美人之病一目。一画失势,则如壮士之折一股。此以小成大之势,更不可不知。"以辩证观立论,既立其法则,又破其法则之弊。所谓"至于神妙变化在己,究亦不出规矩外也"。王羲之所说"实处就法,虚处藏神",王若虚所谓"大体须有,定体则无",皆可看做类似的艺术思想。

以上书论,都与中和思想相关。

3. 中国画布局中的"时中"原则

接下来再以画论为例,讨论中和及"时中"观念的影响。

北宋著名画家和绘画理论家郭熙曾在其画论《林泉高致》中讨论过画面布局的问题,他说:"凡经营下笔。必全天地。何谓天地? 谓如一尺半幅之上,上留天之地位,下留地之地位,中间方立意定景。见世之初学,遽把笔下去,率尔立意触情,涂抹满腹,看之填塞人目,已令人意不快,那得取赏于潇洒,见情于高大哉?"(《画诀》)[1]这里强调了中国画布局中较为普遍的画面三分原则,将画

---

[1] 郭熙:《林泉高致》,山东画报出版社2010年版,第72页。

面分作上中下三个层次,可以达到一种画面的平衡感,使景物在视觉上更为和谐。这对于那些布局无章法、立意欠思量的初学者来说,无疑具有指导意义,但随着技艺的提高,对于那些以神品和逸品为旨归的画家来说,仅仅以此为追求显然是不够的。清代石涛的《画语录》对中和有更深入的理解,石涛的《画语录》,在中国艺术理论史上占有重要的地位,他重视对艺术规律的探寻,强调"一画"。他说:"一画者,众有之本,万象之根,见用于神,藏用于人,而世人不知,所以一画之法,乃自我立";"夫画者,从于心者也。山川人物之秀错,鸟兽草木之性情,池榭楼台之矩度,未能深入其理,曲尽其态,终未得一画之洪规也。"(《一画章》)①

这里以伏羲氏的一画开天,来比喻宇宙初开。可见"一画"乃指宇宙万有的规律,而此规律又需要人去把握。画家把握了绘画的艺术规律,了解了笔墨的用法原理,即可说掌握了"一画"之法。然天地之间阴阳风雨晦明,景象万千,均是规律之体现,自然界以其变化来体现不变的原则。以山川为例,石涛说"风雨晦明,山川之气象也。疏密深远,山川之约径也。纵横吞吐,山川之节奏也。阴阳浓淡,山川之凝神也。水云聚散,山川之联疏也。蹲跳向背,山川之行藏也。"(《山川章》)每个画家的个性、才情、生活际遇各不相同,因此画家运用画法不能墨守古人成规,而要根据自己的体会有所损益创新。这就涉及有法和无法的问题。又曰:"'至人无法',非无法也,无法而法,乃为至法。凡事有经必有权,有法必有化。一知其经,即变其权;一知其法,即功于化。夫画,天下变通之大法也。"(《变化章》)所谓"经"与"权"的问题,即原则性和灵活性的问题。所以经和权、法和化,乃是一体之两面,两者并非对立,而是和谐的关系。

对于传统山水画中普遍运用的分疆三叠两段原则,他也提出了自己的看法,他说:"分疆三叠者:一层山,二层树,三层山,望之何分远近? 写此三叠奚啻印刻? 两段者:景在下,山在上,俗以云在中,分明隔做两段。"(《境界章》)三叠两段原则属于古代绘画六法中的经营位置,此法则的普遍运用,使得中国传统绘画看起来具有一种平衡的美感,但其缺点容易让构图限于呆板无变化,因而使得画作千篇一律,了无生气。所以,"为此三者,先要贯通一气,不可拘泥","如自然分疆者,'到江吴地尽,隔岸越山多'是也","假如画家站在钱塘

---

① 石涛著,俞建华标点注译:《画语录》,人民美术出版社1959年版,第16页。

江的北岸向南岸望,吴地、江水、越山自然分作三层两叠。"①所以法则是在无数经验的积累上形成的,然而再好的法则,也需要灵活运用。用石涛的话来说,就是"空手作用"②,有法本从无法而起,所谓性空缘起。法本从心生,只有以自然为师、以心灵为师,才能有方法而不泥法,有古人也有自己。三叠两段法就属于古法,其内在原则就是构图的平衡,也可以说是中和原则,但执中不放的话就不符合时中的原理了。

此外,在戏曲等艺术中,时中思想也有所体现,在戏曲程式的唱念做打中,道具如扇子、马鞭等的运用等,都需符合中和的原则,考虑平衡的美感。限于篇幅,这里就不予展开了。

---

① 石涛著,俞建华标点注译:《画语录》,第49页。
② "空手作用",一些版本常作"突手作用",遂使意不可解。当为形近而误。

新审美理想理论体系建构

——"神味"说诗学理论要义萃论

于永森

（宁夏师范学院人文学院　756000）

摘　要："神味"说是以诗学为主要贯彻领域和表现形态（现已延展到所有文艺领域），以突破和超越中国传统文艺旧审美理想"意境"理论，建构新时代新的审美理想为根本宗旨的理论创造，是中国自王国维"境界"说之后一百多年以来唯一基于作者创作实践，在中西文论的广阔视域下建构并呈现为本土化、系统化、逻辑化的新审美理想理论体系，其理论建构、阐释前后经历了长达近20年时间。"神味"说与"意境"理论存在诸多根本区别，如："神味"说以批判王国维"境界"说以"无我之境"为最高境界为基础，揭示了其所体现的中国传统文化思想以消极、柔弱、平和为主的意蕴和态势，提出"有我之境"、"无我之境"、"无我之上之有我之境"为文艺逐次而高的三种境界，其中"无我之上之有我之境"为文艺的最高境界；与"意境"理论主要以"情景"（"意象"）为最小单位、质素建构其终极艺术境界不同，"神味"说主要以"细节"为最小单位、质素进行终极艺术境界的建构，前者容易重复而导致陈词滥调，而后者的根本属性乃是"不可复"，质量更高；"神味"说的根本创造思维方式是"将有限（或局部）最佳化"，不同于"意境"理论的根本创造思维方式"以有限追求无限"；"意境"主要体现的是中国传统士大夫阶层以雅正为趣味的哲学人生的形上思蕴，而"神味"则主要体现的是主体在世俗的现实世界中的自我提升、成就及其所浸染的社会民生的大雅大俗之美；"神味"说克服了"意境"不能涵盖叙事性文艺最高境界的不足，贯彻了诸如诗歌、小说、戏剧乃至电影等领域，在审美理想的高度上昭示、代表着未来文艺发展的方向和理想艺术之境界。

关键词："神味"说　理论体系　审美理想　意境理论　王国维

辛卯年冬,拙著《诗词曲学谈艺录》由齐鲁书社出版,余提出并系统建构之"神味"说诗学理论,亦阐释于是撰。全书共三十余万言,因采用文言撰写,以"形散而神不散"之悟性思维为特征,又以突破、超越吾国传统文艺之旧审美理想"意境"理论为心,而立一新审美理想,故理论体系庞大、复杂,殊难把握。今扩充卷一第五三则之诸要义集萃①,而强化其外在之逻辑形态,以便世人理解、参悟也。

"神味"、"意境"(以王国维之"境界"说为最高形态)二义,惟自两者之不同处观之,乃能体悟"神味"说诗学理论之精髓,而见其独特、创新之处,故余尝论其异而得数端者焉,而综"神味"一旨之要义若干,其次如下:

1. "**神味**"**说之根本性质、目的**:"意境"为吾国古代审美理想理论体系之最大、最具代表性者,"神味"为取长补短"意境"理论之基础上创造、更新之新审美理想理论体系。"神味"一旨,古之文艺已多有体现,然在吾国传统文化熏染之士大夫、文人以雅为主之艺术、人生趣味之追求中不占主流之地位,其表征为诗为其主流文艺体式;明清以后,小说逐渐占据文艺体式之主流地位,"神味"乃成其最大最高之主流追求,然无系统之理论之支持、阐释以确立其审美理想高度之追求,故整体实为无明确意识之盲目、蒙昧状态。诗因不得新审美理想之昭示,故唐之后即每况愈下,而仅能自诗词曲内部局部之改良、得叙事之力而稍有进,然终不能与小说相争霸。知其有之也,知其美也,知其美而"意境"理论之不能概括其最佳之处、最高境界也,乃无以名之,可乎?"神味"理论即正为突破、超越古代审美理想"意境"理论体系而设,为建立新审美理想而设,总结、概括、提升古代尤其二十世纪以来中国文艺境界中"意境"不能涵盖或非最具代表性之艺术境界之追求,指引今日、未来文艺之发展,最终更新审美意识、思想精神,并以之反观而批判吾国传统文化,而更进之也。若不以"神味"为引导,则无以汇集整体冲决之力量,自审美理想之高度突破、超越"意境"理论,未来之文艺、思想亦无最高之指引;且单打独斗、点面局部之突破,终似名不正言不顺而矮"意境"理论体系一头也。

"意境"者,审美鉴赏之理论也,其非不能于创造美也,而审美鉴赏、品味、

---

① 《诗词曲学谈艺录》初版本由齐鲁书社2011年出版,此"要义"居卷一第五三则,共19则三千余字。以下注释,凡涉及此著者,均简称为"拙作"。

沉浸,是其最适于用者也,审美鉴赏之境界是其所求所赏也;其为守成(保守)之境界也,虽或所创造之意境能以表现理想,而不能尽以实现之于现实世界,然固可实现理想于此"意境"之艺术境界之中,而不必与现实世界为往来、瓜葛,爰得其精神之自足。"神味"则审美鉴赏而兼创造美之理论也,而创造精神为其内核,以其思想之核心精神"豪放"之本质即为不受拘束于业已僵化而丧失生机之礼法制度、法则规范也;其为创新(进取)之境界也,所创造之"神味"亦能以表现理想,而不能尽实现之于现实世界,然思想精神则时时与现实世界为往来、瓜葛,而固可实现理想于此"神味"之艺术境界之中,却不能得其精神之自足、满足,其不能自足、满足者,无不指向世俗之现实世界也。进而论之,则以真、善、美三义观之,则"意境"犹多在真、美之层次,于"善"之一义颇有阙如,而"善"之一义,必成就于世俗之现实世界也;"意境"之或有"善"也,如陶渊明,然非"大我"而"小我"之"善"也。若"神味",则兼备真、善、美三义之路向,且以"善"为最高之追求也。故"意境"用于古则可,用于今后而有以进益文学创作,则非是第一义矣。

"神味"、"意境"之关系,当作如是观:两者之逻辑外延有所交集,然不占主要部分,即各自均有其独立之内涵、精神、面貌;"意境"建构之尤为出色处,可达致"神味"之境界,"神味"乃其更高之艺术追求,而"神味"之建构、追求,亦并非完全拒斥"意境"之美。若王士祯之"神韵"说、司空图之"韵味"说(及范温"韵"论),则如吾国古今文论中先秦之"诗言志"说、陆机之"诗缘情"说、严羽之"兴趣"("入神")说(及宋人"以禅喻诗")、唐顺之诸人(何良俊、徐渭、汤显祖等)之"本色"说、贺贻孙之"蕴藉"说、李贽之"童心"说、陈廷焯之"沉郁"说、沈德潜之"格调"说、袁枚之"性灵"说等,均不过为"意境"理论长河之支流,为其局部、阶段性之审美理想理论形态,亦惟此诸支流之发展,"意境"理论乃能日以进步、完善,而终归于"境界"说之集大成,而"境界"说本身,亦终为"意境"理论之一支流。故"神味"说诗学理论之所面对者,即以"意境"理论为统帅而诸支流异态纷呈之整体格局,不过诸支流各得"意境"之一偏,其归集于"意境"之渊薮也,更须取长弃短耳。自"神味"说诗学理论之建构言之,则必以继承"意境"理论之长为应有之义,而自审美理想更新之高度观之,则"神味"、"意境"两者,不免为整体之冲突、对决,盖不如此,则不得为审美理想之更新也。

2. "神味"、"意境"之最高境界："神味"之最高境界，即自我能以成就之最高境界，即"无我之上之有我之境"①；"意境"之最高境界则为"无我之境"。② 两者之异，极为鲜明。"无我之上之有我之境"，又分三层次：由庸俗我而至真我；由旧我而至新我；由小我而至大我。③ 大我者，亦分两种④，其所造成，即"意境"、"神味"之分野。"无我之上之有我"之与"大我"，两者未必等同，即"无我之上之有我"未必为"大我"，"大我"亦未必为"无我之上之有我"，必两者之交集，是"神味"说之所尚也。吾国文化、文艺之最高境界，必兼具"大"之境界而后为可能，故崇大也，如大美女、大学者、大名士之类，即如"写意"一义，在"意境"则为"写意"，在"神味"则不可，而必为"大写意"也。欲成其"大"，则必经"新我"⑤，方成"大我"，故判定是否为"神味"说诗学理论所崇尚之符合"无我之上之有我之境"一义之"大我"，则"新我"与否是其根本依据。⑥"新我"与否，即在自我能否真正融入世俗之现实世界，故"无我之上之有我之境"之成就，必经世俗之现实世界也。"能至'无我之上之有我之境'乃能尽我，而内在之'气'与'情'皆足以臻深闳伟美之人格境界、思想境界、精神境界，而自立、独立为最具我性之姿态。"（拙作卷一第一则）自技、艺以言之，则"意境"之最高境界为情景交融、虚实互生、动静结合诸二元辩证法⑦之最佳运用，而得象外之象、景外之景（司空图《与极浦书》），"境生于象外"（刘禹锡《董氏武陵集记》），韵外之致、味外之旨（司空图《与李生论诗书》），"思与境偕"（司空图《与王驾评诗书》），"超以象外，得其环中"、"不着一字，尽得风流"（唐人《二十四诗品》）诸义，总之为"言外之意"之追求也，虚静为之核心，而以含蓄为根本特征，自然、平和、冲淡、超逸、柔弱是其基本审美风格、意蕴；"神味"之最高境界，则"有'神味'乃能尽物，由艺入道，外接世俗民生而不隔，其表现复亦斑驳异

---

① "无我之境"、"无我之上之有我之境"两者思理同异，详见拙作卷一第二则、第四八则所论；"无我之上之有我之境"一义之阐释，拙作卷一第二则至第一一则、第二三则、第四八则、卷二第六则等均有不同角度之阐释。

② 此学界多有论断，无须赘言。

③ 参拙作卷一第三〇则所论。

④ 详见拙作卷一第一八则所论。

⑤ 参拙作卷一第二三则所论。

⑥ 详见拙作卷一第二三则所论。又，另可参拙作卷二第一七则论冯友兰《新原人》"天地境界"非"神味"诗学理论所崇尚之"大我"之境界，以参悟"大我"两种境界之差别。

⑦ 可参拙作卷一第二〇则。

致、烂漫多姿而见我性之三境('有我之境'、'无我之境'、'无我之上之有我之境')之逐次提升,由'小我'而成'大我';由技入道,将有限最佳化而活色生香、淋漓尽致,化为若干不可复之细节,遂使我性之生命力、气与情之磅礴洋溢、精神姿态之表现之张力之色彩至于顶点。"(拙作卷一第一则)"意境"之入处在"虚"在"静",由虚静而灵动蕴藉,其最终之核心指向"境","境"愈虚静而愈虚,以致"无我之境";而"神味"之入处在"真"在"朴",由真朴而烂漫磅礴,其最终之核心指向"味","味"愈真朴而愈实,以致"无我之上之有我之境"也。

　　吾国之传统思想文化、诗学以压抑个性(我性)为事,故确立消极、平和、冲淡、柔弱之思想精神为其正统,而儒家思想实使之然,历史上虽有个性突出者,亦多被视为异端或非正统;老庄思想又翼之,虽欲张我性之逍遥自由,而终不免于消极避世而无为,且其思想之根本本即"守雌"而尚"柔弱"。近代崇尚个性,又不能明个性(我性)之分"有我之境"、"无我之上之有我之境"两种,故亦不能根本扭转、矫正传统思想精神之弊。"神味"一旨之出世,倡"无我之上之有我之境",不独为个性之突出者确立理论之根本渊源,且足以改变传统之片面也。总而言之,涉入现实世界愈深,关怀世俗民生愈切,则"无我之上之有我之境"益易得成就,而我性益易出;"无我之上之有我之境"愈出,寄托于"细节"愈力而"九度"愈彰显,则"神味"益易见。

　　3. "神味"、"意境"创造思维方式之区别:"意境",由有限以求无限,故其所求之"大我"仍为个体之"小我",为形式上之"大我"也;"神味",则是将有限(或局部)最佳化,故其所求之"大我"乃是"无我之上之有我",由世俗之社会民生锻炼而来者也。"神味"、"意境"创造思维之区别,即拙作卷一第一八则所论两种"大我"之异。"意境"以有限追求无限之思维、创造方式,乃外倾化发散之思维,以求"天人合一",故其内质愈来愈"稀薄",终不免于主体之平和、柔弱;"神味"将有限(或局部)最佳化之思维、创造方式,则内倾化凝聚之思维,根本于自我之在世俗之现实世界中之提升、成就,故作者之主体性凸显而出,终由最初阶段之性情,经历"有我之境"、"无我之境"、"无我之上之有我之境"之逻辑、现实提升,而至于无限丰富、复杂、深刻而磅礴之境界。

　　以有限追求无限,其具体而微者则"由言不尽意至于求象外之象、味外之味、意外之旨,而加以吾国传统文化精神'中和'消极柔弱之一面,此'意境'之实质,虽王国维之'境界'说,亦不过如此,此特为'技'之境界耳,是守成之境界也;若由之而更进,得'中和'积极阳刚之一面,由之以见人之主体精神即动之精神,以为融入现实世俗世界之契机,则创造之境界遂可期,是'神味'一旨之精神也。"①

4. "神味"之本质特征及"神味"、"意境"建构最小质素、单位"细节"、"意象"之区别:"神味"之本质特征为不可复,此由主体成就于世俗之现实世界各自之独特历程及其所寄寓之"细节"之不可复所决定。"意境"则多复而大同小异,此由"情"、"景"易单调故也,单调之情景融合传统文化之共性、趋于固定之意蕴而成"意象",故"意象"亦久之而单调,而成乏新鲜生命力之陈辞滥调,唐以后之诗史足以证此;其中所浸染之传统文化之色彩,亦因趋同而易复。"神味"之"味",特指"无我之上之有我之境"经于世俗而后得者,故其性无二,寄在"细节",而不可复。故"细节"为建构"神味"之最小元质②,"意象"为建构"意境"之最小元质,"神味"以"细节"为表现之核心,"意境"以"意象"为表现之核心,"细节"不可复而"意象"可复,此两者构成要素、表现之根本区别也。

"由有限以求无限为量变,而寄托于情景意象;将有限(或局部)最佳化则为质变,而寄托于细节。细节者,'神味'之灵魂也。细节之质量,以'九度'为准衡:密度、力度、强度、深度、高度、厚度、广度、浓度、色度。故'神味'者,非如王国维《人间词话》'境界'之有无,而在于'细节'所见'九度'之程度;而'九度'之程度,又无不缘'无我之上之有我之境'成就之如何。"③其根本对应者,即无限丰富、复杂、深刻之世俗之现实世界意蕴之凝结于"细节",且其意蕴之愈见真假、美丑、善恶之对比、矛盾、冲突之烈者,则"细节"之质量益佳,而"神味"愈出。"神味"于"九度"均要求极高,若"境界",则往往偏于"高"之一义,衍及"远"、"大"而已耳。若"细节"而能兼"象征"一义,而贯之全体,与思想精神相映照,则益佳,其所以然者,"象征"(其小者则为"隐喻")乃成熟人生观、

---

① 《"神味"说诗学理论要义集萃》。
② 拙作卷一第五五则:"诗之形式,以细节为其灵魂,表现世间所有之最饱满、丰富、集中、深邃者,惟细节为最能,惟诗为最佳。情景亦细节也,但情景偏重于抒情,远不如事之一义更为细节之本色,而神味更饱满、丰富、集中也。小说亦易以细节为胜,但其意蕴分属整体,且往往不能与作者之主体性情相关,是外人而非自家景色。……'细节'一义不独以最小单位为最大、最丰富、最复杂之形象、情感、意蕴、境界、神味,且能通贯文艺而论之也。'神味'说之'将局部或有限最佳化',义在兹矣。"
③ 孙齐鲁:《温柔剑气一并收——读于永森先生"漱玉词评说"及其诗词谈艺》,《宁夏师范学院学报》2014年第4期。

价值观之理想整体作用于文本者,故其为"细节"之助力,远非"兴"之作用于"意象"之助力矣。

　　举例进而以明"细节"、"意象"之区别:"细节"乃"将有限(或局部)最佳化",其结构、意蕴均为内聚凝结式,故其至于"九度"之相当程度也,其反作用力之发散性亦强。即其发散性来自"细节"之质量,又因哲学、人生高度之形而上意蕴与象征(隐喻)二义而强化其发散性,即发散中仍兼具内聚凝结性。故其最终所成之"神味",多本于"细节"之质量、哲学人生之形上意蕴、象征(隐喻)之和合,"细节"、"神味"均不可复。"意象"乃"以有限追求无限",其结构为"意"、"象"之并列结合式,"意"多趋于固定,虽具发散性而难以逾越此"意"之范围,且其发散性更在主体之"意"选择之下之"意象"之组合而成"意境",更在此"意境"之整体大于"意象"单独相加之和之形式结构时空性境界之拓展,其中之形上意蕴乃吾国传统文化共性之表现、寄托,但有高下深浅之别,而无本质之异,故无论"意象"、"意境",而均可复。如"青山"之一意象,无论单独抑或以之为"意境"建构之基本单位(如辛稼轩《贺新郎》之"我见青山多妩媚,料青山、见我应如是"),均为"意象"而非"细节";而如"网"之一词,则可为"意象",亦可为"细节",其为"意象"者不必论赘论,而其为"细节"者将何以致之邪?如北岛《生活》一诗,其内容即"网"之一字,经此经营,"网"之一字,便由"意象"而进于"细节"之境界,而见"神味"矣。"网"(或"青山")之为"意象"者,则可复;其为"细节"者,则不可复矣!其所以进之者,不亦足以启发吾人哉!所以然者,无不由"网"之一字可体现"细节"之诸义,如"将有限(或局部)最佳化",具哲学、人生高度之形而上意蕴与象征(隐喻),故"青山"之为"意象"而趋指于传统文化之共性意蕴,而"网"之为"细节"则趋指于世俗之现实世界之丰富、复杂、深刻之生活也。又如孔孚,以山水小诗名,尚清远灵秀,然以"意境"为根本之追求,故仍在"神韵"之境界,且成功者极少;如其《大漠落日》,仅两字两行:"圆/寂",生动形象而兼具释氏之义理意蕴,可谓之佳作矣,然此义理意蕴仍为共性,故乏个性而少独特之"新"质,故虽取极微妙、微小之"意象"(情景)表现之,而仍不能进于"细节"之境界,其"神味"仍为"技"之境界也。又如卞之琳《断章》,亦同一性质,虽有叙事,然为趋于共性之"事",而具共性之意蕴,故仍多形成"意境";其"神味"来自其中对比而得彰显之人生形上意蕴,虽情境巧妙,然仍趋于共性,相对以前类似之意蕴,属质量量变之提高而非质量质变之改变。又如顾城之《一代人》，与《生活》之篇性质相同，亦短诗之尤者，则"眼睛"足以为"细节"，而非或仅非"意象"矣，全诗两句之精彩，全在此"细节"之演绎，故"神味"淋漓，小诗而见磅礴郁怒之气质。故同为短诗之精彩者，其所以异者，乃有若是者。若进而论之，则诸篇之高下，固在"神味"，若仍不能分别，则可以"神味"说诗学理论之核心义理观之，即我之所以由"有我之境"、"无我之境"而跻于"无我之上之有我之境"者，或虽不足以臻于"无我之上之有我之境"，自"我"性观之，亦足判顾城之作为最佳也。

5."神味"说之哲学思想基础与精神核心："意境理论萌芽于魏晋言、意之辨，造极于唐之壮丽多姿，其外已极千变万化之观，宋人缘禅学而补之以平淡沉静，以内倾也，属士大夫之趣味而总为雅之格调者，故元代之后即衰，明之王阳明心学承宋儒陆九渊之精神，而立其要以进之，'心外无理，心外无物，心外无事'、'圣人与天地民物同体'云云，乃使意与象之交融至于无限，盖实即意境理论在哲学上之最终总结；若诗学上之最终总结，则迟至晚清王国维之《人间词话》乃克成就，皆为迟矣！"[①]言意之辨，则根诸有无之辨，即"意境"理论之哲学思想基础也。此种形而上之哲学意蕴之最佳载体，则以山水情境为代表之士大夫、文人格调、趣味之偏于雅正、隐逸者，而得其自然、性情；有无之辨之诸变相，则言意、虚实、动静、情景诸二元范畴之辩证法，意境不过为其最终所成就之最大、最具代表性者耳。此种思想与格调、趣味之对应社会形态，则农耕社会，知识分子得与下层成地位悬殊之精英阶层，故其追求，在个体小我沉浸于宇宙天地之中（消极之"天人合一"），总之即"无我之境"也，其精神之核心为老庄思想，故无为守成而乏创新，此亦无不由其既得利益者之地位使然者也。

"神味"说之哲学思想基础为以人为最第一之价值，然非以人为中心，而抹杀其他一切诸价值者也；以人为最第一之价值，而非僵化、冰冷之现实秩序、法度至上，而当以一切诸外在成就人之自由之本性；此为"神味"说诗学理论之逻辑起点，因其不能实现，故主体而有豪放之精神，表现为豪放之姿态，而有"神味"。"神味"作者之主体不论其所出身之阶层，而但论其是否植根社会民生，其审美格调、趣味是否以此为主，故其追求，在自我之在世俗之现实世界中之提

---

① 见拙作卷一第一八则。

升、成就(积极之"天人合一")。"神味"说之精神核心为豪放之精神境界①,乃儒、道两家思想之取长补短、和合提升,若不经此一步,则儒、道思想之缺陷、弊端、不足,甚而过于其优长也(尤其儒家,如其根本弊端为扬为公之旗号而为私心、谋私利)。"豪放"之精神,实即"否定"之精神,其合现实性、世俗性而为批判之精神,则"神味"说诗学理论之所崇尚者也。总之,即"无我之上之有我之境"。

"意境"以写意为极致,虽尚以有限追求无限,然亦尚含蓄,故难至于大写意之境界;"神味"以豪放为极致,而能于大写意。"意境"以"意象"("兴象")为中心、以情景为中心,"神味"以"细节"为中心、以人之主体性精神为中心。豪放之精神以人为最第一之价值,以突破旧有之僵化、过时、腐朽之思想、精神、技艺(表现)为征态,以自我之提升而不隔、成就于世俗之现实世界为核心。文艺(尤其诗)之最高境界必呈现为精神性,而兼有人格性、思想性,故"有我之境"、"无我之境"、"无我之上之有我之境"为文艺逐次而高之三境,而以"无我之上之有我之境"为其最高境界;其所以逐次而高之一以贯之之内在核心动力,则主体之豪放之精神,其所以终能达"无我之上之有我之境",则世俗之现实世界为其根本之动力也。豪放之精神之根性,乃对于人性、理想之高贵之坚持,始终而不因其他诸外在之因素(尤其功利、利害因素)而有所改易、妥协,故能以人为最第一之价值。故"神味"之最高境界"无我之上之有我之境",思想、精神之最高境界也,思想、精神之为最高境界,乃诗之所以为诗、为人世间最可宝贵之文学体式之终极原因,若思想、精神而不能臻致最高境界,或可为人格境界,则始终而非最上之"神味"之境界,非诗之最高境界也。

以诗论之,以"我"而言,"意境"以陶渊明所造之"无我之境"为最高境界,而"神味"则以辛稼轩所造之"无我之上之有我之境"为最高境界。以陶渊明仅人格境界可臻极致,而思想境界、精神境界则不能矣。即李、杜,其人格境界、思想境界、精神境界之综合亦高于陶渊明,而犹不及辛稼轩。即溢出文学之外,辛

---

① 详见拙作《引言》、卷一第六则、第五二则所论,或拙著《论豪放》。如"以'无我之上之有我之境'为文学艺术之最高境界,所以本于性情而终之于人格境界、思想境界、精神境界,其核心则是豪放之精神,而期于儒道互补、取长补短之'大我'之境界者也"(《引言》)、"至于儒道互补、意在现实,刚柔相济,以刚健为主,诗'可以怨'之新而大之境界,此即'豪放'根本精神之所在"(卷一第六则)、"豪放之义,为儒道互补和合取长补短之最佳结晶,承诗'可以怨'之精神而大反为政教思想庸俗之'温柔敦厚'"(卷一第五二则)。

稼轩之人格境界、思想境界、精神境界亦堪称吾国历史之最完美者,以现实性之光芒,乃"无我之上之有我之境"之实质;现实性之光芒不足,豪放之精神则弱,"无我之上之有我"之成色亦低矣。故诗乃直接表现"我"性者之最佳体式,综合"神味"之诸义而论,则如小说之"神味"或过于诗,或过于辛稼轩,然就此核心而论,小说之间接以表现"无我之上之有我之境",总不如诗之直接为表现也。

　　王国维之"不隔",乃就情景以言,就表达方式而论,此特小事耳,已隔一层,故"无我之境"之"无"若不能用为批判、否定之精神,则其为隔之根本实质也。无此"无"之批判、否定之动力,则断不能至于"无我之上之有我之境",而身之融入现实世俗世界,而后有感情境界,而后有性情境界,而后有人格境界、思想境界、精神境界,亦即大俗之境界,豪放之境界,此真不隔也①。"不隔"之义,用之未必能至于"大我"之境界即"无我之上之有我之境",而无之必不能至于"大我"之境界也。

　　"意境"之最终目的为由文学而及人生,"神味"之最终目的则由文学而及人。为人生,则不无现实功利之影响;为人,则是以人为第一位之价值也,为成就人也。近世西人大崇个性,故以群性为指归之"崇高"得大兴起,吾国自汉代后即大崇群性而乏个性,故豪放得造极于元人粗略之治。豪放者,由群性成就个性之具者也,故近世西人所大崇举之"崇高"之境界,唯由"豪放"而可得瓜葛,若准之吾国,则豪放是其出头地。"豪放"之精神虽因吾国传统文化之熏染而最具特色,然其核心思想、精神"不受拘束",则可推及古今中外也。

　　且夫"豪放"者,人之本质之归依也,人之生存之价值之最大寄托也。人之存在,其最大问题为意义问题,此一问题之困扰、追问,二十世纪以来为尤剧。或寄意在天国(上帝),其向度为上下,虽可意义而得恒定,足以确立人之短暂一生之价值,然其毕竟属虚假意义(价值)之寄托体,如此则人之意义之终极追问,天国(上帝)不过为虚假而暂时之"避难所";或寄意在轮回,其向度为远近(生死),以禁欲(绝欲)为方式,极降低其物质境界而张大其精神境界,虽可减少俗世之烦恼,视生死为自然,然毕竟以生命为幻相、痛苦、罪恶,既浪费宇宙间最宝贵之生命,又以强制、扭曲我性而至于精神上自以为自然而然之境界,则非

---

① 另可参拙作卷一第三二则所论"隔"之三境。

真正我性之成就也。若"豪放"者,则非宗教,亦非文化思想之具体形态,但恒以秉持以人为最第一之价值之思想,一以贯之于现实、人生,然后人之意义、本质、生存诸义皆得落实。以人为最第一之价值,以朴素之思想为之"本",既有释氏之不追求外在,又能以最小最自然之欲望存世,克服其禁欲(绝欲)之极端;既无天国(上帝)之虚幻,得以全其身心与外为一,又能落实人之意义于其本身,不作身外之追问、探求。朴素之为"本"也,烂漫其"花"也,而非其"末"也,以朴素存世,其精彩处全在其自身、自我,而成就其烂漫,"气"与"情"为"豪放"之两大要素,故其朴素之本愈固,则自我愈具现实性,而"气"与"情"愈盛大充沛,则其花也益烂漫。故人之意义在于自我本身,举凡民族、国家、道德之类,皆其外在者,以人为最第一之价值不能行,而有民族、国家、道德之以为外在之规范也。若能以人为最第一之价值,以"无我之上之有我"为最终成就之理想,则民族、国家、道德之类自然随之与俱矣。二十世纪以后,东方则文化道德沦丧,西方则思想精神危机,人之欲望张狂而无所归,惟有"朴"之一义——如简单而非以追逐利益为核心之复杂;纯粹而非虚假之繁荣、繁华、铺张;节俭而非奢侈、形式主义;逍遥、休闲而非忙碌、迷失、迷茫——贯穿于人之根本思想,世界乃能步入正轨,而复归于人自身、自我之真正终极意义之追求,人类乃能得以"救赎",而实现其价值——此亦"将有限(或局部)最佳化"者也。① 故以朴素而臻烂漫,即以我性之朴素而臻"无我之上之有我"之烂漫,如此乃使个体之生命力达致巅峰,生命乃呈现其最大之张力也。

6."神味"创造之理想:由大俗而臻大雅(大俗大雅),其境界为平凡而造伟美、闳大深情,不可方物,不可思议。非独如审美,可以闲淡之姿态心神以观佳人,而是和合真、善、美三者,可由世俗之现实世界触动、改造自我之思想、精神,因之又表现于文艺也。惟有豪放之精神,乃能深入世俗之现实世界,乃能大俗;惟有深入大俗,而后"细节"乃能鲜活不绝,乃能丰富、复杂;惟有达致"无我之上之有我之境",大俗乃能臻于大雅,细节亦得深刻、淋漓、烂漫。故"细节"乃寓一动态之过程,此其之所以可能而具"不可复"之性质者也,不可复,故"细节"之创造绝费力,"细节"与其所造为之"神味"之境界,皆大不易;"意象"则

---

① 甲午岁夏,余撰《"新文化主义"思想宣言》,提出"新文化主义"思想,以素朴、简单为其根本核心理念,以为当今中、西社会发展思想之矫正、救赎。

意蕴趋于大体之既定,而可复,为不同之作者"选择",以造为"意境",较之"细节"与"细节"之造为"神味","意象"之"选择"与"意象"之造为"意境",不可同日而语,而较易也。若论其精神性,则"意象"亦远逊"细节"。

若此理想之成就,则"'神味'一义之生成,有若是焉:以真性情发端,而脱弃'庸俗之我',而以待诸外物,则必有理想志意,而气与情之为生矣,故乃成豪放之境界也;豪放之舍'平和冲淡'之我也,乃进之而为'否定'前一'有我'之我,缘世俗民生之事而得为一'新我',由不为世俗之名利所染所泥而得为一'大我',又经一否定,遂成就一'无我之上之有我',此一'无我之上之有我',即我之在世俗民生之现实世界之升华结晶也,即'味'之一义矣;以'神'之一义表而出之,以'细节'及'象征'二事见其淋漓尽致、烂漫泼辣之姿态,深厚壮观、阂约深美之意蕴,而非含蓄朦胧、冲淡平和,则'神味'一义终得成就矣。"(拙作卷一第三〇则)

7. "神味"说所追求之风格形态:深阂伟美、大气磅礴、千姿百态、淋漓尽致。其具体形态,则朴素、天真、本色、豪放、泼辣、烂漫、淋漓、大俗、野性、磅礴、深阂、朴素、大写意、汪洋恣肆诸义均是。"神味"重内美,而重人格境界、思想境界、精神境界,此与"意境"美大异,"意境"以抒情为主,以情景为主,故多仅在人格境界之层次,即能重内美而具思想境界、精神境界之品性,其表现亦以含蓄为主,不足以凸显我性,更无论"无我之上之有我之境"矣。"意境"之哲学基础为"天人合一",诗学基础为"中和"之美,但得其偏于消极静态柔弱者,为静、淡、空、逸、虚、灵、平和之人生、艺术境界之追求;"神味"则以此为非是终境,而最终以人主之而见人之主体性精神,而得"中和"之美之偏于积极刚健动态者,并兼有"意境"之长者也。惟是之故,豪放词乃能兼有婉约词之长,而反是则不然也。

"意境"之总体氛围为优美,特以抒情诗为其范围;"神味"之总体氛围则为偏于壮美而兼优美,抒情、叙事皆总有之而不分你我,而鉴于吾国抒情诗特已发达之甚之事实,故今后其寄托特在叙事诗一体,叙事所造就之"细节",其质量亦高。故"意境"一情景为内外,而"神味"则内则以"豪放"之精神,外则以"细节"见也。

"'神味'兼静态而以动态美为主,其最高之姿态为泼辣烂漫,以此为切入现实世界之契机(虚实互生,以实为主。虚所以提升提炼实而得其精华,以入于更高境界之实)。此一动静非形式上者,而由精神主之者也。形式上之动仅得活泼之韵致风神,精神上者则得灵媚闵美,皆我之人格境界、思想境界、精神境界之所注者也。"①

8. "神味"、"意境"之代表作:"意境"典范代表之作如李易安之《一剪梅》("红藕香残玉簟秋")、李商隐之《锦瑟》,其稍巨者则如张若虚之《春江花月夜》;"神味"典范代表之作如管仲姬之《我侬词》("你侬我侬,忒煞情多")、杜甫之《石壕吏》,其闳大者则如关汉卿之《赵盼儿风月救风尘》、《感天动地窦娥冤》,郭沫若之《凤凰涅槃》,廊及小说,则《红楼梦》、《西游记》、《儒林外史》也。故"意境"之核心为吾国传统文化中之雅文化,乃表现、凸显、强化传统文人、士大夫格调、趣味之大雅之美;"神味"则以自我之提升、成就为核心,乃直面现实世界、社会民生之无限丰富、复杂、深刻之大雅大俗之美。故如《救风尘》、《赵盼儿》者,其所代表者为文字层次之"神味",虽精神出色,而意蕴仍不够丰富、复杂、深刻而磅礴,《红楼梦》仍以雅文化之氛围为主,《西游记》幻写现实世界,《儒林外史》仍为世俗世界雅文化氛围之一隅(因所写人物之社会地位较低,故稍好于《红楼梦》),皆于"神味"有所未足。鲁迅小说之佳者,文字、意蕴并臻"神味"之佳境,然毕竟短篇而乏磅礴之风姿。金庸小说如《鹿鼎记》,其心术姑勿论,文字去"神味"之最高境界仍稍有间,而足以令其所表现之传统文化意蕴极为精彩,故人物形象极为突出,然思想、意蕴仍主于传统文化,虽演绎、表现之精彩,而不能易其乏新质之根本性质。若文字、思想意蕴皆庶几乎"神味"之最高境界者,思想意蕴有所新质,"细节"之表现淋漓尽致而又整体磅礴异观,则莫言之小说也。若艺术领域,则其尤能见"神味"者,如漫画,如周星驰电影(如《国产凌凌漆》、《功夫》)是矣。

若表面以"意境"胜而内里以"神味"胜,内外兼顾而融合两美,足为"意境"之典范而尚未至于"神味"之最高境界者,则辛稼轩之《摸鱼儿》("更能消、几番风雨")是矣。其"无我之上之有我之境"已达致,然不突出,而"神味"之突出,尚多赖意蕴之层次。陆放翁之《卜算子·咏梅》略同之,其"无我之上之有我之境"已然突出,然衬托之"神味"则稍有不足。若《离骚》,特因诗中之叙事之因素、"香草美人"之象征意蕴而具"神味"之征象,而其根本追求,则仍以

---

① 《"神味"说诗学理论要义集萃》。

"意境"为主;后世之类似者,则《西厢记》,其与《离骚》乃吾国古代以抒情为主、叙事抒情化两种表现方式最具代表性之篇什。《西厢记》虽叙事而抒情化之,故仍以"意境"为根本之追求,然终因所承袭之董西厢本已叙事极为出色,缘叙事之因素而造成若干"细节",故其特出之"神味"亦随处可见,而掩抑不住矣!

若虽未达致"神味"之最高境界,然已以"神味"为主要之追求,或其艺术境界主要表现为"神味",则如《诗》三百篇中之《魏风·硕鼠》、《卫风·氓》,汉乐府诗中之《孤儿行》、《妇病行》、《孔雀东南飞》、陈琳之《饮马长城窟行》,左思之《娇女诗》,新乐府诗中杜甫之《丽人行》、白居易之《轻肥》、张籍之《野老歌》、杜荀鹤之《山中寡妇》,杜甫之《北征》,王之涣之《凉州词》(其一),杜牧之《过华清宫绝句》,《稼轩词》之上乘者(约十之一),范成大之《催租行》、《后催租行》,杜仁杰之[般涉调·耍孩儿]《庄家不识勾栏》,睢景臣之[般涉调·哨遍]《高祖还乡》,马致远之[般涉调·耍孩儿]《借马》,聂绀弩之《清厕同枚子》、《锄草》、《推磨》、《赠周婆》("添煤打水汗干时"),皆是也,不备举也。而同属此类者,成就亦或大有差别,如睢之作,因以思想为支撑,便胜于马作远矣。又如贾岛《寻隐者不遇》、张俞《蚕妇》,同样短篇精彩,便有"意境"、"神味"之别。若文章,其若以叙事为主者,则古今比比皆是,凡其精彩、出色者,无不以"神味"胜,如《史记》——二十四史均以叙事为主,然文章皆远不如《史记》者,正在阙"神味"也;若小说,则更不烦举矣。鲁迅之杂文,其"神味"独步古今,远胜他人;其他如嵇康之《与山巨源绝交书》、陶渊明之《五柳先生传》,亦颇佳。网络文字摆脱一切诸束缚,实具豪放之精神意蕴者,故其着意在现实社会、人生之批判者,尤见"神味",如网友所拟孙悟空、唐僧、白骨精通信之类文本,及网络段子,若能善加利用,其"神味"实不可限量。①

若西方文学,因无"意境"之牵绊,故自来即多有以"神味"胜者,深闳伟美、大气磅礴之作,代不绝出。其长篇者,如古希腊神话,莎士比亚之悲剧,但丁之《神曲》,塞万提斯之《堂吉诃德》,雨果之《巴黎圣母院》,马尔克斯之《百年孤独》,莫里哀之《伪君子》,巴尔扎克之《欧也妮·葛朗台》、《高老头》,海勒之《第二十二条军规》;其短篇者,如莫泊桑之《羊脂球》,艾略特之《荒原》。十九

---

① 此类文本之能见"神味"者,已有所著之拙著《诸二十四诗品》一书。

世纪以来,西方思想流派众多,更迭亦速,现代以来更倡多元,虽冲突、碰撞易迸发其烂漫之姿态,然一审美理想之态势终不见其日,故践行深刻而文本之经典性不足,亦其大势,而其经典之作,则无不趋向以"神味"胜之大潮流也。以"神味"为审美理想而衡之,则孰为经典,大体可明可定矣。

9. "神味"、"意境"差异之拟喻:"意境"如王士禛所言之龙,云中只露一鳞一爪;"神味"如张僧繇之画龙点睛——若前者,其"技"之境界之佳境为神龙见首不见尾,其根本缺陷则"叶公好龙"。"意境"如鲲鹏乘风,"神味"如凤凰涅槃。"意境"如水中之盐、蛹中之蝶,"神味"如蜜中之花、火中之凤。①"意境"如摆空城计,"神味"如奇兵制胜。

10. "神味"寄寓之最佳文体形式:总体而言,则凡文体之能以"内在律"为其结构所呈现之形态(形式)之最终根本内在依据,则皆为"神味"寄寓之最佳形式也。

以诗而言,则杂言诗也,即仅要求押韵一事,而遵"内在律","内在律"之核心,则"气"与"情"之交织、应和、感发、互生,其极致即"豪放"。诗词曲之演进,虽表现为形式之调整,然其核心精神、动力则豪放之精神也。若其外在形式之稍可规范者,则"语感韵",其根本精神为"以语感(即听觉上之感觉)为用韵之依据,此据歌诗用韵之本来原则而定之也。何以云然?韵本为谐声而有美感,故凡在今之语感、听觉上能得相同、相近或相似者,无不可为同一韵也。……押韵本为谐听,故音声迁而韵不随之者,是刻舟求剑、缘木求鱼也。"②更进而言之,则叙事诗最易为"神味"之创造、寄寓。其理想,则史诗也。

自小说而言之,则长篇小说也。更进而言之,则社会现实之批判内容者,更易"神味"之表现、凝结也。自散文而言之,则杂文也。自戏剧而言之,则以矛盾冲突为其核心,而纠结诸事,表见为若干"细节",故较之长篇小说,更易见"神味",惟其以作派为重要之一因素,故或不如长篇小说之深厚、深刻、深远、博大、磅礴也。自艺术而言之,则无论何种艺术形式,如绘画、书法、建筑、园林、影视之类,若能以"细节"为核心之思想、精神、力量之经营,则易见"神味"也。

若总诸文体而论,则"神味"之表现,长篇优于短篇,如小说优于诗歌,然小

---

① 另谈艺之喻,可参拙作卷一第四八则、卷二第五则其中所论内容。
② 详见拙作卷一第四三则所论。

说往往仅能间接表现作者之主体精神,不若诗歌(如稼轩词),直接即为其主体精神淋漓尽致、神味烂漫之表现也;且小说篇幅之长者,若"细节"无"九度"之质量,则"神味"亦不特出,遑论汪洋恣肆而磅礴万状矣。

11. "神味"说诗学理论核心之三要素:亦分"道"、"技"之两种境界。以"道"言之,则"神味"诗学理论核心之三要素为:"无我之上之有我";细节;深闳伟美、大气磅礴。其表现之一以贯之者,则"将有限(或局部)最佳化";其内在之一以贯之者,根本则性情,极致则豪放之精神。性情尤重朴素,由天真而至烂漫,得人间"大我"之情味而至泼辣、豪放。若无性情中之朴素天真,断不能至于豪放泼辣之境界。若细节,则不可复、"将有限(或局部)最佳化"、"九度"、大写意、隐喻(象征)诸义之综合,以其为世俗之现实世界及此世界成就之"无我之上之有我"之寄托、表现,故能以大俗而臻大雅也。

以"技"言之,则"神味"说诗学理论核心之三要素为:思想(精神);象征;细节。"细节"之质量,最终决定文本之整体质量,故虽有极好之整体故事、情节,而"细节"质量不高,不够出色,则整体质量仍难为高。故人文领域之作为,思想、观点、故事情节之类,皆不易为新,除非社会、时代大变;然可后出转精,即所表现、阐释者,较之前人更为精到或精彩、文字水平更高、系统更深密广大,如《水浒传》、《西游记》、《西厢记》之成就,无不如此。惟有"象征",乃能整体笼罩局部,笼罩"细节",使每一最基本质素、最小单位之"细节"皆能"将有限(或局部)最佳化";其为整体者则为"象征",其为局部或落实于"细节"者则为"隐喻"。"思想(精神)"则根本最终决定文本之境界,而必用"象征"、"细节"二义以寄托、表现,故"思想(精神)"虽为核心之三要素之一,却统领、贯穿其他两者。若"神味"之完美境界,则"思想(精神)"、"象征"、"细节"三者三位一体,浑融而不可分矣。

"神味"一义,尤重细节。夫细节者,作者主体力量灌注之体现"九度"(密度、力度、强度、深度、高度、厚度、广度、浓度、色度)之最集中、最小之单位,因以臻致"神味"之境界,而不可复者也,其本身亦具层次性、系统性。二十世纪之社会生活气象与古大异,意境已非新诗、小说之主体追求,新诗为辟生路,由意境而退回至意象,而以意象为核心以反意境,以打破意境所含之传统文化僵化之共性意蕴,欲别有建树,此其极为可贵之根本意识。而以意象为核心,则不能不以抒情为核心(其表思想者虽然或许深邃,然亦多不成功,且仍单调而不足以整体超越吾国之传统文化思想),此新诗最大之失误;且以有限、局部之最小建构质素、单位意象以反整体之意境,亦根本无逻辑上之可行性。故新诗仅知反意境之必要、反意境乃能前进,然却未得其法。若能以细节为核心,不独可以成功摆脱意境,且能摆脱以抒情为核心之单调,而造以叙事(细节)为核心之境界,如此则"神味"之境可期,而可以"神味"为新审美理想以反意境者矣。意象较为散漫,仍为以有限追求无限之性质,而细节则体现"九度",是"将有限(或局部)最佳化"也。惟以细节为核心,未来之文艺乃能真正与传统文艺根本有异,而大进之。小说之细节或不能表见作者之为主体之"无我之上之有我之境",而诗则能之,故诗为文艺之最高境界;"无我之上之有我之境"为我性之最高境界,和此两者而言之,则诗为人世间人之最高境界也无疑矣!

　　进而论之,情景、意象、意境之与故事、情节、细节,此抒情、叙事文学渐次而高之发展也,其歧异甚明,即前者追求"由有限以求无限",后者则追求"将有限(或局部)最佳化"。情景、意象、意境、故事、情节皆或可复,前三者不必言,即故事、情节,古今中外亦每有复(如主题、母题研究之所昭示);而细节之根本性质则为不可复,重复之细节即无多价值矣,不似意象之可反复凑合也。若意象者,亦经主体选择之情景之细节,但不以蕴含"事"之一因素为主耳。唯其不以蕴含"事"之一因素为主,故丧失最直接于现实世界之世俗民生之机会矣。细节之旨归,无不在彰显主体之于现实世界之世俗民生之人格境界、思想境界、精神境界何如也。故细节之"将有限(局部)最佳化",即主体融入现实世界之世俗民生之精神,而无限扩大其态势,故此一过程,实融"将有限(局部)最佳化"与不隔于现实世界之世俗民生之无限之两种追求为一,所谓"将有限(或局部)最佳化",无非"无我之上之有我之境"之所以成就,"神味"一境之所以臻致者也。意境之由有限以求无限,而因意象而为之,则以消融表现现实世界之世俗民生之"事"为能事,而以"象"见,此"象"又以归于"意"即吾国传统文化之形而上义旨为事,故意境中所蕴含之"意",终归于抽象、类型化之思蕴义理,虽或足以彰显主体之情感、意志、理想,而去现实世界之世俗民生则益远矣。以是言之,诗为文艺之最高境界,为人世间人之所有之最高境界,而叙事诗为诗之最高境界,诗中所见之"无我之上之有我之境",则自我之最高境界也。吾国古来虽有叙事诗之杰作,如《孔雀东南飞》、汉乐府诗,然无类乎"神味"说之诗学理论为之支撑,终不能堂而皇之位列抒情诗之前;况吾国古代之叙事诗,或杰出之程度不足,艺术性欠缺,或篇章太短而容量不足,因而精彩不足,或不足以寄托作者之主体性精神,因而去"神味"一义之最高境界尚有一间。叙事诗之典范则史诗,此正吾国所最缺乏者,即虽或有之,而其地位则始终不能入于主流,虽有一定之长度,而杰出、精彩之程度不足,"神味"不足,则同于吾国古代之叙事诗。限于时代,叙事诗未必皆以史诗为尚,但能以"神味"为追求,兼而能至"无我之上之有我"、"细节"、"深闳伟美"数义,则无不可臻致最高之境界也。

12. "神味"、"意境"之普适性:"意境"之本质为吾国特有之传统文化之意蕴,而尤见之于传统士大夫、文人之审美趣味、格调者,极尚雅正。二十世纪以后现实之社会生活所依赖之思想已非传统文化,故意境之追求亦已非最适。因此中传统士大夫、文人之审美趣味、格调之雅正而拒斥世俗,故意境最适用之领域乃艺术,此即宗白华论意境而以艺术为主要着眼点之根本原因。若"神味",则不受传统文化、现代文化甚至未来文化形态、意蕴之影响,而根本受人之思想、精神之影响,故适用于古今中外任何文艺之领域、体式,但因其所寄托者发达与否耳。

由"意境"中蕴含之吾国传统文化,故吾国之旧体诗,殆多不可翻译为外文;非但不可翻译为外文,即译为白话(旧体诗之类白话者亦有之,然非主流)亦不可。若加翻译,以回视法观之,而诗意丧失大半矣。譬如以之,一经翻译,非若熬米为粥,而直兑水入酒之不若矣!何况诗之体式,本以凝练为事,如采花为蜜、米酿为酒,甚而凤凰涅槃,而翻译之过程则无异稀释之,诗之既有之因含蓄而得之意境亦多不复存在。更有甚者,吾国之旧体诗所造成之意境,其核心为吾国之传统文化,由此传统文化之熏染而成意蕴相对稳定之意象,意象以成意境。若加翻译,西人语言中之语辞(意象)之对待者则不具此种之文化意蕴,即有之,若非西人能深于吾国之传统文化,则不能有会心之妙,得真切之体悟。新诗脱弃吾国之传统文化意蕴,然尚无一可与吾国传统文化相抗衡之新文化形态以为根本,故其成就不能与西人相比,即有新文化为之根本,仅就艺术而言,与之相提并论亦非短近之可期;而仍以意象为表现之根本质素,则即上述两者具备,亦见文化意蕴之隔膜。若"神味"说,则以"细节"为表现之根本质素,与意境之以"意象"为表现之根本质素不同,"意象"多朦胧含蓄,"细节"则虽经"九度"而"将有限(或局部)最佳化",然较具体可感,富含"事"之一因素,即文化意蕴有所隔膜,而"事"之因素,则中西易通。故以"意境"胜之文学,多不可融通于西方,而难为其所解悟,此由旧体诗之不可翻译即可知之矣;若以"神味"胜之文学,则多可融通于西方,易为其所解悟,无论旧体诗、新诗皆然也,更无论小说之易富"细节"者矣。二十世纪以还,吾国小说之翻译远较诗歌为成功,即其征象。今人多有西方不悟或不屑悟吾国之文化为忧心忡忡者,而倡变"拿来主义"为"送去主义","拿来"固不得其法,多不得其实,而"送去"亦不免一厢情愿也。强西人而"送去",实拙劣法,未若建构融通可行之理论以引导吾国未来之文学,而以"神味"为新审美理想,则中西文化之融通自然水到渠成矣。故"神味"说诗学理论者,骑驿、融通中西文化、文艺之新审美理想也,吾国之文化可藉以更新其精神,文艺可藉之突破、超越传统之意境而开辟新境,成就既大而伟、富而丰,则如吾国之古董、资源,虽不召之,而西人将自前来,而趋之若鹜矣,又何忧邪! 抑或能以此东方本土之"神味"理论阐释、研究西方文艺,以此融入西方世界,则亦可行之一方;若以西释西,则其成就始终难以逾越西人,此不难料想,宜西人兴趣之不大也。

"神味"诗学理论之哲学思想核心为"豪放"之精神,以吾国传统文化之保守,二十世纪以后之新社会,尚不能根本摆脱"意境"及其中所蕴含之保守思想精神之影响,故"神味"之为新审美理想之行于天下也,其根本亦在思想之更新。本身即思想保守,精神又不面向世俗之现实世界,则焉能接受"豪放"之思想精神? 更无论"豪放"之思想精神之践行矣。故新旧审美理想之递兴,乃思想精神"否定之否定"之矛盾冲突之过程,乃思想精神之根本对决,否则虽"神味"说足为与"意境"相比并之系统理论体系,思想精神而不更新,亦难得实现而大行之也。

13. "神味"、"意境"内涵之总结:以老庄哲学思想为主,以"以有限追求无限"为创构之根本方式,而以"意象"("兴象")为创构之最小质素、单位,一以贯之以平和、柔弱之精神,以"我"之寄托于物为核心,并综合运用有无、虚实、动静、刚柔诸二元辩证法,其最终之艺术境界之质量取决于此辩证法运用之质量(如"意象"选择及由此产生之不同创构),以求得言外之意、韵外之致,整体以优美、大雅之美为主,为中国传统文化意蕴孕育之士大夫、文人以雅正为主之格调、趣味之综合表现,以传统文化之共性征态寄托其优美高远之人生理想所造为之可复之艺术境界者,曰"意境";"意象"、"意境"提升质量之法,则老庄思想意趣之强化,而人格凸显,性情流露。无论其最小之质素、单位"意象"抑或最大最终之追求"意境",均体现上述诸义旨也。

　　以儒、道两家哲学思想之补短取长、关注作意现实为理想,以"将有限(或局部)最佳化"为创构之根本方式,而以"细节"(以"九度"为质量之评衡)为创构之最小质素、单位,一以贯之以豪放之精神,以"无我之上之有我"之成就为核心,以外在无限丰富、复杂、深刻之世俗之现实世界之诸相、诸意蕴探求、表见世界、人生之本相、本质,及我性成就之矛盾、冲突、曲折、挣扎、痛苦,昭示以人为最第一之价值,而见为自我或"神味"之豪放磅礴、烂漫泼辣、淋漓尽致,整体以壮美、大俗大雅之美为主,为有志于自我成就、社会民生创新进步者思想、意识与世俗格调、趣味之综合表现,以世俗之现实世界之作为寄托、实现其人生之价值、理想或藉批判而见其意,而见我性、世俗之现实世界之深闳伟美、大气磅礴之不可复之艺术境界者,曰"神味";"细节"、"神味"提升质量之法,则主体人格境界、思想境界、精神境界之提升,思想、精神之现实性是其关键,若与思想相关而见为技艺者,则"象征"(隐喻)一义整体之经营、笼罩,如此,虽"细节"而能见大,而无不意蕴、神采兼备。无论其最小之质素、单位"细节"抑或最大最终之追求"神味",均体现上述诸义旨也。

　　"意境"之内涵,古今虽日益丰富,然其内涵、意蕴自唐代成熟后即无根本之改易,如王国维"境界"说者,亦但丰富之,逻辑强化之而已耳。"神味"之内涵,古今未多丰富,更无内涵、意蕴之根本改易,有之,则自"神味"说诗学理论体系始。其所谓"神"、"味"、"神味",均大异于古:"夫'神味'者,'神'即'传神',即所以能表出'味'者,此犹是古之高境,而其更进者,则个性性情之极致,主体性精神发挥之极致,作者之人格境界、思想境界、精神境界之极致,即'无我之上之有我之境';'味'即'无我之上之有我之境'中结晶之世俗民生、以俗为主之意蕴,及所表出之之豪放泼辣、自信烂漫之境界、姿态,而非范温《潜溪诗眼·论韵》所言'有馀意之谓韵'之'韵',或风味、韵味、意味之'味'。吾国传统诗学之'味'论千百年来意蕴、内涵无进,乃自'技'着眼,泛泛而论,不关乎'大我'境界之成就也。'大我'若不经由'无我之上之有我之境'而至,则亦不深邃。……但能以不隔之姿态入世而及于现实世界之社会民生,积聚气、情以使我性结晶,独立而突露,便可直入于'无我之上之有我之境',若能具文学之才能而以表出之,达致'将有限(或局部)最佳化',即可至'神味'之境界也。"(拙作卷一第二则)故与古为新,以审美理想为最上之追求、引领而凝聚其所有之力量,以越于古,乃文论创造惟一可行之法。

14. "神味"说诗学理论体系建构之总逻辑:即拙作卷一第一则所论:"诗以能至'无我之上之有我之境'之'神味'之境界为最高境界;词曲亦然,文艺无不然也。能至'无我之上之有我之境'乃能尽我,而内在之'气'与'情'皆足以臻深闳伟美之人格境界、思想境界、精神境界,而自立、独立为最具我性之姿态。有'神味'乃能尽物,由艺入道,外接世俗民生而不隔,其表现复亦斑驳异致、烂漫多姿而见我性之三境('有我之境'、'无我之境'、'无我之上之有我之境')之逐次提升,由'小我'而成'大我';由技入道,将有限最佳化而活色生香、淋漓尽致,化为若干不可复之细节,遂使我性之生命力、气与情之磅礴洋溢、精神姿态之表现之张力之色彩至于顶点。若'境界',若'无我之境'(王国维《人间词话》),皆其次而有所未至者焉耳,由之更上而至'无我之上之有我之境',乃足称人(人生)之最高境界,惟表见'无我之上之有我'之'神味',乃足称文艺之最高境界也。""神"为物之极,"味"为人之极,"神味"则物我两者之极致。

15. "神味"说诗学理论之两种境界:自"神味"一范畴之整体而言,则分"道"、"技"两境界,为两层次。"道"之境界之"神味",为第一义,则必具"无我之上之有我"之特性,其核心为豪放之思想精神,而成就于世俗之现实世界;"技"之境界之"神味",为第二义,则必具泼辣、烂漫、淋漓尽致、大俗大雅诸豪放之风格形态,以最尖新之生命力为动力而使诸二元辩证法之质素臻于最佳化,而能以"细节"为寄托者。① "技"之境界,又分"艺"、"技"两境界,"艺"之境界着眼于人生之存在,"技"之境界则纯粹着眼于文艺之表达、表现,内在虽佳,而外在之表现不佳,"神味"亦不完美也。"道"之境界"尽我",而"技"之境界"尽物",两境合一,物我各臻极致,即"神味"说诗学理论之最高境界矣。

若"神味"之第三义,则吾国传统文论之所既有,非拙著所建构、阐释之"神味"说诗学理论,然亦以之为基础而吸收之也。故若自古今"神味"范畴、理论之视界观之,则"道"之境界之"神味"、"技"之境界之"神味"、吾国传统文论所论之"神味",适为"神味"之三境界也。

16. "神味"之在文艺实现之情况:诗之领域,古代已多有实现,然"吾国古今之诗人,虽各有特色,众星灿烂,汇为诗歌史之辉煌,然此合众人之力以成就

---

① 另可参拙作卷一第一五则。

者,若碎金之积为巨富也;至若以一人之力而旷古绝今,尤须有单篇之闳美深肆之巨制,而奄有众美之淋漓,则其人也,尚未见也。"(拙作卷一第四九则)其整体成就,较之"意境"之实现者,尚仅具备相与抗衡之力量。若新诗,则虽多已摆脱"意境"之束缚,然尚未步入"神味"之大道,其迄今之成就,远不能与古之"意境"为胜之作品整体相媲美。小说之领域,因得事("细节")之力,则自唐宋传奇成熟之日起,即大以"神味"之追求为主,时代愈近而愈益,未来亦然;若戏曲(戏剧),则可视为其支流,情形大体同之,然吾国之戏曲,除少数尤为杰出者如关汉卿等人外,则仍以"意境"为根本追求,如王实甫之《西厢记》,然此种杰作,已然可见"神味"之程度愈显。总一切诸文体、作者、作品而观之,则无有其一能表见"神味"所有之重要之义之完美境界者,然二十世纪以后,摆脱"意境"而以"神味"为根本、主流之追求,则其总体之态势,而不可掩抑者也。若以理论体系总结、阐释之,昭示以审美理想之高度,则未来中外文艺之能表见"神味"所有之重要之义之完美境界者,大可期也。

上述诸义,惟统观之而后可略得"神味"说之所以也,然此犹然"神味"说诗学理论之大纲,相关阐释,可自拙作卷一诸则而得细致之体会,其他诸卷亦有具体零散之阐释;而若欲于上述"神味"一旨诸要义更有真切而鲜明、系统而全面之体悟,则非合观拙作《嫁笛聘箫楼曲话》、《论意境》、《论豪放》、《王国维〈人间词话〉评说》、《诸二十四诗品》不办。至若"神味"说之既具吾国传统文论阐释之"悟性思维"(以核心为主之发散性与立体网状逻辑结构之结合),又不无借鉴西方哲学之严密逻辑者,诸义之间相互纠缠、补充,则或惟通人之能为解人也。

上述"神味"说诗学理论要义,乃就"神味"、"意境"两大审美理想理论体系对比而论者,此外西人又有"典型"理论,今日之中国文论(美学),率以"意境"、"典型"为抒情性、叙事性文艺作品之最高境界,而分属中西,此为常识。故"神味"之为新审美理想、文艺之最高境界,不可不综合而论"神味"、"意境"、"典型"之关系,以见其与旧审美理想之关系也。此外复有以"意象"、"意境"、"典型"为艺术之三至境者,则其误有三:其一,不知无论"意象"之最终指向是否为"意境",均层次较低,为艺术境界建构之基本单位,无法与"意境"相提并论,不足为文艺之最高境界、审美理想;其二,则古今中外之审美理想,其基本态势、根本性质为不同时代之更迭性,更迭性之本质为创新性,无此更迭性、创新性，则后之审美理想不必出，出而无根本之创新性，亦不足为真正之审美理想，此由审美理想之本质使然者，故以此三者为并列共存之三至境，乃抹杀审美理想之本质者，亦欲拒斥未来新审美理想之出世；其三，则审美理想之本质为文艺之最高境界、最高追求，其根本向度为"最高"，而凡属最高者，只可为一，而不可为三。如此则"意象"可去，惟余"意境"、"典型"两者，此两者一为中国所独有，专注于抒情领域，然抒情之外之领域如叙事则不能涵盖，且二十世纪以后之文艺创作主流已不以"意境"为最高之追求，故"意境"断非文艺之最高境界，亦不具普适性；若"典型"，则专注于叙事领域，且可表出人物之心理、情感、思想、精神，其普适性亦较"意境"为宽广，如"意境"之本质实为吾国特有之传统文化思想之以士之雅正趣味为主之共性形上意蕴之表现，此亦可视为"典型"之一种，故"典型"之普适性实广大于"意境"，而可自此广义上兼有"意境"一义。总之，即"意境"、"典型"两者之对决，以"典型"为更高之文艺境界。

其后则余之"神味"说之新审美理想理论体系出焉，则"神味"、"意境"、"典型"之关系及高下如何？虽"神味"所面对之终极对决对象实为"典型"，而不妨与"意境"做一对比，"神味"说诗学理论要义集萃之大部，皆是也。简言之，则"意境"以"意象"为建构之核心，而"神味"以"细节"为建构之核心，一以"以有限追求无限"为建构之根本方式，一以"将有限（或局部）最佳化"为建构之根本方式，故两者之关系为本质之差异；须更进而强调者，则"意境"与"意象"两者之关系："意境"由"意象"构成，其层次更高，更具立体化形态，然"意象"却未必皆形成"意境"，如不以"情景"为核心而构成之"意象"是矣，即不以抒情为主之"意象"，即"意境"以抒情为主之领域之外之如叙事、思理者，则非"意境"所能涵盖，此种不构成"意境"或不以之为旨归之"意象"，如现代文艺作品意象之蕴含思想、社会生活意蕴者，其质量之高者，则直接形成"神味"而非"意境"，如"意境"笼罩之外之吾国二十世纪以来之新诗，抑或西人之近现代诗歌、魔幻现实主义小说。

理清、解决"意象"无争衡审美理想之资格，"神味"、"典型"均高于"意境"，然后可对比"神味"、"典型"之区别、高下。根本言之，"神味"、"典型"之所以均高于"意境"，在于两者相似、相同之特质居多，而共同相异于"意境"。其所同者，如"神味"、"典型"之创构方式均为"将有限（或局部）最佳化"，其构成之最小单位、质素，均为"细节"，即"典型"、"神味"之超越"意境"也，乃同一性质,属同一阵营。其同中有异者,则"神味"、"意境"之在此同一性质、同一阵营发展之层次不同,即"典型"并非以"细节"为最小单位、质素、以"将有限(或局部)最佳化"之创构方式形成之艺术境界之最高境界,以"典型"之"细节",其核心之崇尚趋指于"人物形象(性格)",其不属于"人物形象"之"细节"则无所归焉,如诗歌之类短篇之作,其中或并无以"人物形象(性格)"为核心之建构意图,然仍多见"细节"而佳,又如网络段子或讽刺文学之不以"人物形象(性格)"为第一位之表现因素者,亦不关"典型",不关"意境",此类之佳作、佳境,"典型"、"意境"均不涵盖之,而"神味"则不但可涵盖此种艺术佳境,且能涵盖"意境"、"典型"两者。更进而言之,则"典型"之以"人物形象(性格)"为核心,其终极质量之关键为此"人物形象(性格)"之后深广而无限丰富、复杂、深刻之世俗之现实世界及相关意蕴之表见、揭示,即须在人物个性之基础上兼有共性,然以个性、共性之角度观之,虽两者始终为交流互动之态势,而其终极质量之关键却适在共性而非个性,即共性高于个性、重要于个性,个性之后之共性乃其终极之追求;而文艺之最高境界,必以个性为最高乃可,如"神味"说诗学理论之以"无我之上之有我之境"之个性之境界为最高境界,自我成就之最高境界,其虽亦无不缘无限丰富、复杂、深刻之世俗之现实世界之社会民生而得成就,然其终极追求则趋指于自我"无我之上之有我"提升、成就,无限丰富、复杂、深刻之世俗之现实世界之社会民生终将为自我之提升、成就服务,而自我之提升、成就亦即主体之在无限丰富、复杂、深刻之世俗之现实世界之社会民生中之能动作为,以求改进现实,故"神味"之现实性亦甚于"典型"。即"神味"境界之达致,必蕴含主体自我之提升、成就,其提升、成就本身即与世俗之现实世界融合为一,其自我提升、成就之终极境界、形态之各异缘于各主体之在无限丰富、复杂、深刻之世俗之现实世界之具体独特历程,其现实性之程度更高,若"典型"之必以相当程度之"人物形象(性格)"为代表而后乃可,则已见作者之主观选择,已然隔于现实一层矣。如是而言,即"典型"之层次、境界尚不如"神味",两者同为"将有限(或局部)最佳化"之创构方式高级艺术境界,而"神味"更比"典型"高焉。"意境"亦然,其终极质量之关键决于吾国传统文化之以士之雅正思想、趣味之共性形上意蕴,最终亦指向共性而非个性,故王国维"境界"说以"无我之境"为最高境界,而其内在根本之哲学意蕴,则消极、柔弱、平和、超逸之"天人合一"者也;何况此种之共性形上意蕴之在古代已非最高境界,二十世纪以后则更非吾国文化思想、文艺之最高追求之主流者矣。故"典型"之以"人物形象(性格)"为核心,虽"典型"而非"类型",然"典型"之在一时代,较之"类型"而更少,故虽以深广之无限丰富、复杂、深刻之世俗之现实世界为依托、终极关键,且具不可复之优点而非若"意象"之可复,一时代之期限内亦不允许可复,然其单调已然决定一时代之文艺之能臻于最高境界者甚寡,未若"神味"之丰富、复杂、深刻,可见之诸多无限之个体,但能至于"无我之上之有我之境"之"神味"之境界,则无不可,由此可使一时代之文艺之最高境界,有若百花之灿烂烂漫,可使主体均达至其自我之最高境界,而其最终质量之高下参差,则依据"神味"之境界所达致之程度判定也。

总之,"神味"可横跨抒情、叙事、哲理之三领域,叙事、哲理之领域不必多论,即其所兼容之抒情领域,但主体能至于"无我之上之有我之境"——此种境界之达致,须主体历经世俗之现实世界之社会民生之濡染,而具真正自我之思想精神,然后其所抒发之情感乃气势沛然,内蕴深厚磅礴——即能至于"神味"之境界也。"神味"一义之为新审美理想,不但其普适性最强,且为文艺之最高境界而高于"意境"、"典型"也。

知情意分立思想与中国现代美学的起源

王宏超

（上海师范大学　200062）

摘　要：知情意分立思想，是西方哲学思想的核心论域之一，鲍姆加登、康德诸人以此为基础创立了美学学科。中国智识界自晚明接触西学以来，对于西方知识分科系统及知情意分立思想多有译介，在经由日本传播西学的热潮中，知情意分立思想作为现代思想的基础范畴被中国智识者所接受，遂对中国现代思想和学术的形成起到了奠基性的作用。王国维、蔡元培等人即是以知情意分立思想为基本的思想资源而为中国现代美学学科确立了根基。

关键词：知情意　中国现代美学　心理学　教育学　王国维　蔡元培

洛夫乔伊说，每一个时代都会"有一些含蓄的或不完全清楚的设定，或者在个体或一代人的思想中起作用的或多或少未意识到的思想习惯。正是这些如此理所当然的信念，它们宁可心照不宣地被假定，也不要正式地被表述和加以论证，这些看似如此自然和不可避免的思想方法，不被逻辑的自我意识所细察，而常常对于哲学家的学说的特征具有最为决定性的作用，更为经常地决定一个时代的理智的倾向"①。中国现代经过"语言的变化"②，思想与学术大异于传统，此类"隐性的信念"，所在多有，只是人们"日用而不知"，较少追问其发生的文脉和形成的历程。本文将要的探讨的中国现代思想语境中的"知情意

---

① ［美］诺夫乔伊著，张传有、高秉江译：《存在巨链——对一个观念的历史的研究》，江西教育出版社2002年版，第5页。

② ［美］列文森著，郑大华、伍菁译：《儒教中国及其现代命运》，中国社会科学出版社2000年版，第141页。

分立思想"①,即是一例。知情意分立思想乃是西方思想的核心范畴,自近代被译介进入到中国思想界后,对中国现代思想和学术产生了巨大的影响。本文侧重梳理知情意分立思想对于中国现代美学的起源所起到的奠基性的作用。

一、知情意分立思想与美学

学界一般将划分人类意识为知情意的首倡之功归于康德。知情意作为人类意识结构的基本要素,与人类最高的价值范畴——真善美相对应。把真善美并列的最早例证可追溯至苏格拉底②,但在古典世界中,"道德上和实用上的判断"是高于审美判断的③,尽管在古希腊哲学中"美"、"善"范畴存在同义使用的情况④,但这种同义使用更多是在理念的层面,而非价值判断层面上的使用,所以,笼统说来,在希腊的思想世界中,"美"的价值是从属于"真"和"善"。中世纪也有三分之说,文献中常以 bonum, pulchrum, verum 表示三种最高的价值⑤,但它们都从属于更高的宗教超验价值。受普罗丁哲学影响的奥古斯丁作为中世纪基督哲学的奠基者,更是把上帝作为终极真理源泉的思想发展到了极致。"以上帝为真善美的本体和流出之源,可视为中世纪基督教美学的一个最基本的命题。"⑥在中世纪的思想中,美之依据不在美本身,而在于"终极幸福",也即对上帝的观照和领悟,真善美三者都统一于此。

笛卡尔是"近代哲学真正的创始人",因为他重新奠定了"哲学的基础",即"以思维为原则",⑦把人的理性作为真理的最终依据:"我思故我在。"近代哲

---

① 在中文文本中,"知情意"与"智情意"常混用,如解中苏在《心理学上知情意三分法的研究》(《教育杂志》第14卷第7号,1922年7月20日)中,就杂用两种写法。本文在行文过程中一般使用"知情意",征引文献则遵从原文。

② 柏拉图:《斐德罗篇》,246E。[波]瓦迪斯瓦夫·塔塔尔凯维奇著,刘文潭译:《西方六大美学观念史》,上海译文出版社2006年版,第2页。

③ [英]鲍桑葵著,张今译:《美学史》,广西师范大学出版社2001年版,第16页。

④ 范明生在《古希腊罗马美学》中对于美、善两个范畴在古希腊哲学中的情况作了一个长注,对于我们理解这两个范畴有一些参考价值。范明生著:《古希腊罗马美学》(蒋孔阳、朱立元主编:《西方美学通史》第一卷),上海文艺出版社1999年版,第429页。

⑤ [波]瓦迪斯瓦夫·塔塔尔凯维奇著,刘文潭译:《西方六大美学观念史》,第2页。

⑥ 陆扬著:《中世纪文艺复兴美学》,(蒋孔阳、朱立元主编:《西方美学通史》第二卷),上海文艺出版社1999年版,第40页。

⑦ [德]黑格尔著,贺麟、王太庆译:《哲学史讲演录》(第四卷),商务印书馆1978年版,第63页。

学的另一位先驱是培根（Francis Bacon,1561—1626），他否弃了彼岸徒具形式的世界,认为"知识的真正的基础乃是自然界以及人类通过感官而获得的它提供的信息"①,从而建立"基于对外在自然界或对人的精神本性（表现为人的爱好、欲望、理性特点、正义特点）的经验和观察的哲学体系"②。两人开启了近代哲学的两种传统——经验主义和理性主义。

理性主义哲学的核心在求"真",关注的是真理的根据、内容和范围,而对于美的认识,亦从属于这一大的原则。从而,笛卡尔哲学在文学艺术领域演化为声势浩大的古典主义,笛卡尔关于艺术应当服从心智约束,应有明晰性、准确性和鲜明性的要求,被古典主义理论家化入创作和批评之中。③ 这一倾向在布瓦洛那里得到充分体现,他追求诗歌中真、善、美的统一,但善与美是从属于真（理性）的。④ 笛卡尔的理性哲学虽然高扬了人类理智的旗帜,但其关于理性最终根据的"天赋观念",实由更高的上帝赋予权威。⑤ 也即是说,理性之源头还没有被根植进人之自身。在经验主义和文学艺术创作繁荣的共同影响中,启蒙运动对于哲学和文学艺术——也即真和美——的问题,进行了反思。于是,鉴赏、想象、事实、现象、直觉、天才等问题成为艺术家们谈论的热门话题。对于情感和经验推崇的极端是休谟（David Hume,1711—1776）,他"改造了美学论战的整个战场"⑥,他"想要证明那被看作是理性主义的骄傲和真正力量的东西,实际上是它的最大弱点。情感不必再在理性法庭前为自己辩护；相反,理性被传到了感觉即纯'印象'的法庭上来,它的权利也受到了质问"⑦。在这一思路中,"美"成为了"真"和"善"的依据。

其实,整个近代美学的主流毋宁说是理性和美学（真与美）的统一,如鲍桑葵所说,近代美学的产生是理性主义者和经验主义者综合的结果："形而上学者所以对美发生兴趣,是因为美是理性和感性可以感触到的会合点。批评界所

---

① ［美］理查德·塔纳斯著,吴象婴、晏可佳、张广勇译：《西方思想史》,上海社会科学院出版社2007年版,第302页。
② ［德］黑格尔著,贺麟、王太庆译：《哲学史讲演录》（第四卷）,第16页。
③ ［美］凯·埃·吉尔伯特、［联邦德国］赫·库恩著,夏乾丰译：《美学史》,上海译文出版社1989年版,第282页。
④ ［法］布瓦洛著,任典译：《诗的艺术》,人民文学出版社1959年版,第64页。
⑤ 详见王德峰著：《哲学导论》,上海人民出版社2000年版,第164—171页。
⑥⑦ ［德］E.卡西尔著,顾伟铭、杨光仲、郑楚宣译：《启蒙哲学》,山东人民出版社2007年第2版,第285页。

以对美发生兴趣,是因为美是人类生活在其变化不定的各个方面的表现。这两种兴趣在长期各自发展之后,又结合起来——这就是近代美学的真正起源。"① 这一结合在康德那里达到了顶点。康德所要研究的是自然世界(科学事实)和自由世界(道德事实)的依据和关系问题,"哲学被划分为在原则上完全不同的两个部分,即作为自然哲学的理论部分和作为道德哲学的实践部分"②。但两者之间存在着鸿沟,需加以沟通。于是,康德发现了判断力是把哲学这两个部分结合为一个整体的手段,判断力亦成为"两个世界的会合点,充当理性在感观世界中的代表和感官在理性世界中的代表"。③ 康德根据人类知、情、意的内心世界,划分出了知性、判断力和理性三种认识能力,并分别为其寻求到了先验根据,从而为真善美确定了自律性。康德声称对纯粹哲学三分的结果其实是"根植于事物的本性中的"④,即是说,它非理论之建构,而是事理之必然。真善美在康德那里完成了从"他律"到"自律"的转变,他为美学的发展奠定了真正的基础。

美学作为一门学科而得以确立,即与真善美三种价值范畴由分化走向自律的现代化进程相关。在韦伯看来,西方的现代化进程就是理性化的过程,在文化领域,即表现为文化合理化,具体包含"现代科学和技术、自律的艺术以及扎根在宗教当中的伦理"。⑤ 西方社会由"祛魅"导致的世俗化带来了生活领域的巨大变革,主要表现在三个领域:"随着现代经验科学、自律艺术和用一系列原理建立起来的道德理论和法律理论的出现,便形成了不同的文化价值领域,从而使我们能够根据理论问题、审美问题或道德—实践问题的各自内在逻辑来完成学习过程。"⑥要言之,这三个领域其实就是知(经验科学、理论问题)、情(自律艺术、审美问题)和意(道德理论和法律理论、道德—实践问题)三个方面。价值领域遵守各自"内在逻辑",即是这些价值开始摆脱传统宗教—形而上学的整体世界观,并最终树立其自身的法则。知情意的分立成为现代世界的价值

---

① [英]鲍桑葵著,张今译:《美学史》,第151页。
② [德]康德著,邓晓芒译,杨祖陶校:《判断力批判》,人民出版社2002年第2版,第5页。
③ [英]鲍桑葵著,张今译:《美学史》,第236页。
④ [德]康德著,邓晓芒译:《判断力批判》,第33页。
⑤ [德]尤尔根·哈贝马斯著,曹卫东译:《交往行为理论:行为合理性与社会合理性》,上海人民出版社2004年版,第155页。
⑥ [德]于尔根·哈贝马斯著,曹卫东等译:《现代性的哲学话语》,译林出版社2004年版,第1页。

基础,而研究"情"(美)的美学,也确立了自身的合法性。

二、知情意分立思想与中国现代学术的形成

现代中国"语言变化"的主要结果之一,是中国现代思想和学术体系的建立。自西学东渐,中国学术在西学影响下,逐步摈弃以"六艺"为核心、以"四部"为基本框架的知识体系[1],"中国社会有关现实世界及社会理念合法性论证的思想资源,渐次脱离传统中国的思想资源,转而采纳西方现代型的知识样式"[2]。如上所述,西方现代思想与学术是以知情意分立思想为基础的,美学作为西方现代学术体系中的一门学科,只有西方知情意分立思想传入中国后,才能开始在中国的译介和传播过程。

西方学术思想对中国的影响,可追溯到明末清初来华的耶稣会士。耶稣会十分重视以"七艺"(seven liberal arts)为核心的知识教育。在13世纪之前,"文科七艺涵盖了知识的划分,并借着中世纪大学的课程结构一直持续不变。"[3]虽然耶稣会"对人的个性的注重与文艺复兴时期对现代人的理解一脉相承"[4],但其宗教的背景决定了其学术价值取向仍是以上帝为旨归。西方现代学术体系,即是对以"七艺"之学为核心的中世纪学术进行革命的结果。而这一过程直到19世纪初才得以完成。[5] 所以,尽管明清耶稣会士以及晚清的新教传教士对于译介西学居功至伟,但总体上说,其传播的人文学术尚从属于神

---

[1] "四部"之学是否为学术分科体系存有争论,赞成者如岛田虔次、左玉河等。日本学者岛田虔次认为:"将所有的书籍分为'经、史、子、集'四部分的所谓四部分类体系,这个体系既是图书的分类法,也是学术的分类法。"[日]岛田虔次:《清朝末期学术的状况》,见氏著,邓红译:《中国思想史研究》,上海古籍出版社2009年版,第371—372页。左玉河著:《从四部之学到七科之学——学术分科与近代中国知识系统之创建》,上海书店出版社2004年版。反对者如罗志田、黄晏妤等。见黄晏妤:《四部分类是图书分类而非学术分类》,《四川大学学报》,2000年第2期。黄晏妤:《四部分类与近代中国学术分科》,《社会科学研究》,2000年第2期。罗志田:《西学冲击下近代中国学术分科的演变》,收入氏著:《近代中国史学十论》,复旦大学出版社2003年版。

[2] 复旦大学历史学系、复旦大学中外现代化进程研究中心编:《中国现代学科的形成》(近代中国研究集刊3),上海古籍出版社2007年版,第4页。

[3] 沙姆韦、梅瑟-达维多:《学科规训制度导论》,[美]华勒斯坦(Wallerstein, I.)等著,刘健芝等编译:《学科·知识·权力》,生活·读书·新知三联书店1999年版,第14页。

[4] [德]彼得·克劳斯·哈特曼著,谷裕译:《耶稣会简史》,宗教文化出版社2003年版,第14页。

[5] [美]华勒斯坦等著,刘锋译:《开放社会科学:重建社会科学报告书》,生活·读书·新知三联书店1997年版,第6—7页。

学体系,至于本文所论述的知情意分立思想,则要有待来日了。

中国对于西方现代哲学思想的译介,由严复发其端。蔡元培说:"五十年来,介绍西洋哲学的,要推侯官严复为第一。"①贺麟亦曾说:"说到介绍西方哲学,大家都公认严几道是留学生与中国思想界发生关系的第一人。"②王国维把严复译介西学看做中国进入到"形上"之学的开端,但严复的兴趣毋宁说是实用的和功利的,"严氏之学风,非哲学的,而宁科学的也,此其所以不能感动吾国之思想界者也。"③蔡元培因为严复的功利主义目的而认为其介绍西方哲学的旨趣"不很彻底"。④ 其后恰是王国维、蔡元培等人重点绍介以德国哲学为中心的欧洲学术,从而使得中国现代思想摆脱功利和实用的追求,"视学术为目的,而不视为手段",并逐渐树立起学术的独立地位。⑤ 其间,一个重要的转折是"西学自东来",日本成为了中国接受西学的重要通道。

需要指明的是,严复对于知情意分立思想有所介绍。在《法意》的按语中,严复尝言:"东西古哲之言曰:人道之所贵,一曰诚,二曰善,三曰美。"直言真善美之重要。并认为中国缺乏对于美术的重视:"吾国有最乏而宜讲求,然犹未暇讲求者,则美术是也。夫美术者何?凡可以娱官神耳目,而所接在感情,不必关于理者是已。"⑥严复早年侧重于译介西方之"实用"学术,或只是时代风潮所致,《法意》译成于 1909 年,其间思想界所凭借的"知识资源"已经大变。

另一位较早介绍知情意分立思想的是颜永京。1889 年,颜永京翻译了《心灵学》,此书为中国第一部汉译西方心理学著作,原作者为美国学者海文(Joseph Haven, 1816—1874),原书名为 *Mental philosophy*: *including the*

---

① 蔡元培:《五十年来中国之哲学》(1923 年 12 月),中国蔡元培研究会编:《蔡元培全集》(第五卷),浙江教育出版社 1997 年版,第 102 页。
② 贺麟:《五十年来的中国哲学》,商务印书馆 2002 年版,第 25 页。
③ 王国维:《论近年之学术界》,《教育世界》第 93 号,1905 年 2 月。谢维扬、房鑫亮主编:《王国维全集》(第一卷),浙江教育出版社、广东教育出版社 2009 年版,第 122 页。
④ 蔡元培:《五十年来中国之哲学》(1923 年 12 月),中国蔡元培研究会编:《蔡元培全集》(第五卷),第 104 页。
⑤ 王国维:《论近年之学术界》,《教育世界》第 93 号,1905 年 2 月。《王国维全集》(第一卷),第 123 页。
⑥ 孟德斯鸠原著,严复译述:《法意》卷十九,商务印书馆 1931 年版,第 5—6 页。

intellect, *sensibilities*, and *will*①，即《心理哲学：知情意》。《心灵学》虽仅译"智"的部分，但已经将知情意分立思想传递至中国学术界。徐维则《增版东西学书录》评论此书时即曰："西人论脑气作用之说愈出愈精，大凡知觉为一纲，情欲为一纲，志决为一纲。"②另外，以知情意分立思想为依托，此书亦提及美学，是中国人最早译介美学的文本。③

1898年甲午一役之后，中日之间的知识流通关系发生根本变化，假道日本取法西学，成为智识界之共识。中国现代思想和学术的主要"思想资源"和"概念工具"，④即来自日本。作为"日本近代哲学之父"，西周"奠定了明治时代哲学思想的基础"⑤。在著名的《百一新论》中，西周论述了美学的起源，并论及此一学科得以成立的根据在于人类性理上有知情意三种认识能力（对应知行思、真善美），"能使知成为真者要靠知学，能使行成为善者要靠名教，能使思成为美者要靠佳趣论"⑥。在《情智关系论》中西周亦说："心理能力分为智情意三大部分。"⑦西周在别处亦常把知情意分立思想作为立论之基础，如在《生性劄记》中说："心理之分解，首别三大部，智、情、意是也。"⑧在《译利学说》中也对此细加陈述：

> 人生之作用，区之为三：一曰智，是致知之学所以律之也；二曰意，是道德之学所以范之也；三曰情，是美妙之论所以悉之也。是以此三学，取源乎性理一学，而开流于人事诸学，所以成哲学之全躯也。⑨

---

① Joseph Haven, *Mental philosophy: including the intellect, sensibilities, and will*. Ann Arbor, Michigan: University of Michigan Library, 2005.
② 徐维则：《增版东西学书录》，熊月之主编：《晚清新学书目提要》，上海书店出版社2007年版，第125页。
③ 黄兴涛：《"美学"一词及西方美学在中国的最早传播》，《文史知识》2000年第1期。
④ 王汎森：《"思想资源"与"概念工具"——戊戌前后的几种日本因素》，氏著：《中国近代思想与学术的系谱》，联经出版公司2003年版。
⑤ [日]山本正男著，牛枝惠译：《东西方艺术精神的传统和交流》，中国人民大学出版社1992年版，第11页。
⑥ [日]山本正男：《东西方艺术精神的传统和交流》，第17—18页。
⑦ [日]西周：《情智关系论》，大久保利谦编，《西周全集》，宗高书房昭和35年，第473页。
⑧ [日]西周：《生性劄记》，大久保利谦编，《西周全集》，第130页。
⑨ [日]西周：《译利学说》，《西周哲学著作集》，第276页，转引自朱谦之著：《日本哲学史》，人民出版社2002年版，第179页。

西周以知情意分立思想解说精神和学术,并以"情"之独立性为美学(佳趣论、美妙之论)确立基础,实则已经完成了日本美学的"现代化"。继西周而起的日本哲学家,对于知情意分立思想已经完全接受并加以运用。如中江兆民在《理学之旨》中提及"情智意"①,大西操山在《美术与宗教》中提及真善美之关系,②森欧外和大村西崖译介哈特曼的《审美纲领》中对真善美信的分析,③高山樗牛在《艺术与道德》中论及真善美的关系,④等等。

三、知情意分立思想经由哲学、心理学和教育学的译介

前已述及,知情意分立思想是现代思想的基本结构,西方现代学术亦建基于此。故具体学科,常以此为基础来论证本学科的存在之由。在中国现代学术体系中,对于知情意分立思想引介较多的学科有哲学、心理学和教育学等。就哲学学科来说,知情意分立思想实即本学科的基础性范畴,在中国学界开始译介德国哲学之后,这一范畴亦逐渐被学界所接受。知情意分立思想,在西方学术体系中,亦与心理学关系密切。所以,在中国现代心理学的创立过程中,这一思想常被作为学科基础理论而被译介。中国现代教育宗旨,以培育"完全的人"为根本追求,所以提倡德、智、美三育的全面发展,对知情意范畴的介绍也是常被说起的话题。实则在中国现代学术的形成过程中,学术分科系统曾多次变化、修正,各个学科之间的界限尚不如今天这般壁垒分明,所以,在哲学、心理学、教育学等学科中对于知情意思想加以介绍时,常常会涉及专门指涉"情"的美学。而中国现代美学学科也就是在这些片段的介绍中逐渐被中国学界所认知,从而建立起自己的学科基础的。

本文以下对中国现代哲学、心理学、教育学等学科中对于知情意分立思想的介绍进行一些梳理,进而分析这些介绍对于中国现代美学学科形成的影响。

1. 哲学中的知情意分立思想

1901年,蔡元培节译井上圆了《佛教活论》而成《哲学总论》,就已经提及

---

① [日]中江兆民:《理学之旨》,《兆民选集》,第94—95页,转引自朱谦之著:《日本哲学史》,第247页。
② [日]山本正男:《东西方艺术精神的传统和交流》,第56页。
③ 同上书,第64—65页。
④ 同上书,第73页。

智情意分立思想。宇宙由物、心、神三者构成,分别形成理学(科学)、哲学和神学。哲学乃心性之学,心性有现象和实体之分,其现象即为智、情、意三者。"智、情、意之三者,皆心性之现象,故谓之心象。"①在后来蔡元培翻译的井上圆了的《妖怪学讲义录》中,对于知情意分立思想亦曾涉及。作者提到妖怪学与心理学之关系:

> 妖怪学本心理学之应用,而心理学之应用,犹有论理学、伦理学、审美学、教育学。论理、伦理、审美为心性作用之智、情、意各种之作用,以真、善、美三者为目的;教育学者,智、情、意总体之应用,以人心之发达、知识之开发为目的。②

其中对于知情意、真善美的关系论述颇为清晰。井上圆了此书在中日现代哲学史上都具有重要价值,张东荪说:

> 我个人以为中国之有西洋哲学,由来已久,然从今天来看,至少可算有三个时代。第一个时代是用蔡元培先生所翻译的井上圆了的《妖怪学》为代表。……这部《妖怪学》……代表日本人初期接受西洋哲学的态度与反应。而蔡先生把他翻译到中国来却亦是代表那个时候中国对于哲学的态度。这乃是西方哲学初到东方来的应有的现象。③

鉴于蔡元培译作的重要地位,其中包含的西方哲学思想,包括知情意分立思想在内,对于中国现代思想的形成意义深远。就蔡元培本人来说,这似乎奠定了他终生一贯的思想基础。

1902年,王国维翻译日人桑木严翼的《哲学概论》,分"哲学之问题"为"知识哲学"、"自然哲学"和"人生哲学",其实就是知情意分立思想在学科分类上

---

① 蔡元培:《哲学总论》(1901年10月—12月),中国蔡元培研究会编:《蔡元培全集》(第一卷),第355页。
② [日]井上圆了著,蔡元培译:《妖怪学讲义录(总论)》(1906年9月),《蔡元培全集》(第九卷),第94页。
③ 张东荪:《文哲月刊发刊词》,《文哲月刊》,第1卷第1期,1935年10月。

的对应表现。1903年,已系统地阅读过大量西方学术著作的王国维已经可以自由地运用西方哲学思想发表自己的观点了。如他针对社会上废止哲学的声音,写了《哲学辨惑》一文,用知情意并行的观点为美学和美育张目:

> 今夫人之心意,有知力,有意志,有感情。此三者之理想,曰真曰善曰美。哲学实综合此三者而论其原理者也。教育之宗旨亦不外造就真善美之人物,故谓教育学上之理想即哲学上之理想,无不可也。①

1904年,王国维发表《汗德之哲学说》,对于康德的三大批判体系详加解说,其中心点即在知情意分立思想:

> 汗德于是就理性之作用,为系统的研究,以立其原则,而检其效力。即批评之方法先自知识论始,渐及其他。而当时心理学上之分类法,为彼之哲学问题分类之根据,即谓理性现于知、情、意三大形式中。而理性之批评亦必从此分类。故汗德之哲学分为三部:即理论的(论智力)、实践的(论意志)、审美的(论感情)。其主要之著述亦分为三:即《纯粹理性批评》、《实践理性批评》及《判断力批评》是也。②

从蔡元培、王国维等人对于智情意分立思想的介绍看,在20世纪初的中国思想界已经由日本把这一思想范畴引进到中国,并被运用到中国人自己的著述之中。在使用外来术语解释中国思想时,"格义"的情形所在多有。用西方哲学观念来梳理中国思想,或出现中西思想范畴之间的冲突,如何在统合的基础上化生出新的思想,避免削足适履的窘境,是文化交往间的重要工作。蔡元培已经注意到了这一问题,在《中学修身教科书》中对于中国传统思想中的重要范畴"良心"和知情意三者的关系给予了界说:

> 人心之作用,蕃变无方,而得括之以智、情、意三者。然则良心之作用,

---

① 王国维:《哲学辨惑》,《教育世界》第55号,1903年7月。《王国维全集》(第十四卷),第8页。
② 王国维:《汗德之哲学说》,《教育世界》第74号,1904年5月。

将何属乎？在昔学者，或以良心为智、情、意三者以外特别之作用，其说固不可通。有专属之于智者，有专属之于情者，有专属之于意者，亦皆一偏之见也。以余观之，良心者，该智、情、意而有之，而不可囿于一者也。凡人欲行一事，必先判决其是非，此良心作用之属于智者也。既判其是非矣，而后有当行不当行之决定，是良心作用之属于意者也。于其未行之先，善者爱之，否者恶之，既行之后，则乐之，否则悔之，此良心作用之属于情者也。①

宋儒讲"本体"与"工夫"，乃是指道德本性与成德途径言。可见"德"乃修而成者。故谓："德之本质：凡实行本务者，其始多出于勉强，勉之既久，则习与性成。安而行之，自能緤合于本务，是之谓德。是故德者，非必为人生固有之品性，大率以实行本务之功，涵养而成者也。"②道德之依据，不外"天命"与"心性"二端，西方社会宗教发达，故以"外在超越"作为道德之依据，而中国则以"心性"为"内在超越"之路。蔡元培以"良心"统摄人之精神世界取向，无疑具有深刻的传统痕迹。但是，他分"良心"为智、情、意，则有带有了西学影响的痕迹。随之，"工夫"亦由"格物致知"转变为智、情、意三者之求得：

然德者，良心作用之成绩。良心作用，既赅智、情、意三者而有之，则以德之原质，为有其一而遗其二者，谬矣。人之成德也，必先有识别善恶之力，是智之作用也。既识别之矣，而无所好恶于其间，则必无实行之期，是情之作用，又不可少也。既识别其为善而笃好之矣，而或犹豫畏葸，不敢决行，则德又无自成，则意之作用，又大有造于德者也。故智、情、意三者，无一而可偏废也。③

由此，道德之"本务"与"工夫"，有了全新的内涵。"智、情、意"三者中，"意"一方面是精神结构中的重要部分，另一方面，实则具有统御"智"和"情"的作用。

知情意分立思想，置换了中国人思考问题的视角，但不能完全置换中国人

---

① 蔡元培：《中学修身教科书》(1912 年 5 月)，《蔡元培全集》(第二卷)，第 153—154 页。
② 同上书，第 164 页。
③ 同上书，第 164—165 页。

思考的思想背景。不同思想间的接触应以求同存异为目标，不能陷入单纯的"话语"之争。对于"良心"和知情意三者的关系，蔡元培给出了一种解释。他不认为"良心"处于知情意之外，而是认为，两者化而合一，良心中包含着知情意三种因素，不可偏废。这些观点，不但具有思想上的意义，亦有方法论上的意义。

2. 教育学中的知情意分立思想

知情意分立思想是中国现代教育学的基础性概念，最早由王国维译介入中国，这一思想在促进中国现代教育学形成的同时，亦为美育以及美学地位的奠立打下了基础。

1901年，王国维翻译了日人立花铣三郎讲述的《教育学》①。此书是"以德国教育家留额氏所著书为本"（该书小序）的。关于"留额氏"，有学者认为乃是德国教育学家戚勒（T. Ziller），其所据的原本是戚勒的《普通教育学概论》。戚勒为赫尔巴特派的代表人物之一。故"赫尔巴特教育学传入中国，即以此（王国维译《教育学》一书，引者按）为最早"②。而瞿葆奎发现，在日文原著中，"留额"旁加注为 Ruegg，据此认为上述观点错误。③ 尽管"留额氏"或非戚勒，但据《教育学》之内容看，较为接近于赫尔巴特派的观点，则无疑问。立花早年曾赴美留学，其时美国教育界赫尔巴特学说风行一时，立花深受影响，其译述的《教育学》乃是赫尔巴特派的著作，当在情理之中。有学者已经指明，立花乃是"日本赫尔巴特学派代表人物之一"④，此《教育学》，为"赫尔巴特学派代表人物的著作"⑤。

在西方教育史上，德国教育学家赫尔巴特（J. F. Herbart）首次创立了完整的教育学体系，标志着教育学学科的诞生。赫尔巴特的思想以康德哲学为基

---

① ［日］立花铣三郎撰述，王国维译：《教育学》，《教育世界》第9、10、11号，1901年9—10月。收入上海"教育世界"社所印行的《教育丛书》初集第3册。收入《王国维全集》（第十六卷）。

② 肖朗：《王国维与西方教育学理论的导入》，《浙江大学学报》（人文社科版）2000年第6期。亦有其他学者持此说，张小丽：《赫尔巴特教育学在中国的传播（1901—1904）》，《教育学报》2006年第5期。

③ 瞿葆奎：《两个第一：王国维译、编的〈教育学〉——编辑后记》，《教育学报》2008年第4卷第2期。

④ 肖朗、叶志坚：《王国维与赫尔巴特教育学说的导入》，《华东师范大学学报》（教育科学版）2004年第4期。

⑤ 张小丽：《赫尔巴特教育学在中国的传播（1901—1904）》，《教育学报》2006年第5期。

础,很重要的一点便是继承和发挥了康德关于知情意划分的思想。王国维日后对于康德、赫尔巴特的学说译介甚多,且对于美育大加提倡,可能在此时已经奠定基础。已有学者明确地指出:"日后王国维撰文提倡四育并成为近代中国美育的首倡者,应该说与他翻译……接受赫尔巴特的教育学理论不无关联。"①

1902年王国维译述牧濑五一郎的《教育学教科书》在总结教育之目的时说:"教育之目的,一言以蔽之曰:在养成完全之人物。"且指出,根据知情意分立思想,教育包含德、智、体、美四育。有学者指出,本书明确提出了四育思想,而且"美育的提出在中国教育界是首次,尽管这还不是中国人自己的主张,但在中国教育史上有划时代的意义"②。本书关于教育的目的在于培育"完全之人物"的思想,也为王国维所吸取,成为他日后教育思想的核心。在其后《论教育之宗旨》(1903年8月)中王国维指出:"教育之宗旨何在?在使人为完全之人物而已。"③且详述了知情意分立思想以及智育、德育和美育的关系。他说:

> 精神之中又分为三部:知力、感情及意志是也。对此三者而有真美善之理想:"真"者知力之理想,"美"者感情之理想,"善"者意志之理想也。完全之人物不可不备真美善之三德,欲达此理想,于是教育之事起。教育之事亦分为三部:智育、德育(即意育)、美育(即情育)是也。④

但知情意三者又非绝然对立,在实际中存在交互关系,且教育需有意识地综合三者才能最终达致最高目的,即培养"完全之人物":

> 然人心之知情意三者,非各自独立,而互相交错者。如人为一事时,知其当为者"知"也,欲为之者"意"也,而当其为之前(后)又有苦乐之"情"伴之:此三者不可分离而论之也。故教育之时,亦不能加以区别。有一科而兼德育智育者,有一科而兼美育德育者,又有一科而兼此三者。三者并行而得渐达真善美之理想,又加以身体之训练,斯得为完全之人物,而教育

---

① ② 肖朗:《王国维与西方教育学理论的导入》,《浙江大学学报》(人文社科版)2000年第6期。
③ 王国维:《论教育之宗旨》,《教育世界》第56号,1903年8月。《王国维全集》(第十四卷),第9页。
④ 同上书,第10页。

之能事毕矣。①

在蔡元培译述的《哲学总论》(1901)中,也提示了美育的地位和价值:

> 心理学虽心象之学,而心象有情感、智力、意志之三种。心理学者,考定此各种之性质、作用而已,故为理论学。其说此各种之应用者,为论理、伦理、审美之三学。伦理学说心象中意志之应用;论理学示智力之应用;审美学论情感之应用。故此三学者,为适合心理学之理论于实地,而称应用学也。其他有教育学之一科,则亦心理之应用,即教育学中,智育者教智力之应用,德育者教意志之应用,美育者教情感之应用是也。②

他后来终其一生倡导美育,与此时所奠定的思想基础不无关系。

1902年梁启超在《教育政策私议》中亦曾对"知"、"情"、"意"所关涉的教育内容有所强调。在此文中,他首论"教育次序",此乃是不满于政府首先发展大学(创设京师大学堂)的举动,而提示说:"求学譬如登楼,不经初级,而欲飞升绝顶,未有不中途挫跌者。"还列举日本人论教育次第言论集成一表格,针对学生的不同阶段,以"身体"、"知"、"情"、"意"、"自观力"等五个方面分析考察。③

作为中国现代美育思想的主唱者,王国维、蔡元培和梁启超等人对于美育的论述,多以知情意分立思想为基础,在时人重视"知"、"意"的同时,特别强调了"情"的因素在教育中的作用。

3. 心理学中的知情意分立思想

解中荪在《心理学上知情意三分法的研究》一文中曾详细论述中国现代心理学对于知情意分立思想的译介。

> 我国心理学,最初自日本传来,为组织派 Structuralism 的心理学,用智

---

① 王国维:《论教育之宗旨》,《教育世界》第56号,1903年8月。《王国维全集》(第十四卷),第11—12页。
② 蔡元培:《哲学总论》(1901年10月—12月),《蔡元培全集》(第一卷),第357页。
③ 梁启超:《教育政策私议》,《饮冰室合集》文集第四册,中华书局1989年版。

情意三分法。……三分法在中国独占二十多年的势力,影响自然很大;所以普通一班人以为研究心理学便是研究智情意,除去智情意,便算不得心理学!①

解中苏的用意在于驳斥知情意三分法不能成立,他分析中国心理学界接受此三分法,是受到了日本的影响,而"日本人受了欧洲将心理学附在哲学的影响,研究心理学者就是研究哲学者,而当时哲学自不得不首推康德派,所以心理学因哲学联带关系,也就大用其三分法了"②。抛开学术观点的论争,从此文中可以看出,晚清中国留日学生,通过日本介绍西学,知情意分立思想亦大行于中国学界。

心理学著述对于知情意分立思想的译介,最早的例子是前已述及的《心灵学》(1889)。中国现代心理学的创立,受日本影响甚大,中文学界早期的心理学著作,或为日本人的中文创作,或译自日本,如解中苏所言,其中都把知情意分立思想作为基本理论构架。

1902年9月,日本学者服部宇之吉(1867—1939)到中国任教于京师大学堂师范馆,曾讲授教育学、心理学、论理学和伦理学等课程。服部宇之吉在师范馆任教六年,于1909年回国。"服部宇之吉是清末由日本人任教习的第一人,他也是师范馆教授心理学课的第一位心理学教师。"③今日保留的服部宇之吉所著《心理学讲义》,即是以知情意分立思想为基本结构④。服部宇之吉因在京师大学堂师范馆任职,故其学说影响中国学界甚巨。宋教仁回忆服部宇之吉的心理学,印象最深的即是知情意三分思想,他说:

> 观服部宇之吉心理学讲义,服部博士现充北京大学堂教习者也,书中言心理分知、情、意三者,三者又分条析缕,甚为了明透彻,余始知心上之发动作用皆有理法,不容紊也。⑤

---

①② 解中苏:《心理学上知情意三分法的研究》,《教育杂志》第14卷第7号,1922年7月20日。
③ 杨鑫辉、赵莉如主编:《心理学通史》(第二卷),山东教育出版社1999年版,第123页。
④ 顾燮光:《译书经眼录》,熊月之主编:《晚清新学书目提要》,上海书店出版社2007年版,第316页。
⑤ 宋教仁、陈旭麓主编:《宋教仁集》,中华书局1981年版,第585页。

又说：

> 见美色而爱之，此为心理上自然的本能，即据服部氏心理学说言人之心理有知、情、意三者，见而辨其美，知的作用也。辨之为美而爱之，情之作用也。此二者皆为生物的本能，即生之谓，性之谓。若因爱之即欲得之，而遂动念，而遂决志，此属于意的作用，而善恶、是非、利害之别矣。故爱色而至于意（志念）的作用，则须审慎矣。①

另一位日本学者久保田贞则在《心理教育学》②的总义中，认为人由心、身两部分构成：

> 人者，由心身之两部而成，其心意作用，又分为知与行之二种，若以教育学论之，则画为三大部分，即德育、智育及体育是也。

以知、情、意三分思想定义心理学，认为心理学是"研究心意之现象，即知、情、意之三相是也。心意者即由知、情、意三种之官能所合而成者也"；"三分法为近世学者一般所公认，即知、情、意之分类是也。"知、情、意三者关系密切，"三相者有互相容合之趣，而复有互相亲密之关系者，故一相发时，每与他之二相无不交相发动"③。

其他日本学者的著述还有井上圆了著、沈诵清翻译的《心理摘要》④，大濑甚太郎、立炳教梭合著，张云阁翻译的《心理学教科书》⑤等，都对知情意分立思想有所介绍。1907 年，王国维翻译丹麦学者海甫定的《心理学概论》⑥出版，其中也含有知情意分立的思想。

亦有学者如解中荪那样，认为三分法于学理上并不妥帖。如上海时中书局

---

① 宋教仁：《宋教仁集》，第 588 页。
② [日]久保田贞则：《心理教育学》，广智书局 1902 年 11 月版。
③ 转引自杨鑫辉、赵莉如主编：《心理学通史》（第二卷），第 128—129 页。
④ [日]井上圆了著，沈诵清译：《心理摘要》，广智书局 1902 年版。
⑤ [日]大濑甚太郎、立炳教梭合著，张云阁译，李景濂校修：《心理学教科书》，直隶学校司编译局印行 1903 年版。
⑥ [丹麦]海甫定著，王国维译：《心理学概论》，商务印书馆 1907 年版。

编译所编译的《心界文明灯》，论析了知、情、意三分法和知、意二分法，认为二分法更为科学。

> （心理学）所行之三分法既属陈套，其不可者虽被一般学者认出，然代此不可之定说，尚未发见。又彼三分法之可者以及其方法，虽说明于前，然心理学者全体，尚不能一定其方向，故心理学之前途犹有所望。①

留日学生陈榥所编的《心理易解》，被誉为"可以反映20世纪初我国接受和传播西方心理学的水平，也是我国第一部汉文写的西方心理学书"②。其中称：

> 心理书中，以知识、情感、意志分三大门类，实则驳论甚多，有谓不应如此分类者，而三大门类中之分类，亦各人不同。今惟采取最普通之分类而已。③

解中苏说：

> 自三分法产生以后，心理学家攻击他的很多；除去了一班讲康德哲学者以外，都不相信；所以他在心理学界从没有占过大势力。在中国所以通行的原故，是因为中国研究心理学的人太少，只有这一种学说介绍进来，所以盛行；并不是因为知道他有什么价值。④

此话未免说得有些偏激，考诸中国现代心理学及中国现代学术史，知情意分立思想实际上发挥了较为深刻且长久的影响。心理学对于"情"的强调，实则间接促进了人们对于美学的认知（如宋教仁的论述）。

---

① 上海时中书局编译所：《心界文明灯》，时中书局1903年版。
② 杨鑫辉、赵莉如主编：《心理学通史》（第二卷），山东教育出版社2010年版，第136页。
③ 同上书，第135页。
④ 解中苏：《心理学上知情意三分法的研究》，《教育杂志》第14卷第7号，1922年7月20日。

四、结语：理论旅行与观念创生

萨义德曾指出文化间存在的观念和理论的"旅行"，且指出理论旅行需要四个步骤：

第一，需要有一个源点或者类似源点的东西，即观念赖以在其中生发并进入话语的一系列发轫的境况。第二，当观念从以前某一点移向它将在其中重新凸显的另一时空时，需要有一段横向距离（distance transversed），一条穿过形形色色语境压力的途径。第三，需要具备一系列条件——姑且可以把它们称之为接受（acceptance）条件，或者，作为接受的必然部分，把它们称之为各种抵抗条件——然后，这一系列条件再去面对这种移植过来的理论或观念，使之可能引进或者得到容忍，而无论它看起来可能多么地不相容。第四，现在全部（或者部分）得到容纳（或者融合）的观念，就在一个新的时空里由它的新用途、新位置使之发生某种程度的改变了。①

尽管有学者以知情意分立思想来梳理中国传统思想范畴②，但这一思想无疑乃是以欧洲为"源点"的。"甲午"之后，经由日本学习西方成为时代风潮，知情意分立思想亦是在"西学自东来"的时空转移中进入中国的，这一"横向距离"，跨度巨大，路径曲折，堪称人类文化传播史上的典型例证。中国接受西方影响，自器物至文化，层面逐步深入，总体目标乃是逐步实现现代之转化。知情意分立思想，为西方现代思想的基础性范畴，所以，引入西方现代思想，实现自身的现代转型，则必以此思想为根基。知情意分立思想在"新的时空"之中受到接受和阐释，中国智识者以此作为梳理传统思想的工具，其自身"发生某种程度的改变"，自是跨文化阐释的后果之一。

---

① ［美］爱德华·W.萨义德著，李自修译：《世界·文本·批评家》，生活·读书·新知三联书店 2009 年版，第 400—401 页。
② 如劳思光分"我"为"形躯我"、"认知我"、"情意我"和"德性我"等。见劳思光：《新编中国哲学史》（一卷），广西师范大学出版社 2005 年版，第 109 页。汤一介：《中国传统哲学中的真善美问题》、《再论中国传统哲学中的真善美问题》，均收入氏著：《新轴心时代与中国文化的建构》，江西人民出版社 2007 年版。

知情意分立思想在推重真善美各自之自律性价值的同时,也为现代学科体系确立了根基。就知、情、意三者所对应的学科来说,科学(知)和伦理学(意)在20世纪初的中国学术界,已提倡有年,而对于美学(意)的倡导则刚刚开始。所以,上述哲学、心理学、教育学等学科对于知情意分立思想的绍介,对于美学的提倡,具有直接或间接的促进作用。王国维、蔡元培等人是译介知情意分立思想最为重要的学者,他们亦都是中国现代美学的奠基者,借此可以看出,知情意分立思想,对于中国现代美学的起源,具有奠基性的作用。中国现代美学的创立者,即是基于知情意分立思想,为美学确立了学科的合法性。

中国现代心理美学研究困境的反思

王 伟

(淮北师范大学文学院 235000)

摘 要：作为美学研究中的重要组成部分的心理美学逐渐引起美学研究者的重视,并取得了长足发展。由于中国现代心理美学的特殊起点,使得当前的心理美学研究陷入一定的困境,那就是难以突破凌驾于其上的西方审美心理学理论体系,而自身丰富的古代心理美学思想又难以体现其应有的理论价值。中国的心理美学研究亟须建立一个适合于中国当下审美活动,能在立足"民族性"的基础上与西方理论产生有效对话的新的理论体系。

关键词：西方审美心理学理论 古代心理美学思想 现代转型 民族性

20世纪80年代,中国产生了心理美学的研究热潮,西方审美心理学理论在中国的传播成为这一研究热潮的重要推动力量,这就使得这一热潮中我们的主要研究重点都放在了对西方各种审美心理学理论的引进、介绍和阐释上,虽然也会偶尔涉及中国古代传统的心理美学思想,但仅仅是作为理论阐述中的例证和资料。随着美学界对中国古典美学"现代转型"或"现代转换"问题的讨论,中国古代传统美学思想中关于审美心理的一些重要理论逐渐得到重视,一些传统的概念、范畴也逐步得到重新审视和再度阐释,但从整个理论形态上看,中国当下的心理美学研究仍旧是在把中国古代心理美学思想纳入西方审美心理学理论的框架和观念之中。

频频纠结于"中西古今"问题已经成为中国心理美学研究中的突出特点,曾耀农曾指出:"审美心理具有历史性,它既包括历史的具体时代性,也有历史的积淀性;同时审美心理又具有民族性,不同的民族有着不同的生活习性和民族文化,会形成不同的审美心理。"①由此可见,在中国现代心理美学的研究中,我们无论是对西方审美心理学理论的引介和阐释,还是对中国传统心理美学思想的挖掘和整合,都应该看重其理论背后的时代性和民族性,其实"古与今"的矛盾冲突与"中与西"的理论对撞不无关系。我们今天要面对的不是在"中西古今"的问题上做一个"排他性"的抉择,而是要真正建立起有中国特色的现代心理美学体系,使其能够阐释中国当下审美活动中呈现的各种心理问题,能以中国的本土话语与西方审美心理学理论产生有效对话,解救中国传统心理美学当下的发展困境。对此,我们需要以"功利主义"的目标,立足现实,以"当下性"为指导,加强理论的"实践性"。

针对中国现代心理美学研究中存在的诸多问题,我们从以下几个方面展开思考,提出解决当下心理美学研究困境的基本思路,努力建构具有中国民族特色的中国现代心理美学体系。

一、以"移花接木"之法融汇西方审美心理学理论,坚守中国心理美学研究的"民族性"

必须承认,我们当下对西方审美心理学理论的引进是缺乏指导性和目的性的,当我们盲目而不假思索地引进、阐释西方各种心理学流派及其文艺思想时却忽视了这些脱离中国本土的理论是否适应中国的文化传统,能否和中国的审美实践相契合。当弗洛伊德、荣格、马斯洛等心理美学理论和著作大量涌入中国,开启了人们研究心理美学的热情,开阔了人们视野的同时,也奠定了西方审美心理学在现代中国心理美学研究中的强势话语地位,使得中国传统心理美学思想在西方强大理论体系的压迫下难以突破。正如王先霈教授所说:"中国古代心理学思想,特别是有关艺术心理的思想,与西方迥然有别;而我们的叙述和议论却不能不以现代心理学的理论为参照和导引,这里显然存在思考和表达的双重困难。"②面对西方强势的审美心理学理论体系,面对一直令人纠结的"中西"之争,我们不妨借鉴20世纪初朱光潜先生《文艺心理学》中开启的文艺心

---

① 曾耀农:《试论审美心理的产生和形成》,《衡阳医学院学报(社会科学版)》2000年第1期。
② 王先霈:《中国文化与中国艺术心理思想》,湖北教育出版社2006年版。

理学研究的方法。朱光潜对西方美学理论的接受是建立在其深厚的传统理论基础之上的,他在对西方美学理论的介绍中融入了中国传统美学的思维方式,结合了中国的艺术审美实践经验,创造性地打通了西方审美理论和中国传统美学思想,使之融会贯通,为中国现代美学研究中的中西理论结合问题做了开拓性的探索,成为我们今天建构新的心理美学理论体系中"中西古今"问题的重要参照。

意大利威尼斯大学学者马利奥·沙巴蒂尼曾经指出:朱光潜《文艺心理学》所以较多接受克罗齐美学的内容,主要是他从克罗齐美学中发现了与中国传统文化思想相契合的东西,尤其是适合道家美学精神的概念和理论。因而从根本上说,《文艺心理学》是移西方美学思想之花,接中国传统道家文艺思想之木。

"移花接木"之法不仅重视中西理论的交融、嫁接,更给我们指出了这种融合的前提是把西方美学思想的"花"嫁接在中国传统美学思想之"木"上,其根本和立足点在于中国的传统理论思想。这要求我们应该以中国传统美学精神为底蕴,立足本国文化传统,坚守美学理论的"民族性",以"为我所用"的学术立场来接受和消化西方审美心理学理论,正如刘伟林教授所指出的:研究西方美学,是要以中国美学作为参照系的,只有这样,才能使西方美学为我所用;反之,如果懂得多一点西方美学,又会促进对中国美学的研究并使之不断深化。

"移花接木"之法不仅可以把中国古代心理美学中诸多直觉感悟式的理论思想与西方较为系统理性的审美心理学理论交融互补,同时也可以让西方审美心理学理论和中国传统心理美学思想在中国当下的审美实践中得到进一步的发展,充分体现其理论思想的现实意义。"移花接木"之法为我们建构跨越不同文化的、具有普适性的心理美学体系提供了思路。

二、以"功利主义"立场加快中国古代心理美学的现代转型,重视现代心理美学研究的"当下性"和"实践性"。

在诸多呼唤和努力之下,中国古代美学思想已经从"失语状态"获得了一定突破,作为中国古代美学重要组成部分的传统心理美学思想已经逐渐为人们重视和挖掘,但对中国古代散见于诸多领域中的关于审美心理方面的思想言论进行抽取整合和系统研究的工作仍显不足。

中国现代心理美学研究是建立在西方现代审美心理学研究基础上的,但要发展中国自己的心理美学理论,我们无法回避中国古代传统心理美学思想。在中国古代丰富的美学理论中,有着大量关于审美主体心理体验的精彩论述,如"虚静"、"物我交融"、"意境"、"以意逆志"、"发愤著书"、"顿悟"、"性灵"等等,这些传统美学思想中的精妙之言无不涉及对艺术审美主体的心理问题的探讨,但这些言论明显带有浓厚的评点式、感悟式色彩,缺乏严密的系统性和逻辑性,而且往往散见于哲学著作和大量的诗论、画论、书论、乐论以及戏剧理论中。因此,自觉阐述中国古代心理美学思想,将零乱的理论整合成一个有机的系统,成为当下中国心理美学研究者的主要任务。

我们必须明确的是,整理和发掘中国古代心理美学思想还不是最终目的,心理美学的研究只有在转向当下审美现象的过程中才能展现其现实意义和生命力。审美主体的审美心理并不是一成不变的,它会随着社会生活和时代的发展变化而不断发展变化,因此,我们在深入挖掘整理中国传统心理美学的基础上,应将之转向当代中国的艺术创作和审美现实。新世纪以来,审美心理学的研究逐渐涉及文化、生产、生活等各个层面,传统心理美学思想在阐释现实生活中的各种审美心理问题时显得力不从心。中国传统美学思想在解释当下审美问题时的窘况已经被美学研究者们所重视,因此,美学界才频频提及中国古典美学的"现代转型"问题,而作为美学研究中重要组成部分的心理美学的"现代转型"问题理应提上日程。

中国传统心理美学研究的"现代转型"就是要站在新的历史高度,从当代现实生活以及审美和艺术实践需要出发,对中国传统心理美学思想中散见于诸多领域的各种学说、概念、范畴进行抽取整合,对之进行重新审视和创造性阐释,使其能与当代中国的审美实践相结合、相对话,加强理论的"当下性"和"实践性",展示其在今天所具有的价值和意义。我们要努力把中国传统古代心理美学思想的精华与当代中国的各种美学现象和艺术实践相融合,重新发掘传统心理美学思想的价值,使其成为构建有中国特色的现代审美心理学的有机组成部分。

其实,强调心理美学理论研究的"当下性"是对理论现实功能问题的重视,是解决理论学以致用的问题,这就要求心理美学的研究者们既有对中国古代传统心理美学思想的透彻理解,又有对中国当代审美实践和审美主体心理问题的准确把握。

总之,进一步深化中国古代心理美学思想的研究,努力加强传统与现代、理论与实践的结合,站在"功利主义"的立场,对中国古代传统心理美学思想进行创造性阐释和重新评价,使传统心理美学思想能有效阐释当下的审美现象,实现传统心理美学的"现代转型",是我们建构有中国特色的现代心理美学的重要任务。

三、以"兼容并包"心态收纳现代心理学等学科的研究成果。

心理美学研究具有交叉性,需要美学、心理学、社会学、人类学等多学科研究的共同参与,一直以来,我国的现代心理美学研究都是在审美领域内展开的,其他学科的知识,特别是心理学学科理论知识的缺乏,使得我们在研究中面对一些审美心理现象时难以解说和深入,理论体系中存在着不同学科理论的生硬拼接,这就使心理美学研究进入窘境。

我国的心理美学研究主要是在美学领域内展开的,从事心理美学研究的学者多半是美学出身,而与此相反,西方的审美心理学的研究主要是在心理学界展开的,造成这种现象的原因在于中国现代心理美学研究的特殊起点。中国的现代心理学研究本身就起步较晚,主要是建立在西方心理学理论基础之上的,更多的研究还停留在对西方心理学理论的引进和消化阶段,研究者们忙于自身心理学学科理论体系的建设,无暇顾及审美活动中心理问题的探讨,使得审美心理研究在心理学学科内尚未取得足够的重视。虽然中国的美学研究在20世纪80年代之后出现了"向内转"的趋势,出现了心理美学研究的热潮,并取得了一系列的成绩,但其弊端很快暴露出来,那就是中国的现代心理美学研究缺少专业的心理学研究者的参与,对作为心理学"门外汉"的美学研究者来说,庞杂的心理学理论成为现代心理美学研究的"挡路虎",心理美学的研究者往往止步于对审美心理现象的感性描述层面,缺乏足够的心理学理论的支撑,因此阻碍了中国心理美学的发展。

在建构中国现代心理美学理论体系的研究中我们不应回避其他学科研究,特别是心理学研究的介入,西方审美心理学理论研究主要是在心理学领域展开的这样一个现实,让我们看到了现代心理学的一系列理论成果已然成为解读审美主体心理现象的一把钥匙,它给我们提供了新的视角、新的方法,开拓了新的研究领域。

中国现代心理理论的建构和研究的深入,必须吸取其他学科的优势,拓宽研究道路,与不同学科进行对话,打破学科分界,加强美学与其他学科的关联性研究,建立多元化的研究模式。中国现代心理美学的研究应该具有综合性和多学科性的特点。

从以上三点来看,如何使西方现代审美心理学的观念、理论与中国传统心理美学思想相互融合;如何让中国丰富但零散的古代心理美学思想逐渐体系化,并与现代审美实践产生有效对话;又如何打破学科边界的限制,让日益发展的心理学学科研究和当下心理美学研究相互打通、互补,这些问题的解决成为建设具有中国特色的现代心理美学体系的关键。

一个学科要想真正建立起来,必须要建构起自己独特的研究模式,要寻求自己的研究方法和理论话语。因此,中国的现代心理美学研究需要放开眼界,在广泛吸收、大胆借鉴、拓宽领域的基础上,努力建构属于自己的审美心理学理论体系。扬州大学古风教授论及中国古代美学的研究方法时曾提出过"借用法",所谓"借用法"就是"借用西方美学的方法,或者借用中国现代美学和当代美学的方法,来研究中国古代美学"。① 这里不妨重新阐释一下"借用法"来帮助我们打破中国现代心理美学研究的窘境,那就是借用西方现代审美心理学的方法,借用中国古代传统心理美学的丰富思想,借用当下心理学等其他学科的研究成果,来建构具有民族特色的中国当代心理美学体系。

---

① 古风:《20世纪中国古代美学研究方法反思》,《2009江苏省美学学会年会"当代审美文化与艺术传统"学术研讨会会议论文集》。

味·趣味·品味

——对一种美感的系谱学考察兼论梁启超的趣味主义美学及其他

李 弢 付 娟

（上海同济大学 200092； 湖北武昌实验中学 430000）

摘 要：本文尝试以"味"为引线对中西美学史来作一管窥豹式的比较研究，并注目于中国现代美学上的源发性思想家的论说，借此回应当下中国审美文化的若干问题。即主要针对趣味美感拟作一种系谱学的考察，着重关注中西语境下"味"之美学问题的相关性与独特性，同时进入美学理论的以往历史形态，以期探求当下审美实践的未来可生发性路径。

关键词：味 趣味 品味 美感 系谱学 梁启超

在某种意义上来说，美学（西方舶来的）的创生从一开始就和争论无可争辩的审美趣味[①]密切相关，而"趣味"一词（英语 taste、德语 Geschmack、法语 goût）其基本义是"味觉、口味"。康德《判断力批判》中"美的分析"的重要内容，是从四个契机出发来把握"趣味判断"（Geschmacksurteil 或鉴赏判断），由此构成了美学研究史上的理论高峰。如果说美学研究的三个历史性领域分别是美（古代，如柏拉图）、美感（近代，如黑格尔）和艺术（现代，如尼采）的话，美感则是近代哲学美学的核心内容，美感问题可以说是德国古典美学的最终成就，且又在美学理论史上占据着重要地位。本文试图针对趣味美感作一种系谱学的考察，着重关注中西（一般意义上的）语境下"味"之美学问题的相关性与独特性，同时通过进入美学理论的过去和当今形态，尝试提出美学研究的未来

---

① 拉丁谚语有"趣味无争辩"（De gustibus non est disputandum）。

可生发性路径。

一、抑味非美

　　必须要提出的是,在美感问题上,我们有意无意地忽视了传统美学并非是就五官感受来全面肯定美感的,在西方可以看到,历来视觉和听觉是被置于某种神圣性的地位,而嗅觉、触觉和味觉则一直处于被贬抑乃至否弃的状态。① 至于中国古代可能有的美感意识,笠原仲二在《古代中国人的美意识》一书中,认为《说文解字》在释义学上将美与味觉感联系在一起,确立了中国古代审美意识的一个基本特质。②

　　考东汉许慎《说文解字》对秦时小篆"美"字的释义是:"甘也。从羊从大。羊在六畜主给膳也。美与善同意。"后世宋代校者徐铉云:"羊大则美,故从大。"到清代段玉裁则进一步注曰:"羊大则肥美。"由此"美"在字源学上与人的味觉感发生重要关联的问题固定下来。但近人马叙伦认为许慎对"美"字的解释是依秦小篆的字形附会而成,国内李泽厚、刘纲纪的《中国美学史》(第一卷)在谈到中国美感意识中"以味为美"的传统时,列举了三种对"美"字的不同诠释,并专门引述今人萧兵的文章《从羊人为美到羊大则美》及其相关研究,李著倾向于萧兵的新说,即考察"美"字的原初造形,提出古代中国的美文化意识是遵从对人类原始舞蹈仪式的模拟。③ 查阅《古文字诂林》第四卷④和《甲骨文字诂林》第一册⑤有关"美"字的一些释文来看,文字学家的确倾向于把秦以前的"美"字看作是象形造字,即像人戴着羽毛或羊首之类的装饰物。⑥

---

① ［美］考斯梅尔著,吴琼等译:《味觉》,中国友谊出版公司2001年版。其中第一部分"感官等级制"中的相关内容。范玉吉《审美趣味的变迁》,北京大学出版社2006年版。其中第一章中柏拉图和亚里士多德论趣味的部分。
② ［日］笠原仲二著,杨若薇译:《古代中国人的美意识》,生活·读书·新知三联书店1988年版。又,祁志祥《中国美学原理》(山西教育出版社2003年版)一书中,篇首将"以'味'为美"看作是"中国古代关于美本质的哲学界定"(不过"味"在古代并未正面被当作一种美的本质性的东西)。张法《中国美学史》(四川人民出版社2006年版)"余论"部分则将"味"当作审美欣赏的重要范畴之一。
③ 李泽厚、刘纲纪主编:《中国美学史》(第一卷),中国社会科学出版社1984年版,第79—81页。
④ 李圃主编:《古文字诂林》(第四卷),上海教育出版社1999年版,第183—185页。
⑤ 于省吾主编:《甲骨文字诂林》(第一册),中华书局1996年版,第224页。
⑥ 另参见刘兵:《〈说文解字〉"同意"体例研究》,华中师范大学2007年硕士论文,第3.2.2节中对"美"字的分析。

实际上我们不必拘泥于羊人为美还是羊大则美的字形之辨,可以见到的是,先秦诸子的文献当中,几乎很少有直接将味(味觉)与美相联来谈论的。《论语》中包含"美"的篇目均不涉及味觉的感受①,仅有一处谈到"味"的地方是这样的:子在齐闻《韶》,三月不知肉味,曰:"不图为乐之至于斯也!"(《述而》)这里恰恰是以音乐的听觉乐感来排斥饮食的味觉快感。在《老子》(通行本)中,情况也类似②,而涉及味的章次分别是:"五色令人目盲,五音令人耳聋,五味令人口爽(注:败也),驰骋畋猎令人心发狂,难得之货令人行妨"(第十二章);"道之出口,淡乎其无味,视之不足见,听之不足闻,用之不足既"(第三十五章);"为无为,事无事,味无味"(第六十三章),足见老子对"味"基本上是持一贯的无的态度。《庄子》等等不一而足。不论是孔子儒家对口腹之娱的否定,还是老庄道家对感官享受的弃绝,根本上来说都是一种将美学意义上的美感置于伦理学范围的道德感之下来加以考量。

---

① 具体如下:(《学而》)有子曰:"礼之用,和为贵。先王之道斯为美,小大由之。有所不行,知和而和,不以礼节之,亦不可行也。"(《八佾》)子夏问曰:"'巧笑倩兮,美目盼兮,素以为绚兮',何谓也?"子曰:"绘事后素。"曰:"礼后乎?"子曰:"起予者商也,始可与言《诗》已矣。"(《八佾》)子谓《韶》:"尽美矣,又尽善也。"谓《武》:"尽美矣,未尽善也。"(《里仁》)子曰:"里仁为美。择不处仁,焉得知?"(《雍也》)子曰:"不有祝鮀之佞,而有宋朝之美,难乎免于今之世矣。"(《泰伯》)子曰:"如有周公之才之美,使骄且吝,其餘不足观也已。"(《泰伯》)子曰:"禹,吾无间然矣。菲饮食而致孝乎鬼神,恶衣服而致美乎黼冕,卑宫室而尽力乎沟洫。禹,吾无间然矣。"(《子罕》)子贡曰:"有美玉于斯,韫椟而藏诸?求善贾而沽诸?"子曰:"沽之哉!沽之哉!我待贾者也。"(《颜渊》)子曰:"君子成人之美,不成人之恶。小人反是。"(《子路》)子谓卫公子荆:"善居室。始有,曰:'苟合矣。'少有,曰:'苟完矣。'富有,曰:'苟美矣。'"(《子张》)叔孙武叔语大夫于朝曰:"子贡贤于仲尼。"子服景伯以告子贡。子贡曰:"譬之宫墙,赐之墙也及肩,窥见室家之好。夫子之墙数仞,不得其门而入,不见宗庙之美,百官之富。得其门者或寡矣。夫子之云,不亦宜乎!"(《尧曰》)子曰:"尊五美,屏四恶,斯可以从政矣。"子张曰:"何谓五美?"子曰:"君子惠而不费,劳而不怨,欲而不贪,泰而不骄,威而不猛。"

② 具体如下:天下皆知美之为美,斯恶已。皆知善之为善,斯不善已。(第二章)唯之与阿,相去几何?美之与恶,相去若何?人之所畏,不可不畏。荒兮,其未央哉!众人熙熙,如享太牢,如春登台。我独泊兮,其未兆;沌沌兮,如婴儿之未孩;儽儽兮,若无所归。众人皆有餘,而我独若遗。我愚人之心也哉!俗人昭昭,我独昏昏。俗人察察,我独闷闷。澹兮其若海,飂兮若无止。众人皆有以,而我独顽且鄙。我独异于人,而贵食母。(第二十章)夫兵者,不祥之器,物或恶之,故有道者不处。君子居则贵左,用兵则贵右。兵者不祥之器,非君子之器,不得已而用之,恬淡为上。胜而不美,而美之者,是乐杀人。夫乐杀人者,则不可得志于天下矣。……(第三十一章)道者万物之奥。善人之宝,不善人之所保。美言可以市尊,美行可以加人。人之不善,何弃之有?故立天子,置三公,虽有拱璧以先驷马,不如坐进此道。古之所以贵此道者何?不曰求以得,有罪以免邪?故为天下贵。(第六十二章)小国寡民。使有什伯之器而不用;使民重死而不远徙。虽有舟舆,无所乘之,虽有甲兵,无所陈之。使民复结绳而用之。甘其食,美其服,安其居,乐其俗。邻国相望,鸡犬之声相闻,民至老死不相往来。(第八十章)信言不美,美言不信。善者不辩,辩者不善。知者不博,博者不知。圣人不积,既以为人,己愈有,既以与人,己愈多。天之道,利而不害;圣人之道,为而不争。(第八十一章)

试与古希腊大哲所论相比,中国古代诸家论美的旨趣多近于合乎中庸之道。以诗为例,儒家诗教中,孔子给《诗三百》冠以"思无邪"(《论语·为政》)的总评,这个"无邪"的具体表现可以说是"乐而不淫,哀而不伤"(《论语·八佾》),即一种适中毋过的有度性。在此,诗艺之作用于人的感觉被整齐平抑,所谓温柔敦厚的诗教传统(《礼记·经解》),正是出于对人之身心进行约束和规范的目的。本于气(古中国)或本于欲(古希腊)的味觉感在功能上分别让位于听觉和视觉,从根本上来说,官能性的美服膺于心灵性的善;在此阶段,远未是"以味为美",而不如说是"抑味非美"[①],就广义的审美意识来看,道德形而上学的伦理之善始终居于上位。

二、趣味判断

以味论美初现端倪,并日见成熟,中西各自所出现的时段分别是文艺复兴和魏晋南北朝时期,两个时期在以下三点呈现相似特性,故作为一种审美精神的趣味判断(辨味)应运而生,但各自的表现不同,略作比照,如下可见:

I 地域分化

文艺复兴:拉丁语区各地俗语辈出。

魏晋南北朝:中原大一统呈纷分之势。

II 人的发现

文艺复兴:古希腊罗马文化的艺术再发现;宗教改革,教皇神权式微;认识人自身。

魏晋南北朝:佛教西来所引发的文化开新;出离于儒教、玄学(道与佛);人物品藻。

III 艺术勃兴

文艺复兴:艺术巨匠们的创造,艺术大师谈艺录。

魏晋南北朝:文学的自觉,画论、书论、琴操等。

---

① 可参考樊美筠:《中国传统美学的当代阐释》(北京大学出版社2006年版)第六章对传统中的"非美"倾向所作的专门分析。

不过,本文并无意爬梳以味论美的理论史①,而是重点探究中西趣味审美的源发性和本质性差异。

首先,作为西方哲学背景下的美学学科,从德国的理性哲学沃尔夫学派的鲍姆伽通(A. G. Baumgarten)在1750年首创"Ästhetik"开始,就有着命名的尴尬。依黑格尔的说法是,"Ästhetik"(源自希腊文,直译为感性学或感觉学)的确切意义是研究感觉(Sinn)和感受(Empfinden)(朱光潜译为"情感")的科学②,以之来命名"美学"这一科学,不太恰当且过于肤浅;或有欲代之以"Kallistik"③,但"美学"所说的美不是通常意义上的美,而只应是艺术的美,美学作为哲学的一个部门,则是关于艺术的哲学,黑格尔最后将"美学"明确为"美的艺术的哲学"。④

其实鲍姆伽通早就说过"美学是以美的方式去思维的艺术,是美的艺术的理论"⑤,而且他更进一步将美学概括为"研究感性知识的科学",并用括号注明美学的范围,即包括"自由的艺术的理论,低级知识的逻辑,用美的方式去思维的艺术和类比推理的艺术"⑥。同时他把逻辑学看作是美学的大姐⑦,认为至于正确,它是"作为高级认识的逻辑学的任务",而至于美,它则是"作为低级认

---

① 范玉吉:《审美趣味的变迁》,北京大学出版社2006年版一书对西方趣味理论的变迁已作了较为详尽的研究。另孙辉、邵宏《趣味与批评》一文,在所涉及的外文文献方面也可一观,载《新美术》2003年第2期。

② [德]黑格尔:《美学》,3/13,依原文改。"/"前为黑格尔著,朱光潜译:《美学》(第一卷),商务印书馆1979年版的页码;后为Hegel, G. W. F., sthetik (Band 1) (Berlin: Aufbau-Verlag, 1976)原文本的页码,下同。又参见[德]沃尔夫冈·韦尔施著,陆扬、张岩冰译:《重构美学》,上海译文出版社2002年版,49页注①。鲍姆加登发明"美学"一词,是 episteme aisthetike 的简短形式。

③ 希腊文 kallos 为 "beauty 美",kalos 为 "beautiful 美的、fine 美好的"等等,参见黑格尔(Hegel):《美学讲演录序论》[Introductory lectures on Aesthetics, trans. Bernard Bosanquet, ed. and intro. Michael Inwood (London: Penguin Books, 1993), p.98 注释 I.2];又参见[美]吉尔伯特、[德]库恩著,夏乾丰译:《美学史》上卷,上海译文出版社1989年版,第61—65页。

④ 黑格尔:《美学》,4/13。"美的艺术的哲学"原文为"Philosophie der schönen Kunst"。鲍桑葵译之为"Philosophy of Fine Art",见 Hegel, Introductory lectures on Aesthetics, p.3。"schöne Kunst"与中世纪的手艺和七种"自由的艺术"相对照,见同书 p.98 注释 I.4。另,中世纪欧洲学校的科目是"七艺"——"七种自由艺术",即文法、修辞学、辩证法、算术、几何、天文、音乐。

⑤ [德]鲍姆伽通(或音译为鲍姆嘉通、鲍姆加登)著,李醒尘译:《美学》,见《德语美学文选·上》(刘小枫选编),华东师范大学出版社2006年版,第4页第14节。

⑥ 鲍姆伽通:《美学》,第1页第1节。

⑦ 鲍姆伽通:《美学》,第4页第13节。

识的美学的任务"。① 我们从鲍姆伽通这里可以见出,美学跟艺术有着密切的关联,而同时又与理论、逻辑、思维和推理等有关,也就是说美学仍是一门关乎知性的学问,纵然其研究对象是自由的、美的艺术和低级知识而非属于纯粹的理智思维领域。

另外,在针对人们可能会产生美学与批评相同这样的异议时,鲍姆伽通强调,如果人们对美的想法、词句和作品等进行判断,而不想陷入到关于趣味的空洞争论之中,那么事先具备对于美学各部分的某些知识是完全有必要的。② 循此他认为,对于有成就的美学家来说,应具有的三个一般性特征是:(1)先天的自然美学,即心灵的天资;(2)练习和审美训练;(3)科学和审美的课程,即比较完善的理论。③ 凡此种种似乎可以表明,美学开创的初衷即是欲以知性来规范之,"Ästhetik"始于感觉、感性,但并非终于感觉、感性。

黑格尔《美学》的"全书序论"中,逐一讨论了之前某些流行的艺术观念,其中一种认为艺术作品是为人的感官而造就的,它多少要从感性世界中吸取源泉。在肯定这种观点的同时,黑格尔提出艺术作品却不仅仅是作为感性对象,只诉诸感性掌握的,它一方面是感性的(sinnlich),另一方面却基本上是诉诸心灵(Geist 或精神)的;那么,"艺术作品中的感性因素之所以有权存在,只是因为它是为人类心灵而存在的"。④ 此外,他认定艺术的感性事物只关涉视听这两个认识性感觉,而嗅觉、味觉和触觉则与艺术欣赏完全无关。⑤ 这种方式追随了柏拉图以来的认识论传统,又秉承近代人文意识的高张,其实质是以作为主体的人之理性价值来对感觉功能予以分殊。

到黑格尔这里,美学科学的核心呈现为理念理想和感性显现的合一,由此古典样态的哲学美学在理性与感性、主体与客体、内容与形式等二元极性上归于同一。不过趣味(审美意义上的)问题实则在康德那里就已被系统论述并趋于完结,康德的三大批判旨在廓清并打通知、情、意(真、美、善)三大领域,其中的审美判断力(康德谓鉴赏力或趣味的批判)是一种合目的性的情感判断力,

---

① 鲍姆伽通:《美学》,第 4 页第 14 节。
② 同上书,第 2 页第 5 节。
③ 同上书,第 6—7 页第 25—29 节。
④ 黑格尔:《美学》,第 44—45/45—46 页。
⑤ 同上书,第 48 页。

同时也是一种主观形式上的反思性判断力。判断力由第一阶段的审美判断力和第二阶段的目的论判断力组成,在此趣味(或鉴赏)判断的原则是一般判断力的主观性原则,而趣味判断中自由的愉快感,与崇高评判中遵从道德律的对自然的合目的性的运用具有了某种内在联系,使得人们由纯粹理性领域过渡到实践理性领域,通过情架设起知和意之间的桥梁。

照黑格尔对康德的批评来看,康德的审美判断是出自知解力(知性)与想象力的自由活动,在这两种功能的协调一致里,对象与主体以及主体的愉快和满足的情感发生了关系①,但此间自然与自由、感性与概念,无论是就判断还是就创造来说,都还只是主观的,而非自在自为的真实。② 在我看来,康德在趣味判断基础上建立起来的对美的分析,是属于近代主体性哲学的产物,正像康德所说,审美所引起的愉悦的情感是关联于主体,关联于主体的生命感的③,而美的理想只是作为理智者(通过理性自己规定自己的目的)的人④。从近代欧洲思想家试图为趣味找到某种客观的标准,到康德围绕四种契机来阐发趣味判断的功能,以味喻美的审美诉求因着主体意识的强化和主观情感的强调,抹上了情感化、生命化和理性化(主体意义上的)的色彩,此后终于走进了黑格尔的精神领地。

对于中土人士,随着文明行进到魏晋至隋唐的中古时期,儒释道逐渐合流并相互激荡,美学思想上开始渐有以味论文、品文评艺,从陆机的《文赋》、宗炳的《画山水序》、刘勰的《文心雕龙》、钟嵘的《诗品》,到柳宗元、司空图的诗论,以味辨美的艺术审美逐渐成熟。溯其根源,似据于五行,缘气生味,身心舒展,焕然成章。各成一说的有:滋味、味外之旨等,凡此,多综合志气,归于心官,其中风化流布,卒显情性。

从审美范畴观之,有分从趣和味及其相关字词来论美者⑤,宋元明清,各有些微。但趣味联说⑥、堪称专论的,却直至近代梁启超才修成大观。此时不再

---

① 黑格尔:《美学》,第72页。
② 同上书,第75—76页。
③ [德]康德著,邓晓芒译:《判断力批判》,人民文学出版社2002年版,第37—38页。
④ 康德:《判断力批判》,第69页。
⑤ 如下词语可见出个中味道:理趣、旨趣、志趣;义味、韵味、兴味等。
⑥ 赵继红:《试论〈红楼梦〉的趣味美》,《集美大学学报》2003年第4期。统计了《红楼梦》中"趣味"及以"趣"为中心的语词所出现的次数,并试图从"趣味"意蕴的哲学理解出发,来审视《红楼梦》这一小说个案对于趣味美的美学追求。

止于以味为美,而已然伸发到以趣为美,可谓是入乎鄙俗出乎高雅。

三、品味生活

在趣味问题上,中西方理论家都有标举审美之纯粹性的倾向。康德自说趣味判断是静观的①,同时只有对单纯形式的自由美作评判时,趣味判断才是纯粹的。② 康德将美的愉悦与快适和善的愉悦区别开来,可以说是使得一种纯净的形式审美更加明确,所谓无利害、无概念、无目的,无非旨在剔除外在的规定和限制,过滤掉附着的杂多以显出内质的单一,当然同时也成就了一种无拘无束的自由感。不过,康德的问题是,他忽视了审美标准的动态性和审美对象的社会性。

至于中国,古代诗论历来有"言志"和"缘情"之争,如果说言志派有较切近的功利性目的的道义诉求的话(如"风刺"),缘情派则更多超拔于现世事务,惟专注于内心的情感世界和心绪抒发。梁启超在放弃了政治变革的诉求后,游历了"一战"后的欧洲,并著《欧游心影录》以明其对世界文化的重新理解。不过,其时梁启超倡导的"趣味主义"和文化态度,并不为当时的左翼人士和追慕西方科学的名流所认可。在理论沿革上,梁启超所言的趣味说,前有袁宏道的性灵说,后有朱光潜及其代表性的京派风格,而与之形神相近的,还有闲适派和周作人的嗜苦趣。梁启超可以说是首次从理论形态上有系统地对趣味及趣味主义进行了阐发,并且赋予了趣味以现代意义,20 世纪 30 年代的朱光潜则以着重趣味,主张"纯正的文学趣味"而影响了当时文坛。③

朱光潜对于美的问题的理解和回答有自己的体会,按照他的学科素养来看,他执着于美的人生、内心之美,应该也受到克罗齐的影响,他研究诗美、文艺美、人生美等,同样力倡趣味,不过他似乎更接近于德国古典美学的趣味。朱光潜在 20 世纪 30 年代就有"人心净化"、"人生美化"、"人生艺术化"等提法,而

---

① 康德:《判断力批判》,第 44 页。
② 同上书,第 65—66 页。
③ 吕宏波:《"趣味"范畴与中国美学现代性》,《中南大学学报》2007 年第 5 期。探讨了梁启超和朱光潜对于"趣味"成为中国现代美学范畴所做的具有现代性意义的贡献。赵海彦:《中国现代趣味主义文学思潮》,中国社会科学出版社 2005 年版。

到 70 年代末 80 年代初,朱光潜又开始继续谈人性、人情味、人道主义,同时将之与美学上的"共同美"问题相联,"共同美"在这里不如说是共同的美感,进一步说就是共同的人情、人性、人道,其用心可谓良苦。①

从现在看来,中国近现代美学史上的先行者和思想大家们,如蔡元培、梁启超、王国维、宗白华、朱光潜和丰子恺等,他们之于域外西方美学思想的积极引入,和面对 19 世纪末 20 世纪初期中国社会现实的美学思考,在文化审美和艺术实践上都显示出中国学人的时代特色。如果说这些中国美学的思想先驱者们都有将审美致思与改造社会人生相结合,在实践形态上呈现出"人生艺术化"的精神品格的话②,那么梁启超的美学思想则更明确地标举"趣味主义"、宣扬"情感教育"。他认为情感教育的最大利器就是艺术,而音乐、美术和文学是掌握"情感秘密"之钥匙的三件法宝,③这三件法宝是为从事诱发、刺激各人之感觉器官而不使之变钝的三种利器,可以说,感觉器官的敏锐与否和人之趣味的增减强弱有紧密关系,审美本能固然人人都有,但感觉器官不常用或不会用,久之就会麻木,人麻木了就成为没趣的人,民族麻木了就成为没趣的民族。所以,梁启超坚持"没趣便不成生活"的观点,认为美术(或扩大的艺术)其功用便是将人从麻木状态中恢复过来,"令没趣变为有趣",这恰似让人复原坏掉的爱美胃口,令他能吸收趣味的营养,以此来维持并增进自己生活的康健。④

凡此之说,个人认为在梁启超这里,他所推重的趣味可视为情趣和品味的结合,是东方情感体验和西方个体欲求的统一,也是传统生命意识和现代启蒙理念的调适。诚如某些论者所言,梁启超的美学思想中融入了西方现代心理学的重要元素⑤,且亦有佛学观念的格义新释⑥,他无疑在 19 世纪末 20 世纪初期

---

① 朱光潜:《关于人性、人道主义、人情味和共同美问题》,《文艺研究》1979 年第 3 期。另,梁实秋在 20 世纪 20 年代末 30 年代初曾提出"永远不变的人性"这一说法,为鲁迅所批驳;再,当下年轻学人对鲁、梁关于人性问题之争论的重新解读,可参看梅胜利:《鲁迅梁实秋论争中的人性话语重读》,西南大学 2008 年硕士论文。

② 金雅主编:《中国现代美学名家文丛·梁启超卷》,浙江大学出版社 2009 年版,以下简称《梁启超卷》,"序论"第 6 页。

③ 梁启超:《中国韵文里头所表现的情感》,见《梁启超卷》,第 102 页。

④ 梁启超:《美术与生活》,见《梁启超卷》,第 10—12 页。

⑤ 金雅:《梁启超美学思想研究》,商务印书馆 2012 年版,第 313 页。

⑥ 陈学祖:《错位与融合:中国诗学范畴现代转型与西方美学、诗学——以梁启超"情感表现"为例》,载《江汉论坛》2008 年第 12 期。

和其他美学思想家一道开启了中国美学的全新面貌,赋予了中华审美文化由传统向现代转换的世纪新使命。当中国美学的历程因着西学东渐的步伐从近代、现代进至全球化的后工业时代(或曰"后现代"),我们可以如何穷究并体悟早先这些学人的美学覃思和审美深意,以蔡元培、梁启超等为代表的第一批真正具有现代意义和世界视野的本土思想名家,他们留下的宝贵财富又能在哪些方面穿越时空给予我们以启迪和深思,这些似正成为当今更多美学研究者努力挖掘的时代课题①。

如此,对于当下而言,窃以为有三个连续性的问题是要考虑的,即:(1)还需要美学否,(2)要怎样的美学和(3)我们如何审美②,与之相关的审美经验和美学的问题是:五官感觉的全面展开、艺术行为的实践作用和自身辨味能力的确立。个人对此的思考方向是,美的历程由古代的观照美到近代的着重美感,再到当代的关注艺术,时下的美学研究是否可以回到我们的感觉经验上来,而人类学和社会学(以马克思为起点)是否会引领我们去开拓新的审美空间。

梁任公谓——我有耳目,我物我格;我有心思,我理我穷。

诚哉斯言!③

---

① 方红梅:《梁启超趣味论研究》,人民出版社 2009 年版。
② 在上海社会科学第五届学术年会上,个人曾提交论文《我们时代的审美选择——全球化背景下的中国文化产业建设及其审美路向》,是想以此促使自己对当下的某些文化问题进行思考并作出总结。
③ 本文所论试依项如下:交会——时期:古代-近代-当代;历时:美(味)—美感(趣味)—艺术(品味);共时:本质性—主体性—实践性。中——主词:天人—性情—个人;谓词:兴感—涵咏—体用;宾词:天地自然—宇宙人生—日常生活;样式:歌诗(道)—文学(艺)—艺术(技)。西——主词:神圣—自我—他者;谓词:传布—思想—经验;宾词:是与言—生命存在—社会空间;样式:唱诗(Logos)—美的艺术(art)—反艺术(technology)。

蒋孔阳《先秦音乐美学思想论稿》方法论

朱志荣

（华东师范大学中文系　200241）

摘　要：蒋孔阳先生以先秦音乐为切入点，把具体的音乐与整个宇宙联系起来，把音乐与宇宙生命精神紧密地联系起来，与整个社会生活联系起来，重视从天、地、人的整个系统中谈音乐。他辩证地看待诸子的音乐思想，把儒道墨诸家思想放在一起比较，阐释其同异和特点。对于诸子的音乐美学观，他围绕礼乐关系加以分析，把"和"看作先秦音乐美学思想的核心。他还具有比较视野，注重与希腊等西方思想观念的比较，参证了柏拉图等西方学者的音乐观，并借鉴西方近现代研究成果和方法研究先秦音乐。他将诸子思想的分析和史料考证与器物考古结合起来，在历史研究中注入了当代意识，使乐器与文献相辅相成，既注重实证，又依托理论，体现了美学思想与审美意识的统一。

关键词：先秦音乐　礼乐　和　器物考古　当代意识

蒋孔阳先生的《先秦音乐美学思想论稿》由 11 篇 20 世纪 70 年代末至 80 年代中期陆续发表的专论集结而成，初稿完成于"文革"后期。全书虽未着意构筑宏观的理论体系，但各篇之间的安排，围绕着先秦"礼乐"，贯穿于历史的脉络之中，既独立成文，议论专精，又紧密联系，聚焦于一点。在书中，蒋孔阳先生以文物考古与文献资料互证，以器物和铭文等与文献相辅相成，既重视对文本的细读和阐释，从常见的文本分析中形成自己独到的见解，又通过曾侯乙墓的编钟等出土的乐器研究音乐美学思想。他所运用的中国上古实物和文字记载材料，都是感性具体的。他从商周文献中大量乐器的名称和音乐故事，判断早期音乐舞蹈生活的丰富，以及音乐和其他相关艺术的统一，并重视史料的梳理和分析,重视不同的史料文献的相互参证,切实考察音乐观念与阴阳五行观念的关系,将阴阳五行观念与春秋时代音乐美学思想结合起来,纲举目张,阐释具体的音律等,将史料与思想相互印证,从史料的记载中看出端倪,如通过《论语》和《史记·孔子世家》"子与人歌而善"、"子击磬于卫"、"讲诵弦歌不衰"等对孔子及其弟子音乐修养的判断,并由此看出他们的音乐欣赏能力和正乐的基础。他还从神话传统中探讨音乐思想,考察神话故事以揭示音乐的特征。我们从中可以看出他独到的研究方法。

一、以先秦音乐为切入点,把音乐思想放到整个文化背景中理解

蒋孔阳先生以先秦音乐为切入点,去审视中国古典美学的核心问题。《先秦音乐美学思想论稿》的第一篇论文,就是《音乐在我国上古时期社会生活中的地位和作用》。在这篇论文中,蒋孔阳认为,我国古代的思想家基本都是联系音乐来探讨整个文艺现象的规律,他们把乐论当成整个文艺理论,因此,"探讨音乐在我国古时期社会生活中的地位和作用,事实上就是探讨整个文艺在当时的地位和作用"[①]。接着,蒋孔阳进一步从上古人类的生理特点、劳动生活、乐器的由来、"巫"的表现形式等方面多角度展开研究,以丰富的史料论证了音乐在上古时期的重要地位。

作者在书中不是孤立地看问题,而是把具体的音乐与整个宇宙联系起来,把音乐与宇宙生命精神紧密地联系起来,与整个社会生活联系起来,重视从天、地、人的整个系统中谈音乐。音乐体现了自然是顺情适性的精神,是人类的重要精神活动,涉及政治和社会等。正是基于这样的背景和美学基础,蒋孔阳先生从音乐的哲学基础方面研究先秦的音乐美学思想。他重视对整体背景的把握,从社会背景中揭示出具体现象的内在原因,揭示出音乐美学思想形成变化的缘由,从音乐的社会功能的角度看它的审美特点。他把孔子的具体思想放到整体思想的背景中去理解,放到总体文化背景中去理解。他认为孔子从礼与乐的关系中谈乐,把乐当成礼的具体运用,以乐配礼,以礼约乐。他将庄子论述其

---

① 《蒋孔阳全集》第一卷,上海人民出版社2014年版,第396页。

他技艺的观点,如"梓庆削木"①、"忘适之适"②与其音乐思想联系起来加以阐述。在分析荀子的音乐美学思想时,他把荀子的音乐观与荀子对孔子礼乐观的继承联系起来,并结合荀子的性情说加以分析,阐释其内在逻辑关系。他还把儒道墨诸家思想放在一起比较,阐释其相异之处和特点。

蒋孔阳先生重视各种意见的优点所在,辩证地看待一个人的音乐思想,不作简单、片面的处理,对孔子如此,对老庄如此,对韩非、商鞅也是如此。如对孔子,他强调其保守与革新的复杂性,体现了孔子的中庸精神。他对于孔子改革创新的一面能给予客观的评价,并高度评价孔子对音乐的欣赏和评论能力,这在当时尤其难能可贵。他对于孔子的拨乱反正和正乐,也能辩证地看待,充分肯定了孔子托古改制的特点,而不认为是简单的复辟。他还指出:"就在商鞅和韩非反对音乐的言论中,表现了他们不少的音乐美学思想。不仅这样,而且他们对音乐还有许多积极的、正面的主张。"③在对孔子、荀子和庄子等人的分析中,他反对片面性和绝对化。他把老庄思想中音乐的道技关系加以比较,考辨异同。在分析荀子礼乐的起源、性质和作用的系统性方面,蒋孔阳认为他发展了孔子的思想。这些看法都体现了蒋先生在论述先秦音乐美学思想时对辩证法的娴熟运用。

二、谨慎分析,服膺事实,以真理为依归的科学态度

蒋先生在书中谨慎分析,服膺事实,以真理为依归,坚持不同意见。从蒋孔阳先生对《乐记》作者的看法中,我们可以看出他对古籍认定的严谨性和慎重的要求,其推论也极为小心谨慎。近人冯友兰,以为墨子不近人情,排除感性。要求客观公正地评价墨子,反对人云亦云。对于冯先生的观点,蒋先生并不盲目追随,而是结合时代背景对墨子的思想作同情的理解,不夸张,不偏激,认为墨子并非简单地反对乐,而是要"先质而后文"④;指出墨子意在反对当时的"王公大人"。因此,蒋先生认为声乐的"非乐"思想,有合理的成分。另外,蒋先生从韩非"夫教歌者,使先呼而诎之,其声反清徵者,乃教之。一曰:教歌者先揆

---

① 陈鼓应注译:《庄子今注今译》,中华书局2009年版,第525页。
② 同上书,第529页。
③ 《蒋孔阳全集》第一卷,第568页。
④ 刘向:《说苑·反质篇》,刘向著,程翔译注《说苑译注》,北京大学出版社2009年版,第538页。

以法,疾呼中宫,徐呼中徵。疾不中宫,徐不中徵,不可谓教"①的论述中,看出"韩非并不是不懂得文艺创作。他不仅懂,而且对文艺创作中的一些基本问题,还谈得相当深刻,相当正确";"事实上,他们所反对的只是儒家的'礼乐'!"②从中见出蒋先生全面细致的分析和深刻的洞见。

  蒋先生具有明确的问题意识,并在分析诸子各家基本思想的基础上,得出结论,使问题明确,结论可靠。如"先秦诸子音乐美学思想的一个共同特点,都是不离开政治来谈音乐"③。抓住了礼乐关系这个先秦音乐美学的核心问题。"先秦的音乐美学思想,则把乐不乐,以及怎样才算乐,当成重要问题。"④把"乐不乐"、"怎样才算乐"看成先秦音乐美学思想中的重要问题。他把诸子的音乐思想放进他们的总体思想中加以理解,如"孟轲的美学思想,主要的就是要使音乐能够为他的'仁政'服务"⑤。他把《庄子》各篇综合起来加以分析和评价,而不断章取义。诸如对天乐和至乐关系的分析、"至乐无乐"和儒家礼乐关系的分析等,都是在综合的基础上得出结论,立论可靠,言之成理。他重视荀子和其他儒家对音乐的"和"的强调,从他们的思想整体中阐释"和"。蒋孔阳以先秦音乐为切入点,不是把"美",而是把"和"看作先秦音乐美学思想的核心。

  围绕"礼乐",蒋孔阳逐一论述了先秦诸子的不同主张。作为本书的主体,蒋孔阳既对各派的音乐思想条分缕析,展开详密的考证与阐发,又紧紧扣住他们在"礼乐"问题上的分歧,从史料深入到理论高度,透析各家音乐思想背后的哲学主张。一方面,在维护"礼乐"的阵营中,战国时积极宣传和主张"礼乐"的是以孔子为代表的儒家。把"礼"和"乐"连接在一起成为一个专有名词始于孔子。孔子"正乐",是要在"礼乐"的相反相成的调节中,来达到"和",从而造就出"中庸之为德"⑥和"礼乐皆得"⑦的人才。孟子与荀子都是孔子"礼乐"思想的继承者,蒋孔阳着重分析了孟子"与民同乐"⑧的美学思想;对于荀子,蒋孔阳则认为他的"礼

---

① 陈奇猷校注:《韩非子新校注》,上海古籍出版社 2000 年版,第 794—795 页。
② 《蒋孔阳全集》第一卷,上海人民出版社 2014 年版,第 573 页。
③ 同上书,第 546 页。
④ 同上书,第 577 页。
⑤ 同上书,第 525 页。
⑥ 杨伯峻译注:《论语译注》,中华书局 2006 年简体字版,第 72 页。
⑦ 吉联抗译注:《乐记》,人民音乐出版社 1979 年版,第 6 页。
⑧ 杨伯峻译注:《孟子译注》,中华书局 2008 年简体字版,第 20 页。

乐"思想,是对孔子思想的继承和发挥,后又由《乐记》集其大成。《礼论》、《乐论》等篇系统地谈到"礼"与"乐"的关系,给"礼乐"思想提供了比较完备的理论。

另一方面,反对儒家"礼乐"思想的阵营以墨、道、法三家为代表。蒋孔阳指出墨子"非乐"思想是从功利主义出发的,他以有用、无用和有利、无利作为衡量音乐的标准,具有片面性和局限性;蒋孔阳认为,以老子和庄子为代表的道家则从形而上学的"道"的观点来探讨"礼乐",他们是从更高的艺术境界来否定和取消"礼乐",从而使音乐和艺术能够超出"礼"的规范,按照音乐和艺术本身的规律来发展;对于商鞅、韩非子等法家,蒋孔阳则从他们反复古的立场阐述他们反对"礼乐"的言论,但他认为,这并不代表他们完全反对文学艺术,他们所反对的是儒家的"礼乐",然而他们"尊君"、"重法"的思想与儒家"礼乐"制度实质上不谋而合。凡此种种,蒋孔阳都能做到论从史出.以独到的眼光、细致的分析深探底蕴,理清似是而非的同中之异、异中之同。他不满足于从宏观上区分维护与反对这两大阵营,还深入到阵营的内部,辨别出同是"礼乐"的维护者,孔孟荀各有侧重;同是反对"礼乐",墨、法两家采取的是功利的态度,道家采取的则是超越的态度。即便同是功利的态度,墨家与儒家的"礼乐"根本对立,而法家与儒家则殊途同归。这些分析都非常细致、辩证、深刻,令人信服。

三、视野开阔,注重中西比较和追源溯流的研究方法

在对音乐和文学的关系阐释中,蒋先生具有比较视野,注重与希腊等西方思想观念的比较。他能对先秦音乐背景与古希腊音乐背景有适度的比较,参证了柏拉图、亚里士多德思想和赫拉克利特关于音乐的见解,并且借鉴西方近现代研究成果和方法研究先秦音乐,如近代人类学家斯通普夫等。他用济慈《希腊古瓮颂》中的"听到的音乐是美的,听不到的音乐更美"[1]与老子的"大音希声"[2]相比较,并以陶渊明的无弦琴特征加以具体阐释。他对《乐记》心物感应说和教化说的评价,能够有更高的眼界,在中西比较中进行评判,而不是被文本牵着鼻子走,就事论事地作简单的评述。在研究《乐记》时,他把其中的问题归

---

[1] 参见[英]济慈著,屠岸译《夜莺与古瓮》,人民文学出版社2008年版,第15页。屠译为:"听见的乐曲是悦耳,听不见的旋律更甜美。"

[2] 《老子今注今译》,商务印书馆2003年版,第345页。

纳为"音乐的本质"、"音乐的作用"等,显然是以西方学术系统为参照坐标的。

蒋先生重视和辩证地看待历代对先秦音乐美学思想的评价,重视历代对经典文献的阐释。他对近人王国维、闻一多、郭沫若、高亨、杨荫浏等人的阐述,尤其给予了应有的重视。他十分重视前人的考证和阐释,重视实证的方法,如对冯友兰的老子解释,他对于冯友兰继承清代学者证明"《老子》一书不可能早于孔丘"[1],蒋先生又从《史记·太史公自序》和思想方法等方面进一步加以论证。而对于老子"甘其食,美其服,安其居,乐其俗"[2]的理解上,则认为冯友兰先生的理解不符合老子的原意[3],并且作了详细的阐释。

蒋孔阳辟专章探讨了《礼记·乐记》的音乐美学思想。蒋孔阳先生高度评价了《乐记》的地位,认为它是先秦儒家"礼乐"思想的总结和集大成,从《毛诗序》开始,一直到晚清各家论"乐"的观点,基本上没有超过《乐记》所论述的范围。蒋孔阳主要从《乐记》关于音乐的本质及其作用等方面论述其美学思想,肯定《乐记》提倡心物感应、"和"及音乐的社会作用等在今天仍具有一定的现实意义。同时,蒋孔阳还深刻指出,"乐"与"礼"的捆绑有损于音乐的创造性和独立性,因此不可避免地具有时代的局限性。蒋孔阳对《乐记》的高度评价,是在整个乐论史制高点上的俯瞰,他对《乐记》的贡献与局限的分析,在历史研究中注入了当代意识,既注重实证,又依托理论,二者辩证统一,避免了单纯的"我注六经"或者"六经注我"的偏狭。

总之,蒋孔阳先生从先秦音乐美学思想入手,研究中国古代美学,既尊重中国古代美学思想和审美意识的自身规律,把音乐放到中国古人的整体宇宙观中去理解,重视先秦总体思想与音乐思想的关系,如儒家的礼与乐的关系、道家的道与乐的关系等,又运用西方现代学术方法进行理论阐述,重视史论结合和中西比较,重视辩证地看待具体音乐现象。他将诸子思想的分析和史料考证与实物考古结合起来,使乐器与文献相辅相成,体现了美学思想与审美意识的统一。且洞察入微,分析细致。本书的写作虽然开始于20世纪70年代中期,不可避免地打上了那个时代的烙印,如对诸子直呼其名等,但在写作当时"批林批孔"的社会环境下,他仍能借鉴顾炎武和鲁迅等人的观点,要求全面客观地评价孔子,是难能可贵的。

---

[1] 《蒋孔阳全集》第一卷,第497页。
[2] 《老子今注今译》,商务印书馆2003年版,第345页。
[3] 《蒋孔阳全集》第一卷,第506页。

"游":"君子"和"至人"之间的张力及其释放[*]

韩德民

（北京语言大学　100083）

摘　要：儒者立足"方内"，但因理想主义诉求而无法抑制"方外"之思；道家立足"方外"，但对感性生命的执着决定了其对"方内"的无由割舍。儒道思想基因的相互渗透，决定了士人在"方内""方外"之间出入游走的普遍性人格特质。以"游"为突出特征的人生趣味和人生理念，由于传统中国隐性游民社会的长期存在，而获得了丰厚的现实营养资源。其和现代性审美精神的契合，又提供了从新的视角予以阐释的可能性。

关键词：游　君子　至人　审美

一

"君子"是儒家倡导的理想人格范型。"君子"的基本特质就是立足现世的礼乐文化规范体系不断完善自我，所谓"修身"，并以"立德"、"立功"、"立言"的方式确立自己的人生价值，所谓"齐家、治国、平天下"。道家特别是庄子则对"君子"人格的内在局限性抱有强烈警醒。在他看来，所谓"三不朽"归根结底，无非"名"和"利"而已。斤斤于世俗的名利，他谓之为"殉物"："道之真，以治身，其绪余以为国家，其土苴以治天下。由此观之，帝王之功，圣人之余事也，非所以完身养生也。今世俗之君子，多危身弃生以殉物，岂不悲哉！"（《庄子·让王》）基于这样的认识，他在"君子"之外，另外标举"至人"的人格理想："古

---

[*] 2013年北京市教委共建项目和北京语言大学校级重大专项项目(13ZDJ03)前期成果。

之至人,先存诸己而后存诸人。所存于己者未定,何暇至于暴人之所行?"(《庄子·人间世》)

"至人"在不同的情境下,有不同的称谓,如"神人"、"圣人"(《庄子·逍遥游》)、"真人"(《庄子·大宗师》)等。《逍遥游》中说:"至人无己,神人无功,圣人无名。"当然儒家也标举"圣人",但儒家所谓"圣人"实是"君子"之极致。上古圣人为儒道等共同标举,其学派倾向含糊,孔子则是代表儒家学派立场的"圣人"典型。就孔子的性格底色言之,应该说偏于谨言慎行,力图在礼乐文化的规范体系之内实现自己的功名事业理想。其所以被推崇为"圣人",不是因为他不是"君子",而是因为他最大限度地体现了"君子"理想所可能达到的境界。也是由于这个缘故,庄子道家学派对孔子的圣人地位并不认可,往往加以冷嘲热讽。庄子道家所谓"圣人",同"至人"、"神人"、"真人"等一样,都是超越世俗礼乐规范体系之上,不受"名"、"利"观念约束的:"圣人不事于务,不就利,不违害,不喜求,不缘道,无谓有谓,有谓无谓,而游乎尘垢之外。"(《庄子·齐物论》)"尘垢"即"尘世"的否定性称谓,"尘世"之为"尘世"的关键,在于它充满各种有关高低是非的判断标准和行为规范。对应于"至人"、"真人"、"神人"、"圣人"等称谓的异名同实关系,"无己"、"无功"、"无名"等概念之间,也实际上是相互阐释的关系。不仅"功"和"名"是相互关联的,而且它们和"无己"也是相互支持的。"无己"当然并不是要真正否定自我的主体地位——如果那样的话,"逍遥"之境也就失去了基本的支撑,而是要超越"功"和"名"的困扰,如此才能真正"守其一,以处其和"(《庄子·在宥》),才能"德全"、"形全"乃至"神全"(《庄子·天地》),如此也才谈得上真正的"成己"。荣格等用现代学术语言对此种内涵作过进一步阐释:"只有当自我舍弃了预定的期望目标而进入到更为深刻的存在的基本层次时,这种心理内核的创造性活动的性质才能体现出来。在没有任何下一步的意图和目标的情形下,自我才能够服从并奉献给这种内在发展的要求。……处在植根于更牢固的文明状态的人们较之原有状态,更易于理解这一点,即有必要放弃具有功利性意识的筹划,以便开辟出促进个性内在发展的道路。"[1]

对应于"君子"理想的修齐治平,"至人"的志趣在于出离尘世之"游"。只

---

[1] 卡尔·荣格等合著,张举文等译:《人类及其象征》,辽宁教育出版社1988年版,第140—141页。

有在"尘垢之外"的游历中,自我的"德"和"神"才能获得有效保全。"人类需要从太不成熟,极受限制或太肯定的状况下解脱出来。……通过超越达到自由的最普通的梦象征之一就是孤独旅行或朝圣的主题。……不仅是鸟的飞行或进入更大荒野的旅程代表这个象征,而且任何例证这种解脱的强烈行为都可代表它。"①透过出离日常生活状态的超越性位移即出游,人有可能达到真正的自己,从这样的角度说,出游与朝圣实际上是同类型的活动。受教者孤独地到未受文明熏染的神圣之地旅行,在那儿陷入冥想或忘我境地,从而达到与守护精灵的合体,得以完成自己的"成人"洗礼。就"游"之出离文明规范体系并以这种方式释放生命的内在发展要求从而成就自我人格来说,荣格等现代深层心理学研究和庄子们的理解是完全一致的,区别只在于,荣格等体会更多的是这个过程的宗教性神秘主义色彩,而庄子们强调的是这个过程的审美化感性自由色彩。

二

儒道两家对彼此间人格理想上的这种区别都有清醒认知。《庄子·大宗师》借孔子之口简洁而明确地传达了这种认知:"彼游方之外者也;而丘游方之内者也。""方"通常划分为东西南北上下,每个方向都可以无限延伸②,就此而言,"方"之所涉,本无所谓"内"可言,因为它包括了所有可能的实体空间。随着人类历史的积累和文明的不断扩张,作为现实存在空间的"方内"越来越大程度上赋有了文明载体的属性。后来马克思"自然人化"或说"人化的自然"的命题,反映的就是这种自然向人生成的历史趋势。由于这种趋势,本来理论上应该是无限的"方内",最终有可能用来指称作为有限实体的世俗或说文明社会。

不甘于世俗的限制和禁锢,就需要寻找"方内"之外的寄托空间,这个寄托空间就是所谓"方外"。"方外"与"方内"的区别在于对规范和禁锢的消解。就"方外"之无所规范判断言之,庄子亦称之曰"无何有之乡"。立足现实的立

---

① 卡尔·荣格等合著,张举文等译:《人类及其象征》,第129—130页。
② 《庄子·逍遥游》:"汤问棘曰:'上下四方有极乎?'棘曰:'无极之外,复无极也。'"

场,既然"方内"具有无限延展性,置身其间的生命个体就无从摆脱。庄子曾叹息:"天下有大戒二,其一命也,其一义也。子之爱亲,命也,不可解于心;臣之事君,义也,无适而非君也。无所逃于天地之间。"(《庄子·人间世》)"无所逃"固然首先是由于个体心性自身与尘俗世界的内在相关性,但同时也是由于这种规范随上下四方的延展而赋有的无限弥漫性。就此而言,"无何有"提示的不仅是内涵的空无,而且是外延的无限趋于零。即在现实的思维逻辑中,这个"无何有之乡"没有立足之地,只是不现实的存在或说现实的不存在。因此,"方外"是出离现实存在维度及其理性化思维方式的产物,是虚拟性空间。

中国古代的社会文化现实是,一方面在政治理念上,"普天之下,莫非王土;率土之滨,莫非王臣"(《小雅·北山》);另一方面,从政治实践的角度看,由于政治治理手段的客观限制,笼罩天下的主导秩序在进入君主集权时代之后,仍保持着浓厚的自发与自然属性,在空间构成上也始终保持着广阔的化外之地。秦汉之后君主集权的政治体制之所以不同于现代意义上的专制主义,原因有多个方面,但"天下"秩序的自然或说"野"的属性,应该说是根本原因。孟子在与桃应的讨论中,能够作出舜放弃天子之位,窃负犯凶杀罪的瞽叟逃到海滨欣然终老的设想,也是基于这样的环境特征。在这样的社会背景下,当"方内"渐渐演化为社会文化性空间的代称时,相对保持着较完整自然面目的"野"就可能被借用为"方外"的象征符号,由此"方外"也就可能从纯粹的虚无空间转化为某种程度上的自然性空间。

庄子和儒家人物一样,讲究天人之辨,天人之辨对应的就是文野之分。儒道理论上都把这种"辨"看得很严重,实际上从历史发展的角度看,所谓天人文野间的界限并不固定,总会随时势以各种不同的形式进行调整。庄子时代,"牛马四足是谓天","络马首,穿牛鼻"即为人,"逃虚空者"即避世隐居之士的环境,是所谓"藜藋柱乎鼪鼬之径,踉位其空"(《徐无鬼》);而在陶渊明,隐居针对的只是作为名利场的市朝,在他笔下,"暧暧远人村,依依墟里烟"(《归园田居》其一)的乡村田园也可以以其相对恬淡淳朴而用作自然乃至"方外"的象征符号。

就庄子自身来说,其所谓"方外",对应的当然首先是心灵的觉悟和超越,是纯粹精神性的"乌有乡",但有时也会把它和化外之地意义上的自然实体性空间,所谓"野"联结起来。他笔下的"广莫之野"实际上有双重属性,一方面是染有神秘色彩的"乌有乡",《逍遥游》中"神人"居住的"姑射之山"就属于这种类型;另一方面则是现代意义上与"文明"相对的"自然",《徐无鬼》篇描述的"逃虚空者"的隐居之所就属于这种类型。

在中国历史上,愈是到后来"方外"作为相对隔绝于世俗名利场的自然山水空间的意义愈突出,而其作为带有彼岸神秘色彩的"乌有乡"的意义则相对淡化,但始终没有消失。毋宁说这两种本是不同性质的空间被有意识地叠合了起来。在《红楼梦》的意象体系中,这种彼岸与此岸的叠合关系得到了非常真切自然的体现。大荒山无稽崖青埂峰下的顽石与神瑛侍者及宝玉的叠合,太虚幻境与大观园与白茫茫一片大地意象的叠合,等等。在这种叠合中,本是超越性彼岸神秘化的存在,获得了某种现实的真切性,而本是现实具体的存在对象,则被赋予了神圣超越的色彩。在中国文化特有的这种彼岸此岸相互观照渗透的模式中,"方外"既是超越之地,又和"方内"保持着随时转换的通道。

"野"与"尘世"之间的区隔可以是空间性的,也可以是时间性的。如所谓"至德之世",实即历史文化发展意义上的"野":"当是时也,民结绳而用之。甘其食,美其服,乐其俗,安其居,邻国相望,鸡狗之声相闻,民至老死而不相往来。"(《胠箧》)不管是空间性的区隔还是时间性的区隔,它们在中国传统中的共同特色在于,这种区隔都不是绝对的,而是在区隔的同时保留着随时转换的通道。"上古"和"今世","城郭"和"乡"乃至"野","文明"和"自然",在这种观念体系里都是既区隔又连续,从而后世的士大夫阶层有可能最终将居家空间和出游空间通过造园这种方式统一起来。这种本是不同性质存在空间特有的叠合与联结关系,决定了"游"在中国人特别是士人生存方式中的特殊地位。"游"即无所定在,中国士人心性在"方内""方外"、市朝乡野间的徘徊无所定,决定了其内在的心理张力,而这种张力的释放,正是通过"游"这种特殊的超越路径。说特殊是因为"游"作为超越方式,是临时的和不彻底的,也即它是通过"归"而和"居"维持着某种程度的统一性的。

三

在自觉意识层面,儒道各有自己的人格理想诉求。儒家立足于"家"——"世"建构自己的生命意义世界,其学说体系核心乃是居家者的伦理告诫;而道家以"避世""游"于"野"为志业,其学说在气质上更像是漫游者的抒情诗篇。但另一方面,二者间在情感气质上又存在着强烈的渗透和互补关系。这在儒家创始人孔子身上就有清楚流露。从"吾与点也"的叹息,到"道不行,乘桴浮于海"(《论语·公冶长》)的牢骚,无不启示着其心理世界深层的离"家"出"世"情结。反之,似乎是超尘脱俗的庄子们,其内心深处实际上也始终无法完全割舍对人间世的眷恋。前文所谓"命"和"义"之"无所逃",很大程度上是基于其无由割舍。这种对个体现世情怀的真切体会,在《徐无鬼》的一段文字中有更动人的传达:"去国数日,见其所知而喜。去国旬月,见所尝见于国中者而喜。及期年也,见似人者而喜矣。不亦去人滋久,思人滋深乎!"对照孔子"鸟兽不可与同群,吾非斯人之徒而谁与"的说辞,可以很容易理解二者心态上的相通性。

儒道两家心态上的相互关联性,从两个不同的方向共同揭示出中国传统士人生命情怀的二重性。一方面,宗法社会的深厚传统,从根本上限制着士人的情感指向与价值认同,另一方面,周秦之际礼崩乐坏的现实,又对士人个体人格意识的觉醒产生了强烈的刺激作用。这就是李泽厚所说的:"孔子对氏族成员个体人格的尊重,一方面发展为孟子的伟大人格理想,另方面也演化为庄子遗世绝俗的独立人格理想。……庄子尽管避弃现实,却并不否定生命,而无宁对自然生命抱着珍贵爱惜的态度,这使他的泛神论的哲学思想和对待人生的审美的态度充满了感情的光辉,恰恰可以补充、加深儒家而与儒家一致。"①没有庄子道家避世观念的批判解构,士人将因过度的礼法禁锢普遍性地陷入思维的僵化和精神的萎顿,而没有儒家家国情怀的牵系,士人们则有可能在对主观自我的过度沉迷中最终走向纯粹精神世界的神秘。二者之间的相互平衡和补充,造就了典型化中国士人人格出世与入世之间的折冲平衡,所谓"达则兼济天下,穷则独善其身"、"身在江湖,心存魏阙"等等,说的其实都是士人心性的这种二重性品格。

审美是一种现代性命名,虽然审美概念的内涵非常丰富,但它首先强调的是对主流世俗之思维方式和价值取向的超越,同时,它所指向的超越世界又是感性的、此岸的。现代性审美精神这种超越而感性的特征,决定了它和典型的

---

① 李泽厚:《美的历程》,广西师范大学出版社2000年版,第71页。

中国士人心性趣好的契合。儒道互补关系在传统士人人格构成中具有极大的普遍性,儒家思想限定了这种人格指向的现世性,道家思想保障了这种人格指向的超越性,就此而言,审美化人生态度乃是典型中国士人心性的底色。这种现代性命名对于我们从新的视角更立体性地观照中国式传统人生哲学的内在气质,具有很好的启示作用。而审美化人生态度和"游"的生存状态,某种意义上其实就是内涵和形式的关系。

一方面,三代漫长的礼乐传统积淀和周秦之际激烈的社会结构转换对士人人格世界的限制和刺激的双重效应,是导致"游"观念在中国式人生哲学体系中特殊地位的最初历史契机。另一方面,秦汉之后,中国社会人口构成的二元性,则为这种以"游"为核心的人生哲学提供了有力的社会实践支持。杜亚泉20世纪初即曾提出,游民阶级在中国传统社会构成中权重甚大,其中包括兵、地痞、流氓、盗贼、乞丐等。游民文化与贵族文化为矛盾的存在,更迭盛衰,即贵族文化过盛时,社会沉滞腐败,则游民文化起而代之;游民文化过盛时,社会骚扰紊乱,则贵族文化起而代之。秦汉之后的政治革命,大抵都由游民与知识阶级的结合而暴发。[①] 20世纪90年代之后,相关研究愈来愈深入,称之为被历来正统官方意识形态所着意遮蔽的"隐形社会"[②]。针对片面立足农耕文化模式观照中国思想内在品格的倾向,有学者转换视角后提出:所谓"中国是以农立国之国家,人民以耕稼为主,安土而重迁,具有勤劳敦厚之美德,重视乡里情谊……等,都是统治者意识形态的编织,用以建构人民的自我认识。……中国的社会,实际上是由安居业农者和不安居业农者所共同组成,但因历代主政者依一套'编户齐民'的制度进行社会组织、动员及控制的工作,居者与游者之间,乃形成了极复杂的对比关系"。[③] 在常规状态上,脱离社会主流秩序结构之外的游民总是处于被歧视和排斥的地位,以至于不约而同,跨约古今和东西的文化差异,庄子和美国当代码头搬运工——社会学家霍弗(Eric Hoffer)都以"畸人(Misfits)"(原译为"畸零人",此处为求与庄学概念的对应而引作"畸

---

① 杜亚泉:《中国政治革命不成就及社会革命不发生之原因》。收入许纪霖等编:《杜亚泉文存》,上海教育出版社2003年版。
② 王学泰:《游民文化与中国社会》,学苑出版社1999年版。
③ 龚鹏程:《游的精神文化史论》,第39—53页。

人",含义相同——引者按)①作为其典型化的象征符号。但或许恰恰由于这种排斥和歧视,为一种超越而独立的生命视角和人生哲学理念的坚持提供了有效的动力。按庄子的解释,砍断了脚的人不在意涂饰,因为已看淡毁誉;刑役之徒登高不惧,因为已将生死置之度外。正由于被主流歧视排斥,反而有可能较少受文明的拘禁污染,以此与天道形成更好的对接。这就是所谓"畸于人而侔于天","天之小人,人之君子;人之小人,天之君子也"(《大宗师》)。

  游民与居民共生的现实社会结构,对于理解庄学在中国文化传统中不可被取代的特殊地位,对于理解"江湖"对中国人生生不息的审美魅惑力,都能提供某种有效支持。而"游"和"居"两种价值取向和思维方式之间的持续张力,也赋予了我们把握中国人,特别是中国读书人性格原型的重要参照。

---

① 埃里克·霍弗著,梁永安译:《狂热分子:群众运动圣经》第二部第三章,广西师范大学出版社2008年版。

以悲为美：六朝音乐的悲剧意识探析

李修建

（中国艺术研究院　100029）

摘　要：汉魏六朝，音乐以悲为美，尤其体现于挽歌和琴曲之中。挽歌在汉魏六朝乃一种葬礼制度，士人多有挽歌之作，更有众多士人在日常生活中喜听、喜唱挽歌。这种行为，一则表明了玄学思潮对个体生活的解放，他们冲决礼法束缚，任性而动，放纵不拘，追求身体的快感和生命的适意；一则道出了个体在面对纷乱世事面前的无奈与痛苦，彰显了悲苦的生命意识。蔡邕的《琴操》和六朝琴诗中，体现出了浓重的悲剧意识。究其根源，以悲为美的审美意识在中国文化中带有普遍性，具有深厚的文化渊源。

关键词：以悲为美　挽歌　琴曲　悲剧意识

汉魏六朝，有一个很奇怪的音乐现象，那就是喜听悲音，以悲为美。嵇康在《琴赋》中对此有过概括："称其材干，则以危苦为上；赋其声音，则以悲哀为主；美其感化，则以垂涕为贵。"阮籍在《乐论》中同样有所论："满堂而饮酒，乐奏而流涕，此非皆有忧者也，则此乐非乐也。当王莽居臣之时，奏新乐于庙中，闻之者皆为之悲咽。桓帝闻楚琴，凄怆伤心，倚房而悲，慷慨长息曰：'善哉乎！为琴若此，一而已足矣。'顺帝上恭陵，过樊衢，闻鸟鸣而悲，泣下横流，曰：'善哉鸟鸣！'使左右吟之，曰：'使丝声若是，岂不乐哉！'夫是谓以悲为乐者也。"①钱锺书先生总结说："按奏乐以生悲为善音，听乐以能悲为知音，汉魏六朝，风尚

---

① 阮籍：《乐论》，陈伯君：《阮籍集校注》，中华书局1987年版，第133页。

如斯。"①并罗举汉魏六朝的音乐理论、佛经翻译、诗歌以及西方文献中所表达的以悲为美的例证。或是篇幅所限,钱锺书并未提及"挽歌"这一重要文化现象。琴曲中的以悲为美尤为突出,钱氏亦未论及。本文着重谈此两点。

一、喜为挽歌:六朝的奇特文化景观

以悲为美的极端表现,是以听唱挽歌为乐。挽歌本为葬礼所用音乐,由乐曲与歌词组成,汉代属乐府。后汉以来,帝王和皇后送葬,要从公卿子弟中挑选英俊秀拔者作挽郎②,素服,分列灵车左右,执绳(绋)牵引,且行且歌,"挽僮齐唱,悲音激摧"③。如《宋书》卷五一《刘道规传》载:"及长沙太妃檀氏、临川太妃曹氏后薨,祭皆给鸾辂九旒,黄屋左纛,辒辌车,挽歌一部,前后部羽葆、鼓吹,虎贲班剑百人。"可知挽歌为其时葬礼制度。王公大臣及庶人送殡,虽无挽郎,却有挽歌,此亦当时葬礼之一端。

关于挽歌起源,有三种说法。其一为汉武帝时役人之歌。《晋书》卷二十《礼志中》载:"汉魏故事,大丧及大臣之丧,执绋者挽歌。新礼以为挽歌出于汉武帝役人之劳歌,声哀切,遂以为送终之礼。虽音曲摧怆,非经典所制,违礼设衔枚之义。方在号慕,不宜以歌为名。除,不挽歌。挚虞以为:'挽歌因倡和而为摧怆之声,衔枚所以全哀,此亦以感众。虽非经典所载,是历代故事。《诗》称'君子作歌,惟以告哀',以歌为名,亦无所嫌。宜定新礼如旧。'诏从之。"据此,则挽歌源于汉武帝之世,因役人劳作时所唱之歌音声哀切摧怆,遂用于葬礼,相沿成俗。其二为田横门人。三国西蜀学者谯周认为挽歌出于汉初田横之门人,其《法训》曰:"挽歌者,高帝召田横至尸乡自刭,从者不敢哭而不胜其哀,

---

① 钱锺书:《管锥编》(三),生活·读书·新知三联书店2008年版,第1506页。
② 《世说新语·纰漏》四条下,余嘉锡对挽郎制度有所梳理,从史料来看,挽郎制度起于后汉,延至隋唐,不过各代不一,没有定例。我们在六朝史料中可以看到士人作过挽郎的大量记录,兹不详述,仅举数例,如晋武帝崩,选挽郎一百二十人,皆一时之秀彦,王戎从中挑选女婿。挽郎制度亦传至北朝,《北齐书》卷二十三《崔㥄传》载:"㥄状貌伟丽,善于容止,少有名望,为当时所知。初为魏世宗挽郎,释褐太学博士。"由于挽郎的人选为世族子弟中的俊逸,所以能作挽郎非但是一种荣耀,亦成为进官的资质。《文献通考》卷二十八《选举考一》云:"陈依梁制,凡年未三十,不得入仕,唯经学生策试得第、诸州迎主簿、西曹左奏及尝为挽郎,得未壮而仕。"则梁陈之时,只要作过挽郎,便可未及年而入仕。
③ 左棻:《万年公主诔》,《全晋文》卷十三。

故作此歌以寄哀音焉。"①晋代崔豹与干宝皆承此说,崔豹在《古今注》中指出:"《薤露》《蒿里》,并丧歌也,出田横门人。横自杀,门人伤之,为作悲歌,言人命如薤上露,易晞灭也。亦谓人死,魂魄归于蒿里,故用二章。其一曰:'薤上朝露何易晞,露晞明朝更复落,人死一去何时归!'其二曰:'蒿里谁家地?聚敛魂魄无贤愚。鬼伯一何相催促,人命不得少踟蹰。'至孝武时,李延年乃分二章为二曲。《薤露》送王公贵人,《蒿里》送士大夫庶人,使挽柩者歌之,世亦呼为挽歌。亦谓之长短歌。言人寿命长短定分,不可妄求也。"②崔豹此注较为详明,对《薤露》《蒿里》二章的缘起、歌词、适用对象、意义皆作了解说,干宝在《搜神记》中的相关论述显然袭用了崔豹之书。这一观点很为晋人接受,如张湛酒后大唱挽歌,桓玄对他说:"卿非田横门人,何乃顿尔至致?"③其三为周代即有。《世说新语·任诞》四五条刘孝标注云:"《春秋左氏传》曰:'鲁哀公会吴伐齐,其将公孙夏命歌《虞殡》。'杜预曰:'《虞殡》,送葬歌,示必死也。'④《史记·绛侯世家》曰:'周勃以吹箫乐丧。'然则挽歌之来久矣,非始起于田横也。然谯氏引礼之文,颇有明据,非固陋者所能详闻。疑以传疑,以俟通博。"刘孝标以春秋时的《虞殡》为送葬歌,认为挽歌由来已久。不过对于谯周之说亦存疑待考。按《仪礼》有《士虞礼》之篇,乃士举行虞祭的正礼。对于虞祭的得名与时间,郑玄释曰:"虞,安也。骨肉归于土,精气无所不之,孝子为其彷徨,三祭以安之。朝葬,日中而虞,不忍一日离。""可知虞祭是安定死者精气,以免其彷徨飘泊的祭祀。虞祭的时间就在葬日当天的中午,因为孝子一天也不忍心离开亲人的魂神。"⑤孔颖达对《左传》"公孙夏命歌《虞殡》"疏云:"礼,启殡而葬,葬即下棺,反,日中而虞,盖以启殡将虞之歌,谓之《虞殡》。"孔颖达用一"盖"字,亦属推测。由于"虞殡"仅此一见,其意实难确定,不过公孙夏命令手下所唱的,必定是用于丧葬之礼的歌曲,以示必死之志。在笔者看来,由于"虞"与"殡"皆为葬礼中的仪式,"殡"为送葬,"虞"为葬后的安神,则公孙夏令手下所歌的,可能是在送殡与虞祭时的音乐,而非杜预所说的"送葬歌"或孔颖达所谓的"启殡将虞

---

① 《太平御览》卷五百五十二《礼仪部三十一·挽歌》。
② 崔豹:《古今注》卷中《音乐第三》,中华书局丛书集成本,第10页。
③ 《世说新语·任诞》四五。
④ 唐代孔颖达疏云:"礼,启殡而葬,葬即下棺,反,日中而虞,盖以启殡将虞之歌,谓之《虞殡》。"
⑤ 彭林:《中国古代礼仪文明》,中华书局2004年版,第240页。

之歌",即《左传》以"虞殡",指代丧葬,喻其死心,不是特指某首音乐。颜之推似乎看到了这点,他指出:"挽歌辞者,或云古者虞殡之歌,或云出自田横之客,皆为生者悼往告哀之意。"①颜之推所说"古者虞殡之歌",显然不是将《虞殡》视为一首歌。不过,时人难得究竟,相沿已久,《虞殡》便被当成了挽歌。如唐代李百药所作《文德皇后挽歌》,尾联为:"寒山寂已暮,虞殡有余哀。"宋代苏轼《祭蔡景繁文》,末句云:"歌此奠诗,以和虞殡。"中和起来,可以说,挽歌之制,起自汉初,论其渊源,亦为久远。

质言之,挽歌制度创于汉代,延续至唐。六朝士人,多有挽歌之作。最早写挽歌的,是魏人缪袭。②《文选》卷二十八将"挽歌"作为一个题类,收诗5首,其中缪袭1首,陆机3首,陶渊明1首。逯钦立所辑《先秦汉魏晋南北朝诗》,收挽歌约21首,当然并非全璧,因为众多挽歌诗没能流传下来。这些挽歌的对象,或为帝王,或为公主,或为皇妃,或为王公,或为士人,或为庶人,或为自挽。帝后王公的挽歌,多为应制之作,如北齐文宣帝高洋驾崩,"当朝文士各作挽歌十首,择其善者而用之。魏收、阳休之、祖孝征等不过得一二首,唯思道独有八篇。故时人称为'八米卢郎'"③。这些挽歌都已不存。卢思道传有挽歌两首,一为《彭城王挽歌》,一为《乐平长公主挽歌》。另,南朝宋人江智渊作有《宣贵妃挽歌》,北魏温子昇作有《相国清河王挽歌》。再如魏孝文帝拓跋宏宠溺冯诞,诞死,"帝又亲为作碑文及挽歌词,皆穷美尽哀,事过其厚。"④冯诞的挽歌,更是皇帝亲为。陆机所传挽歌最多,既有《王侯挽歌辞》,亦有《庶人挽歌辞》。更有自作挽歌者,陶渊明自作挽歌三首,显其旷达。北魏宋道屿,"临死,作诗及挽歌词,寄之亲朋,以见怨痛"。除诗名挽歌者,曹操、曹植等人还作有《蒿里》、《薤露》的拟作,亦属同类。

挽歌的旨趣,是"穷美尽哀"。"穷美"者有之,如卢询祖为赵郡王妃郑氏所作挽歌:"君王盛海内,伉俪尽寰中。女仪掩郑国,嫔容映赵宫。春艳桃花水,秋度桂枝风。遂使丛台夜,明月满床空。"⑤极赞郑氏仪容之丽,"明月满床空"

---

① 《颜氏家训·文章第九》。
② 明人张岱在《夜航船》卷八《文学部》中说:"田横从者始为《薤露》、《蒿里》歌。魏缪袭始以挽歌为辞。"缪袭之作,《太平御览》与《乐府诗集》中皆有收录,逯钦立《先秦汉魏晋南朝诗》遗漏。
③ 《北史》卷三十《卢思道传》。
④ 《魏书》卷八三《冯诞传》。
⑤ 《北齐书》卷二二《卢询祖传》。

一句，固然表达斯人已逝的哀思，但温婉含蓄，悲伤的情感不强，此为一特例。而绝大部分挽歌，则以"尽哀"为能事。如陆机《庶人挽歌辞》："死生各异方，昭非神色袭。贵贱礼有差，外相盛已集。魂衣何盈盈，旗旐何习习。父母拊棺号，兄弟扶筵泣。灵輀动镠辖，龙首矫崔嵬。挽歌挟毂唱，嘈嘈一何悲。浮云中容与，飘风不能回。渊鱼仰失梁，征鸟俯坠飞。念彼平生时，延宾陟此帏。宾阶有邻迹，我降无登辉。"陶渊明《拟挽歌辞》："荒草何茫茫，白杨亦萧萧。严霜九月中，送我出远郊。四面无人居，高坟正嶕峣。马为仰天鸣，风为自萧条。幽室一已闭，千年不复朝。千年不复朝，贤达无奈何。向来相送人，各自还其家。亲戚或余悲，他人亦已歌。死去何所道，托体同山阿。"送殡时的气候，沿途的风物，亲人的哀状，对生前与死后世界的回想与比照，对人终将一死的无奈与反思，皆附着了"悲"的底蕴。

葬礼用挽歌既已成为六朝习俗，则文人进行创作，应属正常之事。不过，陆机之作，已为儒学之士所讽，颜之推评曰："陆平原多为死人自叹之言，诗格既无此例，又乖制作本意。"①然而后汉六朝之人对于挽歌的欣赏，无疑更为惊世骇俗，试看下例：

六年三月上巳日，（梁）商大会宾客，宴于洛水，举时称疾不往，商与亲睚酣饮欢极，及酒阑倡罢，续以《薤露》之歌，座中闻者，皆为掩涕。太仆张种时亦在焉，会还，以事告举。举叹曰："此所谓哀乐失时，非其所也，殃将极乎！"商至秋果薨。（《后汉书·周举传》）

灵帝时，京师宾婚嘉会，皆作魁㰛，酒酣之后，续以挽歌。魁㰛，丧家之乐；挽歌，执绋相偶和之者。（《风俗通义佚文》）

旧歌有《行路难》曲，辞颇疏质，山松好之，乃文其辞句，婉其节制，每因酣醉纵歌之。听者莫不流涕。初羊昙善唱乐，桓伊能挽歌，及山松《行路难》继之，时人谓之"三绝"。时张湛好于斋前种松柏，而山松每出游，好令左右作挽歌，人谓"湛屋下陈尸，山松道上行殡。"（《晋书》卷八十三《袁山松传》）

张骈酒后，挽歌甚苦。桓车骑曰："卿非田横门人，何乃顿尔至致？"

---

① 《颜氏家训·文章第九》。

(《任诞》四五)

　　海西公时,庚晞四五年中喜为挽歌,自摇大铃为唱,使左右齐和。(《晋书》卷二八《五行志中》)

　　晔与司徒左西属王深宿广渊许,夜中酣饮,开北牖听挽歌为乐。义康大怒,左迁晔宣城太守。(《宋书》卷六十九《范晔传》)

　　文帝尝召延之,传诏频不见,常日但酒店裸袒挽歌,了不应对。(《南史》卷二四《颜延之传》)

　　系于京畿狱。文略弹琵琶,吹横笛,谣咏,倦极便卧唱挽歌。(《北齐书》卷四八《外戚列传·尔朱文畅传》附《尔朱文略传》)

　　梁商为汉顺帝(115—144,126—144年在位)梁皇后之父,任职大将军,他在永和六年(141年)三月三日,于洛水修禊,大会宾客,是依习俗行事。于欢宴中高唱《薤露》之歌,却是如周举说的"哀乐失时",于礼大违。然此风已开,漫延至灵帝(156—189,168—189年在位)之世,在宾婚嘉会等吉庆场合,上演本用于"丧家之乐"的傀儡戏,并奏挽歌。灵帝为人昏愦,在后宫列市肆,使采女贩卖,于西园斗狗驾驴,好胡服、胡帐、胡床、胡舞,京师竞为,世风大坏。于吉礼上奏挽歌,亦是种种不合礼法行为之一端。及至六朝,张湛、桓伊、袁山松、庚晞、范晔、颜延之等人的喜为挽歌,已非在仪式场合,而是行之于日常生活之中,成为一种个人化的行为。这种行为,与六朝人的嗜酒、服药,以及其他种种狂悖的行为具有相通性。一则表明了玄学思潮对个体生活的解放,他们冲决礼法束缚,任性而动,放纵不拘,追求身体的快感和生命的适意;一则道出了个体在面对纷乱世事面前的无奈与痛苦,他们意欲有所作为而不能为,面对人生的大痛苦,以种种极端的行为来倾泻心中的愤懑,袁山松、张湛、范晔诸人,皆在酒后大唱挽歌,让人闻之流涕,彼时他们的心情,定然亦是凄楚的。他们所唱的,不仅是用作他人葬礼的挽歌,更是自己的挽歌,彰显了悲苦的生命意识。

二、惠音清且悲:古琴中的悲美意识

　　汉魏六朝以悲为美的审美意识,在古琴等音乐中表现得尤为明显。

以琴曲而论,梁元帝《纂要》云:"曲有畅、有操、有引、有弄。"①对于这四种琴曲的意味,谢庄《琴论》释曰:"和乐而作,命之曰畅,言达则兼济天下而美畅其道也。忧愁而作,命之曰操,言穷则独善其身而不失其操也。引者,进德修业,申达之名也。弄者,情性和畅,宽泰之名也。"从历代流传琴曲来看,畅类微乎其微,东汉桓谭《新论》载有《尧畅》,谢庄《琴论》中提到《神人畅》,为尧所作,二者不知是否为同一作品。以蔡邕《琴操》为例,目前的通行本为平津馆丛书本,收五曲、十二操、九引,另有《河间杂歌》二十一章,连同补遗,凡五十余首,其中四首已阙。从类型上看,没有"畅"和"弄"。就内容而言,表达欢畅感情者,只在河间杂歌中找到三首,一为《文王思士》,因得吕尚为师,"文王悦喜,乃援琴而鼓之,自叙思士之意"。二为《仪凤歌》,乃周成王之作,成王之世,天下大治,凤凰来仪,故作此曲。三为《霍将军歌》,霍去病大败匈奴,官封万户,志得意欢,乃作此歌。除此之外,五曲十二操,皆为困厄穷迫、忧愁失意之作,如《伐檀》,"伤贤者隐避,素餐在位,闵伤怨旷,失其嘉会";《白驹操》,"失朋友之作也";《龟山操》,孔子所作,"伤政道之陵迟,闵百姓不得其所,欲诛季氏,而力不能";《拘幽操》,"文王拘于羑里而作也";《别鹤操》,商陵牧子所作,牧子娶妻五年而无子,父兄欲为改娶,其妻闻之,中夜倚户悲啸,牧子援琴作歌:"痛恩爱之永离,叹别鹤以舒情"等。谢庄释"引"为"进德修业,申达之名",然观九引之题解,基本为凄怆之作,如《伯姬引》为伯姬保母所作,伯姬守礼不出,被火烧死,"其母悼伯姬之遇灾,故作此引";《贞女引》为鲁漆室女所作,其"忧国伤人,心悲而啸",被邻人误解,自经而死;《思归引》,为卫女所作,邵太子拘卫女于深宫,"思归不得,心悲忧伤,遂援琴而作歌",歌罢自缢而死;《箜篌引》,为子高所作,子高见有狂夫随河而死,其妻鼓箜篌而歌:"公无渡河,公竟渡河,公堕河死,当奈公何!"曲终自投河死。子高闻而悲之,乃作此曲;《琴引》,"秦时采天下美女以充后宫,幽愁怨旷,咸致灾异",屠门高作此曲以谏;《楚引》,为龙丘高所作,"龙丘高出游三年,思归故乡,心悲不乐,望楚而长叹,故曰《楚引》"。可知谢庄对"引"的解释与史料不符。凡此诸种,或忧国家危亡,或伤个人不遇,或哀妻子别离,或悲亲人丧乱,或怨友朋沦亡,或思故乡杳远,皆表达了悲伤愁怨的情感。

---

① [宋]郭茂倩:《乐府诗集》卷五十七《琴曲歌辞一》,中华书局1979年版,第821页。

嵇康本人倡导"声无哀乐",反对以悲为美的审美时尚,然而,其临终所奏《广陵散》,必是慷慨悲凉之音。《广陵散》本为古曲,嵇康或参以家法,别为新声。戴明扬《广陵散考》一文论之甚详。唐代韩皋以《止息》与《广陵散》为同一曲,论曰:"其音主商,商为秋声。秋也者,天将摇落肃杀,其岁之晏乎!又晋乘金运,商金声,此所以知魏之季而晋之将代也。"①韩皋对《广陵散》的背景及喻意多有附会,然其人精于音律,《广陵散》以商声为主,应是无疑的。留传至今的《广陵散》,音色富有变化,多用拨剌的奏法,琴学专家许健分析说:"这种连扫双弦的奏法常能造成强烈的节奏感,特别是空弦第一、二两弦奏出最低的主音,有如战鼓轰鸣,很富于战斗气氛。乐曲使用了罕见的'慢商调',把第二弦降低,使第二弦与第一弦同为宫音,就是专门为了突出主音拨剌的效果。"②学界普遍认为,《广陵散》取材于聂政刺韩王,其曲谱中有"井里"、"取韩"、"冲冠"、"投剑"、"长虹"等标题,于此可证。琴曲慷慨激昂,如朱熹所说:"有臣凌君之意。"嵇康独钟此曲,与其透出的怨愤不羁的抗争意味自是相关的。另外,《太平御览》卷五百七十九引吴均《续齐谐记》故事一则,事涉嵇康。余姚人王彦伯行至吴邮亭,夜半于船上秉烛弹琴,有一女子上得船来,取琴鼓之,其声甚哀。女子告知王彦伯,此曲名为《楚明光》,唯嵇叔夜能为此声,传者不过数人。彦伯欲学,女子说:"此非艳俗所宜,唯岩栖谷饮可以自娱耳。"这则故事有两点颇可注意,一是《楚明光》之音声甚哀,二乃隐于幽穴之士所弹,非俗人所宜。这两点,皆合于六朝音乐所彰显出的审美意识。嵇康虽倡"声无哀乐",但就其本人的音乐实践而言,不可能逾越此一审美趣味。

这种审美意识,在诗句中亦多能见到,如苏武《别诗》:"幸有弦歌曲,可以喻中怀。请为游子吟,泠泠一何悲!"《古诗十九首》:"燕赵多佳人,美者颜如玉。被服罗裳衣,当户理清曲。音响一何悲,弦急知柱促。""上有弦歌声,音响一何悲!"王粲《公宴诗》:"管弦发徽音,曲度清且悲。"陆机《拟东城一何高》:"闲夜抚鸣琴,惠音清且悲。"潘岳《金谷集作诗》:"扬桴抚灵鼓,箫管清且悲。"其他乐器,尤其是丝弦类乐器,亦以发悲声为乐。如筝,汉代侯瑾《筝赋》云:"朱弦微而慷慨兮,哀气切而怀伤。……感悲音而增叹,怆憔悴而怀愁。"③傅玄

---

① 《旧唐书·韩滉传》。
② 许健:《琴曲新编》,中华书局2012年版,第64页。
③ 《全后汉文》卷六十六。

《筝赋》云:"哀起清羽,乐混大宫。"简文帝萧纲《筝赋》:"曹后听之而欢宴,谢相闻之而涕垂。"

推考汉魏六朝以悲为美的审美意识之根源,其因素是复杂的。其一,汉末六朝社会之混乱是一大近因,三国军阀割据,战争连绵,加之蝗灾、旱涝等自然灾害,以及瘟疫的流行等因素,都会导致人口的大面积死亡。相关史书中对此多有记载。如初平元年(公元190年),董卓强制迁都,"尽徙洛阳人数百万口于长安,步骑驱蹙,更相蹈藉,饥饿寇掠,积尸盈路。卓自屯留毕圭苑中,悉烧宫庙官府居家,二百里内无复孑遗"。建安元年(196年)汉献帝回洛阳,此时状况甚是凄惨:"宫室烧尽,百官披荆棘,依墙壁间。州郡各拥强兵,而委输不至,群僚饥乏,尚书郎以下自出采稆,或饥死墙壁间,或为兵士所杀。"献帝西迁后,李傕、郭汜攻破长安,"时三辅民尚数十万户,傕等放兵劫略,攻剽城邑,人民饥困,二年间相啖食略尽"。再如,初平四年(193年)曹操为报父仇攻陶谦,"过拔取虑、睢陵、夏丘,皆屠之。凡杀男女数十万人,鸡犬无余,泗水为之不流,自是五县城保,无复行迹。初三辅遭李傕乱,百姓流移依谦者皆歼"。蝗灾、旱灾是农耕最大的威胁,建安前后发生多次,如兴平元年(194年)夏,大蝗。三辅大旱,自四月至七月无雨,"是时谷一斛五十万,豆麦一斛二十万,人相食啖,白骨委积"。建安二年(197年),南阳地区"天旱岁荒,士民冻馁,江、淮间相食殆尽"。建安年间的疫情亦非常严重,建安十三年(208年),赤壁之战,曹操的军队遭受大疫,吏士多有死者。建安二十二年,又发生大疫,曹丕在《与吴质书》中沉痛地谈道:"昔年疾疫,亲故多离其灾。徐陈应刘,一时俱逝。"曹植描述当时的情况是"家家有强尸之痛,室室有号泣之哀,或阖门而殪,或举族而丧者。"晋武帝咸宁元年(275年),"大疫,洛阳死者以万数"。[1] 据葛剑雄的研究,"东汉三国间的人口谷底大致在2224万—2361万之间。如果东汉的人口高峰以6000万计,则已经减少了60%强。虽然远远谈不上是'十不存一',但也是中国历史上人口下降幅度最大的几次灾祸之一"。[2] 总之,天灾人祸,加之政权嬗替时的争斗屠杀,使生命如同飘萍,人们目睹了太多的死亡,深深地体验到了人生的短暂与悲苦。因之六朝人诉诸多种渠道寻求解脱,或沉迷酒色,追逐身体

---

[1] 《资治通鉴》卷八十《晋纪二》,中华书局2014年版,第2126页。
[2] 葛剑雄:《中国人口史》(第1卷),复旦大学出版社2002年版,第448页。

的快感和现世的享乐；或求仙问道，炼丹服药，以期长生延年；或转向佛教，接受人生皆苦的信仰，希冀来世求得超解；或忘情于山水文艺，以诗文书画抒发性灵，在音乐歌舞中寻求慰藉。更多的则是出入玄佛诗酒，兼而有之，尤以文艺最受六朝士人瞩目。在此多重背景之下，汉魏士人对于生命的悲苦意识自会投射到音乐之中，从而出现唱挽歌、听哀曲等以悲为美的现象。

然而，以上解释只是一近因，以悲为美的音乐审美意识尚有更久的来源，许多学者将汉魏音乐的源头追溯到了楚地音乐。① 楚地多悲音，与巫风盛行有关，巫以歌舞事神，其音乐多悲怨之声，英国汉学家大卫·霍克斯在其《神女之探寻》中认为，楚地的音乐作品中有一种哀怨忧郁的情调，"这种哀怨忧郁的情调，可能源于巫术传统赋予祭神乐歌的那种忧郁、失意的特殊音调。这种乐歌是巫师们唱给萍踪不定、朝云暮雨的神祇们听的"。② 这一观点很有道理。汉高祖刘邦喜听楚音，垓下之围四面楚歌，则汉军中的楚人定有不少，抑或是汉人习唱楚歌。刘邦所赋《大风歌》，即为楚歌。汉代音乐与楚地音乐有直接的承继关系，萧涤非指出："汉初雅乐，既已沦亡殆尽，故不得不别寻新调，其取雅乐而代之者，则楚声也。楚声在汉乐府中，时代最早，地位最高，力量亦最大。"③ 如高祖时之《房中乐》，武帝时之《郊祀歌》及《相和歌辞》中的《楚调》，皆为楚声。楚声既然对汉代音乐有绝大影响，则其悲美的审美意识自然会弥漫于汉世，并影响及魏晋六朝。

不过，我们尚需进一步追问，以悲为美的审美意识是否完全缘自楚声？它有没有更深厚的渊源及文化基础？这种审美意识在中国文化乃至世界文化中有没有共通性？是否乃中国文化精神的一个体现，表征了中国文化某种深层的特质？

以悲为美的现象在春秋战国时期已多能见到。《韩非子·十过第十》中记载了晋平公听琴的故事，师涓先弹，平公问所奏何声，师旷告知乃清商，平公问："清商固最悲乎？"师旷说不如清徵，平公求听清徵，师旷被迫而弹，"一奏之，有

---

① 相关论文，如傅新营、张秋艳的《南楚文化与"以悲为美"的产生》，载《浙江教育学院学报》2002年第5期；梁惠敏的《楚音以悲为美论略》，载《长江大学学报》2004年第4期；田海花的《论楚声与汉乐府的"以悲为美"》，载《牡丹江大学学报》2012年第6期。

② 莫砺锋编：《神女的探源》，上海古籍出版社1994年版，第36页。

③ 萧涤非：《汉魏六朝乐府文学史》，人民文学出版社2011年版，第30页。

玄鹤二八，道南方来，集于郎门之垝；再奏之，而列。三奏之，延颈而鸣，舒翼而舞，音中宫商之声，声闻于天。平公大说，坐者皆喜。"平公又问："音莫悲于清徵乎？"师旷说不如清角，平公又央求听清角，师旷不得已而鼓之，"一奏之，有玄云从西北方起；再奏之，大风至，大雨随之，裂帷幕，破俎豆，隳廊瓦。坐者散走，平公恐惧，伏于廊室之间。晋国大旱，赤地三年。平公之身遂癃病"《韩非子》。以此则故事，论述为君者应以治国为要务，而非迷恋声色。根据师旷的讲述，清商乃纣时乐人师延所作，武王伐纣，师延投濮水而死。清角乃黄帝合鬼神于泰山之上时所作，"蚩尤居前，风伯进扫，雨师洒道，虎狼在前，鬼神在后，腾蛇伏地，凤皇覆上"，情形险恶，音声悲悼自在情理之中。文中未说清徵之由来，从其引鹤来舞，平公大悦，坐者皆喜的效果来看，已具有极强的感染力。尤为值得注意的是，此处之"悲"，似已与美相通，并不专指音声之哀怨，而指音乐所具有的引人入胜的审美效果。《淮南子》中有多个例证，如《诠言训》中云："故不得已而歌者，不事为悲；不得已而舞者，不矜为丽。歌舞而不事为悲丽者，皆无有根心者。"《说林训》中说："行一棋，不足以见智；弹一弦，不足以见悲。"又说："举事者，若乘舟而悲歌，一人唱而千人和。"这几例中，"悲"皆为音声美好之意，足证以悲为美的观念，在汉初已深入人心。正如有的论者所说，春秋以降，随着"以悲为乐"的审美要求的出现，曲调愈悲，感人愈深，而悲到极点，也就美到了极点，"悲"、"哀"成为一种与"喜"、"乐"相对立的审美情感；经战国而汉代，作为一种审美感受，"悲"、"哀"逐渐脱离了本指的悲哀、凄婉的原始基调，进一步抽象、上升为一种似乎高于"喜"、"乐"的审美标准而泛指一切美好动人、高尚优雅的音声。①

　　实际上，以悲为美的审美意识具有一定的普遍性，钱锺书已指出西方音乐中亦存在此一现象，而无疑在中国文化中更显突出。究其根源，其一，中国文化中有"诗言志，歌咏言"的传统，遇有忧喜之事，常常诉诸乐舞，"情动于中而形于言。言之不足，故嗟叹之，嗟叹之不足，故咏歌之，咏歌之不足，不知手之舞之，足之蹈之也"。尤其是忧思怨愤之时，更将其情感以诗歌等形式宣泄出来，这种传统的代表，屈原发其端，贾谊、司马迁、阮籍、韩愈等人赓续，构成中国抒情传统的一大谱系。当汉末六朝之世，以音乐表达哀怨之情与不平之气，体现

---

① 陈家林：《汉译佛经中"以悲为美"的审美意识》，载《湛江师范学院学报》2013年第3期。

得尤为明显。其二,中国自古有"物极必反"、"盛极而衰"的观念,这种观念在《周易》、《老子》等典籍中有大量论述,以太极图最能代表。以卦象论,剥极必复,否极必泰,以事理论,"祸兮,福之所倚,福兮,祸之所伏"。中国人早就洞察了盛衰相互转化的哲理,因此在其文化心理结构中存有一种"忧患意识"①。试举一例,《西游记》第一回,石猴发现水帘洞,作上猴王之位后,"美猴王享乐天真,何期有三五百载。一日,与群猴喜宴之间,忽然忧恼,堕下泪来"。② 猴王于极乐之际而生悲落泪,想到生命有时而尽,不能永寿无疆,于是立志外出访道学仙,这正是忧患意识的一个体现。汉魏时期的王公贵人,在高堂欢宴中聆听挽歌,张湛之于门前种松柏,或亦出自同样的心理。实际上,以悲为美的审美意识不独体现于中国古代音乐之中,诗词里,悲秋伤别乃一大主题,绘画上,寂寞荒寒的意象和境界为我们所欣赏。凡此诸种,表明了以悲为美的审美意识在中国文化中带有普遍性,具有深厚的文化渊源。

---

① 徐复观先生在《中国人性史论·先秦篇》中提出了忧患意识之说。他的着眼点是商周鼎革之后,由商人崇尚宗教而变为人文精神的觉醒,其核心观念为"敬"。徐复观认为:"周人建立了一个由'敬'所贯注的'敬德'、'明德'的观念世界,来照察、指导自己的行为,对自己的行为负责,这正是中国人文精神最早的出现;而此种人文精神,是以'敬'为其动力的,这便使其成为道德的性格,与西方之所谓人文主义,有其最大不同的内容。在此人文精神之跃动中,周人遂能在制度上作了飞跃性的革新,并把他所继承的殷人的宗教,给与以本质的转化。"(徐复观:《中国人性史论·先秦篇》,九州出版社 2014 年版,第 23 页。)本书所谓中国人文化心理结构中的"忧患意识",承接徐复观的观点而来,不过指的是周代以后,中国人对自然人事盛衰转换之理的认知与体验而言。

② 吴承恩:《西游记》,人民文学出版社 1980 年版,第 6 页。

笔墨与图式：烟客山水的画学审美意识*

杨明刚

（中国艺术研究院 100029）

摘 要：王时敏的山水画迹引领着清初对山水画艺的主流趣尚，借由丰富经典的画作遗迹、多元旨趣的意象符号、渊源有自的笔墨技法、儒学意味的图式风格、清真雅正的审美观念，呈现着烟客在山水创作中的思维基质、创作构思、作品呈现、精神传承，左右着清初绘画的本体发展进程、主体心理结构、时代风尚播迁和传统精神取向，奠定了正统画派的根基。

关键词：王时敏　山水画　意象　技法　观念　审美意识

清初画坛派别林立、名家辈出，既有复古严谨的"四王"，又有啸傲山林的"四僧"，也有积墨为法的"金陵八家"。尤以"四王"承袭董其昌影响，技法功力深厚，并因王公大臣甚至皇帝赏识而受到大多数达官士人的垂青，被目为官方正统，统治着画坛。"四王"之中，王时敏的山水画迹引领着清初对山水画艺的主流趣尚，成就了清初山水画坛的高峰。王时敏以其丰富经典的山水画作、多元旨趣的意象符号、渊源有自的笔墨技法、典雅和正的审美特征、观念高踞其首，堪称中国古代山水画的集大成者。其画迹遗存在思维基质、创作构思、作品呈现、精神传承诸方面均深具清廷官方特质，或显在于画迹图像中，或潜藏于其审美意识中，左右着清初绘画的本体发展进程、主体心理结构、时代风尚播迁和传统精神取向。

---

* 基金课题：国家社科基金重点项目"中国审美意识通史"（11AZD052）；中国博士后科学基金第54批面上一等资助项目"清代美术遗存审美意识研究"（2013M540349）。

一、奠基：烟客山水画功画迹小考

学界对"四王"尤其是王时敏山水绘画的理论研究遍及整体研究和个案研究的各个领域，涌现出一大批以画家画派和画论为切入点的史论著作。陈师曾、潘天寿、俞剑华、傅抱石、王伯敏、薛永年、徐琛等人的绘画史著述及黄憩园、郭因等人的画技画论著述均对"四王"山水有精到阐发。[1] 但学者们的理论兴趣似乎更偏重于对画学体系的建构，或某一画家、某一画派，乃至某一地区的画风发掘，并未将研究的重点放在对山水画迹的深入发掘和系统分析上，研究成果也多秉承了以画家和画论为中心的研究模式。这些都使得以画作为中心的王时敏山水画迹审美研究成为短板。随着学界对宏大叙事的日渐疏离和对穷究底里的兴趣隆盛，全面稽核考索王时敏山水画作遗迹，深入发掘其意象符号与笔墨技法所呈现或潜藏的审美观念或审美意识，揭橥清初山水绘画的本体发展进程、主体心理结构、时代风尚播迁和传统精神取向，成为清初绘画审美研究亟待强化的一个方向，既有很大空间，也确有必要。

清人张庚《国朝画征录》、《国朝画征录续录》集列清初至乾隆中叶画家460余位，其中，《国朝画征录》三卷集列画家248位。赵尔巽《清史稿》有载："张庚……学于书，深通画理，著画征录及续录，自明末至乾、嘉中，所载四百余人。"[2] 考索张庚对王时敏的描述可知，《国朝画征录·卷上》称，王时敏"凡布置设施、勾勒斫抚、水晕墨彩，悉有根柢。于大痴墨妙，早岁即穷阃奥，晚年益臻神化"，"为国朝画苑领袖。平生爱才若渴，不俯仰世俗，以故四方工画者踵接其门，得其指授，无不名于时，海虞王翚其首也"。[3] 《清史稿·列传二百九十一·艺术三》集列画家104位，对王时敏称颂有加，推重尤甚，可窥一斑。"明季画学，董其昌有开继之功，时敏少时亲炙，得其真传。……于黄公望墨法，尤

---

[1] 陈师曾：《中国绘画史》，中华书局2010年版；潘天寿：《中国绘画史》，东方出版社2012年版；俞剑华：《中国绘画史》，东南大学出版社2009年版；傅抱石：《中国绘画变迁史纲》，上海古籍出版社1998年版；王伯敏：《中国绘画史》，文化艺术出版社2009年版；薛永年、杜鹃：《中国绘画史》，人民美术出版社2000年版；徐琛：《中国绘画史》，文化艺术出版社2012年版；郭因：《中国绘画美学史稿》，人民美术出版社1981年版。

[2] 赵尔巽：《清史稿》卷五〇四，中华书局1977年版，第13908页。

[3] 张庚、刘瑗撰，祁晨越点校：《国朝画征录》，浙江古籍出版社2011年版，第19页。

有深契,暮年益臻神化。爱才若渴,四方工画者踵接于门,得其指授,无不知名于时,为一代画苑领袖。"①清人秦祖永《桐阴论画》沿用逸、神、妙、能四品论画之法,别出新论,尊董其昌、王时敏等为神品。梁章钜亦曾慨叹:"王烟客……髦龄老笔,尚能精丽如此,宜其为我朝画家领袖也。"②方薰《山静居论画》亦谓:"国朝画法,廉州、石谷为一宗,奉常祖孙为一宗。廉州匠心渲染,格无不备;奉常祖孙,独以大痴一派为法。两家设教宇内,法嗣蕃衍,至今不变宗风。"《清史稿》卷五〇四《列传第二九一》曾传王时敏称:"王时敏,字逊之,号烟客,江南太仓人,明大学士锡爵孙。以荫官至太常寺少卿。时敏系出高门,文采早著。鼎革后,家居不出,奖掖后进,名德为时所重。明季画学,董其昌有开继之功,时敏少时亲炙,得其真传。锡爵晚而抱孙,弥钟爱,居之别业,广收名迹,悉穷秘奥。于黄公望墨法,尤有深契,暮年益臻神化。爱才若渴,四方工画者踵接于门,得其指授,无不知名于时,为一代画苑领袖。康熙十九年,卒,年八十有九。"③可见,王时敏画学功绩与地位在其生前身后俱为当时的画坛和官方普遍认同。对此,后世的研究者都给予了应有的关注。近人陈师曾在概论清代绘画时称,清代山水画"承明末之余风,加以王烟客供奉内廷,沈、文、董、陈之势蔓延于画界,所谓文人画之思想趣味,翕然投合,盖亦运会使然也",直接将王时敏视为清代绘画之宗;嗣后,又在论清代山水画时沿《清史稿》之说,将王时敏尊为"画苑领袖"。④ 其后,今人潘天寿概论清画亦称王时敏与王鉴等人"承其(吴派)盛势而为当时画家之领袖,为明、清两代开继之功臣","清初山水,咸以王氏一门为盟主。虽当时承明季学风,盛尚门户,顾未有能夺王氏之席而代之者,亦有所因也。盖烟客运腕虚灵,笔墨之间,若含稚气,此种造诣,惟烟客独步,谓为冠冕诸王,谁曰不宜"。⑤ 俞剑华也以为"清初之画风","最足以代表清朝之画派而风行天下,且与清朝相终始者,实为软媚枯淡之吴派","此派以黄公望为远祖,以董其昌为近宗,以王时敏、王鉴为诸父";"明、清之际,画派虽如雨后春笋,极一时之盛,然或囿于数人,或限于一域,旋起旋灭,如昙花一现,转瞬即归

---

① 赵尔巽:《清史稿》卷五〇四,第13900页。
② 梁章钜:《退庵所藏金石书画跋尾》,中国书画全书本。
③ 赵尔巽:《清史稿》卷五〇四,第13908页。
④ 陈师曾:《中国绘画史》,中华书局2010年版,第96、99页。
⑤ 潘天寿:《中国绘画史》,东方出版社2012年版,第205、220页。

乌有。惟王时敏、王鉴二人在明末已蒙董、陈二家之激赏,俨然为真源之嫡乳、画苑之领袖";"王时敏上继文、董,为清代山水画之开山"。① 这些对王时敏画苑功绩与地位的评说,被傅抱石、王伯敏、薛永年、徐琛、郭因等研究者及美术界、学界广泛接受。选取王时敏山水画迹作为研究清代绘画审美的特定研究对象,正是基于他在清初山水画坛的上述画学实绩和当世公认的盟主地位,无疑是站得住脚的。

稽考各类书画汇册文献所辑王时敏生平画作可知,烟客一生笔耕不辍,丹青不可胜数。徐邦达《历代流传书画作品编年表》引录王时敏画作 149 幅,剔除合册 18 件,有明确画题的尚有 130 幅,其中以仿题名者众,仅仿黄子久的画作已达 20 幅。② 郭味蕖《宋元明清书画家年表》引录王时敏画作 11 幅。其中,作 7 幅,分别是《江山萧寺卷》(见《考槃社支那名画选集二》)、《秋山白云图》(藏故宫博物院)、《松鹤高士图》(藏故宫博物院)、《山水册十二页》(见《知鱼堂书画录》)、《晴峦暖翠图卷》(见《南画大成十六》)、《层峦叠嶂图》(见《晋唐五代宋元明清书画集》)、《午瑞图》(见《南画大成四集》);仿作 4 幅,分别是《仿董北苑山水图》(见《四王吴恽画册》)、《仿王维江山雪霁图》(见《支那名画宝鉴》)、《仿黄子久山水图》(见《域外所藏中国名画集八(一)》《四王吴恽画集》)、《仿李营邱雪山图》(见《四王吴恽画册》),仿作对象为董源、王维、黄子久、李成。③ 刘九庵《宋元明清书画家传世作品年表》中 91 处提及王时敏,引录其画作多幅。④

较之徐著、郭著、刘著及诸家图版,郑威做了更为细致的工作。其《王时敏年表》引录王时敏画作更为全面。郑表稽考《王奉常书画题跋》《中国绘画总合图录》《中国古代书画图目》《古画大观》《石渠宝笈》《历代流传书画作品编年表》《台湾故宫名画三百种》《南京博物院藏古画选集》《南京博物院藏画》《世界美术全集》《中国历代名画精选》《晋唐五代宋元明清名家书画集》《明清名画选》《国画苑名画大观》《澄怀堂书画目录》《过云楼书画记》《吴越所见书画录》《虚斋名画录》《虚斋名画续录》《瓯钵罗室书画过目考》《书画鉴影》《红豆

---

① 俞剑华:《中国绘画史》,东南大学出版社 2009 年版,第 187、198 页。
② 徐邦达:《历代流传书画作品编年表》,上海人民美术出版社 1963 年版。
③ 郭味蕖:《宋元明清书画家年表》,人民美术出版社 1982 年版。
④ 刘九庵:《宋元明清书画家传世作品年表》,上海书画出版社 1997 年版。

树馆书画记》《迟鸿轩所见书画录》《外家见闻》《东洋美术大观》、《支那南画大成》《桥本收藏明清画目录》等数十种文献、图版,从中按年份辑录出烟客画作达304幅。其中,作162幅;仿作104幅;题画38幅。①郑威在年表中提及烟客所作的162幅中,花卉4幅,《端午花卉图轴》《瓶花图轴》《端阳花卉轴》《端午景图轴》各1幅;扇页31幅,《秋山图扇页》《春溪泛艇图扇页》《山静日长图扇页》《茅屋云深扇页》《仿黄公望山水扇页》各1幅,《山水扇页》26幅;此外127幅均为山水,直以"山水"命名者达61幅,《山水卷》4幅,《山水册》4幅,《山水册页》5幅,《山水横幅》《浅绛山水大帧》各1幅,《设色山水轴》2幅,《山水轴》33幅;另有《夏山飞阁图轴》《南山图轴》《层峦秋霁图轴》等66幅。仿作104幅画作皆为山水,其中,《仿古山水册》16幅,《仿古名家山水册》《仿宋元各家山水合璧卷》《仿古袖珍册》《仿诸名家册》《仿元人笔意图轴》各1幅,《仿王维江山雪霁图轴》《仿洪谷子便面》各1幅,《仿杨昇法没骨山水轴》《仿米家山水册页》《仿范宽山水册页》各1幅,仿董源3幅,仿赵伯驹1幅,仿赵孟𫖯2幅,仿高房山1幅,仿黄公望58幅,仿倪瓒6幅,仿王蒙5幅,仿吴镇3幅;仿作对象为王维、荆浩、杨昇、董源、米芾、范宽、赵伯驹、赵孟𫖯、高房山、黄公望、倪瓒、王蒙、吴镇等人。

此外,尚有《中国美术全集》《中国书画全集》《中国传世名画全集》等著中收录了大量的王时敏画作。前人的这些成果都为我们以画作遗迹为中心,稽考和研究王时敏山水画审美特征、发掘和揭橥其后潜藏的时代审美意识奠定了坚实的基础。

二、集成:烟客山水的意象符号

自晋迄清,中国山水画经历了"人大于山,水不容泛"的萌芽、"金碧山水"和"全景山水"的发展、"文人画"的独立、"元际四家"和"吴门画派"的巅峰,一路行来,蔚为大观。与此同时,也成就了一整套独立的山水画意象和话语体系。山水画的意象符号,可从历代名家画论中稽出清晰的脉络。萌芽时期的六朝山水意象,俞剑华曾有明断,山水画自顾恺之、宗炳、王微而后,孑然独立,完全从

---

① 郑威:《王时敏年表》,上海博物馆集刊,1992年10月31日。

真实山水写生中得来。① 据顾恺之《画云台山记》所载,其山水之作中至少涉及山、云、天、水、日、石、冈、峰、崖、磵、桃、松、亭、路、泉、渊、凤、虎等自然物象。宗炳因遍游名山之感发,于《画山水序》发明山水画写生之方法,颇与现代透视学相合。王微《叙画》则称:"以一管之笔,拟太虚之体;以判躯之状,画寸眸之明。曲以为嵩高,趣以为方丈。……然后宫观舟车,器以类聚;犬马禽鱼,物以状分。此画之致也。……按图按牒,效异山海。"顾、宗、王三例俱可见出俞氏所论非虚,山水画的意象符号正是源自自然山水的模范。托名萧绎所作的《山水松石格》直论山水画中山、水、松、石、天、地、云、水、亭、林、草、泉、雾、观、桥、人、犬、兽、禽、霞、桂、路、鸟等诸意象之绘画笔法。高峰时期的唐、五代山水意象,诸家亦有知言高论。杜甫曾作《戏题王宰画山水图歌》《戏韦偃为双松图歌》《奉先刘少府新画山水障歌》等题画诗数首,点破山水画之玄妙正在一水、一石、一松、一树、一舟、一亭、一寺的意象符号之中。王维《山水诀》直言:"夫画道之中,水墨最为上。肇自然之性,成造化之功。"道出山水画意象取自自然、造化的真谛;又在《山水论》中细数丈山、尺树、寸马、分人、目、枝、石、水、波、云、泉、楼台、道路、巅、岭、岫、崖、峦、川、壑、涧、陵、坂、寺舍、小桥、岸堤、古渡、烟树、征帆、根藤、水痕、林木、风雨、早景晚景、春夏秋冬等等具体物象。张彦远《历代名画记·论画山水树石》则称:"魏、晋已降,名迹在人间者,皆见之矣。其画山水,则群峰之势,若钿饰犀栉,或水不容泛,或人大于山。率皆附以树石,映带其地。"先论魏晋山水意象总貌;继称:"国初二阎,擅美匠学,杨、展精意宫观,渐变所附;尚犹状石则务于雕透,如冰澌斧刃;绘树则刷脉镂叶,多栖梧菀柳。功倍愈拙,不胜其色。吴道玄者,天付劲毫,幼抱神奥,往往于佛寺画壁,纵以怪石崩滩,若可扪酌。又于蜀道写貌山水,由是山水之变,始于吴,成于二李;树石之状,妙于韦偃鷃,穷于张通……近代有侯莫陈厦,沙门道芬,精致稠沓,皆一时之秀也。"乃言唐代山水意象仍不出山水树石,但在各时期诸画家笔下各显所长、不守俗变。荆浩《山水赋》《笔法记》及托伪之作《画说》《山水节要》皆为探讨山水的名篇,《山水赋》论及山水之法、式、诀,《笔法记》论画山水之要,《画说》品评作山水画的经验,《山水节要》杂涉山水笔墨之法,均涉山水要论,更于字里行间点破山水意象尽出自然。其后,李成《山水诀》、李澄叟《画山水

---

① 俞剑华:《中国古代画论精读》,人民美术出版社 2011 年版,第 252 页。

诀》、沈括《梦溪笔谈·论画山水》、郭若虚《图画见闻志·论三家山水》、苏轼《东坡论山水画》、郭熙《林泉高致》、晁补之《无咎跋董源画》、米芾《海岳论山水画》、董逌《广川画跋·论山水画》、《宣和画谱·山水叙论》、韩拙《山水纯全集》、米友仁《元晖题跋》、汤垕《画鉴·论山水画》、饶自然《绘宗十二忌》、黄公望《写山水诀》、倪瓒《云林论画山水》、王履《畸翁画叙》、沈周《石田论画山水》、唐寅《六如论画山水》、文徵明《衡山论画山水》、文嘉《文水题画山水》、莫是龙《画说》、董其昌《画禅室论画》、陈继儒《眉公论画山水》等由唐至明历代画论家的画论均一再印证此说。

  作为山水画、文人画的集大成者，王时敏从历代前贤的山水画作及其画论中获益良多。作为董其昌的嫡传弟子，他对晚明画论中的山水画精义领悟尤深，尤以莫是龙、董其昌、陈继儒之论对其山水画创作的影响为大。莫是龙、董其昌、陈继儒俱为晚明画苑大宗。莫是龙论画以李成为北宗、王维为南宗，尤推王维之"无间然"，其《画说》称："画之南北二宗，亦唐时分也，但其人非南北耳。"又称："画家以古为师，已自上乘，进此当以天地为师。"董其昌则在《画旨》《画眼》《画禅室随笔》中标举画分南北宗，力倡源自王维、董巨李范米芾父子承继、黄王倪吴正传、文沈远接衣钵的文人画风。陈继儒称："山水画自唐始变，盖有两宗，李思训、王维是也。李之传为宋王诜、郭熙、张择端、赵伯驹、伯骕，以及于李唐、刘松年、马远、夏圭皆李派。王之传为荆浩、关仝、李成、李公麟、范宽、董源、巨然，以及于燕肃、赵令穰，元四大家皆王派。"又称："文人之画不在蹊径而在笔墨。"在这些理论的熏染下，王时敏的山水画创作学习主要沿着南宗的路子展开，并主要致力于对笔墨和图式的追求。如前所述，现存王时敏画迹中有百余幅仿作作品，这些作品的仿作对象有王维、荆浩、杨昇、董源、范宽、米芾、赵伯驹、赵孟頫、高房山、黄公望、倪瓒、王蒙、吴镇等人，尤以仿黄公望作品数量为最，这些仿作对象俱为南宗的代表画家。以至于后世论家以"复古"评之，多加诟病。然而，事实上，王时敏的"仿"与简单的"复古"是不能等而视之的。王时敏在山水画意象创构方面学古而化的功力十分了得。在他创作与仿作的前述那些数量颇多的山水画迹中，王时敏为我们营构、呈现出自具机杼、足称繁复的烟客山水意象符号体系。

  遍览烟客山水画迹，这一体系至少可见出三个层次：一层为眼中山水即物象；二层为胸中山水即心象；三层为笔下山水即墨象。物象层面的意象符号几乎涵括了自然界中所有的山川林峦、树石时景。如《南山图轴》《武夷山图》《长白山图卷》之写山,《溪亭山色图轴》《秋峦双瀑图轴》《溪山秋霁图轴》之状水,《浮岚暖翠图轴》《松风叠嶂图轴》《松岩静乐图轴》《雪峰树色图轴》《南山暖翠图轴》《晴岚暖翠图卷》之写树石,《夏山飞阁图轴》《夏山晓霁图轴》《幔亭秋色图》《层峦秋霁图轴》《林壑清秋图轴》之状时景。心象层面的意象符号无处不在,如《杜甫诗意图册》之写意,《恺悌君子图卷》之高风,《虞山惜别图轴》之别情,《暝雪卧月图卷》之萧散,《夜读图轴》《归邨图·农庆堂读书图合卷》《溪山胜趣图卷》之雅意。无论是物象层面还是心象层面,烟客画迹中的意象符号均化为经其营谋布局、精雕细琢之后的笔下墨象,无一笔无来历的森严法度之中尽显烟客清真雅正的审美趣尚。

三、纯粹:烟客山水的笔墨功夫

笔墨是山水画的重要视觉媒介,更是清代山水的精魂,涵括笔法和墨法。笔法写物象的结构形体,墨法写物象的浓淡虚实。宗传统、尊笔墨,正是烟客山水的毕生追求,也是他于山水画史在画学理论与创作实践两方面的突出贡献。

然而,山水画宗传统、尊笔墨之美的审美境界并非至清方始。早在托名南北朝时期梁元帝萧峄所作的《山水松石格》中即有"或格高而思逸,信笔妙而墨静"、"或难合于破墨,体向异于丹青"、"高墨犹绿,下墨犹赪"、"审问既然传笔法,秘之勿宣于户庭"之语,揭开了山水画尊崇笔墨之美的序幕。有唐一代,王维《山水诀》亦于"春夏秋冬,生于笔下"句中以"笔"代画,并分画家为妙悟、善学二端,以为"妙悟者不在多言,善学者还从规矩",此处"规矩"之说当为山水画注重传统、强调笔墨之法的肇端。及至五代时期,荆浩《笔法记》抽绎"六要"时已将笔、墨视为其两大重要的形式要素;《图画见闻志》曾载荆浩品评画家语:"吴道子有笔而无墨,项容有墨而无笔。吾当采二子之所长,成一家之体。"既创出山水笔墨并重之论,又明确标举了"有笔有墨"的论画之法。降及宋元,山水画的传统与笔墨更得到了长足的进步。徐建融以为,中国山水审美境界约略可分为三:宋以丘壑尊物境之美,元以人品尊心境之美,清宗传统尊笔墨之美。[①] 显然,这些论点是符

---

① 徐建融:《元明清绘画研究十论》,复旦大学出版社2004年版,第266页。

合画史实际的。即便在以丘壑尊物境之美的宋画和以人品尊心境之美的元画之中,对笔墨之美的锤炼与追求也达到了相当的高度。宋画之中,董北苑、巨然有落茄点、披麻皴之创,李成有淡墨卷云皴之法,范宽亦有雨点皴即豆瓣皴之创,李唐、马夏则有大斧皴之造,等等。元画之中,黄子久谓:"逸墨撇脱,士人家风。"倪云林则称:"逸笔草草,不求形似。"但是,无论宋、元,山水画中的笔墨都不能算作纯粹的形式之美,笔墨在宋元山水中均未具备独立的审美意义,只服务于并决定于特定的内容或目的。宋画的笔墨旨在刻画客观物象,实为工具;元画的笔墨旨在传达主体意兴,亦为工具。这一境况自晚明董文敏而一变,他将唐宋山水"重丘壑"的传统转向了"重笔墨",力图抽象之、提纯之,并使之独立。董其昌《画禅师随笔》称:"画家当以古人为师已是上乘","以境之奇怪论,则画不如山水;以笔墨之精妙论,则山水决不如画","古人云,有笔有墨。笔墨二字,人多不晓,其有无笔墨者?但有轮廓而无皴法,即谓之无笔;不分轻重、向背、明晦,即谓之无墨。"自此,笔墨独立于自然之外,成为形式技巧与画家功力的表征,承载画家品第的标准,走上了独自高标的时代。山水画笔墨意识亦在元明之际具备了独立性与纯粹化的品格。可以说,此论鼓励了文人山水画对"笔墨美"的发掘热忱,也开辟了山水画笔墨对自然物象不断取舍、提纯、精练的抽象化、程式化历程。无怪乎徐建融在其另一部专著中明示:明清绘画的主流即在笔墨。[①]但文敏却又将笔墨"气韵"之美的得来尽归于"读万卷书,行万里路"的物境与心境,未能在笔墨审美的独立上再进一步,是为一憾。

较之文敏,以烟客为代表的"四王"则更具革命性,他们抛却了读书、行路的物境之美与心境之美,将笔墨之美本身视为山水审美的全部内容,并在山水绘画中孜孜不倦地直奔主题,于画作中直接将笔墨之美作为纯粹的审美目标独立出来,努力追求笔墨的形式语言之美。

作为董文敏的高足,烟客于幼年即因祖父"属董文敏随意作树石,以为临摹粉本"之故,得到董其昌"凡辋川、洪谷、北苑、南宫、华原、营邱,树法、石骨、皴擦、勾染,皆有一二语拈提,根极理要"(恽寿平《瓯香馆画跋》)的指点,因此,对山水画的传统和笔墨之美皆有心得。具体而言,烟客山水笔法尤尊黄子久,线条空灵、用笔涩润,画作干湿浓淡皴法相交,时见书法意趣,山石皴法尤以披

[①] 徐建融:《传统的兴衰》,上海书画出版社 2003 年版。

麻皴后叠加迭皴、淡墨渴笔,明洁滋润、刚健苍老、丘壑浑成,画风颇得子久笔墨之妙;烟客山水"墨法之妙,主从笔出",画作笔墨多润中带干,画风苍润秀浑,一如其自谓"画不在形似,有笔妙而墨不妙者,有墨妙而笔不妙者。能得此中三昧,方是作家"。

早岁所作《为明翁作山水图》轴(1616年,藏上海博物馆)、《山水图扇》(1625年,藏北京故宫博物院)、《山水图扇面》(1627年)等画作,皆画群山、屋舍、柴门、水带、树石、水草,在笔墨上均取法元四大家之黄子久,却将黄子久之雄浑化为董文敏之尖细文雅,笔力稍嫌纤弱。《仿倪瓒山水轴》(1627年,藏北京故宫博物院),于笔墨上摹仿倪云林,获董文敏、陈眉公激赏。董题称:"遂能夺真,当今名手不得不以推之。"陈跋称:"启南老,征仲嫩,王尚玺衷之矣。"倪云林之画似嫩而苍,尤为难学。烟客此画,一水两岸、土坡拥树、空亭远山的意象布局,渴笔淡墨、中侧互见、折带皴的倪家笔法,出众之处正在学倪画而兼得其形、韵,不足之处则在用笔规矩有余而灵动不足。《仿云林春林山影图》(1633年,藏北京故宫博物院),较之前幅习作,变倪氏秀峭笔法为董氏之秀润,神、韵、气距云林皆远,更多的是董文敏所倡的笔墨精神。《仿董北苑山水轴》(1629年,藏上海博物馆)意临董源,参以巨然、黄子久。《古木竹石图》(藏上海博物馆)则颇得黄鹤山樵王蒙笔意。《长白山图卷》(1633年,藏北京故宫博物院)虽非摹古之作,然山形水势、云林漫树、芳草苍苔却无一笔无来历,处处可见由董文敏而上溯南宗诸大家的笔墨痕迹。

壮岁所作《秋山白云图轴》(1649年,藏北京故宫博物院),取法子久,笔墨秀润,披麻皴与横点皴相间,淡墨湿笔,细密润媚,画秋山雨后、浮云流泉,尽显萧疏气象,虽自题:"虽曰摹仿大痴,实未得脚气也,愧绝愧绝。"实则得其神而不再其迹似之间。《丛林曲涧图》(1650年)类《云山书斋图》(1658年),笔墨师法黄子久,又间杂董文敏,另融董北苑、巨然、黄鹤山樵及云林的山石树木画法,尽得子久布局、气势,又变子久的雄壮、遒丽为浑厚、秀媚及儒雅。《为卫仲叔画山水图》(1658年)与《松鹤高士图》(1661年)及前两幅仿黄公望的作品相类,用笔求"毛"而达"暗",所谓"山水非毛不厚"是也,即:淡墨渴笔皴擦山体石面,令人倍觉浑厚苍茫。《仿古山水图册》(十二开,藏北京故宫博物院)为其壮岁杰作,力摹董北苑、巨然、米友仁、赵令穰、赵承旨、赵孟頫、黄子久、倪云林、吴镇、王蒙诸家,妍而不甜,艳而能典,精谨严整,恪守法度,深得诸家要旨。

此十二幅者，虽面貌各异，但不论山势、峦头、坡脚、水口，还是丛木亭屋、苔点皴法，笔墨技法均一以贯之，实已化诸家为一家：温润如雅、温柔冲和、平淡沉稳、法度森严、求"毛"达"暗"。无怪乎尽管烟客自谦"软甜疥癞，不足为法"，吴大澂仍将之视为所见王画"第一神品"。

《放黄公望山水图》(1663年)、《山水图扇》(1665年)、《峰峦华茂图》(1669年)、《仿黄公望浮岚暖翠图》(1672年)、《松岩静乐图》(1671年)等则俱为烟客晚岁仿子久佳作。《仙山楼阁图》(藏北京故宫博物院)，与《松鹤高士图》相类，明润苍洁，风流蕴藉，吴伟业称之："苍深高远，尺幅间恍见仙真栖止，出入于烟云缥缈间。笔墨之奇，非仅得子久三昧也。"《虞山惜别图》(1668年)更见功力，淡墨渴笔皴擦山体石面，加以淡湿墨笔渲染，用笔"毛"而达"暗"，"暗"而"不明"，浑厚苍茫。《山楼客话图》(1673年)笔墨与布局均异于惯常、力求突破，于子久之外，更见黄鹤山樵气象，且有烟客自己的创构，独具空灵飘逸之气。《仿古山水册》(1662年，藏北京故宫博物院)和《作杜甫诗意图册》(1665年，《石渠宝笈初编》著录)①更是代表王时敏山水创作水准的晚岁佳构。《仿古山水册》，分题仿董北苑、倪云林、黄子久、赵承旨、吴镇、王蒙、张中、赵令穰、陆广、徐贲等。较之壮岁所作《仿古山水图》，差异立显：后者求形似而儒雅文秀；前者师其意而从己心，不在其迹。尤其是干笔皴擦的大胆广泛运用，已冲破诸家藩篱，自成一家；山水树立形态也不再谨守各家面貌，时出己意。《作杜甫诗意图册》(十二开)更是烟客晚岁最杰出的画作。晚岁所作的这两套册页，或曰仿古，或曰画杜，实则均为冲破樊笼、自出机杼、自成一家的写意创造和典型代表，令人耳目一新。

纵观烟客一生画迹，不难见出王时敏山水画独特的笔墨风格：注重笔墨，用笔圆润、笔法求毛，嫩处如金、秀处如铁、卓然成品，墨法醇厚、色墨融通，淡墨干

---

① 十二开册页所绘杜诗分别是：第一开，《九日蓝田崔氏山庄》："蓝水远从千涧落，玉山高并两峰寒。"第二开，《南邻》："白沙翠竹江村暮，相送柴门月色新。"第三开，《客至》："花径不曾缘客扫，蓬门今始为君开。"第四开，《七月一日题终明府水楼》其一："断壁过云开锦绣，疏松隔水奏笙篁。"第五开，《涪城县香积寺官阁》："含风翠壁孤云细，背日丹枫万木稠。"第六开，《登高》："无边落木萧萧下，不尽长江滚滚来。"第七开，《暮登四安寺钟楼寄裴十迪》："孤城返照红将敛，近寺浮烟翠且重。"第八开，《严公仲夏枉驾草堂兼携酒馔得寒字》："百年地僻柴门迥，五月江深草阁寒。"第九开，《秋兴八首》其二："请看石上藤萝月，已映洲前芦荻花。"第十开，《送李八秘书赴杜相公幕》："石出倒听枫叶下，槽摇背指菊花开。"第十一开，《七月一日题终明府水楼》其二："楚江巫峡半云雨，清覃疏帘看奕棋。"第十二开，《题张氏隐居二首》其一："涧遭余寒历冰雪，石门斜日到林丘。"

笔皴擦,淡墨湿墨渲染,干湿浓淡富于变化,笔致老辣。这种笔、形、意、情浑然一片而气脉贯连的笔墨风格的形成有其特有的嬗变轨迹:早岁从董文敏直追先贤,尽肖各家山水风貌,奠定传统笔墨的深厚根底,并以清润文柔的笔墨得董氏神髓;中岁渐脱文敏牢笼,直接元季子久之风,并于临摹传习之上,干笔皴擦力求用笔之"毛"、画风之"暗",尽得浑茫苍厚之势;晚岁笔墨更从心所欲而臻至高庙之境,卓然成家,宗主海内。细读烟客一生各时期的山水画迹,其摹古实为化古融变,笔法由文秀而儒雅更进于老辣,墨法由清润而浑厚更进至苍茫,可谓融诸家之法随机发生。总之,无论是早岁、壮岁画作,还是晚岁画作,王时敏无不对笔墨之美倍加关注,在学习古人笔墨之法的同时,既重笔法,又重墨韵,于笔墨的情、力律动中呈现出烟客主观心性特征,其宗传统、尊笔墨的艺术追求随处可见,悟深而随出,对古人笔墨展开炉火纯青的化古师法和集大成式的总结性推进,成就了画论与实践的双重高峰。

四、经典:烟客山水的图式风格

"山川之美,古来共谈。"(南朝陶弘景《答谢中书书》)图式是山水的法典,涵括笔墨、色彩、构架、意蕴诸要素。笔墨当随时代,图式亦然。不同时代自然有不同的语言符号和审美图式。它是各朝各代借由迥然相异的话语形式营造的承载不同精神蕴涵的生态语境,尤以语言程式和审美内涵为要,同时又与彼时彼代的时代精神紧密关联,承载着迥然相异的精神追求和审美意趣。因此,笔墨的纯然求索与图式的形态转换,是时代变迁背景下山水画发展的必然趋向,也是山水画发展的内在需要。烟客山水图式以"重笔墨轻丘壑"著称,是清代山水的典范,几成其后三百年间山水绘画的笔墨程式。

综览烟客山水画迹,烟客山水丘壑的布置多取一层坡、二层树、三层山的固定程式开合而成,树丛的组织穿插、山峦的结构堆垒也是大同小异,几乎都恒定不变地选择于左上或右上方的天际空白处,从而使所描绘的物象,纯粹成为一种平面构成式的设计,成为他继承传统之法、展现笔墨之美的框架。可以说,烟客山水画迹的文笔雅秀,章法端严,进一步完善了古代山水画的经典图式。总体来看,其图式均为平面化的小石布排而成山,堪称概念的、程式的经典样式。这一经典图式源自中国山水画的传统笔墨样式,成为纯然独立的笔墨形式语言之美的奠基,是烟客笔墨功力的具体落脚点。如前所述,在王时敏看来,笔墨之美是山水创作的准则和评判的标准,传统之法是笔墨之美的起点和归宿。正是因着这些经典图式的完美追求,烟客山水的笔墨之美才不至于沦入无所依托的尴尬境地。

具体而言,烟客代表性山水画迹无一不既深具纯然之笔墨,又颇有匠心之图式。纯然的笔墨之美在烟客山水画迹中处处可见。例如,《山水册》,[1]是烟客众多山水图册画迹之一,其笔墨取法子久,干皴湿染,莽苍深邃。《仙山楼阁图》,[2]为贺寿之作,笔法亦宗子久,干湿皴擦,勾线空灵,浓淡点染,苔点细密,墨法则宗文敏,明洁苍润,气厚力陈。《南山积翠图》,[3]亦为祝寿之作,繁复用笔,气势雄伟,行笔缜密,墨气酣畅,清润自然。《秋山白云图》,[4]以大小披麻皴显山石之阴阳,辅以密点为苔,树木或勾点,或直以横竖点法写意,更以赭石、花青为树石着色,用笔隽秀沉厚,水墨雅淡清丽,颇得文敏推崇之南宋画风。《落木寒泉图》,[5]渴笔淡墨,折带间杂披麻,清劲平淡,温雅宽和,颇得云林笔意。《杜甫诗意图》,[6]用笔潇逸。《丛林曲涧图》,[7]笔法文秀。这些力作均可见出王时敏超出常辈的笔墨功夫,与此同时,这些笔墨功力的显现却又绝非毫无依傍的空中楼阁,它们都巧妙地借助烟客匠心独运的图式布局彰显出来,形成烟客为首的"四王"山水的典型样式。例如,《山水册》写山野景致,幽雅静穆。《仙山楼阁图》,写松岭溪村,功力深厚;远眺为层叠的峰峦山岭和覆顶的林树,中观是溪出高山低汇成河,山林环抱中间置绰约的楼阁,压轴近景为两株巨松,层次分明,布局得当。《南山积翠图》,主峰踞正,众峰烘托,密树浓荫,云气浮生,以高山苍松寓"寿比南山",是烟客山水的经典佳构。《秋山白云图》,全景布局,远山以尖峰为主、孤峰相辅,中景山林密布、屋舍掩映,近景泉流自屋旁急出,山石阴阳分明,丛树横竖勾点,薄施淡彩,显出明显的一层坡、二层树、三层山的章法布白的雏形。《落木寒泉图》,写太湖秋岸,寂静秋凉,近为铺满碎石

---

[1] (清)王时敏:《山水册》,纸本墨笔,纵23厘米,横31厘米,北京故宫博物院藏。
[2] (清)王时敏:《仙山楼阁图》,纸本墨笔,纵133.2厘米,横63.3厘米,北京故宫博物院藏。
[3] (清)王时敏:《南山积翠图》,绢本设色,纵147.1厘米,横66.4厘米,辽宁省博物馆藏。
[4] (清)王时敏:《秋山白云图》,纸本设色,纵96.7厘米,横41厘米,北京故宫博物院藏。
[5] (清)王时敏:《落木寒泉图》,纸本墨笔,纵82.8厘米,横41.5厘米,北京故宫博物院藏。
[6] (清)王时敏:《杜甫诗意图》,纸本设色,纵39厘米,横25.7厘米,北京故宫博物院藏。
[7] (清)王时敏:《丛林曲涧图》,纵100厘米,横52.8厘米,天津市艺术博物馆藏。

的湖边坡地,中为右侧高峰,远为一带横山展于空旷水面之间,一派潇疏荒寒、平和温雅之气。《杜甫诗意图》,十二幅册页或状绝壁高峡,或写山乡春景,或绘松石云林,或题藤荻花月,或画弈棋之兴,兴致盎然,墨韵生动。《丛林曲涧图》,写物实而不死,造景繁富庄雅,远眺以高岭为主,环护群山,辅以密林,点缀屋舍,中观一水自山涧深处曲转流出,近岸山脚,亭树卓然,一派虚和至境。《答赠菊作山水图》,[1]是烟客描画崇山峻岭深处叠峦山色的以布境见胜的另一佳构,全画构景繁复,远山、密林、腾云、浮雾、山谷、深涧、庭院、楼阁、山道、清溪,意象集中,秩序井然,布局精妙,温厚博大。

诚然,烟客山水在今天的我们看来,似乎既缺少了天造地化的自然生气,又少有空灵寂照的禅意哲思,以至于受到了近世画坛的集中批判,甚至因其在山水"程式化"的成就而被视为牢笼桎梏后世山水发展的一大罪端,其于山水艺术笔墨图式精进方面的功绩进而被全盘否定和全面抹煞,这显然是不符合画史的实际的。实际上,中国山水画自早期独立于画界成为一个画种开始,就离不开对笔墨纯化和图式经典等抽象程式的不懈追求,以此强化山水画种的专业排他性。从荆浩、关仝到董源、巨然,从李成、范宽到郭熙,所有的山水画家都在自己的山水画创作实践中致力于营构自己的抽象程式。荆浩、郭熙更在《笔法记》、《林泉高致》等著作中从理论层面开启了对山水画笔墨图式的抽象程式的探索。较之前人,南宋马远、夏圭在山水画的笔墨程式和图式经典方面率先取得了可见的成果和实绩。笔墨程式上,斧劈皴成为马夏二人组织线条的标志性绘画语汇;图式造境上,"马一角"、"夏半边"打破了北宋长松大壑的全景山水构图模范,以鲜明的个性倾向和主体意识著称于世。为此,当代学者陈振濂以为南宋"马远、夏圭是山水画走向程式化的第一次明确尝试"。[2] 时至元代,对山水画抽象程式的探索随着黄公望、吴镇、倪瓒、王蒙的崛起成为画界潮流,子久披麻皴和黄鹤山樵牛毛皴更昭示着山水画创作注重绘画线条语言本体表现力、致力于画家主体对客体山水体悟的新兴模式的诞生。随着画家主体集体性地对绘画的笔墨语言和图式造境等形式本体展开自觉地干预与改造,抽象程式探索取得了长足进步,山水画的形式也更加独立起来。延及明末,董文敏根据

---

[1] (清)王时敏:《答赠菊作山水图》,纵128.4厘米,横57.2厘米,南京博物院藏。
[2] 陈振濂:《清初"四王"的程式与山水画发展主客观交叉诸问题》;朵云:《清初四王画派研究论文集》,上海书画出版社1993年版,第331页。

极富模式化特征的风格分类首倡"南北宗论",并力尊南画,视工细、柔软、清淡、文人气等南画特征为山水画必备的"固定格式",直接促成了山水画笔墨图式等语言形式本体的独立,客观上造成了山水画艺术本体对艺术功能的胜利,在绘画理论上赋予山水画的抽象程式探索以合法性,从而将山水画的程式化推到极致。降及烟客为首的清初四王,进一步巩固和强化自荆关董巨开启,至董文敏而极致的山水画本体化、程式化倾向,就成为源自中国文化传统和山水画发展趋势的必然性的行为。因此,仅就"程式"这一点而言,它既是烟客基于总结前代南宗山水画笔墨程式和图式经典的实践而对后世山水画学的突出贡献,更是中国山水画本体发展的必由之路。

中国文人画和山水画史中始终交错、互生,演绎着五组貌似对立实则统一的艺术理念,呈现出循环往复、此起彼伏的艺术图景,即:写真与写意、对景与传心、丘壑与笔墨、自然与抽象、再现与表现。烟客山水所营构的经典图式正是源自他对中国文人画和山水画史的熟稔,源自他对古代山水画传统的集成式承继与发扬。这些经典图式既是他经过长期临摹传写、提炼而成的一种几近程式化的稳定绘画样式,又饱含着他寓笔墨、色彩、构架、意蕴为一体的山水体验与笔墨凝练,寄予着他荒率苍莽的精神状态,更是他借由"笔墨程式"体现古代传统文化蕴涵的视觉模式。从烟客现存山水画迹的精致笔墨与完美图式中,我们不难见出,漫长的农耕文明背景中的水墨山水,不仅是古代传统文人娱情遣兴、卧游骋怀的一种存在方式,更是他们面对时代变迁所带来的全新价值观念和审美趣尚时的美学旨趣选择。

五、化成:烟客山水审美观念

自董文敏"画分南北"之说行世,南宗山水画在玄宰全面、系统的选择、整理、总结、重组下,开启了独立于画坛的传统理论建构与笔墨图式净化两大历程。以烟客为首的四王两代人接力续棒文敏,在近百年的画学创作实践中展开了对文敏的南宗山水画理论和笔墨图式新规的继承、展开和推进,形成了一种既直接传统山水画写景造境精妙之处的笔墨图式风格,又深中儒家美学规范和清廷官方宣传需要的审美趣味——"清真雅正",突出表现为"尊正统、崇南宗"、"尊传统、崇摹古"、"尊法统、崇化成"三大审美观念。而这三大突出的理念,在清代画学实践中均始于王时敏。

一是尊儒学、尚中和、崇南宗的正统意识。探究烟客山水的正统意识,难以脱离他所处历史时期的独特语境和社会背景。烟客及其孙王原祁主导的娄东、虞山被尊为清初"山水正宗",被清廷视为"正统",是清代画坛的一大格局。对此,自清迄今的研究者们均达成了共识。有清一朝,张庚《国朝画征录》首先论证了"四王"的正宗地位,唐岱《绘事发微》单列"正派"一章对此加以明确,沈宗骞《芥舟学画编》的论述则更为系统全面。降及近现代,诸多美术史论专著和教材乃至多数学者均对四王正统之说持认同意见。刘纲纪《"四王"论》称:"四王一派在当时的画坛上,处于统治者所认可的正宗地位。"王伯敏《中国绘画通史》亦称:"四王山水画,得到清代统治者的最高推崇,被尊为山水的正宗。"洪再新《中国美术史》也认为:"正统派……不仅见重于朝廷,而且左右了清初百余年的画风。"烟客山水正统地位确立之因,端在内在理路和外缘影响两端。其内在理路,实为中国山水画自然发展的自我需要,是山水画本体发展的必然选择。烟客及其门下诸徒,上承董文敏于"画分南北"、尤尊南画背景下重构的山水文人画传统,职志复古,标榜正传,致力于章法布境的图式结构美与笔墨的纯粹之美,集传统山水画之大成而变化之,将清代山水笔墨与结构之美推至巅峰。其外缘影响,则出自清廷在画坛等文化领域推尊儒学、掌控舆论的宣传需要。满清代汉,清廷出于笼络和牢笼汉族文士以巩固朝纲的目的,顺应历史形势的发展调整文化管理政策,于康熙一朝开始给予烟客为首的"四王"所继承、发展和推进的南宗山水画图式经典和笔墨程式以官方认可与推崇,加之清帝康熙对董文敏书画的个人偏好,更使得与玄宰有过密切关系、在理论和实践上恪守玄宰主张的烟客一派得其荫蔽。因着这两重原因,烟客等四王为代表的画派顺理成章地成为"正统"画派,其所推崇的笔墨程式与图式经典也自然成为风靡朝野的楷习模范。

二是尊传统、尚经典、崇摹古的历史意识。作为"国朝画苑领袖",王时敏引领清初四王逐步成为得当时画坛和清廷官方双重公认的正统地位,其根柢端在烟客山水创作与画论中浓厚的历史意识上。《西庐画跋》是集中反映烟客绘画思想的论著。在这部专著中,王时敏重点强调了山水画创作中尊传统、尚经典、崇摹古的历史意识,标举"得古人神髓"、"与古人同鼻孔出气"、"与诸古人血脉贯通"等核心观念。烟客为首的四王在清代被尊为正统的事实证明:存在于画家和观者中强烈而自觉的历史意识,是清初文化发展中较之前代更为突出的一大特征;彼时,历史传统不仅被人们作为一个承继的对象,且已成为衡量文化艺术的重要价值尺度。烟客绘画创作和绘画思想中尊传统、尚经典、崇摹古的历史意识源自董其昌。董文敏可谓烟客学画的正式蒙师。早在少年时代,烟客的祖父王锡爵即"属董文敏随意作树石,以为临摹粉本,凡辋川、洪谷、北苑、南宫、华原、营邱,树法、石骨、皴擦、勾染,皆有一二语拈提,根极理要"。(恽寿平《瓯香馆画跋》)董文敏亦将王时敏视为嫡传弟子,教授起来十分尽心尽力:他采用传统的粉本教学法,列出自己推崇的南宗大家作为临摹对象,为王时敏亲作粉本画册示范,迄今尚有《唐宋人诗意图册》、《小景山水册》两卷传世;他敦促王时敏不断仿作自己的画作,如王时敏《仿董北苑山水图》轴笔法构图皆酷似董文敏《仿北苑山水》轴,烟客《仿董北苑山水图》轴笔墨图式亦直通文敏《仿董北苑溪山樾馆图》轴;他还提出"树法石骨、皴擦钩染"的技法和"随笔率略处,别有一种贵秀逸宕之韵"的意趣两大习画要求,将自己毕生追求的山水画学价值判断贯注于对王时敏的教授之中。这些学画开蒙的宝贵经历都为师事玄宰的烟客奠定了崇尚传统的坚实底蕴和取法传统的师古倾向。烟客的历史意识还突出表现在他山水创作中取法对象的广泛性和师古方式的多元化。在取法对象上,在董文敏之外,王时敏还以自唐迄明的历代诸多山水大家为师。如前所述,烟客传世山水画迹的取法对象至少有王维、荆浩、杨昇、董源、米芾、范宽、赵伯驹、赵孟頫、高房山、黄公望、倪瓒、王蒙、吴镇等人,既有单幅取法作品,又有颇具规模的取法合册,既有笔法、墨法、设色的技巧取法,又有取景、构图、布境的韵味师法,可谓实至名归的集大成。在师古方式上,王时敏也是"临"、"仿"结合、手段多样。"临"作较为强调客体性,注重客观真实,突出相"像"。王时敏对照原本描绘的此类作品较少,仅见《临大痴浮见烟嶂图》轴、《临大痴良常山馆图》轴等卷。较之"临"作,"仿"作则更为强调主体性,注重主体意会,突出"意"到。王时敏参考诸家精品的此类"仿"作颇多。如前所述,徐邦达所引录王时敏画作149幅中,剔除合册18件,有明确画题的尚有130幅,其中以仿题名者众,仅仿黄子久的画作已达20幅。总之,烟客于山水画传统中所汲取的养分堪称一绝,其取精用弘之功亦足堪彪炳画史。可以说,王时敏山水画中的历史意识一方面与其在理论和实践上恪守董其昌的主张有直接的关系,以至于吴伟业曾将其与董其昌并列于"画中九友";另一方面,也与其在传统选择方面师法诸家而不偏废、致力于子久云林而尤重自家风貌不无关系。因着这层关节,方薰《山静居论画》曾言:"国朝画法,廉州、石谷为一宗,奉常祖孙为一宗。廉州匠心渲染,格无不备;奉常祖孙,独以大痴一派为法。两家设教宇内,法嗣蕃衍,至今不变宗风。"

三是尊法统、尚融通、崇化成的现代意识。近世以来,世人常以为宋画写实,元画抒情,明清画则复古保守守旧,而对烟客山水的批驳更集中在他的"复古"和"程式化"上。关于"程式化",前已述及,兹不赘言;关于"复古",似可细辨。诚然,烟客山水风格确乎成于"摹古","复古"而使后人有法可依想来也确乎烟客本意,但由此而导致后来鄙陋画手学而不化乃至走向呆板僵死想亦未必是烟客的初心。后之论家强以鄙陋后学的过失加之于前已作古的烟客乃至四王,恐非公允之论。实际上,烟客作画亦常有借他人酒杯浇胸中块垒之作。王时敏曾自述:"每当烦懑交并,无可奈何,辄一弄笔以自遣。"又在《西庐画跋》中称:"坡公论画,不取形似。则临摹古迹,尺尺寸寸,而求其肖者,要非得画之真。吾画固不足以语此,而略晓其大意;因以知不独画艺,文章之道亦然。山谷诗云:'文章最忌随人后,自成一家始逼真',正当与坡公并参也。"[①]细读烟客山水墨迹,细品烟客画论之语,均不难见出烟客尊法统、尚融通、崇化成的现代意识。烟客山水尊法统的现代意识源自乃师董文敏,但已臻青出于蓝而胜于蓝之境。董文敏《画禅师随笔》中提出"画家当以古人为师已是上乘",开辟了中国山水画注重"笔墨美"的审美境界,所谓"以境之奇怪论,则画不如山水;以笔墨之精妙论,则山水决不如画"。但其"师古"力求学习、规范、修正前人图式以自成一家,尚且停留在创作法则层面。而烟客则不仅将"学古"视为创作准则,传统山水画的笔墨图式均由一套约定俗成的构图章法和笔墨技巧的程式组成,而这些章法和技巧便是烟客为首的清代"正统派"山水创作的规则;更将"学古"发展成评判标准,以为"毋论蹊径,宛然古人",而笔墨神韵"仿某家则全是某家,不杂一他笔,使非题款,虽善鉴者不能辨",强调"学富力深,遂与俱化,心思所至,左右逢源,不待摹仿,而古人神韵自然凑泊笔端者",指向"同鼻孔出气"、"血脉相通"、"夺神抉髓"、"重开生面"等与古人"神遇迹化"的至高画境。如果说,宋人山水的评判标准是客观的真实,元人山水的评判标准是主观的真实,

---

[①] 周积寅:《中国画论辑要》,江苏美术出版社1985年版,第347.页。

那么,清初"正统派"山水的评判标准便是前人的图式,所谓"画不以宋元为基,即如弈棋无子,空枰何凭下手"(吴历《墨井画跋》)。烟客再三慨叹"迩来画道衰矣,古法渐灭,人多自出新意,谬种流传,遂至衰诡不可救挽",其旨正在确立全新的山水画创作法则和评判标准。这就把山水画创作中的历史意识和笔墨美的境界又向前推进了一步,较之乃师明显更进一筹。烟客山水尚融通的现代意识突出表现在其对造化自然和笔墨图式的贯通上。尽管烟客山水常以"临"、"仿"、"摹"、"拟"题画,但却绝无全然翻版复制古画原作之举。非特如斯,烟客"学古"之外并未似俗论之抛却造化之师,相反,烟客青壮年时足迹半天下,名山大川、自然奇观的经历颇为丰富,与此同时,还经常追随乃师董文敏遍赏历代名迹。《国朝画征录》称其:"家本富于收藏,及遇名迹,不惜多金购之……每得一秘轴,闭阁沉思,瞠目不语,遇有赏会,则绕床大叫,推掌跳跃,不自知其酣狂也。尝择古迹之法备气至者二十四幅为缩本,装成巨册,载在行笥,出入与俱,以时模楷,故凡布置设施,勾勒斫拂,水晕墨彰,悉有根柢。"可知,烟客是在胸中自有丘壑的基础上对前贤巨手的笔墨图式心摹手追的,尽管他的山水创作并未以模范自然山川为目标,但其追摹前贤笔墨图式之美的力作无不潜藏着对造化自然的潜移默化的师法追求。烟客崇化成的现代意识集中反映在他的学古能化和对山水画境的不懈追求上。从总体上来看,烟客山水用功最深的当推黄子久。张庚《国朝画征录》称其"于大痴墨妙,早岁即穷奥,晚年益臻神化,世之论一峰老人正法眼藏者,必归于公"。青年王时敏受乃师启发,认为"子久画冠元四家……盖以神韵超轶,体备众法,又能脱化浑融,不落笔墨蹊径,故非人所企及。此诚艺林飞仙,迥出尘埃之外者也"(《西庐画跋》)。到了晚年,他更认为子久画功神明变化不可端倪。然而,子久笔墨在烟客山水中决非唯一之法,在他的创作实践中,烟客始终以子久为中心,"沿波讨源"、"见过于师",上追董巨,旁及倪瓒,泛滥诸家,既能与子久"血脉贯通",又能"使之重开生面",达到秦祖永《桐阴论画》所评的"运腕虚灵,布墨神逸,随意点刷,丘壑浑成"。这一特点,越到晚年越为明显。从存世作品来看,子久之外,对于宋元大家,烟客亦均能学古而化。其《仿古山水图》册中,既仿黄公望,也仿董源、赵令穰、米友仁、赵孟頫、王蒙。虽然每一幅都使用了某一家的某种语言范式,但在创造山水画笔墨美的境界方面,有着他自己鲜明的艺术追求,表现出了非凡功力和精湛造诣。其中,仿小米一幅,运用积墨、破墨技法来表现厚重的画面肌理效果，皴笔不多，而点、擦、染层层积累，却绝不沉滞板结，而是在厚重的、多层次的墨色叠合中，抒写出一种轻清、虚和、萧散的韵致。仿赵令穰、赵孟𫖯的两幅小青绿，虽然用笔设色轻清浅淡，却有沉厚恢宏气度。综观全册，他荟萃诸家之长而陶冶之，"浑厚之中仍饶逋峭，苍莽之中转见娟妍，纤细而气益宏，填塞而境愈廓"，充分反映出他对于山水画意境创造中化成体悟，也反映出他对运笔、落墨、布色、皴擦点染等等传统的技法规则的历历分明而又变幻无穷的不懈追求。

论中国史前陶器

刘成纪

（北京师范大学　100875）

摘　要：中国美学和艺术是农耕文明的产物。就陶器以泥土为材质的特性而言，它天然关联于农业，是农耕文明的直接产品，也是这种文明向美和艺术生成的最早见证。与史前时期其他器具相比，陶器作为一种充分为己的器具，表现出更高的人类性；作为贮存类器具，它是人类时间认知和时间经验的触点；作为容器，它拓展了人关于生存资料认知的边界，也为虚与实、空与用的辩证关系提供了最早的实物印证。在新石器时期，中国远古陶器表现出鲜明的区域差异，但相邻区域之间审美风格的交叠重合，又使其共同构成了一个工艺连续体。这种连续关系昭示了一张审美之网的存在，它为后来华夏审美共同体的形成提供了值得注意的背景。

关键词：农耕文明　史前陶器　工艺连续体　审美之网

1963 年，宗白华先生在其为北京大学哲学系、中文系开设课程的讲稿中，第一次提出应将中国新石器时期的考古发现纳入中国美学史研究的范围[①]。1981 年，李泽厚则在其《美的历程》的开篇，将中国人审美意识的起点定位于旧石器晚期和新石器早期。从 20 世纪以来中国美学史研究的状况看，宗、李二人的理论提倡和学术实践是重要的。这是因为，20 世纪前半叶的中国美学研究，

---

① 如宗白华所言："学习中国美学史，在方法上要掌握魏晋六朝这一美学思想大转折的关键……但是中国从新石器时代以来到汉代，这一漫长的时间内，的确存在过丰富的美学思想，这些美学思想有着不同于六朝以后的特点。……特别是近年来考古发掘方面有极伟大的新成就（参见夏鼐：《新中国的考古收获》）。大量的出土文物器具给我们提供了许多新鲜的古代艺术形象，可以同原有的古代文献资料互相印证，启发或加深我们对原有文献资料的认识。"（宗白华：《中国美学史中重要问题的初步探索》，见《宗白华全集》第 3 卷，安徽教育出版社 1994 年版，第 448 页。）

往往仅从魏晋六朝、即所谓人、文学、艺术的全面自觉时代开始。三代至汉朝的审美和艺术创造尚很少涉及,更遑论漫长的史前文明时期。目前,关于中国美学史研究到底应从何处开始的问题,学界尚难以形成统一的意见①,但将学术视野向史前拓展却已成为可接受的事实了。这无疑是中国美学史研究领域的重要进步。

史前文明,自19世纪中期以来,被西方史学家更具体地划分为旧石器和新石器时代。至20世纪初,这一人类早期历史分期法被移入中国。目前,对这一漫长历史时段的美学和艺术史的考察,中国学者除在宏观层面关注新、旧石器加工所凸显的审美意识外,重点注意这一时期的三种"艺术"形式,即岩画、玉器和陶器。其中,由于中国各民族的文明进程存在差异,岩画研究存在着历史年代界定的困难。也就是说,目前中国境内的岩画大多存在于边疆地区,而许多边地民族至近代才逐步改变其原始的生产、生活方式,与其相关的岩画是否可被视为远古资料是引人质疑的。与此比较,上古玉器研究,由于有中国漫长的玉文化为背景,现代考古学界、艺术界、文玩界均对此种器物给予了充分注意,所以成果相对丰赡。而陶器,作为中国新石器时代最具代表性的器具,一方面由于出土的丰富性而被史学界广泛关注,甚至所谓的新石器时代,在中国应更准确地被称为陶器时代;但另一方面,对其文化、哲学和审美价值的深入分析又是严重不足的。在这种背景下,陶器研究,就成为理解中国社会早期审美和艺术状况的重要维度。下面分而论之。

一、远古农耕文明与陶器的生成

陶器是远古人类由渔猎、采集进入定居式农业社会后的产物。它出现时间的上限,今天大致被定位于新石器时代早期,即农业文明的发端时期。关于陶器与人类定居生活的关系,英国考古学家保罗·G.巴恩曾讲:"在新石器时代以前,陶制器皿没有出现的原因是很简单的,即居无定所的狩猎者和采集者一般不大使用沉重易碎的容器,而是需要轻便的、用有机材料制作的容器。陶

---

① 参见刘成纪《中国美学史应该从何处写起》,《文艺争鸣》2013年1月号。

是与定居者同在的。"①进而言之,在人类历史上,最早的定居生活又必然依托于农业,因为农业生产方式依附于土地,而土地是一种无法移动的自然资源。这样,土地的非移动性也就决定了农业民族必然是定居的民族,陶器与人类定居生活的关联,也就是这类器具与农业建构的稳定关联。同时,陶器作为以泥土为材质的容器,它被制作的前提是人们对泥土本性的洞悉。就此而言,陶器不同于珠玉、宝石等来自大山的恩赐,而是从泥土中生长出来的器物。由此,自然性的泥土、人类的定居生活和农业生产方式,构成了对远古陶器存在与生成状况的基本规定。

中国美学和艺术是农耕文明的产物。就陶器以泥土为材质的特性而言,它天然关联于农业,是农耕文明的直接产品。后世,这种经由泥土孕育、塑造而成的器具发展成美轮美奂的瓷器,可算作中国这一农业帝国给予世界的最具本土特色的艺术贡献。就目前的考古发现看,中国的陶器制作起于距今1万年左右的新石器时代早期,如在河北徐水县南庄头、江西万年县仙人洞、广西桂林甑皮岩、广东英德县青塘发现的陶器碎片,大致产生于这一时段。到距今7000年左右,河南新郑裴李岗、河北武安磁山、浙江余姚河姆渡的陶器制作具有代表性。值得注意的是,中国社会早期的陶器制作虽然呈现出"满天星斗"式的多元状况,但在距今7000年至4000年的时段内,却在黄河流域表现得最为蔚为大观。除河南裴李岗、河北磁山及甘肃大地湾文化等早期形态外,黄河上游的马家窑文化(马家窑、半山、马厂文化类型)及至稍晚的齐家文化,黄河中游的仰韶文化(宝鸡北首岭、西安半坡、河南庙底沟、山西西王村),黄河下游的大汶口至龙山文化,代表了这一时期陶器制作的最高水平。

关于新石器时期黄河流域陶器的起源,目前还无法得出确切的结论。比如,就中国本土的陶器制作历史来讲,磁山、裴李岗文化的陶器早于仰韶文化,据此可以将仰韶时期发达的制陶业合理推定为前者的延续。但在往昔交通不便的时代,陶器制作技术如何得到了传播,则仍是待解的问题。更有甚者,在中西之间,甚至古希腊爱琴海文明时期的陶器纹饰竟与中国有高度的相似性。如

---

① 保罗·G.巴恩:《剑桥插图史前艺术史》,山东画报出版社2003年版,第100页。另外,英国人林赛·斯科特爵士(Sir Lindsay Scott)也讲:"陶器易碎的弱点使之不会给纯粹的游牧民族提供经济利益……正是在人类定居生活开始的时候,生产陶器所需的原材料和劳动力的经济性使之取代了一些永久性材料。"(参见查尔斯·辛格等主编《技术史》第1卷,上海科技教育出版社2004年版,第253—254页)

米诺斯文明的陶罐与甘肃齐家文化的双大耳罐,均有共同的三角纹,这极易引人产生更宏阔的跨文化传播的畅想。① 对于这种状况,目前得到的结论只能是,陶器没有单一的起源。只要人类开始会玩泥巴并乐于玩泥巴,无论何时何地均具有制造出陶器的可能性。至于中西早期陶器纹饰的相似,则只能暂时归结为由普遍人性决定的审美趣味的共同性。但如上所言,陶器产生和繁荣的一些基本要件仍然存在:首先,陶器的产生依托于农业文明在人与自然之间建立的更趋紧密和真正富有深度的关联。比较言之,采集、渔猎民族只与自然建立表层的联系,如采集野果和猎获野兽,都是浮现于地表的活动。只有农业民族才会将其实践活动深入到土地内部,通过种植生产谷物,通过泥土加工制作器具。其次,陶器几乎是专属于农业民族的日用品。它笨重、易碎、浸水的特点,使其无法适用于渔猎或游牧活动,而只可能为定居的农业劳动者使用。由此我们不难找到新石器时代中晚期黄河流域农业的繁荣与陶器的共生关系,也不难发现农业民族对泥土的深度认知和实践参与之于陶器产生的重大意义。易言之,人与泥土的深度互动是陶器的成因,陶器则成为中国远古农耕文明最伟大的工艺象征。

二、陶器在史前文明史中的位置

在现代人类学的视野中,人们已习惯于认为,只有人会制造和使用工具,但往往忽略了不同器具所表现出的人类进化的层级性。比如,据工具史研究者的观察,一种北美的砂蜂会偶尔将卵石当作锤子来使用,一只海狸会在水里携带

---

① 关于中西史前陶器器形、纹饰的跨文化传播,20世纪初叶即引起西方学者的注意,如1921年,瑞典考古学家在其《中华远古之文化》中指出:"仰韶陶器中,尚有一部分或与西方文化具有关系者。近与俄土耳基斯坦相同,远或与欧洲相关。施彩色而磨光之陶器,即其要证。""与此相似之陶器,欧洲新石器时代或其末期有之。如意大利西西利之启龙尼亚、东欧之格雷西亚,及俄国西南之脱里波留、俄属土耳基斯坦安诺地方,皆曾发现。各处之器,各有特点。然与河南仰韶古器之花纹,皆有极视之点。夫花纹样式,固未必不能独立创作,彼此不相连属。然以河南与安诺之器相较,其图形相似之点,既多且切,实令吾人不能不起同一源之感想,两地艺术,彼此流传,未可知也。"安特生进而根据中东巴比伦彩陶与仰韶陶器出现年代的先后,认为中国远古文明有西方的源头。如其所言:"中国古史亦常有西方种族屡次东迁之说。吾人就考古学上证之,此着彩之陶器,当由西东来,非由东西去也。"(见安特生著,袁复礼译《中华远古之文化》,文物出版社2011年版。)此后,这种推断被梁思永、夏鼐等以黄河流域新的考古发现证伪,但也说明中西陶器器形、纹饰类似的问题仍是一桩历史的迷案。

一个石砧来敲碎贝壳。这些特性与原始人类对纯天然工具的使用具有类似性。但人与自然界各种生命的差异在于，人不但使用纯天然的工具，而且能通过对自然材料的加工来提高它的性能。比如将卵石加工成更适于砍砸的锤子，将树枝加工成木棍等。在这一过程中，自然物对人类的适应性或器具的上手性显然在加强。进而言之，人类制造工具的目的在于实现自然物品向人类更有效的输送，工具在其间起到了媒介或辅助作用，但不同的工具却在一个连续的输送序列中占据着不同的位置。比如，一根木棍可以将树上的野果够下来，然后就需要用石器砸食。如果无法一次吃完，则需要用容器贮存。

从这个生产活动的序列不难看出，陶器的出现就是人类器具使用史上的重大事件：

首先，在诸种原始器具中，陶器是最具"为己性"的器具，它存在于自然物品向人类输送过程的末端，也存在于为人类服务的顶端。这中间，木棍可被设定为直接向自然界进行价值索取的器具，它是纯然外向的；石器可被设定为由自然向人转换的器具，它是中介性的；陶器则直接服务于人的需要，是纯然内向的、为人的。在自然向人生成的过程中，陶器因为它与人更趋切近的关联而显现出最高的人类性。

其次，与木器、石器等生产类器具不同，陶器是贮存类器具。作为人类最早的容器，它的出现意味着人对劳动价值的认知从即时性转为持续性。也就是说，人通过木棍或石器获得食物，由此形成的消费是即时性的，但容器的存在则预示着劳动成果可以被存放、被累积，可以使其价值在更长久的时间区间之内得以续存。也就是说，陶器的价值不是视觉性的，而是经验性的；它不是纯然空间性的实体之物，而是承载着抽象的时间观念。这种因劳动成果的存放而生发出的时间认知和时间经验，与农业劳动总是要在生产与收获之间跨越漫长的时间具有一致性，都意味着在付出与回报之间不再构成直接的取予关系，而是包含着人累积于思想深层的价值记忆和生活经验。

再次，除了时间经验之外，陶器作为容器，它的出现也拓展了人关于生存资料认知的边界。比如，陶器不仅能够盛装固态食物，而且更重要的功能在于盛装液体。像裴李岗文化的红陶双耳三足壶、半坡类型的彩陶鱼鸟纹细颈瓶等，除了盛水不会有别的功能。包括一些敞口的器皿，如庙底沟涡纹曲腹盆、马家窑漩涡纹彩陶钵，均以其纹饰形成对"器—水"关系的暗示，应该也是盛水器皿。另像半坡类型的红陶小口尖底瓶、马家窑类型的彩陶漩涡尖底瓶,直接就是汲水器。从这种陶器与水的关联不难看出,在新石器时代中晚期,先民们对生活资料的认知,已经不再局限于视觉上具有确定形态的硬体之物,而是向相对抽象的液态物拓展。这中间包含着生存资料的观念进化序列——就像今天随着空气污染日益加剧,人们逐步开始将空气视为一种资源一样,整体体现出从固态性的可视资源逐步向液态、气态化的可感资源拓展的趋向。这种陶器因器用而显现出的资源观念的抽象化趋向,像它因存放食物而显现出的时间意义一样,均预示着陶器已不再是一般意义上的人工制品,而是承载着意义或观念的物品。同时,这种以盛水为主要目的的陶器的出现,意味着人类已摆脱了临河而饮的自然生存状态,开始用器皿将水"搬运"到某处固定的生活场所。易言之,自此以降,人就没有必要因个体生理需要而向自然靠近,而是要让自然资源向人类的居处聚集。在此,陶器为人提供了一个从"人→水"向"水→人",即从自然中心向人类中心转进的迂回道路。在人与自然的关系中,陶器由此成为人的主体或中心地位得以确立的重要促动者,同时也成为农业性定居生活方式真正形成的历史见证。

复次,陶器的出现,意味着人类的作器观念和器用观念的重大进步。老子《道德经》曾讲:"埏埴以为器,当其无,有器之用。"这句话说出了陶器与一般器具在形制和价值显现上的重大差异。所谓"埏埴",指陶器是以水和黏土揉成的器皿。黏土的可塑性,使陶器在形式上既不是原初意义的水,也不是原初意义的黏土,而是一种全新的塑形,是在自然界没有"先例"的新形式。与此相比,原始人使用的木棍和石器,虽然也经过了人的加工,但它总体上仍然保持了树枝和石头的自然形状,体现出器物对自然尺度的尊重或顺从。而陶器则摆脱了水和黏土的原始样态,彰显了人内在的形式观念和形式标准开始主宰器具的造型。这是人的主体意识觉醒的证明,也是人的形式尺度取代自然尺度的开端。在器用方面,史前时期,木棍、石器显现价值的方式在于它自身的物理特性,如长度、坚硬度等,这类器具具有对外物进行介入或"侵略"的直接性质。陶器的价值显现则在于它以泥土的实体形式"围拢"起来的一个内部空间。这类器具之所以有用,正在于它本质上的非实体性。与此一致,陶器制作表面看是在制造一个实体之物,但在本质上却是一项"做空"的工作。它的价值实现方式也不是直接获取对象,而是对所获物质资料的进一步容纳和护持。从石器到陶器,即器物价值从实向虚的转进,体现出史前人类对器具价值认知的辩证性质,陶器的"以空为用"应是启迪史前人类辩证思维的实践性起点。同时,与木棍、石器的外向进击特性不同,陶器作为容器,它的功能是积聚和贮存,具有天然的守成性质,它引导人的思维向内转,赋予生活内在的深度。这是否有助于培育史前人类对生活的反思和反观能力,是否在对器物功能的摹拟中使人性更趋于平和安宁和具有包容性,是值得思考的问题。

另外,陶器以黏土为材质,制作材料的可塑性决定了人对其进行形式再造的可能性,但总体而言,这类材料经过烧制后仍然质地松脆,缺乏柔韧性和坚固性,这也决定了陶器的造型只能是圆而内收,呈现出抱合形状。或者说,圆形对于以黏土为材质的陶器而言,既是人对自然的形式再造,也是一种带有宿命意味的形式限制。作为一种普遍形式,这种流畅而舒缓的圆形在中国新石器时代中晚期的黄河流域反复出现,是否影响了后世中国人以尚圆为特点的空间认知和空间规划,也值得认真考虑。

最后,中国新石器时期陶器的纹饰图案,表现出农业文明的典型特征。其主导性的纹饰大致有四类,即水纹(漩涡纹)、花瓣纹、鱼纹、鸟纹,总体体现出温顺、祥和的自然风格,与人在自然环境中的定居生活具有高度的关联性。关于陶器纹饰与生产方式的关系,格罗塞曾在其《艺术的起源》中讲:"文明民族的装潢艺术喜欢取材于植物,而原始的装潢艺术却专门取材于人类和动物的形态。"[1]他这里提到的"文明民族",指的就是农业民族,与此对照的是原始狩猎部落。如其所言:"狩猎部落由自然界得来的画题,几乎绝对限于人物和动物的图形。他们只挑选那些对他们有极大实际利益的题材。原始狩猎者植物食粮多视为下等产业,自己无暇照管,都交给妇女去办理,所以对植物就缺少注意。于是我们就可以说明为什么在文明人中用得很丰富、很美丽的植物画题,在狩猎人的装潢艺术中却绝无仅有的理由了。我们已经说过,这种相反现象是有重大意义的。从动物装潢变迁到植物装潢,实在是文化史上一种重要进步的象征——就是从狩猎变迁到农耕的象征。"[2]格罗塞用植物和人、动物图案来区分农业民族和狩猎民族的装潢艺术,有些武断,但如果适当放大植物与环境的

---

[1] 格罗塞:《艺术的起源》,商务印书馆1996年版,第91页。
[2] 同上书,第116页。

关联域,则依然对农业民族的器物纹饰特点具有描述性。在中国新石器时代中晚期,像马家窑陶器上的漩涡纹、半坡陶器上的鱼纹以及庙底沟陶器上的花瓣纹和鸟纹,均可视为植物装潢的延伸形式,可据此想象出当时原始农耕部落日常所见的生活和自然景观。比较言之,农业民族定居式的生活环境,使人对周围生活环境有较高的熟悉度和亲和感,这是他将日常所见的生动的水流、树叶、花朵、游鱼、小鸟作为艺术表现对象的根本原因,整体体现出自然对人类宁静生活的合作与顺应。狩猎或游牧民族"不常厥居",周边环境总是因为它的陌生而让人难以信任,总是因为它是人掠杀猎物的对象而让人保持心理紧张。这种生产和生存方式,必然使人将注意力高度集中于自然界凶猛(而非温顺)的动物,将人与自然搏击过程中体现的人的伟力、自然的异己性作为艺术的表现对象。由此,表现自然的温顺与凶蛮、可爱与可怖、亲和与神秘,也就成为农业民族与狩猎民族器具图案的基本分界。这一分界,在中国史前陶器纹饰和岩画、青铜艺术的差异中得到了清晰的印证。

三、中国史前陶器的区域差异

以上,我们以黄河流域为中心,分析了中国史前陶器的存在背景和基本特性。但如上所言,中国早期陶器的分布是"满天星斗"式的,除黄河流域外,淮河流域的青莲岗文化,长江流域的大溪—屈家岭文化、河姆渡文化、马家滨文化、崧泽文化、良渚文化,都在制陶领域达到了极高的水平。同时,即便在黄河流域,处于上游的马家窑文化和中游的仰韶文化、下游的大汶口—龙山文化之间,陶器的制作方式、形制、图案均存在重大差异。更细而言之,即便在同一个相对独立的文化区域内,如马家窑文化中的马家窑型、半山型、马厂型陶器,仰韶文化中的半坡型、庙底沟型陶器,相互之间也呈现出风格的非统一性。《庄子·天下》云:"大同而与小同异,此之谓小同异;万物毕同毕异,此之谓大同异。"对中国史前陶器反映出的与农业定居生活方式的普遍关联以及更具体的区域差异的认知,亦应作如是观。这种同异关系的辨析,将使我们对远古陶器反映的艺术观念的理解,日益走向细腻和深入。

自五四新文化运动以来,对中国远古文明的划分大致有傅斯年的夷夏东西说,蒙文通的海岱、河洛、江汉三分说,徐旭生的华夏、东夷、苗蛮三集团说,苏秉琦的"六大区系"论。比较言之,前三种分类方式均是以纸上文献为依据,到20世纪80年代苏秉琦提出文化区系理论,则全然依托于史前考古器物,尤其是新石器时代各区域陶器的形制差异。这种研究对象的变化,为进一步认识中国社会早期陶器工艺的区域特性提供了更可靠的根据。但是,苏秉琦的"六大区系"论是基于整个中华民族的地理格局提出的文化形态理论,对专门研究史前陶器来讲,缺乏针对性。那么,在当代考古学界,对陶器研究更具理论效能的划分方式是什么?从目前状况看,占主流的观点仍是东西二分。如1981年,苏秉琦在其《关于考古学文化的区系类型问题》一文中,曾尝试性地将中国史前文明分为面向内陆和面向海洋两部分。其中,"面向内陆的部分,多出彩陶和细石器;面向海洋的部分则主要是黑陶、几何印纹陶"①。1992年,张忠培延续了这种分类方式,如其所言:"在黄河流域,从新石器时代较早的阶段起,就分为面向内陆的老官台文化和面向海洋的磁山—裴李岗文化,这样的两大文化系统。"②按照张忠培的看法,华山—渭水和泰山—沂水分别构成了这两大文化的中心区,但就苏秉琦以彩陶和黑陶、几何印纹陶进行东西区分看,他的视野显然溢出了黄河流域。因为在面向海洋的东部,不仅以泰沂为中心的山东是史前黑陶产地,而且整个长江中下游地区都是当时黑陶和几何印纹陶的产地。

考古学家对史前历史的研究离不开陶器,但陶器本身并没有构成真正的问题域。也就是说,考古学对史前文物的关注,只是将其作为历史区域划分或年代划分的物证,而非真正关注器物本身,尤其是其中表现出的审美和艺术价值。就此而言,美国学者吉德炜的研究成果则明显向陶器作为艺术更靠近了一步。在《考古学与思想状态——中国的创建》(1987年)一文中,吉德炜基本沿袭了中国考古学界关于史前文化的二分法,即将新石器时代的中国分为东、西两个文化圈。在他看来,西部文化圈包括中国西北部和中原地区的西部,如大地湾、马家窑和半坡文化;东部文化圈包括东部沿海和中原地区的东部,如大汶口、河姆渡、青莲岗、崧泽、良渚文化。他注意到,在东西之间,除了黑陶、彩陶之分外,更值得注意的是两个区域陶器形制上的差异。比如,东部多使用组合式的制陶法,一件器物往往需要将足、座、腿、流、颈和把手分工制作,然后组合成形,体现

---

① 苏秉琦:《关于考古学文化的区系类型问题》,《文物》1981年第5期。
② 张忠培、乔梁:《后冈一期文化研究》,《考古学报》1992年第3期。

出工艺的复杂性以及工匠对陶土的控制、操纵能力。与此相比,西部器物则多采用一体性的制器技术,单调的圆形和器物的一次成形,使其不需要程序的控制,不需要工匠的协调,也不需要特定的器物塑形技术,工艺相对简单。同时,东部陶器体现出形式上更丰富的多样性,如钵、罐、瓶、鼎、豆、杯、鬶、鬲、盉等,而西部则只有圆底钵、罐和瓶等几个基本器型。据此作者认为,中国"西北部的制陶者是器表图案的装饰家,也是圆形的一体化陶器的设计师。东部沿海的制陶者则是造型家,同时,对陶器的生产有更大的控制能力、操纵能力、协调能力和测量能力"。更值得注意的一个现象是,作者看到,东部沿海的陶器器型往往圈足、腿和各样的支座把器物抬高,给人以向上拔高、升腾、轻灵的印象,而西部器物的圆腹、无足,则体现出受制于土地的特性,给人以脚踏实地的印象。① 这种差异是否体现出东部文化更重天人关系、西部文化更重视人地关系,抑或东部更浪漫、西部更倾向于实用理性?是值得考虑的问题,也是对器物研究向工艺观念研究转进的重要启示。

  按照吉德炜的观点,如果将陶器的工艺价值分为形与色两个方面,那么中国东部的陶器明显重形,西部明显重色。前者可被称为艺术的结构主义者,后者可被称为艺术的表现主义者,对器形的再造能力和色彩表现力的强调标明了当时东西器具不同的艺术取向。但需要注意的是,这种判断一方面有其历史依据,但如果据此对中国史前艺术做出截然的切割,则必然失之武断,甚至粗暴。像吉德炜在谈到东部器型拔高、升腾的特点时,曾拿河南新郑裴李岗文化四足的石磨盘与半坡无足的石磨盘做对比,这明显是将裴李岗的石磨盘视为东部造型。同时,裴李岗陶器,如红陶小口三足双耳壶、红陶双耳三足壶、红陶三足钵,确实以它的垫足和向上耸起的造型与西部陶器形成区别,但是它作为红陶却又与东部的黑陶在色泽上形成对立,与西部的红底彩陶传统保持了一体性。这种现象提示人们,在所谓的东西之间并不存在截然的分界,而是存在着局部重合和外向延异的双重关系。甚而言之,这种重叠性与延异性并存的状况,不仅存在于所谓的东西文化圈的交接地带(裴李岗),而且任何亚文化类型之间都存在着一种自然的交融和过渡,如马家窑—半坡—庙底沟,大汶口—青莲岗—河姆渡,仰韶—裴李岗—大汶口。由此来看,在文化类型内部,并不存在一个稳定

---

① 以上内容参见吉德炜《考古学与思想状态——中国的创建》,《华夏考古》1993年第1期。

的统一风格;在文化类型之间,也不存在截然的相异性,而是在彼此包含又彼此分离中形成的一张审美之网,一个同中有异又异中有同的工艺连续体。

四、工艺连续体的形成

根据这种工艺连续体观念,可以在各种文化类型的陶器之间找到一些基本的递变规律:

首先,从陶器质料和烧造技术上看,从黄河上游的马家窑文化到中游的仰韶文化,再到下游的大汶口文化,在色系上具有一体性,同时体现出从浓重的红向浅淡的红、再到红白相间的递变过程。这一方面与陶器所用黏土的金属含量有关,另一方面也与烧造技术(氧化焰)有关。大汶口文化的陶器,除了红陶、白陶外,同时有大量黑陶出现。黑陶的烧制,除了土质之外,另一个重要的因素就是在最后一道工序中从窑顶加水,产生烟熏效果。这种方式是来自大汶口文化的自创,还是来自南方(河姆渡、屈家岭文化)的影响,已不可知,但到龙山文化时期与东南沿海、长江中游在尚黑方面联为一体却是不争的事实。至春秋战国时期,从山东半岛的齐国到荆楚、再到吴越,仍然在器物制作上保持了这种传统(如漆器)。这到底属于土质、气候、烧造技术问题,还是因为区域性的审美趣味使然,确实已难以分清。能够得出的结论只能是,地理因素塑造了人的审美趣味,人的审美趣味也以黑色作为心理欲求。两者相互匹配,共在共生,在自然、工艺和人的审美取向方面实现了高度统一。据此,中国史前陶器,单纯从黄河流域看,可理解为从中上游的红色向下游的红、白、灰、黑兼杂的弥散。从黄河与长江太湖流域的关联看,则可理解为红与黑的变奏,其中的白陶与灰陶在红黑之间起到了自然过渡作用。

其次,从陶器造型上看,诚如美国学者吉德炜所言,以裴李岗文化为界,黄河中上游的陶器几乎无一不是以圆形、短颈、鼓腹作为基本器型,而且鼓起的腹部一般更趋近于器物的下部,给人形体丰满、向下垂坠的重力感。与此比较,山东大汶口—龙山文化的器型则用高而挺拔的三脚足将器具高高擎起,用收直、细挺的躯干向上呈现出杯体的开放结构。尤其是一些仿生类器物,如山东泰安出土的红陶实足鬶、陶塑狗形鬶,山东龙山文化的红陶凤鸟盖盉、橙黄陶袋足鬶、白陶鬶,几乎无一不以高高挑起的口喙部形成对使用者的迎合、趋近或召唤。这类器具给人提示的力的向上运动以及由此带来的轻灵、生动效果,与黄河中上游陶器由力的向下运动给人带来的稳定、坚实的印象,形成了鲜明对比。但是如上所言,这种东西差异的存在并不意味着两者之间有截然的分界。像裴李岗出土的红陶小口三足双耳壶,虽然没有大汶口文化的相关器型更挺拔,但它稍微外侈的直口、细长的颈项、擎立的三足,却有效保持了整体力量感在上、下之间的平衡。与此相比,黄河上游的器具虽然大多数以圈足代替了三足,但三足器仍然存在,如甘肃大地湾一期的彩陶三足钵和红陶三足筒形罐,只不过足部更粗短、腹部重力感更强罢了。由此看来,在以黄河流域为中心的东西之间,确实存在着越往东部器具越趋于高挑、轻灵的整体趋势,但它属于渐变而非突变,具有内在的连续关系。同时,黄河流域的陶器整体上以圆形为基本规定,越往东部越表现出更丰富的变体或多样性,但仍然在东西之间保持了渐变或循序展开的特征。

第三,从陶器纹饰上看,虽然中国东部的陶器在造型上表现出多样性,并因此被认为具有更高的工艺价值,但这并不能使西部陶器的艺术魅力因此减色①。易言之,在黄河中上游地区,彩器纹饰强烈的装饰性不但解决了器型的单调问题,而且使其艺术特性得到了更卓越的显现。像马家窑彩陶的漩涡纹和波浪纹,流畅飞动的线条赋予了器物生命感,使原本倾向于静态的器型因纹饰的带动而被卷入或抛入运动。半坡和姜寨陶盆上的鱼纹,既有绘于盆腹部首尾相接的游鱼,也有盆内底部的人面含鱼图像。前者赋予了陶器舒缓的运动感,后者则因其无法明言的象征性增加了器具的表意深度。庙底沟陶器最具表现力的是红底黑花,大朵大朵的五瓣花在器物腹部均匀分布,彩陶腹部的凸起更增加了花朵的饱满和雍容之感。除此之外,它的带有花朵变体性质的羽纹也增强了陶器的静穆气象。与这种纹饰、图案的多姿多彩相比,东部陶器的灰黑主调则总体传达出阴郁、黯淡的气质,多亏器型的多变才使这种偏于负面的风格有了一定的改观。另外,除了线条,西部陶器,尤其是马家窑文化的彩陶,也善于运用大面积的色块增加器物的审美表现力。像其中的半山类型的垂弧纹、菱

---

① 关于新石器时代黄河中上游彩陶的艺术表现力,法国学者雷奈·格鲁塞曾讲:"河南和甘肃出土的彩陶,在那形式的劲健、质地的坚固、色彩的绚丽(可注意一些令人赞美的红色),以及装饰花纹——无论是条纹、波纹或螺纹——的富有节奏感上,都可算是史前期艺术中最完美的作品。"(见雷奈·格鲁塞《近东与中东的文明》,上海人民美术出版社1981年版,第11页。)

形纹、竖带纹、方格纹、圆圈纹,虽有用线的轮廓,但线的重要性已让位于色块的涂绘。由此带来的色彩的浓郁感和铺张感,将一种类似于塞尚风格的色彩表达发挥到了极致,将这种彩陶称为色彩表现主义的大师之作诚不为过!但仍需指出的是,中国西部彩陶对色彩表现力的强调,并不能构成与东部陶器对立的充分依据。从色到形的渐变应该更符合历史的本相。一个值得注意的规律是,黄河上游马家窑陶器浓重的线条和团块式用色,到半坡和庙底沟渐趋变得细瘦、浅淡、疏朗,这种色、线表现力的弱化,其实为山东大汶口—龙山文化中"形"的崛起埋下了伏笔。大汶口陶器红、白、灰、黑用色的非统一性,其实预示着色彩已不被视为陶器审美表现的核心,而是出现了艺术趣味从"色"向"形"的过渡或转移。

五、陶器风格的跨区域传播问题

日本美学家今道友信曾讲:"作为历史的存在,每个人都具有受到民族和地域的历史所限定的侧面。在往昔交通不便的时代,风土的限定曾经决定着艺术的种类。……甚至某个民族栖息于什么样的土地上这样一种物质性的事实,都将规定着那个民族的艺术方向。"①这种观点,为我们理解中国史前陶器的区域差异提供了一个理论背景。也就是说,在远古交通不便的时代,一座山、一条河流便会为艺术传播带来致命的阻隔,从而也使一个区域内的陶器长期保持风格稳定。但从中国史前陶器的遗存看,这种区域差异也不能被过于放大。这中间,前文提到的古希腊米诺斯时代陶器与中国半山陶器的纹饰类似性,至今仍是历史的迷案,因为根据现有的知识,尚难以找到双方产生交互影响的路线图。但在东亚大陆有限的地理空间内,尤其在黄河流域,分析文化间的交互影响却是可能的。比如,河南庙底沟类型的彩陶花瓣纹盆,其图案与山东大汶口的彩陶钵、花瓣纹罐、花朵纹盆具有高度的类似性。再如河南大河村遗址出土的双联壶,同一种器型在甘肃马家窑、马厂、齐家文化遗址中均出现过。这些现象说明,地理障碍并不能成为艺术传播的绝对障碍。一种艺术风格总会向其邻近的区域渗透,而邻近的区域又会将其艺术风格蔓延向下一个邻近的区域。陶器艺

---

① 今道友信:《东方的美学》,生活·读书·新知三联书店1991年版,第144—145页。

术表现出的跨地域的类似性,大概就来自于这种接力式的相互传导。而各区域的陶器之间之所以保持了风格上的连续性,并进而形成一个既相交叉又相疏离的网状结构,也大抵离不开各区域文化在其边际地带的重叠和交集。

一方面,大山大河阻隔艺术的外向传达,另一方面艺术遗迹又证明区域间产生交互影响的可能。对于这种矛盾,一种最哲学化的解释,可能就是相信人类有一种跨越族际和文化的共同人性存在,这种人性的共同性决定了人类共同的艺术取向。毋庸置疑的是,人类在爱美和爱艺术方面是有基本共识的,但如果据此阐明陶器纹饰图案的相似性问题,则明显是大而无当、疏阔不经的。一种更可行的解释是,史前的交通问题固然阻隔了艺术传播,但艺术研究者并不能用今天的时间观念反推历史。也就是说,史前陶器艺术的产生和繁荣,虽然今天可以统归于新石器时代,但新石器一个跨越数千年的时间概念。这个漫长的时间区间充满了历史的"变数",为区域文化穿越山河之隔提供了无限可能。像在仰韶、马家窑、大汶口之间,虽然今人把它的繁荣期统一定在距今6000年左右,但其时间错位却仍可能在数百其至上千年以上。我们无法想象一种文化延续千年仍然与外界绝缘,就像最柔软的水滴最终也会将巨石滴穿。

基于对史前文明原始性的习惯判断,今人极易低估史前人类的跨地域交往能力。但事实上,中国人的跨地域交往至少从山顶洞人时期就开始了。如有学者所言:"在北京周口店山顶洞里,考古学家曾经发现作为装饰品的海蚶壳和布于尸体骨上的赤铁矿碎块。这两种异乡之物——海蚶壳产于渤海湾一带,距山顶洞约四百里;赤铁矿产于宣龙地区,距周口店二三百里。都非本地所产,不是从他族掠夺而来,便是和他族'以物易物'交换得来的。"①到新石器时代中晚期,社会分工和手工制作的村落化、家族化,更使商业贸易成为陶器实现价值的重要通道。这种贸易可能大部分仍受地理空间的限定,从而使陶器风格形成地域化的共同体,但在边际地带的外向绵延同样存在。这就是一张相互衔接的审美之网不断形成的根据。另外,专业陶工作为摆脱了土地限制的自由劳动者,他的生产活动也可能是巡游式的。英国学者林赛·斯科特曾以希腊克里特岛的陶工为例指出:"在那里,斯拉普萨诺村庄里的陶工在夏季到来的时候10—12个人为一组巡回岛屿大约三个月,他们一旦发现哪里有黏土、燃料、水以及

---

① 吴慧主编:《中国商业通史》第一卷,中国财政经济出版社2004年版,第6页。

提供足够市场需求的人口,便停下来支起简单的设备开始生产陶器。"①虽然缺乏具体文献的支持,但在新石器时代黄河流域,这种巡游式的陶工应该是存在的。像夏代的杜康,黄河流域许多地方的造酒业都将其奉为始祖,这可以证明他的工作的巡游性质。另像春秋战国时期的手工业者墨子和公输班,也基本属于这一类天下游走的工匠。由此前推新石器时期,部族间的战争劫掠、商业贸易和工匠巡游,均应该是造成当时陶器风格跨区域传播的原因。

---

① 查尔斯·辛格等主编:《技术史》第1卷,上海科技教育出版社2004年版,第272页。

审美品格与当代人的生存智慧

宋生贵

（内蒙古大学艺术学院　010010）

我们知道,大而化之地看,人有两个身份:一个是"自然之子",另一个是"万物之灵"。作为自然的孩子,要顺应自然,让自己的生命保持一种单纯的状态;作为万物中最具有灵性的生命体,人是有思想、有灵魂的精神性的存在。尤其在一个人的基本生活问题解决以后,生活质量怎么样,主要取决于精神素质。那么人有些什么样的精神素质？西方心理学与哲学中讲"知、情、意",也就是我们通常所说的智力、情感与道德。人不但有认识能力,而且有感受能力,对世界的美、丑是有体验的,对生活是有感受的。人是有精神追求的,要让自己生活得有意义,有精神目标,必须是有道德、有信仰的。知与情牵涉到精神的丰富,而意(即道德)牵涉到精神的高贵。

人的心灵的财富,亦即精神的丰富从何而来呢？途径有多种多样,如,在大自然中的探索,在劳动实践中体验,在历史回顾中借鉴,在哲思中积累,等等。我们这里着重讲到的,是审美品格——特别是针对当代人的实际而言。

对于当代人的身心态势和生存智慧的调节,固然还可以选择其他方式与手段,如科学的、伦理的、宗教的活动方式等。但是,它们或单维度地作用于人的身态,或单维度的作用于人的心态,都难以对人的身心、情智实现全面而富有意味的调节与涵养。特别是对于急功近利、崇尚科技和商品的当代人,对于喧嚣和浮躁的人文景观,对于过热的消费社会和金钱理性,审美品格的提升则显得尤其重要。

提升审美品格作为调节当代人的生存智慧、推进现代文明建设和促进人的全面发展的一种特殊方式与社会实践,是审美自身的功能与魅力使然。审美的特殊功能至少可以在以下三个方面有所作为:其一,造就健全、"完整"的审美心理结构,形成对美的感受、评价、鉴赏、理解和创造的良好心态及全面能力,并建树科学而恢宏的审美理想。其二,开发人的智能和智力,培养一种有机、整体的反应方式,形成丰满而富有个性和创造性的思维品格,以作为爆发想象力和创造力的有效机制。其三,陶冶道德情操,形成完整的人格、文明健康的生活情趣,从而促进社会的文明、谐和及协调发展。

从审美的特点出发,结合当下习见的实际情形来看,确实存在一些影响审美的现象。我们着重讲其中的三种:其一是,匆忙急躁(主要是心忙);其二是,占有欲太强;其三是,攀比心过重。

首先来看匆忙急躁对审美的不良影响。

台湾著名美学家蒋勋先生说:"回到生命的原点,才能看到美。美最大的敌人是'忙',忙其实是心灵死亡,对周遭没有感觉的意思。我们说'忙里偷闲','闲'按照繁体字的写法,就是在家门口忽然看到月亮。周遭所有最微小的,看起来最微不足道的事情,可能是我们最大的拯救。"[①]我赞同他的说法,认识审美确实是需要有些闲情逸致的。

在很实际的现实生活和生存中,许许多多的人都显得很忙,特别是心忙,并往往因忙而累。人们似乎总是在追逐着什么,捕捉着什么,所有不易到手的东西都充满着极大的诱惑。名利如同火中的栗子,烫伤了一双又一双手,人们却依然心存侥幸,不肯罢休。尤其是进入了现代工业文明社会以来,到处都是竞争的擂台,并随着利益关系和金钱权力的快速更换,更容易因生存的焦虑和精神的紧张,而使人心变得粗糙和浮躁。

留意看一看,不难发现许许多多的人常常生活在忙碌之中,红尘滚滚,人事劳劳,时尚的湍濑涤荡去了许多古典的浪漫,而大商业消费的热浪足以移动更多的人心,人们总是行色匆匆如同赶集,而清静和虚灵则已经成为少有或难能。但是,毕竟张弛有道,方可得到谐和之趣,故而闲适是必要的。

美国诗人布莱说:"贫穷而听着风声也是好的。"因这至少要具备两个条件:有风可听和有暇听风。读懂这句诗的人也许会懂得,贫穷但却能够聆听风声的人,比那"贫穷得只剩下钱"的人,谁更幸福一些?这已真的成为摆在世人面前的一个很现实的问题。就在此前不久,网上频传一个颇有"时代感"的说

---

① 蒋勋:《美,看不见的竞争力》,《新华文摘》2012年第3期。

法:"宁愿坐在宝马车里哭,不愿坐在自行车上笑。"对此,估计也是见仁见智的吧?

"闲"与"忙"是相对而存在的,有如车之两轮,鸟之双翼,不可缺一。一张弓有张有弛,用来得心应手;一首歌抑扬顿挫,听来悦耳动人;一幅画疏密有致,看来赏心悦目;一个人做到忙闲相适、自如和谐,则往往可以俯仰自得,真正领略到人生的意味和乐趣。遗憾的是,我们通常总是格外地关注"忙"而忽略了"闲",以使原本应有的许多人生美趣被大打折扣。林则徐讲:"天地万物之理,皆始于从容,终于急促。从容者,初气也;急促者,尽气也。事从容而有余味,人从容而有余年。"用这话来验证人们的审美活动,也是妥贴的。

当然,这里所谓的"闲"并非指无事可干,或虚度光阴,更不是那种游手好闲,形成人生作为的空档,而是一种心境,一种生趣,一种情调,一种状态,是一种"涤除玄览"的空灵与虚静,是相对于奔波忙碌、急切浮躁而言的另一种境界;是对于生活节律与人生旨趣有机并有益的调节,如同一个乐曲中的"休止"或低音,一幅绘画中的"留白"或淡墨,一部影视作品中的空镜头,都是作品中不可或缺的重要组成部分,并且是别有意味的。

闲适的方式和状态是多种多样的。可以是怡然的独处,可以是安然的憩息,可以是宁静的思索,可以是凝神的倾听,可以是诚挚的期待……可以是林间的散步,也可以是溪边的驻足,可以是旷野的徜徉,也可以是乡村的凝眸……可以是读书、听歌、品茗、对弈,等等。周作人曾经讲过:"我们于日用必需的东西之外,必须还有一点无用的游戏和享乐,生活才觉得有意思。我们看夕阳,看秋河,看花,听雨,闻香,喝不求渴的酒,吃不求饱的点心,都是生活上的必要的。"这些非"日用必需的"体现,亦可谓是闲适之事与闲适之态。

林则徐写过这样一副对联:"静坐读书各得半日,清风明月不用一线。"描状出从容自在的闲适之态。

闲适对于人生及生活的必要,体现于方方面面,其中最为切近与重要的,是对于人的身心调适,特别是对于调节人们那颗在强烈的直接功利事务追逐中而劳累和焦躁的心,更是大有裨益的。关于这一点,可以说几乎贯穿于人类文明史的整个演进过程中。譬如,走进自然、与自然相融,是古今中外的人们都不曾放弃的一个念想,特别是在闹市中劳碌与焦躁的人们,去观自然之景,听天籁之声,至少会暂时忘却世间的烦恼和喧嚣,感到宁适与惬意,以至其心灵与大自然达成默契，获得一种更适于人的本真的心理宽慰和安顿。古诗云："人闲桂花落，夜静春山空。"这是一种闲适之境，细细品味，不免令人神往。

审美者在"闲情"与"虚静"之中获得创然生机。苏东坡有诗云："欲令诗境妙，无厌空与静。""静"是美学上的"静观"，是一种非功利的审美态度，所谓万物静观皆自得。

再看占有欲对审美的影响。

从理论上讲，审美是人以无官能欲望、不计利害得失的态度，而与客观对象"交接"后的收获。在这一活动中，审美者所进行的是美与丑的情感评价，以至涵养性灵，寄托理想。譬如，有人赞叹梅花之美，便是因为梅花除有独特的造型和色香之外，更主要的是它不畏霜雪，纯洁无瑕的资质，与人的高尚品格有相通之处。

人们欣赏徐悲鸿的《奔马》，或齐白石笔下的《墨虾》，也往往是为那"气韵生动"的艺术情趣所感染，进入一种美的境界。所有这些，都是容不得有私利欲念掺杂其中的。否则，若看《墨虾》图，便想到了"吃"，看《奔马》图，便企望缚而驭之，看到生动的人体绘画，便想入非非，"条件反射"式地产生私欲的冲动，那是绝对不可能接近美感享受的边缘的。因为这本身就失去了获得美感的条件，而所陷入的是淤满本能欲望的泥坑——人的物欲太盛，是很容易迷住心窍的。

再譬如，在一潭清澈迷人的湖水边，有人看着粼粼的波光，自在的游鱼，禁不住心驰神往，流连忘返。美哉，好一种精神享受。《庄子·秋水》中记载的庄子与惠子的"濠上之辩"正是此种境界。然而，有的人却对这水色、波光、鱼游并不动情，所感兴趣的仅只是那鱼，即本能地与餐桌上的红烧鱼联系起来，那就毫无美感可言了。

还有一些习见的事例，如，有人看到马路边的花开得好看，便伸手折几枝捧回自己家里；有人把山林中自由飞翔与鸣啭的丽鸟诱捕到手，关在自家的小笼子里，等等。据中央电视台财经频道2013年6月6日"第一时间"报道，兰州国际马拉松比赛期间，出现市民哄抢摆放在公共场所的鲜花的情形。这种举动看似在喜爱，但更主要的是为了满足一己的占有欲，即使有审美的成分在，也是扭曲了的。

因此，有人曾说："做一个无贪欲的人，有时要比做一个伟人还要难。"此言是很值得回味的!的确,就人性而论,最难消除的一种弊端与弱点,说到底其实就是"贪欲"二字;而整个一部人类史,绝大部分篇幅也可谓是人类与自身贪欲的搏斗史。

在讲到人的与美感密切相关的悲悯情怀时,丰子恺即认为,"在醉心名利的人,如多数的官僚,商人,大概这点感情最弱。他们仿佛被荣誉及黄金蒙住了眼,急急忙忙地拉到鬼国里,在途中毫无认识自身的能力与余暇了"[1]。总之,人心有太多的负累,人性中有太多不期然而至的弱点。但是,这世界却又总是在人类美丽的梦幻中变幻着各种颜色,寄托着最美好的情感与向往。

中国的传统美学中讲:"观者不欲,欲者不观。"这堪称启迪人超越私欲,进入审美境界的睿哲之言!

再次,看攀比心过重对审美品格的影响。这方面,简而言之,就是自己的心灵被虚荣蒙蔽了,以至精神支点游离,失去自我,尤其是失去了生命的纯粹和性情的本真。

西方哲人说:"耶稣赞美鸟和野花没有经济上的企求。"然而,人却是有"经济上的企求"的。而且从某种意义上说,人类属于追求"过剩"的物种。大自然中所有动物都从不追求过分剩余,有的最多也只是存储一些越冬食物。而人则远不止于此。所以,古希腊哲学家德谟克利特说:动物对于自己需要什么、需要多少是知道的,但是人不知道。

人有占有的本能,而占有必然刺激欲望,欲望再去扩张占有——对这个循环链是绝不可等闲视之的。人类社会中的许多问题都因此而产生或与之有关。攀比就是其中的产物。

攀比之习古已有之,早不新鲜,但于今尤盛。

在我们曾经走过的一段并不算遥远的日月里,大家还在争着抢着说"穷"、比"穷",那时,越穷越革命,越穷越光荣。当然,现在看去,那委实是富有闹剧色彩的。可不知从何时开始,我们又猛然走进了一个炫耀财富的时代——比"富",花样迭出地比,而且与比"穷"一样富有想象力和创造性。这中间有真富而显富的,但也有不富而撑足架子装富的。突出的例子如,有人手里明明只是个"皮包公司",做着揩油生意或"割草"勾当,却自封董事长,强装富翁状,处处

---

[1] 丰子恺:《人间情味》,北京大学出版社2010年版,第180页。

玩派,显示自己拥资百万千万,或更多,而其真正的所作所为实则已近乎于骗,或者就是在骗。

炫耀自己富有者,其目的是为让更多的人知其富,总不免要设法表现,而如今最便捷最有效的显富就是消费,衣、食、住、行,方方面面,都为显富者提供良机和舞台。有炫耀必然带来攀比,而攀比又必然会助长炫耀与消费一同升温,于是,许许多多地方的消费理性发起了高烧,从头到脚都如同着了火一般烫手。

所谓攀比性过热消费,往往不是自然而合理地根据实际需要去做,而主要是为满足某种心理欲求而催化消费冲动。你请一桌饭花数千元,我则到"娱乐城"一掷万金;你有宽敞住宅,我更有花园别墅;房子大了再来比装修,有了私车还要比档次,这便使原本只是居家生活的空间和代步而行的工具,变成了装点身价的标志。更令人无法看重的是,有的人把房子装修得像星级酒店或维多利亚时代的宫殿一样奢华,但却竟然为克扣工匠劳动报酬而煞费心机或不择手段,甚至会大打出手;有人因拥有宽大豪华住宅而洋洋得意,但却为逃避物业费与取暖费而百般耍赖。

我曾经写过一篇文章,题目是《快乐在攀比中迷失》[1],讲了这样三点看法:其一,炫耀与攀比往往会助燃或膨胀占有财富的欲望,而一个人对于财富、功利永无止境的追求,则会使其常为焦虑之心和不安全感所折磨,更有甚者,为达到某种目的而不择手段。欲火中烧,灼烤最切的必然首先是自己!其二,于炫耀与攀比中迷失自我。炫耀关乎虚荣,攀比势必随风,而此二者最容易遮蔽或消解个人的独立思考与判断,以至混混然随潮而动。如此急匆匆环顾风潮,并盲目追而随之,则难以从自己的生活状况中感受到发自内心的平和宁静的快乐,以及堪值体味的充实感;即使有华衣美服、香车宝马等可供炫耀的东西,也不可能使其感到真正的怡然和幸福。其三,于炫耀与攀比中迷失方向。当人们越来越看重财富的占有与消费的攀高时,往往容易迷失进取的方向,误解创造财富和拥有财富的初衷,将手段和目的混淆。试想,一桌上万元的宴席比一顿营养成分搭配合理的普通饭菜到底能好出多少?人们可以从中得到多少益于健康且与其高昂价格相适的好处和快乐?有研究资料表明,财富只体现快乐差异的2%,在实现温饱乃至小康之后,它对客观生活质量影响非常有限。尤其是炫耀

---

[1] 宋生贵:《快乐在攀比中迷失》,载《中国监察》2008年第二期。

性、攀比式消费,更会降低人们从财富中获得幸福的指数。

总之,所谓攀比,通俗地说,就是怀着某种虚荣心无端地与别人较劲;而结果、或实际效果是到头来与自己较劲,甚至是与自己过不去。这样做的人,往往是舍不得把时间浪费在自己的朋友和家人身上,甚至无心顾及自己,而是把全部时间都奉献给了他心里较劲的人那里。这与高品格审美者应有的身心态势相去甚远。

凡此种种,几乎都不免殊途同归地走向同一种结果:心态焦躁,精神贫乏,以致许多当代人以名利为核心的个人欲望远远大于自己的正常需求,直至成为拥有过多物质财富的"穷人"——既在精神层面上,也体现在物理与精神的内在关系上。而其关键性的原因是人们正不断放松甚至忽视对自己的贪欲的限制,却总是为其不负责任的放纵与无节制地占有寻找着理由。

面对这些新的现象、新的课题,人们可以从不同视角进入,有不同的发现与认识,而笔者则依然信奉提升审美品格在人类实践中——特别是对当下社会人群的特殊性,即看重其情趣意味与理想境界。

其实,就是在欧洲经济由自然经济向商品经济转型,进而步入工业时代的大背景下,具有人类良知和远见卓识的人们,即已意识到并提醒世人注意单纯的工业革命与经济升值可能为人类造成的负面影响,并呼吁人们勿忘精神世界的建设与拓展,以保证人与社会的健康全面发展。无奈,实用的商品价值,总是以其极大的能量遮蔽着并不尚"用"的精神价值(包括审美的价值);人们直接功利性的物欲追求,总是挤压着超越直接功利目的的精神期待,所以,最终在人类发展进程中留下了不可低估的遗憾。

如果我们不怀疑片面的"发展",特别是不怀疑将社会上的一切(人的劳动环境、文化等)都商品化,都可以用市场价格衡量,必然导致拜金主义盛行,人的生命表现萎缩,精神世界匮乏,甚至会因机心太多而致群体性智慧下降,同时,又真正相信精神需求与物质需求一样,是社会大系统中不可缺少的重要方面,那么,在对待精神生产、精神建设时,就必须将目光放远去看,视点最终落到关于人的理想的生命形式上,落到人类、乃至整个世界和谐发展的大目标上。

浅析传统文化视域下审美境界的构成与实现[*]

王 鑫

（辽宁大学 110036）

摘 要："境界"一词,和艺术、审美与人的生存密切关联,特别是在中国的文化语境之下,天人之间的关系、人人之间的关系、心物之间的观照,无不呈现出"境界"之于生活世界、艺术世界和理想世界的意义。

关键词：传统 审美境界 构成 实现

一

中国古代文献中关于境界的说法,可追溯到《战国策·秦策》："楚使者景鲤在秦,从秦王与魏王会于境。"此"境"指疆域或疆土。班昭在《东政府》中有"至长垣之境界"。许慎的《说文解字》："竟,乐曲尽为竟。"又说："界,境也。"境界原初之意就包含了时间和空间的双重内容,"境"为心之域,"界"为边界,"境界"就是心自由驰骋的领域。佛教中也有"境界"一词,如《俱合诵疏》："心之所游履攀援者,故称为境。"《成唯释论》："觉通如来,尽佛境界。"境是心所能及的最远的地方,也是人的觉解、觉悟的程度和成佛所达到的境地。这是从词源学上来理解境界。

在中国传统文化和诗学当中,"境"、"意境"、"境界"的原初之意和演绎转换之意包含以下几个方面：

---

[*] 本文为辽宁大学青年科研基金项目 2012LDQN22《关于中国当代审美文化诗性维度缺位问题的理论探究和实践考察》阶段性成果。

首先,"境界"既包括时间也包括空间,具有历史和结构的双重辖定。所谓历史,指无论是诗词境界(艺术的境界)还是道德境界的高低、上下、远近,均受到文化、历史语境和社会语境的影响;所谓构成,境界是分层次的。从人生上来讲,冯友兰把境界分了四个层次,宗白华分了五个层次;从艺术创作来讲,王夫之把意境分为"有形、未形、无形"三个层次,宗白华也把艺术的创构分为"感相摹写"、"活跃生命传达"以及"最高灵境启示"三个层次;王国维认为古今成大事业、大学问者也需经历三重境界:"昨夜西风凋碧树,独上高楼,望尽天涯路","衣带渐宽终不悔,为伊消得人憔悴","众里寻他千百度,蓦然回首,那人却在灯火阑珊处"。这是境界的构成性。

其次,境界是中国传统艺术创作的理想和标准。"境界"包含着中国传统文化中独有的审美旨趣和艺术追求,使人与事、心与物、情与景、有限与无限、体验和幽思、生活和理想在艺术世界中的绽放,并且是艺术创作和品评的最高指向。唐代的诗人在意象的基础上将佛家的"境"引入诗歌创作中,作为诗歌创作追求的理想和评价的标准。比如王昌龄在《诗格》中曾提出诗有三境,即"物境"、"情境"、"意境";皎然在《诗式》中提出,"取境之时,须至难,至险,始见奇句";司空图《二十四诗品》的《实境》中,指其特征"情性所至,妙不自寻。遇之自天,泠然稀音";郭熙在《林泉高致》中称,"境界已熟,心手相应,方始纵横中度,左右逢源";而至王夫之,多运用"境"、"境界"、"佳境"、"圣境"等评价诗歌,其"境"之规定,有三个基本的方面,"境以人显,心物交感"、"当境而作,推崇即景会心"、"人生境遇的写照",其境界之内涵包括情景交融、超以象外、飞动之美以及虚实相生等特点。① 到晚清王国维,"境界"成为对诗词评价的最高格,"词以境界为最上","境界有大小之分,但无优劣之别。词人者,不失赤子之心者也。"(《人间词话》)中国传统一脉相承的对于"境界"的追求,也形成了中国传统艺术独有的言近旨远、景近情深、思境相携的审美旨趣和艺术理想。

第三,"境界"的人生之意味。王夫之在《相宗络索》等著作中所说的境、实境、外境、内境、性境和境界等都是就佛教而言的,意境一词超越了对于诗词的艺术评价进入到人生的层面,他在《读四书大全说》等哲学著作中所说的"境"、"境界"通常是就其一般意义而言的,即人生之处境、境遇,如当境、现境、穷境、

---

① 崔海峰:《王夫之诗学范畴论》,中国社会科学文献出版社2006年版,第111页。

顺逆之两境和神化之境等。① 至王夫之,"境界"已经超出了诗词的艺术之境进入到了人生世界,勾连艺术之境和人生境界的则是"兴",并引导人走向生活的高境界。"能兴者谓之豪杰。兴者,性之生乎气者也。拖沓委顺,当世之然而然,不然而不然,终日劳而不能度越于禄位、田宅、妻子之中,数米计薪,日以挫其气,仰视天而不知其高,俯视地而不知其厚,虽觉如梦,虽视如盲,虽勤动其四体而心不灵,惟不兴故也。"(《俟解》)能"兴"者,心中有气象,能超越日常生活的局限,以"追光摄影之笔,写通天尽人之怀",成为"豪杰",而不能"兴"者,眼界狭隘,只知在日常生活中求蝇头小利。"兴"成为人生境界高低区分的标志。

唯此,境界从时空之域进入审美之趣和人生之怀。审美之境是艺术之境与人生之境在自由和超越层面上的相会,审美之境如果不涉及艺术就会显得平庸,审美之境不涉及人生也会单薄。

二

审美之境包括"心"与"物"之间的宛转与徘徊,"人"在"世"间的逗留和介入以及"情"与"景"之间的互渗和交融。"心"是人的精神、情感、思想和体验,体现出人对世界和万物予以观照的可能,其深度、广度均与"心"相关,"心"也就是那一点"灵明",以此能观照万物;"物"就是"万物","体有万殊,物无一量",这是不可穷尽的世界,也是"心"能够感受、体会、冥想和幽思的对象。

从心物的关系上来理解审美之境界,可包含三重:

一重是"心不纳物,物不显心",体现为"心物之隔",心为心,物为物,心与物之间各自为是,物不能照心,心不能映物,两者之间尚未建立起关联。人们的日常生活状态,通常就是这一种,日常生活的单调、重复和周而复始,使人们游走于生活中而不见世界,这也是海德格尔称为"平均状态",以"非自立非本真的状态而存在"。

二重是"与物宛转"、"与心徘徊"(刘勰语),心物之间有了交流,物能照心,心可显物,心物交流,相契相和。王国维说,"诗人必有轻视外物之意,故能以奴仆命风月;又必有重视外物之意,故能与花鸟共忧乐"(《人间词话》)。刘

---

① 崔海峰:《王夫之诗学范畴论》,中国社会科学文献出版社2006年版,第109页。

勰在《文心雕龙·物色》中说:"献岁发春,悦豫之情畅;滔滔孟夏,郁陶之心凝。天高气清,阴沉之志远;霰雪无垠,矜肃之虑深。""物色之动,心亦摇焉。"物被心所照、所观、所赏、所思,心被外物所感、所动、所启,心与物之间的关系得以构成,"世界开始建立"。

三重是"物我两忘,天人合一",这是心物关系的最上层之境,心物关系不是一种制约和束缚,也不是一种驾驭和观照,恰恰是"心物两忘"。庄子讲"善游者数能,忘水也",这是物我两忘,天人合一,无论是轮扁斫轮,还是吕梁丈夫蹈水,人与物之间不再是限制、约束和驾驭的关系,而是自由自恰的关系,实现了"人心明"、"物性显",人与物都是一种自适的状态。如果用海德格尔的解释,心之澄明宛如一束光照进林中空地,去除遮蔽。张世英说:"'澄明之境'是万事万物的'存在'聚焦点,这个点是空灵的,但又集中了天地万物的最广博、最丰富的内涵和意义,它是真实的……一般人都是有体会的本性和能力,但过多或较多沉沦于功利追求而很少能进入这万物一体的澄明之境,唯有诗人能吟唱这个最宽广、最丰富的高远境界。"[①]这种境界非一般想象可及,必须是将整个人与诗、与生命和世界最深沉的相遇之后,既能沉浸其中又能超拔于外,既可以识其表象又能深悟其本真,既有情感之体验又有智慧之思得,可遇而不可求之。而"可遇"之机,必定是百转千回,心向往之,身心俱疲而后豁然开朗。境界人人可以有之,只是高低、远近、大小、深浅、明晦不同而已。正如审美体验,人人可有,需要"惊异"之始,见出与日常生活之异,进而体验"与之徘徊",理想、想象、情感交相互动,或醒然,或动容,或沉浸,或赞叹,如果能更进一层,感受到宛如一束光照在林中空地,进入澄明之境,使心物如其所是。

审美之境,心贵真,求朴,重一念之本心,心系物却不占有物,与物之间进行自由自在的舞蹈,心摆脱物的束缚和牵绊,不再受制于物,心物之间的关系是物使心的灿然之实现,心对物不构成索取和欲求。心物之间是一种彼此映现,彼此相惜,彼此使对方自由的绽放。造化与内心相和,入微可得情致幽思之妙,宏阔可达天地万象。"天地之际,新故之迹,荣落之观,流止之几,欣厌之色,形于吾身以外者,化也;生于吾身之内者,心也;相值而相取,一俯一仰之际,几与为

[①] 张世英:《进入澄明之境——海德格尔与王阳明比较研究》,《学术月刊》1997年第1期,第14页。

通,而浮然兴矣。"(诗广传,卷二)审美之境,是心自由的驰骋,也是物活泼泼、闪亮亮地成为"它自己",在审美的时空内,双方都是自由的实现,也是因为双方的自由自在,如其所是才可称之为审美之境。审美之境是通融于生活世界和理想世界、物理世界和艺术世界的,"超越具体的、有限的情景、人事或意象,显示无限的时间和空间,从而对宇宙人生活的一种富于哲学意味的感悟和体会"。① 康德美学中"无功利性"、"无目的性"、"一种想象力的自由和愉快"、"不是对对象的欲求和占有而获得的快感"等美学思想以及朱光潜先生关于"功用(求善)、科学(求真)、情感(求美)"三种对待松树的不同态度表明,要想获得审美体验,进入审美之境,就需要摒弃功利性的欲求和实用性的想法,完全对对象的形式以及与对象之间构成"氛围"的交流,在交流过程中,整个身心完全超越于俗世之外,万物并不构成对"心"的困扰和阻挠,在赏玩、体验、心与物游中使"物"呈现自身,也使心获得"澄明"。"明心见性"这个词特别好,我认为在中国传统的对"审美体验"的解释就是通过"澄怀味象"以达到"明心见性",使心物得以自现,这也是为什么中国美学经验直接可以与"境界"关联,而西方美学恐怕只有康德和海德格尔更接近我们所言的"境界"。

三

基于"心"与"物"的关系,审美之境界亦可分三个层次。

最高层次的境界可描述为庄子所言"乘物游心"。《庄子》一书关于"吕梁丈夫蹈水"、"轮扁斫轮"、"梓庆削木为鐻"、"庖丁解牛"等叙事,是"以天合天,天人合一"精神的自由驰行和无拘无束,是对"天"的顺意而为,亦即"自然而然"。庄周梦蝶,"不知周之梦为胡蝶与,胡蝶之梦为周与?"已达至精神自由之化境,不再有天人之间的分歧和罅隙,天有道,人亦可为,天人合一。庄子构想出来的"境"已达到"审美之境"之至高,后世对审美之境的解释和体验无出其右。

往下一层,可为"气之动物,物之感人,故心旌摇荡"(钟嵘《诗品》),物感人,人亦感物,陆机的"悲落叶于劲秋,喜柔条于芳春"(《文赋》)皆属于此。心

---

① 崔海峰:《王夫之诗学范畴论》,中国社会科学文献出版社2006年版,第123页。

物之间不是毫无间隙,非浑然一体,而是需要一种介入的状态。人在物感之下,心亦属物,故心物宛转,与心徘徊。王国维在《人间词话》中以"有我之境"与"无我之境"来划分,"天人合一"为无我之境,其实非"无我",而是物中"含我"而不显;"气物感人"为有我之境,而大多数情况下,人多在一种"有我之境"中,外物动心动容,心才起舞蹁跹,这需要一个启动的过程,也需要启动的介质,故才开启审美之境。

审美之境的初级,可为"画工"之境(李贽《杂说》)。通常是在一种培养熏陶之下,能够有意识地跳脱出日常生活之刻板和局限,有意寻求一种可为之的审美生活,专注于营造和设计,在一种"氛围"和"情调"之中享受愉快。

至境为天启,次之为物启,初境为人启。至境需要"涤除玄鉴,复归于婴孩儿",保持"最初一念本心",通过"心斋"、"坐忘"而摒弃或沉淀是非功利之心,进入到无欲无求的"舍我"状态,才有可能达于西方海德格尔所说的"澄明"之境;次者需要"澄怀味象",需要"神与物游"的自由想象和对外在世界的"惊异"之感;最后者则尽在"耳目之美",实现的是"悦耳悦目",是经由蓄意而达至愉快。生活中表层所见"美"的形式,只关乎视觉的愉悦,精心修饰于一种感官的快适,成了一种"漂亮主义"。这里人和世界是一种"使用"的关系,而不是一种"相遇"的关系,这些器物上的美化意在营造氛围,渲染感觉,人会在这样的一种情绪和感觉中获得愉快,把这种境界与平常所谓的漂亮、美丽、娱乐意义之下的美相提并论,显然是降低了提高境界的意义。①

宗白华在《艺境》一书中,按照人与世界接触的关系不同,把境界分成五个层次,第一个层次是功利境界,主于利;第二个层次是伦理境界,主于爱;第三个层次是政治境界,主于权;第四个层次是学术境界,主于真;第五个境界是宗教境界,主于爱。但是宗白华特别强调的是介乎于后二者中间,"以宇宙人生的具体为对象,赏玩他的色相、秩序、节奏、和谐,借以窥见自我的最深心灵的反映;化实景为虚境,创形象为象征,是人类最高的心灵具体化、肉身化,这就是'艺术境界',主于美。"②宗白华所言的"艺术境界",心物仍属二分,以心观物,以物观心,心物互照过程中将其具体化和艺术化,与本文所言的审美之境的第

① 张世英:《哲学导论》,北京大学出版社2002年版,第61页。
② 宗白华:《艺境》,安徽教育出版社2000年版,第2页。

二层近似。

　　冯友兰把人生分为高低不同的四种境界,即自然境界、功利境界、道德境界和天地境界,这四重境界区分的根本就是对于人生"觉解"的不同,之所以有这几种不同,关键是对"意义"的觉解,觉解的程度不同,体现出的境界自然不同,冯友兰对于"境界"的理解是在人生层面,其中天地境界最与审美境界的内在精神相通。张世英认为"美之极至在于高远的人生境界"[1],在"'审美境界'中,人不再只是出于道德义务的强制而行事,不再只是为了'应该'而行事,人完全处于一种与世界万物融合为一的自然而然的境界之中,'自然而然'是老子的'道法自然'的'自然',不同于'应然而然'"。[2] 张世英所讲的审美境界的极致是万物一体、天人合一、彼此通融无碍的高远境界,与冯友兰的"天地境界"意义最为切近。

四

　　境界不同,每一重的实现都需要"修"和"行",也就是"心"的历练和"做"的承受。因此,"境界"的获得、实现与提升是一种积极的主体建构的过程,这种建构包括万物归于寂灭的"心"的放空状态,这也是一种主动的自我归隐和潜藏,苏轼云:"静能聊群动,空故纳万境。"这种"空静"之状态,与老子的"致虚极,守静笃,万物并作,吾以观其复"异曲同工。

　　如何抵达审美之境?

　　第一,入乎生活之内又出乎其外。

　　生活比实践更具有感性与理性兼容的意义,也更具有生存论的意义。"生活世界"不同于日常世界,日常世界更多周而复始单调贫乏,"生活世界"是将生活过成一种"活泼泼的感觉",在生活世界的流动和变化之中,人与生活共舞,任何一种生命感觉都被生活赋予,并且这些生命感觉经由"心灵"的提纯而具有意义,或者说是对世界的去蔽,让大地和天空得以在人的脚下和头顶,这是青原惟信所说的"见山还是山,见水还是水",但此之山而非彼之山,此之水而

---

[1] 张世英:《美在自由——中欧美学思想比较研究》,人民出版社2012年版,第273页。
[2] 同上书,第295页。

非彼之水，生活之于个体，不是个体沉沦于生活，而是个体在对生活的沉淀过程中，一层一层剥离对世界的遮蔽，是生活的存在之物得以敞开。"在敞开中，敞开性的澄明和建立同属于一起。"中国人的生命理想和追求，无论是儒、释、道，都在对生活的深沉介入之后又能跳脱于生活之外，将道德世界、信仰世界和审美世界通融为一体，比如范仲淹的《岳阳楼记》中"先天下之忧而忧，后天下之乐而乐"，既是生命个体的人生理想和道德追求，也是生命个体的价值选择和精神信念，这些经由艺术的建构得以在审美世界里彰显。陶渊明追求生命个体的自由，不为"五斗米折腰"，辛苦劳作之后依然能"采菊东篱下，悠然见南山"的自由和超拔，同样是价值选择、生命信仰和审美世界的把手言欢。

第二，"见吾"与"忘吾"。

这是"我"与外在世界的圆融与和谐。这里的"我"是一个心灵性的、精神性的，甚至可以忽略外在世界对身体有形的禁锢和束缚，建立一个世界，人在这个世界里的拥有一套自我与外在世界共生的信念，这个信念强大到可以抵御外在世界对"我"的损耗和伤害。克尔凯郭尔说："我是一个孤立的枞树，独自的自我封闭着，指向天空却不投下一丝阴影，只有斑鸠在我的枝上筑巢。这是一个自给自足的世界，并且在形而上超越与形而上生活的层面上构成了统一"，"寻找一个对我而言是真理的真理，寻找一个我愿意为它而活，为它而死的理念。"因此，这也可以视为对自由的诠释，外在的环境，无论是文化、社会和自然都在完成一个人成为"自己"塑造，摆脱不了它的形迹，但是，一个人的自我意识越充分，被塑造和规训的可能就越小，一个人的自我意识越贫乏，外在的形迹在其自身上保存的就越多。"看见自己"是见出我形，万物皆著我的色彩；"看见自己"仍旧是一个"心物二分"的过程，世界成了一种"心"的投射。为物所喜，为物所悲，是一种悲天悯人的情怀，这就是"看见自己"；"不以物喜，不以己悲"是一种超脱拔世的理想，这就是"忘记自己"。青原惟信讲，"见山是山，见水是水"、"见山不是山，见水不是水"，"见山还是山，见水还是水"，"见"虽同，实不同。前两"见"，仍旧是心物二分，"有我"所在，见山即山，也就是见物即物，见山非山，也就是"见"心不见"物"，唯有第三重即心即物，见物见心，心物合一。"物我交融"与"心物合一"，这正是"万物一体"的境界。"忘我"即"无己"，"'无己'是无杂念，无逻辑，但却有空明的心境，它的实现不是靠耳听，也不是用心听，而是用气——具有空灵明觉的虚心去观照……它可以广纳为道所贯穿的一切对象存在"①;"忘身"是"堕肢体,黜聪明,离形去知,同于大通",经由"心斋"而达于"坐忘",实际上就是摆脱物对心的控制,擦除物我之间的界限,使心不被功利和实用所牵制。"忘我"、"忘身"、"忘世",或许就是一种现象学的"悬置",使世界(天地)与人都如其所是的呈现,"看见自己"是走进一个世界,"忘记自己"是建立一个世界。

第三,求逍遥而不任性。

从美学角度来讲,自由是美学追求的境界,在庄子那里,就是"逍遥而游"。宗白华先生曾说,审美之境是一个"活泼泼的自由之境",这个自由之境是一个"意象世界"。"意象世界"是"心物和谐"、"天人合一"的世界,物摆脱了其附加的内容呈现物的"自性",人摆脱生存欲望和道德名望的牵绊而呈现"心性",在意象世界里人可自行往来、乘物游心。这个意象世界不是生活世界的点缀和补充,就是生活世界的一部分,因此,这样的一个"意象世界"并不是少数人的专利,也并不是只有在艺术世界中才可以拥有,深沉的进入生活世界并能够超越生活世界的局限有了更丰富的体验感受。在生活世界中能"看见自己",可以抵御外在世界对自己的折损,同时又能"忘我",进入与天合一,与宇宙同一的境界。但这种自由并不意味着不再有世界的束缚也不再有任何外在的规约,这是用意象世界的自由平衡日常生活的局限给生命个体带来的失衡。审美之境为最高精神境界,即实现了人的自由之追求。笔者认同张世英先生的"自由的理论依据",即"超越了主客关系,就会从欲念、利害以及整个认识领域里逻辑因果必然性的束缚下获得解放和自由。"②

不放任自由,就是要摈弃片面的自由,所谓片面的自由也就是以为不受制约和束缚的自由。黑格尔讲"自由是精神的最高定性",自由在于不以自己的对立面为外在的,从而也就是不以他是限制自己的。自由不是不受限制,而是不以限制为限制,孔子讲"从心所欲不逾矩","矩"就是一种限制,但是"心"亦可达自由;所谓"带着镣铐舞蹈","镣铐"自然是一种束缚和限制,相对于舞者而言必定是不自由的,但是这种不自由同样可以创造另外一个舞蹈世界,区分的关键就是在主体本身,实际上也就是"心"如何待"物"的问题。"吕梁丈夫蹈

---

① 王向峰:《老庄美学通论》,人民教育出版社1999年版,第69页。
② 张世英:《美在自由——中欧美学思想比较研究》,人民出版社2012年版,第23页。

水",水对人的身体来讲是一种限制,但是主体能做到"物我两忘",超越了主客二分而进入"天人合一",从而得到自由。审美境界是中国传统文化涵濡而生用以理想的人世关系的表述方式,对审美境界之理解、构成和实现见诸心物之间的关系,心与物之间不是简单的主客二分,而是物我相忘、思与境偕、神与物游。因此,达于审美之境,需要有对逍遥与自由的充分理解,才能实现心物两忘;创造一个自由的"意象世界",才可以乘物游心。

以圣王文心为师

——刘勰《征圣篇》里的"文心"教育

李智星

（中山大学哲学系　510275）

摘　要：《文心雕龙·征圣篇》呼吁"文学自觉"后专注于文章藻韵奇丽之经营的"近代辞人"们，返回圣人经典里寻求教导。圣人经典对文人的调教乃通过心性教育来实现，文人既师从圣人作文的精思妙构，更重要的是从中陶铸自身的心性或"文心"，以此而重新向"志足言文、情信辞巧"的君子修身靠拢。为此，刘勰一方面企图将文人群体朝着圣人经书、君子修身的方向调教，另一方面也相应地对经书与圣人、君子身位作出文章学意义的转换，以求更合宜地针对文学时代施行教育。

关键词：《征圣篇》　文心　君子　文章学

《序志篇》尝总论"近代文人"们"饰羽尚画，文绣鞶帨"的文病起因，说是"去圣久远"所致："去圣久远，文体解散；辞人爱奇，言贵浮诡，饰羽尚画，文绣鞶帨，离本弥甚，将遂讹滥。"这似乎是说辞人们之所以离开圣王文章的大本，以致追讹逐滥，原因端在于人们在时间和空间上离开圣王的时代已十分长久和邈远，致使人们疏离了圣王的文章，淡忘了圣王文章里的教诲。然而，在年世上远离圣王就必定会导致与圣王文章的疏远吗？刘勰本人也在世代上"去圣久远"，为何他就不会因此而与圣王经典的大本相隔离，反而能在圣王"百龄影徂"之后从圣文中识得圣王千载而在的文心？实际上，"辞人爱奇，言贵浮诡"，说的正是近世辞人们在内心的取向上发生了变化，"爱（愛）"字从心，"爱奇"是心性上尚了奇诡，也就是说，辞人"言贵浮诡，饰羽尚画"更直接是指辞人心性，或说"文心"专以"末作文巧"为贵。因此，真正的"去圣久远"与其说是在年世上"去圣久远",毋宁说是在心性上"去圣久远",在心性上背离了圣心,以至于辞人们对圣王经典的心性认信中断。《定势篇》里说"自近代辞人,率好诡巧,原其为体,讹势所变,厌黩旧式,故穿凿取新",这里说的"好诡巧"及"厌旧式",均是指"近代辞人"心性上的或文心上的选择,由是,端正或重塑眼下的近代文风,关键就在于端正近代辞人的文心,扭转他们在心性选择上的取向,使之重新向圣王的心性精神靠拢。刘勰重振儒家传统的文学观,以纠正近代讹滥的文章风气,便必须落足在对文人文心的调教上。《征圣篇》"重在心",①便是重在心性上的师圣。

本文通过细读《征圣篇》,揭明刘勰发挥师圣教育的两个基本项:首先确立圣人作文在政教性方面对文人心性的塑造和陶甄,这是刘勰最看重的方面;其次,从文章学的方向上转化圣人作文的传统面相,在文术论上也设法为近世文人作家们的写作张目。刘勰希望在传统的方面以及因应"文艺自觉"时代的渴求而提起的文章学方面,都重新确立起圣人及其经典的典范性地位,以矫正"去圣久远"所引致的文章品质之败坏。

一、圣文的政教性意义:君子心性是陶铸文人心性的目标

《征圣篇》"以人为主,故曰征圣",②开篇便举以人:"作者曰圣,述者曰明。"《原道篇》说:"道沿圣以垂文,圣因文以明道。"《原道篇》侧重推原文之道体,《征圣篇》则侧重体道之人对文之造作,《宗经篇》则侧重所造作之文章本身,三篇有别,显然可见。《征圣篇》进以人、"重在心",讲述圣人如何造作文章,也即如何运使其高迈之文心,可供训教文人作者文心之用。"这属于圣人的特殊作者论,是其(即刘勰——引者按)价值观念的核心,也是刘勰在评论一般作者及作品的终极依据",③《征圣篇》重在分析圣人的文心,自然包含以圣人作文之用心与运思为终极依据的评论观念,以圣人对作文之用心与运思为终极的准范,从而确认了"师乎圣"的文心指向。

---

① 刘永济:《文心雕龙校释》,中华书局2010年版,第5页。
② 詹锳:《文心雕龙义证》,上海古籍出版社1989年版,第33页。
③ 赖欣阳:《"作者"观念之探索与建构——以〈文心雕龙〉为中心的研究》,台湾学生书局2007年版,第198页。

果然,开篇用两句话推出圣人以后,继而明示圣人在心性教导上有特殊之"功":"陶铸性情,功在上哲"。《原道篇》也讲过"雕琢情性"与"晓生民之耳目"的话,但按理说来,"上哲"更注重"陶铸"、"雕琢"的本应不是所有生民的情性,而是"中人"们的情性,毕竟"上哲"自己也亲口讲过,"唯上智与下愚不移","下愚"和"上智"一样,心性都属于难以移改的,言下之意是只有"中人"的心性有得"移"的可能。圣人无非是以礼乐仁义铸人性情,而《天下篇》和《中庸》告诉我们,能以仁义礼乐为执守、修持之道的人就是君子,君子便属于中人品级。扬雄《法言·学行篇》谓:"或曰:人可铸与?曰:孔子铸颜渊矣。"孔子陶铸颜渊就相当于上哲陶铸中人,以孔子可铸颜渊为例说明人之可铸,意味着对于上哲"陶铸性情"的功业来说,可铸之人起码是颜渊一类的中人,将中人陶铸为君子,就是圣人述作文章的功德所在。

《征圣篇》此处是否也支持圣人对中人性情的陶铸,这个问题关系到刘勰到底希望谁该以圣人为师证。《征圣篇》接着说道:"夫子文章,可得而闻,则圣人之情,见乎文辞矣。""夫子文章,可得而闻"一语,使人联想到子贡的话,夫子对子贡一类中人隐瞒了天道之学,而只把承载人道或王道的文章让子贡们得以闻见,很明显,中人不该授以天学,但却是"夫子文章"的读者,因而此处刘勰所说的话也当针对中人而说,刘勰以为夫子文章有"陶铸性情"之"功",照此,则这陶铸之功大体也是针对中人而行。下文继续说"先王声教,布在方册;夫子风采,溢于格言",前二句语出《中庸》"文武之政,布在方策",说的是先圣王的文章里包含了他的治政教化;后二句是在说《论语》,《论语》里的内容主要是夫子的学生所记述的夫子的言传身教,也属圣人的教育。文武"方册"、夫子"格言"就是圣人文章,然而,文武圣王实施的教化并未仅就中人而行,文武之政的范围更应该是包举海内生民;而夫子言传身教的学生大致上都属于中人,《论语》里触目可见的"格言"毕竟来自贤人弟子的记述,是夫子向贤人弟子的施教。

不过,《征圣篇》行文至此倒已三遍提起圣人自己的"性情"。"则圣人之情,见乎文辞矣",是说圣人的文章里能体现圣人之情,按照文脉来看,下文接此二句的,属于举出两例(即"先王声教"和"夫子风采")以照应"圣人之情,见乎文辞"的事实。"先王声教,布在方册;夫子风采,溢于格言",不仅《论语》内所记述夫子的格言警句里能透露出圣人的风神,文武圣王布列方册的政教文章也可以察见出圣王声情。问题是,圣人文章能见出圣人自己之性情,这与圣人文章的"陶铸性情"之"功"有什么关系?

既然《征圣篇》重在揭明在心性上以圣人的心性为师,那么圣人文章的教化之功大抵也就通过心性上的影响加以化导。《文心雕龙》极言"文心",视文心为文章总领,《征圣篇》赞语最后说"百龄影徂,千载心在",说的是圣人虽已远逝,但他的文章留了下来,因之圣人的"文心"也通过文章而一直存活。显然,《征圣篇》强调的是圣人在他的文章中乃传递圣人的文心,继而圣人文章发挥的功用也依赖于圣人文心的彰悟与启发,于是读者自身的心性也便蒙受感召与涵化,达到性情被陶铸、雕琢的效果。王符《潜夫论·赞学篇》里头说得最为发人深省:

圣人以其心来造经典,后人以经典往合圣心也,故修经之贤,德近于圣矣。(王符《潜夫论》)

透过经典与圣人相往合,以蒙受圣人对自身心性的陶铸,只能依靠彼此的用心,圣人既以心来造经典,后人定当以心去接洽,如此经典中的圣人文心就自然能发挥对后人读者的心性本身进行陶铸、化导的功用,可见圣人文章的"陶铸性情"之"功"就是借助心对心的方式施行影响,方才得以可能。这种用心去师受圣人之心的人,被称为"修经之贤",这类贤人堪当"德近于圣"了,按此说法,能在心性上容受圣人之心的化导的,恐怕在德性水准上就逼近圣人了。在心性水平上离圣人或上哲最近的是君子或中人,换言之,容受此种"往合圣心"的教育之功的正是针对潜在的君子或中人而论,如是一来,刘勰要求在心性上以圣人为师受的人,便果然只可能是中人。刘勰的文论针对文人作家,也就是针对那些有能力写文章的中人们,以使他们在文心上"师乎圣"。

接下来,《征圣篇》以一个"是以"总括了三个"贵文之征"。"贵文之征"的"征"字呼应了"征圣"的"征",无异于说此三种"贵文"均属圣人的态度,且紧接在"圣人之情,见乎文辞"的说法之后,本已表明它们当属圣人文辞里表露出的圣人情态。

是以远称唐世,则焕乎为盛;近褒周代,则郁哉可从。此政化贵文之征也。郑伯入陈，以文辞为功；宋置折俎，以多文举礼。此事迹贵文之征也。褒美子产，则云："言以足志，文以足言。"泛论君子，则云："情欲信，辞欲巧。"此修身贵文之征也。

　　此间所举的例子莫不从圣人的相关言论或经籍里取出，属于圣人文辞，故能表现"圣人之情"。圣人心里重视文章，主要体现在三个方面：一个是在治政教化上重视文章，因为圣王以文教来承担政治德化的事业；第二是在政治事功上重视文章的作用，贤臣以善用文章来发挥政治才干；第三是在修身上重视文章，视文章为身文，贤人君子修身便必然重视文章。①

　　《征圣篇》三"贵文"说里，"政化"强调政治文教，"事迹"强调政治事功，"修身"也是关于政治人物的才德。"修身贵文之征"里提到了"子产"和"君子"。郑国子产在"事迹贵文之征"里的"郑伯入陈，以文辞为功"就已被提及，子产是立政治功绩的政治人物，而"君子"与子产并提，《论语·公冶长》亦记载孔子曾称子产为君子、"有君子之道"，按此"君子"自也指政治人士。《程器篇》说"君子藏器，待时而动，发挥事业"，所谓"发挥事业"，系指国家治政事业，因而后文还说"摛文必在纬军国"，说的也是君子。"修身贵文"意指身文，《明诗篇》也提到"身文"："春秋观志，讽诵旧章，酬酢以为宾荣，吐纳而成身文"，以"身文"为朝聘会盟等政治场合中的引诗赋诗，明示"身文"的政治义涵，由此，《征圣篇》举以子产、君子为贵视"身文"的例证，则君子之"身"也当是政治性之"身"。通过"身文"可以"观志"，此"志"必也是关乎政治方面的"志"，②《左传》里记载的"春秋观志"甚至还包括能察断该人的政治才德，以是"修身贵文"也成了在修持政治性的内在才德、才干方面视文为贵。

　　追溯先圣人对文章的重视方式，也就是还原对文章最古老、最本源意义的界定。三处"贵文之征"皆紧扣政治性的界定，说明圣人对文章的重视也是政治性的，文章不可能脱离其政治义涵。如果圣人同时也是王者（所谓圣王，可

---

① 有关三处"贵文之征"所涉典故的详细讲述，可参邓国光：《〈文心雕龙〉文理研究》，上海古籍出版社2012年版，第124—134页；缪俊杰：《文心雕龙美学》，文化艺术出版社1987年版，第69—72页。对勘刘向《说苑·善说篇》，实不出上述三种"贵文"范围。

② 关于"志"字的政治义涵考辨，朱志清：《诗言志辨·诗言志》，广西师范大学出版社2004年版，第1—38页。又参邓国光《〈文心雕龙〉文理研究》，上海古籍出版社2012年版，第130—133页。

参《原道篇》),那么这种政治性重视并不难理解,圣人对待文章就必然从王者政治的立场出发。随之,"征圣"就必然包括追随圣人对文章这种政治性的理解,以为师证。

"是以"一词所涵盖的文字就到"修身贵文之征"为止,至此刘勰用"然则"一词承接,往下做出一个推论:

然则志足而言文,情信而辞巧,乃含章之玉牒,秉文之金科矣。

这是关于为文之金科玉律的总结,指出"秉文"、"含章"的最高准则就是"志足而言文,情信而辞巧"。刘勰此说值得引起注意。依据文脉,紧接上述四句总结之后叙述的,便是"四术"、"八例"的经典文术论分析,谈的是文章创作论的事情,显然用的是文章家的眼光,就此反观上述四句中所说的"秉文"、"含章",当是强调文人作家的写作文章之事,结果是:刘勰此说显得由君子之身文迅速转换到文人之作文,反过来看,他把"秉文"、"含章"的文章之事,回溯到志足言文、情信辞巧的君子身文之事,言下之意不外乎,文人身份乃是从君子身份中转化出来,从志足言文、情信辞巧(尤其是言文、辞巧一端)衍化出"含章"、"秉文"的文人作文技艺,从君子修身的意义转化出文章学的意义。可想而知,刘勰要用君子身文来涵摄文人之"秉文"。

志足言文,情信辞巧,说的都在君子的政治性修身范围,依据君子的身文修养来定义文章的金科玉律,表明刘勰对作文的态度紧紧围绕君子,为文本质上应是君子的为文,这无异于对文章作者提出了要求:文人写作文章必须以君子修养身文的要求来要求自己。这与梁简文帝萧纲的著名说法"立身之道与文章异,立身先须谨重,文章且须放荡"(《诫当阳公大心书》)简直针锋相对。

但奇怪的是,该金科玉牒的总结,固然是直接化用"修身贵文之征"里"褒美子产,则云:'言以足志,文以足言。'泛论君子,则云:'情欲信,辞欲巧。'"中圣人用于褒论君子的说法,不过,既然"贵文"有"政化"、"事迹"、"修身"三种,为何总论文章的最高原则时却仅仅参照了"修身贵文"上的圣人文辞?在字面上另两种"贵文"何以都被忽略了?

实际上,君子修文本身均贯穿在"政化"、"事迹"、"修身"三者之中。圣王的文章"政化"事业需要君子修文来"章之",以文辞立政治事迹说的也是君子的功绩（"郑伯入陈"中的子产和"宋置折俎"中的叔向），末了君子自身的修身要求君子修理身文。单引申君子身文的修养法则来规定为文，并不是无视圣人的另两种"贵文"主张，而是暗示了三种"贵文"最后都必须落实在君子之上，广义上看，"政化"之文与"事迹"之文无非相当于君子身文的延伸。总之"政化"、"事迹"、"修身"的"贵文"都指向了君子，是依赖君子来进行，君子的在场成为三种用文的前提，"君子一身，斯文之会也"（［明］叶山《叶八百易传》卷六）。专门颂扬君子的《程器篇》，其赞语所说"岂无华身，亦有光国"，便把"华身"的身文和"光国"的国家政教之文相联合，并且直视"华身"为"光国"的基础所在。因而培养君子实在是落实三种"贵文"的一致要求。由此，就文章本身而论，君子的"华身"便也属于文章创作的基础所在。孔子以为"文质彬彬，然后君子"，子贡也说过"文犹质也，质犹文也"，君子修养自身的内在德性（"志足"、"情信"）与修理外在身文（"言文"、"辞巧"）几乎就是一回事。《征圣篇》所说君子"身文"首先仍指君子致用于政教实践上的身文，只是面对着文人时代的作文风气，进一步将专门的写作文章也纳入君子的身文范畴。

　　用君子要求文人作家，意味着文人作家应当秉持君子的政教担待，对文章的重视也该是政治性的，所谓志足言文与情信辞巧，均不离君子式"修辞立其诚"的政治品德。[1] 只有具备内在的雅德，外在的雅文或雅言才可能，所以说"文，德之至也，德不至则不能文"（刘向《说苑·修文篇》）。刘勰坚持儒家传统的文质观，美文与美德乃不可分离，君子的美德是政治美德，圣王的王政德治建设需要有德的君子来担纲，从而君子的美文就也是王者德化文业的关键。刘勰按照君子修文来看待文人作文，既是要求文人应该培养事关圣王德化的内在美德（"迈德树声，莫不师圣"），也是要求文人能够写作圣王文业所鼓励的文章（批判"建言修辞，鲜克宗经"），故不能以辞采细碎的"末作巧文"一类为务。刘勰延伸了圣王对待文章与为文的态度（"圣人之情"），教导文人作家们追随圣王之文心，这就属于"征圣"，以圣王的文心来引导文人作家们的文心，仍不外乎圣人心对心式的心性陶铸之功。

---

[1] 俞志慧：《君子儒与诗教》，生活·读书·新知三联书店2005年版，第55—72页。

二、圣文的文章学意义:为文人作文提供文术论上的典范性

由于对文人心性的引导与陶甄,终归是引向圣王的德政文业及其君子期待。不过,圣王文辞中的文心除了表达了圣王对待文章与为文的态度,还体现在文术的运用与驾驭上,"包括对文的重视面向、制作文章之目的与技术之配合、论文或对自身言论知正,都是圣为征",而所谓"制作文章之目的与技术之配合",也就是"在制文上为符合文之需要,竭尽形、术而为的各项变通",①属于文术的运使。接下来,《征圣篇》分析圣人文章里"文成规矩,思合符契"的精妙文思,总结出"四术",列举了"八例",②"故知"圣人作文在"繁略殊形,隐显异术,抑引随时,变通适会"上皆堪视为文术运用的典范代表,所以末了便总论道:"论文必征于圣,窥圣必宗于经。""经"是圣人的文章,从圣人的文章里可窥察圣人作文的文术运使。对于文术的运思,没有能超过圣人的,因为圣人"文成规矩,思合符契"的文思是从"鉴周日月,妙极几神"的高迈心神之中来,亦即从出于圣人体证神理大道的"道心"、"天地之心"。③《文心雕龙》下篇详论文术,本来讲究文术论是"文艺自觉"以后才开始,眼下却仍然可以收编到圣人文章里,因为文术的至精妙运用只有通过圣人的文章才可得到师法,"征之周孔,则文有师矣"。

以上是关于圣人文章的一种"师"法。讲完此种"师"法后,下文到"圣人之文章,亦可见也",提示其"亦"提取出又一种"师"法。此处,《征圣篇》阐明了"体要"与"正言"的重要性,其中"要"与"繁"对,"正"与"异"对,暗示文章修辞不能片面依靠文辞堆砌或文术技巧,"成辞"、"立辩"关键仍赖"体要"、"正言",以此能抵制技巧或文辞上追新逐异的风气,而"体要"、"正言"的范例,便最宜从圣人经典里习得。至于圣人文章的"体要与微辞偕通,正言共精义并

---

① 简良如:《〈文心雕龙〉之作为思想体系》,中国社会科学出版社2011年版,第81—82页。
② 对"四术"、"八例"的详细论析,可参见邓国光:《〈文心雕龙〉文理研究》,上海古籍出版社2012年版,第135—150页。《征圣篇》对于经典中"四术"、"八例"的归纳与分析,其细致已可视为对经典在文章创作术法上的"细部批评",因此龚鹏程说《文心雕龙》仅停留在大而化之地标举经典之于"为文"的典范地位,恐失准确。
③ "鉴周日月"句出《乾》卦《文言》"夫大人者,与天地合其德,与日月合其明","妙极几神"语源《系辞》"子曰:知几其神乎"。

用",亦是一可"师"法处,在"圣人之文章,亦可见也"。

经刘勰此一打造,圣人似乎也成了文人时代下的"作家",圣人居然也擅长文术。本来,在"文艺自觉"以前的时代,长久以来"只有静态的经——圣人之'言'的概念,没有动态的'为文'",①文术的概念只有在对为文敷章、对作文亦即对"动态的'为文'"有了自觉意识以后,也就是在"文艺自觉"之后,作为"为文"之法才可能开始。圣人之"言"作为"静态的经",本不该会讲究什么"为文"的文术,《征圣篇》为了顺应文人作文的时代,如果仍要标举儒家圣人及其经书的权威,以为宗师模范,仍只依赖圣人经书之载有"道"的权威是不够的,必须要向文人作文时代的时势进行适当变通,向文章学的方向变通,使圣人的经书在文术运用上也能成为文人作文的典范,为之张目,通过这种变通,经书才能更进一步吸引、收揽文人们的信念。

实际上圣人在其文章里不仅精通文术,更擅长华丽的文采。看重文章的华彩,已然成为刘勰当时的作文风尚,尤为突出,刘勰显明圣人文章"秀气成采""辞富山海"的面向,也是为了在当时重视文采的文人风尚中,设法于文人心目中确立起圣人文章在此方面的权威性典范。不过,圣人文章在文采经营上的典范性,主要并不只体现在文采的华丽上,更是体现在不耽于文采、能"衔华而佩实"之上,圣文的"体要"、"正言",都属于"佩实"。这实质包含刘勰用经书之"雅丽"来纠正时下文人文采淫滥之风(《程器篇》谓"近代文人,务华弃实")的意图。《征圣篇》此处批驳了颜阖以为"仲尼饰羽而画,徒事华辞"的有意"訾圣"的错误看法,事实上"饰羽而画,徒事华辞"当属时下文人们的毛病,《征圣篇》显明"圣文""衔华而佩实"的"雅丽",否定了"圣文"有"饰羽而画,徒事华辞"的毛病,便无异于暗中也批判了时下文人们"饰羽而画,徒事华辞"的文风。确立圣文的典范,是为了重新把"去圣久远"的文人们吸引回经典之上,从而通过"还宗经诰"(《通变篇》)来汲取圣文的"雅丽",克服扬雄所说的辞人"丽以淫"的弊病。

其实,严格说回来,刘勰对经书诸"含文"(《宗经篇》)面相的文章学转化与发挥,确有"牵强附会"、"夸大"之嫌,不过刘勰的良苦用心,在于通过圣贤及

---

① 刘业超:《文心雕龙通论》,人民出版社2012年版,第300页。

其文章的变通转换,达到为新变的骈体文章张目的。① 由上述可以推断,刘勰对圣人就像对君子一样,也对其身位作了文人作家化的处理,君子身文与圣王文辞一样都被赋以文章学的变通和转化。转化的结果,既不是要文人作家的文章消融到圣人经典之中,也不是要圣人经典照文人辞章的方向去改头换面,而是要促成"君子-文人"甚至"圣人-文人"的身位构建,即君子或圣人基于自身原本出发,同样可以投身、移情到文人所从事的文章写作活动之中。

三、总　结

由《征圣篇》可以看到,师法圣人的文心,可以在哪些方面端正文人们自身的文心。文人"立言"如果能借鉴、师征于圣人的文心,那么不仅能从圣文中学习到高超的文术运用(圣人"精理为文"),酌取丰富的辞藻(圣文"辞富山海"),以及端正华辞之为雅丽(圣文"衔华而佩实"),而且能让自身的内在心性按君子的心性类型被加以形塑与陶铸。《征圣篇》最后说"天道难闻,犹或钻仰;文章可见,胡宁勿思",暗示刘勰对于钻仰天道的高深学问未必会首先提倡,而对于显白可见的圣王文章的学习,才更应首先提倡,而学习圣王文章的方式,便重在于"思"。"思"入圣王的文章,意味着以心"往合"圣王的文心,可见"征圣"的方法,就是在圣王的文章,也就是经书里,用心去体会、涵泳,从中濡染、吸收圣王文心的熏陶与化育,达到心性为圣王所陶铸的结果。看来,"文心"之作"师乎圣"的方式端在于"体乎经"。

接受圣王文心的熏陶与化育,提领自身的文心往圣王的文心靠拢,中人们即便难以达至圣王的心性水平,但也能尽量地逼近,"修经之贤,德近于圣","德近于圣"者便是君子,达至君子的心性水平,对于中人们而言是接受圣心教育的成果。文人们在"往合"、师证圣人文心的过程中其成果也是达到"近于圣"——达至君子的文心水平。从传统的圣人立言观到"文艺自觉"后的世俗作者观,对作者的心性品质的要求在降低,《文心雕龙》引导文人作家们的文心必须以传统圣人作者的文心为师,就相当于在文人时代里企图重新恢复高品质

---

① 参看冈村繁:《〈文心雕龙〉中的五经和文章美》,载《〈文心雕龙〉国际学术研讨会论文集》,日本九州大学中国文学会主编,文史哲出版社1992年版,第11—36页;王运熙:《刘勰对汉魏六朝骈体文学的评价》,载氏著,《当代学者自选文库:王运熙》,安徽教育出版社1998年版,第337页。

的心性要求,以提升文人作家们的心性水平。

圣王重视把中人们的性情陶铸为君子的性情,在中人们写作文章的意义上,则重视把中人们的文心陶铸成为君子的文心,如此,圣王的"政化"文业才有希望。只不过,刘勰一方面肯定了文人时代下形成的个体文章之独立"体性"观念,另一方面又要求统一以圣王文心为师,刘勰不得不用一种合理的方式配置、结合此二者。

中国古代旅游美学及其当代意义

胡远远

（郑州旅游职业学院　450009）

摘　要：相对于当代旅游业和旅游理论，中国古代已经产生了丰富的旅游美学思想。对中国古代旅游美学的研究成果，既有旅游美学思想的宏观研究，又有以人物、学派或艺术门类为旨归的个案研究。但是，中国古代旅游美学的研究更应该立足"儒道释"三教文化哲学的高度，以提高旅游者审美素养，增强旅游者的感受力，回应旅游地的建设和经营问题，真正发挥中国古代旅游美学的当代价值和意义。

关键词：中国古代旅游美学　当代意义

一、国内外相关研究的学术史梳理及研究动态

20世纪70年代末80年代初，我国旅游事业长足发展。受此热潮的影响，融旅游学、美学、景观学、生态学等多学科为一体的交叉学科——旅游美学——得以建立、发展，对其的研究也逐步兴盛。我国的旅游美学研究开始于20世纪80年代中期，而对中国古代旅游美学思想的研究稍晚于我国的旅游美学研究，不过也是起于80年代中期，至今已经三十余年了，为我国的旅游学、美学等相关学科的发展、进步作出了巨大而独到的贡献。我国古代旅游美学研究的成果主要集中在以下几个方面：

（一）中国古代旅游美学思想的宏观研究

较早进行中国古代旅游美学思想宏观研究的是卢善庆。卢著《旅游美学

闲话》中的《中国旅游肇端之谜》、《旅游之风大开之魏晋》两篇文章探讨了中国古代旅游美学思想的形成与早期的发展①。随后又有李遵进、沈松勤合著的《风景美欣赏——旅游美学》一书②，该著从中国古代文艺作品以及文艺理论著作中析出与旅游相关的诗文和命题，论述了风景美的共性、个性、变异性等内容，揭示出旅游活动中的联想、想象、体验等的规律，可视作研究中国古代旅游美学的著作。

尔后，对中国古代旅游美学思想宏观研究的著作和论文十分罕见，直至90年代中期及以后才出现了相关的成果。如卢善庆、张木良主编的《旅游美学》第二章"旅游与审美的历史回顾"第三节'"中国现代意义旅游的历史形成"。该节一方面梳理了从魏晋以前至清代的旅游学思想，另一方面又指出了由于魏晋时期山水成为了独立的审美对象，因此旅游美学思想逐步确立，另外，到宋元明清时期，旅游美学思想逐步深化与扩展，出现了"游道"和"游山学"。③ 另外，卢善庆于第二年发表《中国古代旅游美学思想的总体特色》④一文，梳理出了中国古代旅游美学思想的发展分为三个阶段：魏晋是第一阶段，是其发端；宋代是其第二阶段，是其成熟阶段，以郭熙的《林泉高致》为标志；明清是其第三阶段，是终结阶段，以魏源的《游山学》为代表。同时，卢指出中国古代旅游美学思想的总体特色为"庄玄的基础"、"游术的雅致"、"价值的超逸"、"诗画的升华"。1998年，王淑良所编的《中国旅游史》⑤（古代部分）出版，该书与后来彭勇主编的《中国旅游史》⑥和谢贵安、谢盛著的《中国旅游史》⑦一样，梳理了从原始社会至明清的旅游史，零星涉及了我国古代各个时期的旅游美学思想。

进入21世纪，中国古代旅游美学思想的宏观研究稳步前进，并进一步深化。苏飞的《中国古典美学思想在旅游审美中的应用》⑧一文指出，中国古典美学思想"天人合一"的整体观、"崇尚自然"的生态观和"清逸意识"的生活观对

---

① 卢善庆：《旅游美学闲话》，湖南人民出版社1986年版，第1—4、5—7页。
② 李遵进、沈松勤著：《风景美欣赏——旅游美学》，上海人民出版社1987年版。
③ 卢善庆、张木良主编：《旅游美学》，海潮摄影艺术出版社1996年版，第43—57页。
④ 卢善庆：《中国古代旅游美学思想的总体特色》，《上海艺术家》1997年第02期。
⑤ 王淑良主编：《中国旅游史》，旅游教育出版社1998年版。
⑥ 彭勇主编：《中国旅游史》，郑州大学出版社2006年版。
⑦ 谢贵安、谢盛：《中国旅游史》，武汉大学出版社2012年版。
⑧ 苏飞：《中国古典美学思想在旅游审美中的应用》，《北方经贸》2008年第12期。

旅游审美产生了重要意义。吕双双《由古代旅游文学探析中国古代旅游及其自然审美文化》①一文,从中国古代旅游文学作品中探析中国古代先人的旅游足迹及其自然审美文化的精髓,将文学作品与旅游自然审美文化结合起来,让人们更加清晰地理解中国古代旅游审美文化。史运林《中国民俗旅游审美功能探析》②一文认为,民俗旅游是指人们以参观了解或参与以特定地域或特定民族的民俗为目的的旅游活动,其特征具有民间性、地域性、民族性和融合性,中国民俗旅游产生与发展是其具备社会审美功能、艺术审美功能、饮食审美功能和区域审美功能的结果。沈振剑、杨建华的《中国古代文士名人的旅游美学意蕴探微》③一文指出,我国古代文人名士大多钟爱游历山水,欣赏绮丽的风景,为之感叹吟咏,并给我们留下了大量的描绘风景美的游记、山水诗和山水画等,从上述作品里我们可以梳理出我国古代文人名士在旅游审美活动中推崇"天人合一"、"崇尚自然"的旅游美学思想,并且从游历山水的实践中总结出诸多旅游审美方法和经验,掌握高超的旅游审美技巧,如"游道"、"游术"等。我国古代文人名士的旅游美学思想在中国园林、建筑以及现代旅游资源规划设计开发上有很好体现,对我们来讲,是一笔宝贵财富。林荫《传统和合思想的旅游审美启示》④一文指出,和合思想是中国传统文化的精髓,主要体现在"天人和合"、"社会和合"、"自我和合"等"三和"层面。旅游是一项综合性的审美活动,旅游的美学本质就是追求和谐,这与传统和合思想之精神是一致的。传统和合思想对我们在旅游审美中人与自然亲和关系的建立、良好人际关系的形成、人类精神品质的提升等,都有着重要的启示。

(二) 中国古代旅游美学思想的个案研究

1. 以人物、学派为纲

以人物、学派为纲的中国古代旅游美学思想的个案研究与中国古代旅游美学思想的宏观研究是同步进行的,起始于20世纪80年代中期。如卢善庆《旅

---

① 吕双双:《由古代旅游文学探析中国古代旅游及其自然审美文化》,《沧桑》2008年第01期。
② 史运林:《中国民俗旅游审美功能探析》,《边疆经济与文化》2009年第07期。
③ 沈振剑、杨建华:《中国古代文士名人的旅游美学意蕴探微》,《中州学刊》2010年第02期。
④ 林荫:《传统和合思想的旅游审美启示》,《广西社会科学》2011年第01期。

游美学闲话》一书中的《魏源的"游山学"》①一文就是对中国古代旅游美学思想的终结者魏源的旅游美学思想的研究。陈雁谷的《柳宗元：社会旅游事业思想的创见人——从旅游地理与审美心理的关系谈柳宗元的旅游思想》②和《从旅游地理与审美心理的关系谈柳宗元的旅游思想》③、章采烈的《论柳宗元的旅游美学观》④、王琼的博士论文《柳宗元旅游美学思想研究》⑤等论文都是从20世纪90年代至今的关于唐代柳宗元的旅游美学思想的个案研究成果。

余大平的《谢灵运山水诗的旅游美学意境》⑥和顿德华的《谢灵运山水诗与生态旅游的诗意对话——兼论山水诗对旅游审美之生态价值》⑦两篇文章是对南北朝诗人谢灵运的旅游审美思想的研究。安微娜的《由庄子美学思想影射当代旅游开发》⑧、苏欣慰、何巧华的《试论道家思想在中国传统建筑中的旅游审美体现》⑨、赵洁、赵芸的《老庄美学的生态自然观对生态旅游的启迪》⑩等论文是对我国道家旅游美学思想的研究成果。

另外，还有卢善庆的《徐霞客旅游美学思想历史定位和评价》⑪、司文、徐淑梅的《王维山水田园诗的旅游美学意境》⑫、陈靖的《陶渊明美学思想在现代农业旅游景观规划中的应用》⑬、夏立恒、余均委的《李白诗歌的旅游审美境界初探》⑭、宋雪茜的博士论文《苏轼夜游及其对现代夜间旅游审美的启示》⑮、陈洪

---

① 《魏源的"游山学"》，见卢善庆：《旅游美学闲话》，湖南人民出版社1986年版，第96—98页。
② 陈雁谷：《柳宗元：社会旅游事业思想的创见人——从旅游地理与审美心理的关系谈柳宗元的旅游思想》，《零陵师专学报》1990年第02期。
③ 陈雁谷：《从旅游地理与审美心理的关系谈柳宗元的旅游思想》，《经济地理》1990年第02期。
④ 章采烈：《论柳宗元的旅游美学观》，《江汉论坛》1992年第02期。
⑤ 王琼：《柳宗元旅游美学思想研究》，湖南师范大学博士论文，2010年。
⑥ 余大平：《谢灵运山水诗的旅游美学意境》，《东南大学学报》（哲学社会科学版）2001年第02期。
⑦ 顿德华：《谢灵运山水诗与生态旅游的诗意对话——兼论山水诗对旅游审美之生态价值》，《名作欣赏》2012年第35期。
⑧ 安微娜：《由庄子美学思想影射当代旅游开发》，《商情》（科学教育家）2008年第05期。
⑨ 苏欣慰、何巧华：《试论道家思想在中国传统建筑中的旅游审美体现》，《太原师范学院学报》（社会科学版）2009年第02期。
⑩ 赵洁、赵芸：《老庄美学的生态自然观对生态旅游的启迪》，《大家》2012年第06期。
⑪ 卢善庆：《徐霞客旅游美学思想历史定位和评价》，《福建学刊》1996年第04期。
⑫ 司文、徐淑梅：《王维山水田园诗的旅游美学意境》，《边疆经济与文化》2008年第12期。
⑬ 陈靖：《陶渊明美学思想在现代农业旅游景观规划中的应用》，《美术大观》2009年第01期。
⑭ 夏立恒、余均委：《李白诗歌的旅游审美境界初探》，《合肥学院学报》（社会科学版）2009年第02期。
⑮ 宋雪茜：《苏轼夜游及其对现代夜间旅游审美的启示》，四川师范大学博士论文，2005年。

兵的《袁枚山水旅游诗歌与山水审美探析》①等论文亦是中国古代个案旅游美学思想研究的重要成果。

2. 以艺术门类为界限

除了按照人物、学派为纲进行中国古代旅游美学思想的个案研究外,20 世纪 80 年代中期以来,还有很多学者以艺术门类的界限,从我国古代各门艺术之中探求旅游美学思想。其中从文学作品中提取我国古代旅游美学思想的研究尤为众多。如吴瑞裘的《中国古代旅游诗的审美特征》②、陈宗棣、邱子海的《旅游文学的审美特征散论》③、王柯平的《旅游审美与山水旅游文学泛言》(上篇)④和《旅游审美与山水旅游文学泛言》(下篇)⑤、贾鸿雁的《大观园中的旅游美学》⑥、周敏慧、陈荣富的《从中国古代山水诗谈旅游审美心理》⑦、黄斌、黄铮铮的《唐代桂林山水诗与桂林旅游审美的自觉》⑧、郭全美、贾文毓的《论国学修养与旅游审美情趣——以〈前赤壁赋〉为例》⑨、王林的《旅游文学的审美教育功能》⑩、刘晓玲的《古代山水文学的现代旅游审美应用研究——以〈古代旅游文学作品选读〉为例》⑪、孟秋莉的《中国古代旅游诗词的发展脉络与审美特征》⑫、栗惠英的《古代诗歌的旅游审美境界初探——以秦皇岛为例》⑬、王茹、娄冰娜的《旅游审美视角下赏析〈黄鹤楼〉》⑭、王晓洋的《论旅游文学的审美价值》⑮等。以上论文是近三十年以来从文学作品入手,探求中国古代旅游美学

---

① 陈洪兵:《袁枚山水旅游诗歌与山水审美探析》,《作家》2014 年第 04 期。
② 吴瑞裘:《中国古代旅游诗的审美特征》,《龙岩师专学报》1986 年第 03 期。
③ 陈宗棣、邱子海:《旅游文学的审美特征散论》,《上海大学学报》(社会科学版)1991 年第 06 期。
④ 王柯平:《旅游审美与山水旅游文学泛言》(上篇),《北京第二外国语学院学报》1998 年第 03 期。
⑤ 王柯平:《旅游审美与山水旅游文学泛言》(下篇),《北京第二外国语学院学报》1998 年第 04 期。
⑥ 贾鸿雁:《大观园中的旅游美学》,《东南大学学报》(哲学社会科学版)2001 年第 02 期。
⑦ 周敏慧、陈荣富:《从中国古代山水诗谈旅游审美心理》,《商业经济与管理》2001 年第 11 期。
⑧ 黄斌、黄铮:《唐代桂林山水诗与桂林旅游审美的自觉》,《桂海论丛》2006 年第 02 期。
⑨ 郭全美、贾文毓:《论国学修养与旅游审美情趣——以〈前赤壁赋〉为例》,《东南大学学报》(哲学社会科学版)2008 年第 S1 期。
⑩ 王林:《旅游文学的审美教育功能》,《山花》2012 年第 16 期。
⑪ 刘晓玲:《古代山水文学的现代旅游审美应用研究——以〈古代旅游文学作品选读〉为例》,《兰州大学学报》(社会科学版)2011 年第 03 期。
⑫ 孟秋莉:《中国古代旅游诗词的发展脉络与审美特征》,《作家》2013 年第 04 期。
⑬ 栗惠英:《古代诗歌的旅游审美境界初探——以秦皇岛为例》,《语文建设》2014 年第 02 期。
⑭ 王茹、娄冰娜:《旅游审美视角下赏析〈黄鹤楼〉》,《语文建设》2014 年第 17 期。
⑮ 王晓洋:《论旅游文学的审美价值》,《语文建设》2014 年第 33 期。

思想的重要研究成果。另外,杨扬、卫捷的《美的发现——旅游美学书简》①一书中的《诗情画意"游"里来——旅游文艺的审美特性》,从中国古代的诗歌、绘画中探求中国古人的旅游美学思想和旅游审美特性。

还有部分学者从书法、绘画、园林等艺术门类入手,研究中国古代旅游美学思想。其中乔修业的《旅游美学》②论述了中国古代园林、绘画、书法、建筑、雕塑以及饮食与旅游的关系,从各个艺术门类之中揭示出了中国古代旅游美学思想的主要内容与特点。王柯平主编的《旅游美学新编》第五编《中国旅游审美文化》③从中国古代绘画、书法、雕塑、建筑、园林、戏剧、文学、工艺中揭示了中国古代旅游审美思想的特质和旅游审美鉴赏的规律。重要的论文有:卢善庆的《中国山水景物在旅游中形成的审美观念的理论发展》④、何平的《"佛灯"之谜及其美学功能和旅游价值》⑤、何丽芳的《浅谈中国竹文化的旅游审美》⑥、于德珍的《略论园林与旅游审美》⑦、王含西的《中华饮食文化审美与旅游相关性分析——兼论湖湘饮食文化旅游资源的开发》⑧、李炯的《基于中国古典园林景观的旅游审美文化探讨》⑨。

(三)中西旅游美学思想的比较研究

旅游学、美学等学科都是"西学东渐"的产物,在西方学术资源中有丰富的旅游学、美学等资源。这也为中西旅游美学思想的比较研究提供了坚实的基础,同时,还可以从中西比较之中见出中国古代旅游美学思想的特点和独特规律。但是中西旅游美学思想的比较研究稍有滞后,大概出现于 20 世纪 90 年代

---

① 杨扬、卫捷:《美的发现——旅游美学书简》,农村读物出版社 1987 年版,第 219—230 页。
② 乔修业著:《旅游美学》,南开大学出版社 1990 年版。
③ 《中国旅游审美文化》,见王柯平主编:《旅游美学新编》,旅游教育出版社 2000 年版,第 332—513 页。
④ 卢善庆:《中国山水景物在旅游中形成的审美观念的理论发展》,《社会科学家》1987 年第 05 期。
⑤ 何平:《"佛灯"之谜及其美学功能和旅游价值》,《东南文化》1991 年第 06 期。
⑥ 何丽芳:《浅谈中国竹文化的旅游审美》,《绿化与生活》,2003 年第 06 期。
⑦ 于德珍:《略论园林与旅游审美》,《大众科技》2005 年第 04 期。
⑧ 王含西:《中华饮食文化审美与旅游相关性分析——兼论湖湘饮食文化旅游资源的开发》,《商场现代化》2010 年第 31 期。
⑨ 李炯:《基于中国古典园林景观的旅游审美文化探讨》,《太原城市职业技术学院学报》2014 年第 12 期。

中期。王柯平的《旅游美学纲要》①一书在中西美学比较研究之后,指出中国旅游美学思想具有"天人合一"的色彩。刘茜的《论中西方旅游审美的差异》②一文在中西比较中发现,当今社会随着人们生活水平的提高和游客消费理念的成熟,传统、单一的观光旅游已不能满足游客的需要。人们在领略大自然奇特风光的同时,更多的是需要了解各不同民族的发展历程和灿烂文化,从中激发热情,陶冶情操,增长知识,启迪智慧。文化是旅游的灵魂,没有文化的旅游是没有生命力的,故文化旅游已经成为时代发展的趋势,而能够表述文化、传播文化的旅游产品的载体就是人文旅游产品。因此,顺应时代发展潮流,满足旅游消费市场的需要,搞好人文旅游资源的开发,丰富旅游产品的文化内涵,是当前我国旅游业亟待解决的重大课题,也是加快新时期旅游业发展的重要任务。曹佩升的《中西旅游审美心理差异与旅游资料的英译》③一文认为,中西旅游审美心理的差异主要有:人文美和自然美;主体美和客体美;平衡美和简洁美;朦胧美和精确美。张敏的《试论中西方不同的旅游审美知觉——以自然景观为例》④一文从审美知觉切入,探求了中西不同的旅游审美思想。

赵竹清的硕士学位论文《论引起中西方旅游审美差异的文化原因》⑤从政治、经济、宗教等方面入手,较为全面地论述了中西旅游审美思想的不同点,并且指出了其背后的文化原因。曹诗图、孙天胜、周德清的《旅游审美是诗意的对话——兼论中西哲学思想中的审美观》⑥一文从旅游哲学的视角论述了中国道家的逍遥说、儒家的比德说、佛家的随缘人生观与西方现代哲学中的主体间性观点,认为旅游审美是诗意的对话,旅游审美的最高境界是旅游审美主体与旅游审美客体融为一体,由"在场"洞见"不在场"。王志芳的《中西方游客的旅游审美差异研究》⑦一文指出,由于人文地理环境、历史渊源、文化导向等方面的差异,中西方游客在旅游景观欣赏过程中表现出各自民族的旅游审美特点。

---

① 王柯平:《旅游美学纲要》,旅游教育出版社1997年版。
② 刘茜:《论中西方旅游审美的差异》,《广西大学学报》(哲学社会科学版)2006年第06期。
③ 曹佩升:《中西旅游审美心理差异与旅游资料的英译》,《内蒙古农业大学学报》(社会科学版)2007年第03期。
④ 张敏:《试论中西方不同的旅游审美知觉——以自然景观为例》,《魅力中国》2009年第16期。
⑤ 赵竹清:《论引起中西方旅游审美差异的文化原因》,陕西师范大学硕士学位论文,2010年。
⑥ 曹诗图、孙天胜、周德清:《旅游审美是诗意的对话——兼论中西哲学思想中的审美观》,《旅游论坛》2011年第02期。
⑦ 王志芳:《中西方游客的旅游审美差异研究》,《学理论》2014年第35期。

研究中西方游客的旅游审美差异表现及成因,对于旅游线路的设计以及旅游接待工作的顺利开展具有十分重要的启示和现实指导意义。

二、中国古代旅游美学思想的当代价值研究

虽然,中国古代旅游美学思想的研究至今已三十余年了,但是如果仅就古代旅游美学思想本身的研究只是一种理论型研究,只能促进相关学术的发展。如果我们以当代的眼光观照中国古代旅游美学思想,则可以发现古代旅游美学思想对当下的意义,发挥它们的当代价值、现实作用等。可是,对中国古代旅游美学思想的当代价值的研究是十分晚近的,进入 21 世纪后学者们才陆续开始进行。

王蓓的《借鉴中国传统审美思想走出旅游审美误区》[1]一文认为,博大精奥的中国文化造就了独具特色的中国"旅游"审美心理。研究旅游者的审美心理和引导旅游者审美行为,审美观念,对于提高旅游者审美素养,增强旅游者的感受力,具有重要的指导意义。另外,在全球化的今天,人与自然,与社会之间的矛盾日益加深,我们通过对审美的体验,对人与自然、社会的发展问题进行再思考,提倡"以和为美","天人合一"的价值观,这些生态意识使现代人懂得了尊重生命,与自然和谐相处。莫珣《开发中国古典园林的旅游审美价值》[2]一文探讨了开发中国古典园林旅游审美价值的意义以及开发中国古典园林旅游审美价值的途径,指出在开发过程中应注重以文导游,充分展示和延伸中国古典园林的意境和审美情趣,并通过引导游客选择最佳视距和视角等方式,来把握园林丰富的审美内涵和审美特征,从而充分发掘中国古典园林在现代旅游中的巨大潜力。莫珣又发表《中国古典园林的旅游审美价值初探》[3]一文,并指出旅游审美价值研究是旅游市场向美学化方向发展,对旅游资源进行开发与规划的基础。以中国古典园林为例,运用旅游美学的基本原理及旅游开发与保护的原

---

[1] 王蓓:《借鉴中国传统审美思想走出旅游审美误区》,《内蒙古农业大学学报》(社会科学版) 2008 年第 05 期。

[2] 莫珣:《开发中国古典园林的旅游审美价值》,《广西大学学报》(哲学社会科学版) 2009 年第 S2 期。

[3] 莫珣:《中国古典园林的旅游审美价值初探》,《南宁职业技术学院学报》2010 年第 04 期。

则,对不同时期、不同类型的造园历史、造园要素、园林布局方式、造景手法、园林意境及园林人文历史等方面的论述,分析中国古典园林的旅游审美价值的具体体现。胡文萍的硕士论文《中国古代审美理想和当代旅游文化建设》[①]从儒释道三教出发,探讨了我国古代的旅游美学思想,并且提出了对当下旅游文化建设的对策。

  综上所述,我国的中国古代旅游美学思想的研究已经走过了三十余年的历史了,经过专家、学者们的共同努力,研究逐步规范、深化与扩展。但是也存在一些问题,为今后中国古代旅游美学思想的研究留下了巨大的空间。从以人物为纲的个案研究方面看,专家、学者们集中于研究、论述徐霞客、苏轼、柳宗元、魏源等的旅游美学思想,而我国历朝历代有许多文人士大夫创作了许多包含旅游美学思想的文章、著作和艺术作品,所以在这一点上应更加全面的搜集、整理我国历朝历代的旅游美学文献并加以研究、论述;从以学派为纲的个案研究方面看,道家的旅游美学思想研究胜过了儒家,而佛教的旅游美学思想几乎无人问津,汉代末年建立的道教的旅游美学思想更无人提及。我们知道,历代佛教高僧和道教高士们钟情于山林,云游四海,佛道两教的经书中有关旅游美学思想的内容十分丰富,如道教的游仙诗就是一例。所以,应该在儒家、道家旅游美学思想的研究之外,重视佛教、道教的旅游美学思想研究,真正做到在旅游美学思想研究方面的三教并进;从以艺术门类为界限的个案研究看,专家、学者们更注重文学,尤其是诗歌中的旅游美学思想研究,其次重视园林,虽然对于绘画、书法等艺术有所涉及,但是十分薄弱,对于中国古代音乐文献的重视更是缺乏。我国古代的山水画、花鸟画等代表着某个画家甚至某个群体对待自然山水、动物植物的审美态度,这是我国古代旅游美学思想的重要组成部分,另外,我国古代音乐文献中也能体现出旅游审美思想,如将音乐比作自然界某种现象、某种动物发出的声音就是很好的例证。所以,在文学、园林之外,我们还应该注重绘画、书法、音乐等艺术体现、蕴含的旅游美学思想。从中国古代旅游美学思想的当代价值的研究方面看,起步晚、研究力度不够是较为明显的不足,另外,还在以古证今方面显出了牵强附会的缺点。所以,"化古为今"是这方面研究在今后应该努力达到的目标。

---

① 胡文萍:《中国古代审美理想和当代旅游文化建设》,青海师范大学硕士论文,2013 年。

相对于已有研究的独到学术价值和应用价值，我们还应该克服三十余年来的中国古代旅游美学思想研究的局限，重视先秦儒家、道家美学思想对中国古代旅游美学思想的源头作用，同时也关注汉代以后佛教、道教的旅游美学思想，真正做到中国古代旅游美学思想方面的三教合一。另外，要对上至先秦、下至清末的旅游美学思想发展史进行梳理、论述，所以不只是对以往被学者们重点论述的"旅游美学家"的思想进行研究、论述，还要发掘历朝历代的"旅游美学家"、文学作品、理论著作中的旅游美学思想。从艺术门类方面看，要突破以往重点在于诗歌、园林等方面的研究，全面考察、论述诗歌、文学、园林以及画论著作、绘画作品、书论著作、书法作品、乐论著作中的旅游美学思想。无论从横向还是纵向来看，都要更加全面地展现中国古代旅游美学思想的整体面貌，更加前后贯通地梳理出中国古代旅游美学思想的发展脉络。

当然，除了对中国古代旅游美学思想本身的研究和其发展脉络的梳理外，还要立足于前者探讨其当代价值与意义。如从儒家旅游美学思想的"比德"说出发，倡导旅游审美教育，在景点建设、旅游文化推进等方面，注重景点对游客道德自我的塑造、道德素质的提升；从道家崇尚"自然"的旅游美学思想中，倡导旅游景点建设者们还原自然之美，以慎重的态度对原生态景观植入人工制品；从佛教旅游美学的"空灵"之美中，提醒景点建设、景物设计者们在审美原则、造型设计以及景点安排等方面创造合理的旅游空间，并给游客留有思考、想象的空间。总之，中国古代旅游美学及其当代价值的研究要完成从理论到实践、由古代到当下的转化，在古代旅游美学思想中提取出对当代旅游实践活动有意义、有价值的建议、对策等。

陆扬教授的西方美学研究

——从《后现代文化景观》谈起

祁志祥

（上海政法学院研究院　201701）

陆扬话不多，口头表达不是他的强项，但在略显木讷的外表底下，却藏着一颗强大而丰富的心灵，流淌着感性而美丽的文字光彩。新近获赠的《后现代文化景观》（新星出版社2014年版）一书集中体现了这一特点。后现代主义的特征、福柯的癫狂、德里达的幽灵、拉康的后精神分析批评、德勒兹和伽塔利的块茎结构、波德里亚的拟像世界、布尔迪厄的文化资本、后现代的城市空间美学，如此等等，本身就云里雾里，诡谲晦涩，都是些不好阅读、理解、概述的当代美学话题，陆扬却能够用一种行云流水般的优美笔调，举重若轻、深入浅出地作出理论描述。

在美学研究领域，陆扬兄倾心于西方和当代，我一直把读陆扬兄的书当作弥补自己知识结构不足的一个途径。陆续拜读过陆兄惠赠的不少著作，却一直没有形成一个整体印象。日前参加了一个有关陆扬教授西方美学成果的学术研讨会，使我对他的研究成就及治学特色有了较为完整和深入的认识。

陆扬的外语很好。他的西方美学研究特别是西方当代美学研究所依据的材料几乎都是原版一手资料。这些资料的引用在他手中可以说是信手拈来、如数家珍、左右逢源。追寻起原因，这得力于他本科为英语以及硕士在读期间导师对他的专业训练。尽管他在大学学习时已显露出过人的语言天赋，但他更感兴趣的仍然是文学。因此，在广西师大读硕士的时候，他选择的是跟随贺祥麟教授治外国文学。后来进复旦大学读博士，又师从一代美学宗师蒋孔阳先生进一步深造美学。出于对文学的喜好，他曾在杨苡、方平的两个译本之后，受长江文艺出版社之邀，重新翻译出版过艾米莉·勃朗特的《呼啸山庄》（1998年）。

杨译本直译而近于涩,方译本流畅而近于滑,陆扬的译本力图合两家之长、避两家所短,准确而又顺畅地体现原作沉郁凛冽的叙述风格。该译本的劳动得到读者的广泛认可,从1998年初版至今,2007年、2011年又再版了两次。当然,作为文艺美学研究者,陆扬只能克制他对文学的爱好,将语言的才情在理论翻译方面挥洒。1998年,他翻译的美国学者卡勒的《论解构》由中国社会科学出版社出版。这是美国学界引进欧陆结构主义和解构主义的经典之作,当时美国的英文系学生几乎人手一册。它不仅推动实现了英美文学批评传统的沟通和衔接,也成为我国学界了解英美解构主义文学批评的重要入门书。2002年,他与张岩冰合译的德国后现代哲学家韦尔施的英语著作《重构美学》由上海译文出版社出版。该书为新世纪中国美学界"日常生活审美化"的讨论热点提供了重要理论资源之一(另一项资源是刘精明2000年翻译出版的费瑟斯通的《消费文化与后现代主义》)。2005年,他与刘佳林等合译的美国文化地理学家索亚的《第三空间》由上海教育出版社出版,这是阐述后现代空间美学思想的重要代表作。2011年,他译出美国学者莱斯利·菲德勒的《文学是什么》,由译文出版社出版。该书是后现代文学思想的一部发轫之作和经典之作。作为颇具叛逆性的大众文化批评家,作者用巧妙诙谐的笔触探讨了文学是什么、文学如何具有高下之分、为何有些作品持久流行却入不了"高品位"大师们的"法眼"等在当下备受关注的问题,具有令人反思的借鉴意义。

陆扬在当代西方美学理论翻译方面成就卓著,然而他本人并非仅仅以一个翻译家的面目出现,事实上,他更多的是以对这些西方美学资源进行深度加工的研究者、理论家的身份活跃在国内外学界的。他的美学研究可分为纵横两个方面。从纵向来看,他力图将古今西方美学打通,而侧重于西方当代美学研究。在蒋孔阳、朱立元主编的《西方美学通史》(上海文艺出版社1999年版)中,他承担第二卷《中世纪文艺复兴美学》全卷的撰写工作,并在此基础上诞生了《〈圣经〉的文化解读》(复旦大学出版社2008年版)与《文艺复兴美学》(上海交通大学出版社2012年版)两项专题成果。在西方当代美学研究方面,他是最早将法国解构主义大师德里达介绍到中国的学者,著有《德里达:解构之维》(华中师大出版社1996年版)、《德里达的幽灵》(武汉大学出版社2008年版);他是国内最早将 aestheticization of everydaylife 翻译为"日常生活审美化"的学者之一(2000年刘精明在翻译费瑟斯通《消费文化与后现代主义》一书时将这个词组译为"日常生活的审美呈现",2001年周宪在《哲学研究》发表《日常生活的"美学化"》时,将这个词组译为"日常生活的美学化",2002年陆扬翻译出版韦尔施的《重构美学》中,首次确定"日常生活审美化"的译名。值得说明的是这个译名曾被上海译文出版社英文编辑在校阅时改为"日常生活的美学化",陆扬觉得太"学院气",不通俗,最后通读时又改了回来①,而2002年陶东风在《浙江社会科学》第1期发表《日常生活的审美化与文化研究的兴起》时,也同时采用"日常生活审美化"的译名),而且对本世纪从2002年到2005年持续了好几年的"日常生活审美化"大讨论的历程、源流、得失作过系统梳理、研究和反思。这方面的研究成果集中凝聚在国家社科基金项目及上海市社科获奖项目《日常生活审美化批判》(复旦大学出版社2012年版);后现代美学及文化现象研究是其当代西方美学研究的另一强项,这方面的成果集中体现在《后现代性的文本阐释》(上海三联书店2000年版)及最近出版的《后现代文化景观》二书中。从横向看,伴随着西方美学研究从古代走向当代,研究范围也从狭义走向广义、从理论走向生活、从美学拓展到文化。早先,他与王毅合著过《文化研究导论》(复旦大学出版社2006年版),后来,他又邀请王宁、周宪、刘康等国内外名家,主编了《文化研究概论》(复旦大学出版社2008年版),成为文艺学边界拓展到大众文化研究的代表人物。也正是在这种形而上向形而下的转变中,产生了"日常生活审美化"的新潮研究成果。而他研究死亡悲剧意义的《死亡美学》(北京大学出版社2006年版),则显示了他横向思维触角的创造性探索。

不知不觉间,陆扬已过耳顺之年。默默耕耘,心灵左冲右突、鸢飞鱼跃,显示出令人惊叹的博大与深邃。陆扬的美学论著是迷人的,既兼顾客观还原,也不乏主观生发;不追求"无一字无来历"的材料罗列,致力于在打碎捣烂原文资料后"推翻天地重扶起"的灵动表述;不追求四平八稳、面面俱到的严整结构,体现出相关链接、随机组合的主体自由;不奢望穷尽本原,也不放弃把握现象特征。这个以研究"后现代"见长的学者,美学解读也闪现着"后现代"的影子。

---

① 陆扬:《日常生活审美化批判》,复旦大学出版社2012年版,第94页。

纳斯鲍姆论脆弱性与好生活

李文倩

(四川师范大学　610066)

摘　要：自近代以来，康德主义伦理学作为传统形而上学的替代品，取得了极大的成功。但在当代英美哲学家如伯纳德·威廉斯（Bernard Williams）、玛莎·纳斯鲍姆（Martha C. Nussbaum）的眼中，康德主义伦理学因缺乏语境敏感性而无法在伦理上为我们提供足够的教益。与此相对照，他们通过古典学的方法，指出在古希腊的悲剧中，对人类之伦理生活有极深刻的洞见，但这在当代分析化的道德哲学中，难觅其踪影。纳斯鲍姆认为，这一古今之别，其实质是古老的哲学与诗学之间的争论。纳斯鲍姆的立场是，在充分考虑古希腊悲剧所能为我们的伦理生活提供重要洞见的同时，而不放弃哲学所推崇的理性与论证。由此我们可以看到，当代哲学家在一致与差异之间寻求平衡的努力。

关键词：运气　无常性　哲学　诗学　理论

导　言

在一个极简阔的视野中，我们大致可以说，生活在现代之前的人们，他们伦理生活的准则主要基于一些形而上学的"设定"。而且，这样的准则对于他们而言乃是自然的、天然正当且无需论证。而以今人的眼光看，这样一些准则可能来源于宗教、神话或传说，多有不实的成分；但对生活在这些准则之下的人们而言，所谓"不实"则几乎无从谈起，因为那是他们生活的基石，是不可怀疑的。

但问题在于，随着近代科学的兴起，人们固有的看待世界的方式遭到了挑战。人们逐渐意识到，之前支配他们生活的那些准则，似乎也是可怀疑的。甚至在有些人看来,那不过是些形而上学的"教条",无法证实亦很难证伪。这样一种由科学所带来的看待世界的方式的变化,使人们的伦理观点随之改变;而当以这一新的眼光反观自身时,人们突然发现,他们以往看似实在的生活突然变得漂浮起来!

在这样的时代背景下,康德的伦理学为人们带来了安慰。康德将伦理准则排除出了认知的范围,这在一定程度上,为认知理性减了负;而且,他通过自己的努力,试图将伦理准则奠定在理性的基础之上,如此一来,"上帝"的存在也就成了一个理性的假定。旧的形而上学崩塌了,理性成为某种可凭靠的东西。威廉斯说,康德主义"……提供了一种诱惑,在面对世界的不公正时向人们提供了一种安慰"。①

威廉斯还说,康德的伦理学捍卫了"个体的独特性",尽管这样的个体只具有抽象而贫乏的品格。而且无论康德的道德律令在表述方式上如何像神谕那样坚定有力,它都缺乏一种语境的敏感性,无力面对真实而丰富的人类生活;它将人类的幸与不幸,完全与个体的自由选择相关联,忽视了运气在人类生活中的道德意义。但威廉斯认为:"不管运气是否是生成性的,是否影响了一个人的决定与道德的关系,或者只是影响了一个人的行为的最终结果,运气对于道德生活来说都具有很重要的意义。"②也就是说,在理性的必然性之外,变幻莫测而又几乎不可避免的运气因素,更为广泛地影响着我们的伦理生活。

简而言之,威廉斯的总体思路,是力图通过对古典思想资源的发掘,以补足现代伦理学总体上的贫乏状况。但威廉斯并不是一个简单的复古主义者,有论者指出,他思想上根本的落脚点,仍是"自由主义"③。

纳斯鲍姆和威廉斯同为古典学家和哲学家,前者自称在学术研究上,深受后者的影响。但纳斯鲍姆在纪念威廉斯的《悲剧与正义》一文中认为,威廉斯在晚年似乎越来越偏向于"尼采式的反启蒙倾向"④,这是她所不能认同的。

---

① [英]伯纳德·威廉斯著,徐向东译:《道德运气》,上海译文出版社2007年版,第31页。
② 同上书,第57页。
③ 陈德中:《政治现实主义:威廉姆斯政治哲学研究》,知识产权出版社2010年版,第185页。
④ [美]纽斯鲍姆著,唐文明译:《悲剧与正义——纪念伯纳德·威廉姆斯》,《世界哲学》2007年第4期,第28页。

一、人之无常与脆弱

在形而上学时代,人们似乎完全相信,人类生活的幸与不幸,在根本上取决于命运之神的恩赐或惩罚。在这样的观念之下,个人的作为是无关紧要的。或许唯一有伦理意义的行为,就是敬神或顺从命运,而不是做无谓的抗争。这样一种观念,在今天的大多数人看来,的确过于宿命论了。但康德的伦理学,则似乎走向了另一个极端,即认为唯因有德而获至富,才是收获幸福的唯一路径。这一因追求绝对的确定性而取消了无常之命运的伦理理论,却恰恰远离了我们真实的生活。

纳斯鲍姆则认为,人之不幸既有可能来自运气,也可能是坏行为的结果:"悲剧明确地向我们表明,甚至最聪明、最好的人也可能遭受灾难。但悲剧也同样明显地向我们表明,许多灾难都是坏行为的结果,不管那些行为是来自人,还是来自与人具有同样形态的诸神。"[①]

这就要求我们,在进行伦理思考时,必须考虑人之命运的无常性,而不仅仅是像康德那样,只是着眼于个体性的道德选择。对人而言,命运之所以"无常",是因为人作为一个有限的个体,使其在根本上无法完全把握外部世界和自身的关系。人在根本上是脆弱的。而无视这一点的伦理理论,就只不过是一种强人所难。

在纳斯鲍姆看来,古典哲人所推崇和为之辩护的完满的哲学生活,在根本的意义上,即无视人之脆弱性。因为在古典哲人们看来,最值得一过的生活,是沉思的哲学生活。这样一种生活,则具有如下的一些形式:"纯粹、单一、坚硬如铁,不变也不可变。"[②]如此一来,沉思着的哲人的生活,在根本上就是自足和绝对完满的:像神一样理智,也像神一样充满智慧。但这样一种完善的生活,至少对多数人而言,却是不可过的。而如果某人被强迫过这样的生活,也根本谈不上什么幸福,因为那不过是奴役。

在爱的问题上,人之脆弱性得到了最充分的展现。在一个意义上,神是不

[①] [美]玛莎·纳斯鲍姆著,徐向东、陆萌译:《善的脆弱性:古希腊悲剧和哲学中的运气与伦理》,译林出版社2007年版,第27页。
[②] 同上书,第184页。

需要爱的,因为它完满自足。而人之所以需要爱,就在于人之脆弱性,以及他的不可自足性。但在纳斯鲍姆看来,这并不是什么缺点,反而是"人性的卓越最美之处":"植物之美在于它的柔韧,不同于宝石之美,即它眩目的坚硬。柔弱和坚硬表面上是不一样的价值,而且似乎是两种互不兼容的价值。同样,真正的人类爱情之美不同于两个不朽的神之间的爱情,不同之处也不仅仅是时间上的长短。"①

脆弱性是爱的前提,同时,爱也使人脆弱,让人处于某种危险的境地。正如罗尔斯在《正义论》一书中所指出的:"彼此相爱的人,或对人和生活形式有强烈依恋关系的人,同时也易于毁灭:他们的爱使他们成了不幸或他人的非正义的人质。朋友和恋人进行着相互帮助的冒险;家庭成员们也乐于做同样的事。他们具有的这种倾向,如同任何其他倾向一样,依赖于他们的依恋关系。我们一旦在爱就易受伤害:没有任何爱准备去考虑是否应当去爱,爱就是这样。伤害最少的爱不是最好的爱。当我们在爱时,我们就在接受伤害和失去爱的危险。"②

最好的爱,在根本的意义上,缺少我们所期待的那种稳固性。之所以如此,是因为最好的爱意味着全情投入,而那意味着一种冒险。冒险的人在概率的意义上,缺乏保护。即使如此,人们似乎有时并不愿意固守在平常生活中,因为那尽管安稳舒适,却缺少激动人心的力量。在纳斯鲍姆那里,爱让人脆弱,这的确是一个事实,但她从不认为"脆弱性本身是值得赞颂的"③,因为在她看来,那样一种观点过于浪漫了。

爱的能力是一种默会之知,没人能仅靠一套普遍性的规则,而能对爱有真正的理解。纳斯鲍姆说:"当且仅当情人知道如何对待他/她的爱人——在不同的时间地点如何回应爱人的一举一动,如何对待快乐的相互授受,如何对待爱人复杂的理性、情感和身体的需求——的时候,我们才可以说某些达到了对爱人的真正的理解。"④爱不立足于定义或普遍规则,"这并不意味着他们的判

---

① [美]玛莎·纳斯鲍姆著,徐向东、陆萌译:《善的脆弱性:古希腊悲剧和哲学中的运气与伦理》,第2页。
② [美]约翰·罗尔斯著,何怀宏、何包钢、廖申白译:《正义论(修订版)》,中国社会科学出版社2009年版,第454页。
③ [美]玛莎·纳斯鲍姆著,徐向东、陆萌译:《善的脆弱性:古希腊悲剧和哲学中的运气与伦理》,第26页。
④ 同上书,第257页。

断和回应不是理性的"。① 在这里我们可以看到,在爱这种似乎高度私人化的人类行为中,也不能完全脱离理性而行事,尽管它并不依赖于一套明述的细则。

爱是一种关系性的善。这样一种关系的建立,困难而难以持久,而且单纯的理性似乎也帮不上什么忙。在某些情况下,受苦的经验却有助于我们更深地理解这一"关系"。纳斯鲍姆认为,"受苦本身可以是一种认识,因为在这些事件中它是正确地感知人类生活的一种方式。而且总的来说,单单理性本身不足以真正地理解爱或者是悲剧"②。

但在这一切之外,人之脆弱性还表现在,人有一个柔弱的身体。纳斯鲍姆说,"身体的标志就在于它脆弱且易受伤害,无论蛇蝎猛兽、电闪雷轰,甚至是情人的爱都可以刺伤它"③。而且,当我们的身体受伤时,其所带来的疼痛,总是第一人称的,无法交换或转移。我们也无法以一个旁观者的视角,不动声色地"审视"自身的痛苦。但即使是这样的经验,也并不只带来负面的后果,在一个意义上,它恰恰是我们获得真实意义的一部分。人类学家阿瑟·克莱曼指出:"疾痛总是有意义的。当疾病不必然造成自我挫败时,疾痛经验可以成为——即使不常如此——一种成长的机会,一个转向更深刻更美好的起点,一个善的模型。"④

二、哲学与诗学之争

哲学与诗学之争,至少是在两个层面上展开的。一个层面是,在有关我们伦理生活的问题上,到底是文学还是哲学更具有发言权?更能为我们提供有效的指引?事实上,现代人对此问题的严肃思考,更多采用哲学论争的方式;尽管这并不排除普通人生活的方式和榜样,多是从影视剧那里学来的。这也就是说,在今天我们有关道德问题的思考中,说理或论证成了一种最主要的方式。但正如纳斯鲍姆所指出的,在古典时期的雅典,事实并非如此。在那个时候,诗

---

① [美]玛莎·纳斯鲍姆著,徐向东、陆萌译:《善的脆弱性:古希腊悲剧和哲学中的运气与伦理》,第256页。
② 同上书,第58页。
③ 同上书,第258页。
④ [美]阿瑟·克莱曼著,方筱丽译:《疾痛的故事——苦难、治愈与人的境况》,上海译文出版社2010年版,第170页。

人是更重要的教化者。纳斯鲍姆写道:"在我看来,现代生活中的职业分划已经向我们遮蔽了一个明显的真理,即在公元前5世纪和前4世纪的雅典,悲剧诗人被广泛地看作是伦理见解的主要源泉。哲学家们把自己设定为竞争者,而不是作为相关部分中的同事。不论是在内容上还是形式上,他们都处于竞争状态,他们选择某些谋略,以便最有可能地把他们认为是真的各种关于世界的事实,向他们的学生揭示出来。"①也就是说,在最重要的伦理问题上,当时的哲人们只是悲剧诗人的竞争者,而非像我们今天这样占据主导性的地位。

简单说来,悲剧诗人们讲故事,而哲人们则提供论证。在今人而言,道德论证诉诸概念,比叙事来得直接有力,而且似乎也更为严格。这当然有道理。但问题在于,在有关伦理的问题上,叙事亦有其优势。在一个层面上,叙事不诉诸概念,较少技术化的术语,因此保留了更丰富的内容。华裔哲学家王浩就曾说:"至于文学,其本来的优势就在于它在整体上避免了那些技术化的术语,并由此能够具有丰富的内容。"②

论证所能提供的,一般而言,似乎是更具中立性的原则。这样一种更具形式化的方式,亦更具普遍适用性。但问题在于,在我们真实的伦理生活中,尽管道德原则的确极重要,但光有道德原则,并不能解决我们所面临的许多真实的伦理困惑。在这种情况下,文学叙事中的人物,他的所作所为,似乎更有可能解答我们的困惑,给予我们实质性的"教导"。

叙事的悠长之处,还在于它能在有限的时空之中,勾勒出一幅整体性的人生画面来。当然,勾勒总不免简单化,但好的叙事能抓住其中的关节点,以丰厚的细节,带来我们真切的启示。这样一来,我们的人生似乎就不再是由一个个无意义的碎片连缀而成,而在一定意义上具有了某种统一性。伦理学家麦金太尔指出,"人生的统一性何在?答案是,其统一性就在于那体现在某个单一生活中的叙事的统一性"。③

这在一定程度上,即可解释为什么许多人在年轻的时候,多喜读文学。因为,一个人在年轻的时候,他对自身和世界的关系,以及将来要走一条什么样的

---

① [美]玛莎·纳斯鲍姆著,徐向东、陆萌译:《善的脆弱性:古希腊悲剧和哲学中的运气与伦理》,第4页。
② 王浩著,徐英瑾译:《超越分析哲学》,浙江大学出版社2010年版,第274页。
③ [美]麦金太尔著,宋继杰译:《追寻美德:道德理论研究》,译林出版社2008年版,第247页。

路,其实是相当茫然的。这个时候,文学叙事能为读者勾勒出种种可能性的人生图画,这在一定意义上,如陈嘉映所言,像是为我们提供了一幅幅"地图"①。而"地图"在这个意义上,具有向导的功能。但等到我们经历渐长,对生活有了更宽广的理解,叙事所提供的这幅"地图",似乎也就不那么需要了。

哲学与诗学之争,还有一个更深的层面,其中关涉对真的理解。无论我们如何理解论证,但在一个大的层面上,与叙事相比,论证与推理更相关。而推理的基本规则,则是逻辑。弗雷格说:"'真'这个词为逻辑指引方向。"②这就是说,逻辑推理指向真,与必然性有关。而叙事在这个层面上,则更近乎于修辞,因此尽管它极具感染力,但更多可能关涉欲望,而非理性与真。从这个角度看,哲学与诗学之争,也就是逻辑与修辞之争。而我们知道,在哲学传统之中,修辞是被贬低的对象。

这一传统的理解方式,使得当代道德哲学家强烈拒斥将叙事所提供的内容引入价值论争当中。纳斯鲍姆就此指出:"对于把故事、特殊的事情和形象引入有关价值的著作中的做法,很少有道德哲学家(尤其是在英美传统中)采取欢迎的态度。他们中的大多数都用怀疑的眼光来看待伦理话语的这些因素。结果,在现代哲学专业的大多数地方,纯粹的东西和不纯粹的东西之间的对比,故事和论证之间的对比,文学和哲学之间的对比,就像在柏拉图的文本中那样,被尖锐地引入了。"③她接着评论说:"但是这种做法应受责备,因为它是以一种不加反思的方式引出这些对比的,不像柏拉图那样乐于把对立面的立场重新表现出来,愿意去质问那些对比本身。"④也就是说,在纳斯鲍姆看来,当代英美主流道德哲学家所持的立场,过于简单和极端了。

欧陆哲学阵营中的哈贝马斯,也认为如果我们总是就哲学文本而论哲学,而看不到文本背后的纠缠与冲突,则不可能发现文本的局限。他在评述德里达时写道:"哲学文本和文学文本一样,其中的盲点不能用表面内容来加以确认。'盲点与洞识'(Blindness and Insight),在修辞学层面上是相互交织在一起的。因此,只有当一个解释者把一部哲学文本当作它不愿意充当的东西——当作文

---

① 参见狗子、陈嘉映、简宁:《空谈:关于人生的七件事》,广东人民出版社2013年版。
② [德]弗雷格著,王路译,王炳文校:《弗雷格哲学论著选辑》,商务印书馆2006年版,第129页。
③④ [美]玛莎·纳斯鲍姆著,徐向东、陆萌译:《善的脆弱性:古希腊悲剧和哲学中的运气与伦理》,第251页。

学文本时,他才能认识到这个哲学文本的界限之所在。"①

承认叙事文本所提供的内容,亦有助于我们更深刻地理解价值问题,但这并不意味着我们应采取另一个极端的立场,即:所有的论证不过都是叙事,所有的哲学文本不过都是具有特定风格的文学文本。这实际上就是德里达们所持有的立场。纳斯鲍姆对此持批评性立场,她指出:"哲学体系和哲学论证的有力诉求,是不可能通过简单地作一首诗或者讲一个故事来取消的;或者,至少对于那些已经对哲学留下深刻印象的人来说,是不可能这样来取消的。"②而且,对德里达本人,纳斯鲍姆也有尖锐批评:"她认为雅克·德里达的著作是'恶毒的'和'全然不值得研究的'。"③

三、还需要理论吗?

经如上简单讨论,我们大致可以看到,威廉斯和纳斯鲍姆等,均对之前的伦理学有所不满。也正是在这个意义上,他们主张从哲学的源头处,即古典哲学那里汲取营养,以期对伦理生活有更丰厚的理解。在古典时期,哲学尚未与文学等区分开来,因此而保留了更丰富的伦理经验。这里的要点,是因为之前的伦理学,推崇某种单一的价值还原论,而让我们失掉了看到诸种差异的机会。也就是说,现代伦理学在处理我们所面对的伦理问题时,采取了一种过分道德化的立场。

纳斯鲍姆对此批评道:"如果一个世界把财富、勇气、高低、出生、公正都纳入一个同样的尺度,并按照一个单一事物的功能来权衡它们的本质,那么这个世界就不具有我们现在所理解的那些东西,就是一个显得很贫乏的世界,因为我们对那些东西的价值是分别对待的,并不想用一个单一的标准来评估它们。"④她还说:"可通约性使我们丧失了我们所珍视的每种价值的本质。把优先性赋予普遍的东西使我们丧失了出人意表、语境性和特殊性的伦理价值。把

---

① [德]于尔根·哈贝马斯著,曹卫东等译:《现代性的哲学话语》,译林出版社2004年版,第222页。
② [美]玛莎·纳斯鲍姆著,徐向东、陆萌译:《善的脆弱性:古希腊悲剧和哲学中的运气与伦理》,第551页。
③ 同上书,第818页。
④ 同上书,第407页。

实践性的理智从情感中抽象出来不仅使我们丧失了情感的动机力量和认知力量,而且也使我们丧失了它们对人类所具有的内在价值。"①

在一个意义上我们可以说,纳斯鲍姆在这里所表达的意见,不仅表明了她对现代伦理学的批评,而且显示出她对一般理论的不满。因为理论所具有的普遍性诉求,使其不得不省略掉许多相关的细节,但从另一个角度看,这些被省略掉的东西,可能恰恰具有极重要的意义。

在一般的意义上,对理论提出尖锐批评的,当数维特根斯坦。在《哲学研究》中,维特根斯坦写道:"我们不可提出任何一种理论。我们的思考中不可有任何假设的东西。必须丢开一切解释而只用描述来取代之。"②(§109)在其他好多个地方,维特根斯坦以不同的方式表明,理论是完全无用的。瑞·蒙克解释说:"照维特根斯坦的看法,理论化导致的抽象性和一般性、法则和原则,只是阻挠了我们达到对那'精微莫测的证据'的更好理解的努力。"③他还在关于维特根斯坦的传记中写下这样一个故事:"一次在凤凰公园散步时德鲁利提到黑格尔。'我感觉黑格尔总想说看上去不同的事物其实相同,'维特根斯坦对他说,'而我的兴趣是表明看上去相同的事物其实不同。'他考虑用《李尔王》(第一幕,第四场)里肯特伯爵的话当他的书的题铭:'我将教给你差异。'"④这就表明,在一致与差异之间,维特根斯坦更关注差异。

维特根斯坦以降,当代哲学家们对一般理论有种种批评。但在不同的批评者那里,亦存在极大差异。尽管人们对维特根斯坦本身的哲学思想有不同的解读,但到了像理查德·罗蒂那里,我们大致可以认为,他持有一种"取消论"的立场。哲学、理论都已终结,剩下的只有文化政治批评。

面对种种后现代主义的论调,纳斯鲍姆指出,她所做的工作是对理论的扩展,而不是要取消理论或哲学。她说:"那些把我的见解称为'反理论'的人完全是错误的,因为我的目的不是要拒斥启蒙运动的思想,而是要将古希腊人作

---

① [美]玛莎·纳斯鲍姆著,徐向东、陆萌译:《善的脆弱性:古希腊悲剧和哲学中的运气与伦理》,第426页。
② [英]维特根斯坦著,陈嘉映译:《哲学研究》,上海人民出版社2005年版,第55页。
③ [英]瑞·蒙克著,王宇光译:《维特根斯坦传:天才之为责任》,浙江大学出版社2011年版,第553页。
④ 同上书,第540—541页。

为一种经过扩展的启蒙运动的自由主义同盟。"①"理论显然不是无用的：因为它强使我们把我们最好的见识保持一致；它保护我们的判断，使它们免于受到自我利益理性化的愚弄；它把我们的思想扩到那些我们可能尚未探究或体验过的领域。"②可以看出，在绝对主义与相对主义的对峙中，纳斯鲍姆选择了一种中道的立场。

而且，纳斯鲍姆还明确指出，在一个意义上，哲学是民主的"同盟军"："在我看来，当古希腊哲学家自觉地把哲学推荐给他们自己的文化，把他们自己的文化推荐给哲学，并用它们来取代由花言巧语、占星术、诗歌和未经审视的自我利益所促进的各种社会互动模式时，现今的哲学家却在攻击理论的事业中，把那些古代哲学家视为同盟，这种做法确实显得很古怪。古希腊哲学家确实不会喜欢这个思想：我们的生活需要情感和习惯来引导；他们甚至也不会喜欢这个思想：我们的生活需要优雅的文学作品来引导。他们想要批判性的论证，他们想要对欣欣向荣的人类生活提出一个系统的论述。在这点上我与他们站在一起。就像苏格拉底那样，我认为，如果要实现现代民主的潜力，就需要哲学。"③

通过以上引述，我们可以看到，纳斯鲍姆对理论及哲学价值的肯定，既在一般学术的层面上进行，亦有对自由价值的捍卫。而其所针对的目标，是种种价值虚无主义，及对启蒙思想的蓄意攻击。

具体到政治哲学的研究中，在方法论的层面上，有学者认为，只有后期维特根斯坦所倡导的那种"语法"考察，是远远不够的。而必须多种方法并举。周濂指出："我们的确很难对历史性的概念如理性、民主、阶级和共同体进行柏拉图意义上的'普遍定义'，但这并不意味着我们就无法对之进行定义，更不意味着我们就只能遵循'意义即使用'的思路去探讨它们的意义。因为像理性、民主、共同体这些超级概念除了根植于日常语言的沃土，还另有理论建构的规范性源头以及不同文化传统的经验差异，在政治哲学的研究过程中，对概念的语法考察工作必须要与理论规范和现象描述工作多头并进，缺一不可。只要我们牢记所有的定义不过是理论探讨的起点而非终点，是依据但不是标准，则大可

---

① ［美］玛莎·纳斯鲍姆著，徐向东、陆萌译：《善的脆弱性：古希腊悲剧和哲学中的运气与伦理》，第5页。
② 同上书，第24页。
③ 同上书，第3页。

不必放弃对历史性事物下定义的努力。"①

综上所述,我们大致可以认为,尽管之前的理论或哲学有这样那样的问题,但一种明智的态度,是应尽力去扩展和丰富它,而不是简单取消了事。与此相关联的是,在价值的层面上,启蒙运动的理想似乎带来了某些不良的后果,但在一个最薄的意义上,我们仍然可以说:自由的价值值得珍惜与捍卫。

---

① 周濂:《政治社会、多元共同体与幸福生活》,《华东师范大学学报》(哲学社会科学版)2009年第5期,第13页。

文学真实论[*]

[波兰]罗曼·英伽登 著

张旭曙 译

(复旦大学中文系 200433)

文学作品中的陈述句是严格意义上的判断吗?

一

在拙著《文学的艺术品》里,我主张,文学作品的陈述句尤其是谓语句不是严格意义上的判断而是准陈述句,所有其他句子类型,比如疑问句,也有类似的变异。接着我指出,准陈述句"什么都不真正地断定"。文学作品再现的对象因此而具有了实在品格,但这只是一种外表,无权要求读者真的把它当回事儿,尽管读者常常不恰当地阅读文学作品,认为自己参与了作者的判断,郑重其事却错误地把再现的对象当成了实在对象。

问题在于,我的看法是否正确,若认定文学作品里有准陈述句,是否也有严格意义上的判断。

实际上,我们都熟识文学作品的句子的准陈述性、准疑问性及因此而给作品再现的对象覆盖上的实在性外表。有人头一次看戏,见到舞台上开始"下雨",忙不迭地找伞,我们于是忍俊不禁。然而,准确地描述这些句子的性质并不容易。这与我们阅读文学作品的审美态度,尤其与读者看待谓语句的特殊方

---

[*] 原载 J.G. 哈瑞尔编,亚当·采里亚沃斯基英译:《二十世纪波兰美学》,宾西法尼亚,1973 年,第 154—204 页。

式有关。如我主张的,就其存在方式和特性而言,句子不是完全独立于主体行为的观念对象。句子是主体行为的产物。文学、科学及其他著作里的句子的意义和功能都凭靠这种行为。因此,要想清楚地了解句子的意义和功能,明智的做法是,参稽主体行为,特别是构造句子的行为,分析审美态度和审美经验的各种特征。有一种历史悠久的观点,认为这种经验尤其是文学审美经验具有一种特殊的不同的判断功能。欧洲美学的历史,发轫于康德及其无利害感(interesseloses Gefallen),中经形形色色的移情论及其审美实在论、审美经验游戏论或娱乐论、艺术幻相论,直到认定审美经验是"中性化"经验的胡塞尔和奥德布莱希特,有一条长长的解释链,试图说明与再现的对象的实存有关的特殊的信念变更;一般而言,这种对象要么出现在审美对象里,要么在文学作品中专门由准陈述句指涉。可以说,这些理论无一令人满意,哪怕它们都有一定的道理。而胡塞尔认为审美经验是中立化经验,在这种经验里,对经验对象的存在信念荡然无存,在我看来,与真理相距尤远。他的理论会把文学作品的谓语性句子变成迈农意义上的"假设"(Annahmen)。然而,相反的观点即这些句子是判断的谬误并不亚于前者。由此观之,我们应当寻求对文学作品的句子和恰当的变更行为或意识的折中诠解。我们应当考虑这些句子所指涉对象的特殊存在方式,即纯意向性对象的各个变体的特殊存在方式。整个难题错综复杂,牵涉三个相关论域:逻辑学、认识论和存在论。任何简单化的做法都将导致错误可笑的结果。

  我的论述限于认识论问题,尤其是与判断行为及其变更有关的观点,由此确定我在"认真"断言(serious judging)上的看法是否正确。

  医生诊断出他的病人患了伤寒时,发生了什么?我断定我的讨论伙伴不理解某一问题时,又发生了什么?当我判断时,我并不只施行某种特殊的用句子来表述的认知行为。在判断活动中,我不但得出结论,说我的判断是真实的,而且相信我这样做是"实心诚意"的。不过,这样说是什么意思呢?它关系到判断行为如何实施,而这最难描述。"认真地"断言是深信不疑地作出论断的主要、恰当的含义,此刻,断言主体充分地实施判断行为,用不着深思熟虑(当然,要假定判断与主体的个性无关),无需断言本身或判断对象方面的任何先决条件。当我认真地判断时,我诚心诚意,克尽责成。我打算凭适切的论证或与判断内容吻合的行动维护论断的正确性;若我自己或旁人以恰当的、严肃的论证

———————————————————————————— 文学真实论

让我相信这一论断是错的,我也愿意放弃。当我作出判断时,我本人也投入进去了:从我的意识中心发出的判断行为驱使我为某个论断负责,为事物确如论断所说的那样负责。这并非一个只要我宣布此论断——其中既无判断行为也无我们自己下判断所特有的统一性(逻辑的特征)——是说着玩的便总可脱身的游戏。如果说还有什么能迫使我放弃已有立场,那只能是认真的反证了。倘若看到我的对手一点也不真诚地进行讨论,只一味地炫耀他的论辩技巧或拿我的窘境取乐,这样的"论辩"我置若罔闻。不过,如果论辩使我不得不抛弃原有的观点,我会为作出了这样的判断感到内疚。

的确,对于我们作出的判断应负的责任和判断的"认真"性质,我们不一定有透彻的认识。我们也并不总是打算事后从对判断所负的责任中得到实际的回报。然而,借由判断内容指涉实在中某一事态的"认真"行为乃断言的根本的、恰切的方式,没有它,任何严格的断言都将不存在。而对陈述的事态所作评价及伴随的情感都与断言无关。相反,由于看到了既有的观点和情感对判断的认识价值的消极影响,出于对判断负全责,我们力图使其摆脱这些因素。

断言活动产生有关真实的假定,即判断宣称,在独立于它的实在区域,存在着由判断内容意向性地指涉的特定事态。一个不隐含这种真实假定的谓语性句子不配称作严格意义上的判断。讲话时,判断的这一特征由特殊的声调变化标识;书写时,我们大体上不用任何符号标明它,其陈述性质只好从语境中推断。这样,一个写出的句子是否为判断,它是否算迈农意义上的假定,或是否为别的什么,便颇难确定了,若句子脱离语境,就更加莫衷一是。我们知道,为了避免这种混乱,伯特兰·罗素提出,每一判断前都应有个断定记号。在科学著作中,我们通常把陈述句算作判断,或接受或拒绝。还有一种可能性,将判断统统悬置起来。

可是,我们读《塔杜斯先生》时①,感觉何其不一样:

  Such were the fields where once beside a rill
  Among the birch trees on a little hill

———————

① 《塔杜斯先生》是波兰作家密支凯维奇的长篇史诗,讲述立陶宛地区两大仇家的斗争与和解的故事。——译注。

There stood a manor house, wood-built on stone;
From far away the walls with white wash shone,
The whiter as relieved by the dark green
Of poplars, that the autumn winds would screen.

辽阔的田野上,有条蜿蜒的小溪,
旁边小山丘的白桦林里,
曾经坐落着一幢石基木制的贵族宅邸;
远远地但见粉白的墙壁闪光熠熠,
深绿色的杨树映衬下愈显白亮,
高耸茂密的杨林为它把秋风抵挡。

  由于某些我们在此暂不考虑的原因,我认为这些句子不算判断,作者也不想以此断定什么。但它们也不是假设,而是我所说的假似断言(apparent assertion)。我依照对这些句子的理解施行造句活动,但同时,我的所作所为仿佛表明,我的断言并不能当真。如此一来,我不公开投入其中,不负什么责任,不打算考量正在读的东西,不寻求论证以支持或反对句子所言为真的假设。眼下我尚不认为它们配得上称为真实,或指涉实在世界中的某一事态。我早就知道,这些句子不曾说在立陶宛有这么一座贵族庄园。相反,我深知,由于有陈述句的外表,它们在某个准实在世界里指涉并确定了一个对象,这个世界通过《塔杜斯先生》的十二本书展现在我们面前;由于具体的描绘和意向性地意指实在世界,准实在世界人工气十足地置身于实在世界里(因为有了准陈述功能),仿佛它确实属于这个世界,具有实在品格。假似断言的意思是,文学作品的句子所指对象不可能真正属于实在世界,与判断对象不同,它们并非从实在世界中挑选出来,而是心灵创造的产物,凭依人力(人工性因技巧精湛而被掩盖了)存在于实在世界(看似如此),或本身被指涉为实在的(貌似而已)。

  这不只是说构造准陈述句的主体行为不属于认真判断:主体行为的产生根源非常不同。判断起因于主体对强加于己的对象的接受性认识。而准判断源自有意或无意的行为,源自诗意想象,它的最终目标不是爽快忠实地顺应先于行为而存在的东西,而是不受既定世界的羁绊,有时还自由驰骋,创造一个崭新的世界。① 这种行为有点像天生说谎者的行骗术,他们全副身心投入自己编造的故事,对他们的谎言营构的实在深信不疑,却又十分明白,一切都不是真的。新的艺术世界的对象虽然有时与实在世界里的对象"极为相像",但总的来说,它们无须如照相术和新闻电影那样以能使我们直面实在对象为旨归。相反,由于创造性活动赋予了美、魅力、生机灵动的外观和实在的表征,这些对象本身成为我们的兴趣的焦点,它们浸染上了实在的多姿多彩的色调,以至于我们为其表相所惑,暂时似真半假地把它们当成了独立的实在。"艺术"无非是用来为消费者供奉源自并熔铸于诗意想象的创造性行为的产物的技巧手法而已。在不同艺术门类的和文学中,这些方法各不相同,其中之一就是似乎作出断言的准判断。通过系统陈述基于创造性行为的准判断,作家不仅最终靠语言手段创造出对象,至少"固定"了它们的某些属性,而且对他创造的对象采取某种态度,仿佛它们恰是准陈述句表达的东西。因为产生于创造性的诗意想象活动,准判断似乎是这样指谓对象的:恰恰如此,具有那些特殊属性,仿佛像真实的东西一样存在着。较之于其决定的对象,准陈述句的性质如同公理一般。读者依凭断言活动和创造性态度,与作者联手加以判断的正是这些公理,但同时,读者又潜心揣摩假似陈述句的微妙含义,这样,他好像当真在对某些对象下判断。他可能百般顺遂,以至于认为自己正实心诚意地作出判断,而实际上他不必如此,因为他的经验里缺少那"认真"的一面。纵然读者几近忘我地投入文学作品的世界里,这种情况也会发生。

  以上所述有个前提条件,即我们在读文学作品而非科学论文、实情报道或有关作者经验的心理学文献。我们会不恰当地把显克维支的《三部曲》(trilogy)读成历史事件的直白叙述,②这样,便非常自然地作出一些错误判断。而更要命的是,我们由此也歪曲了文学作品,因为我们从中看到与作品的结构和宗旨相违的东西。

---

  ① 这个新世界以什么方式存在,是否以及在何种程度上独立于创造活动,成为一个其他精神主体可感可知的实体存在,我在《论文学的艺术品》里阐述过这些存在论难题。这里不可能研究它们。不过一定要强调,把作为文学作品的一个层次的纯意向性对象化约为"虚幻"对象(illusory object)是非常严重的简单化做法。

  ② 包括《火与剑》(1884)、《洪流》(1886)、《伏沃窦约夫斯基先生》(1889),描写波兰17世纪的历史事件——译注。

最后,陈述句(尤其是谓语句)是判断、假设抑或假似断言,与其质料内容无关,当然这里要假定内容是有意义的。① 甚至断言不可能或离奇之事的句子也有判断的作用,而断言我们了解的某些现实中的事物为真的句子则有假设或准判断的作用。然而,如果在显克维支的《三部曲》里读到国王约翰在勒沃夫大教堂起誓这一有案可稽的史实时,我们无权凭句子的内容就断定,因为在《三部曲》文本里起了作用,它便是判断。一个句子是否算判断取决于它所处的更高级整体中的许多条件的制约;在文学作品中,它格外依赖语境和若干我下面将讨论的因素。读到断言某种荒诞离奇之事的句子时,读者确实愿意将其诠解为准判断或假设,而当他读《三部曲》里的句子时,更倾向于将其当作判断。然而,这些意愿本身不解决任何问题,因为倘若人们照作者的意图读作品,它们常常被压制。

二

在探究文学作品里是否有判断和准判断的问题之前,我应当限定几个条件,以使对这一问题的阐述更加紧凑。

我们须记住,并非所有被普通读者甚至学者划在文学名下的作品都应当这样归类,就算是文学作品,它们契合这一范畴的程度也不尽相同。原因不在于它们的艺术成就不尽相当,而在于有些是出类拔萃的纯文学作品,有些则具有双重的、混杂的性质,形成了兼性样态(borderline cases)。一些介于文学与雕塑之间,另一些横跨文学与音乐,还有的处在文学艺术和旨在科学、普及、政治、宣传、时事报道等写作的临界点上。

认识到此乃自然而然现象,我在写《文学的艺术品》时便得出了两个方法上的结论:第一、分析文学结构须以纯文学为范例,然后才可以考虑各种兼性样态;第二、不应当给文学的艺术品下个先验定义,这个定义会在纯文学作品和非艺术的写作形式之间划一条明晰而空洞的界线,因为不存在这样泾渭分明的分界线,倘若我们企图给文学作品下定义,要等到做过巨细无遗、涵盖广泛的研究之后,而不是从无视事实的概念模式出发。

---

① 我在《论文学的艺术品》第15节区分了质料内容和形式内容。

存在许多不同的兼性样态的实例与文学作品是否包含严格判断有关。因为只有作了深入分析,辨清一部作品是纯文学作品抑或处于兼性样态后,才能确定它有无判断或准判断。由此观之,唯独那些纯文学实例与我们的问题有关。不用说,在宣传材料和各种说教文学,尤其是拙劣的宣讲品里,我们会碰到许多判断,毫无疑问,我们只得将其作为直接来自作者、与整个作品裹缠在一起的东西接受下来,而其严格意义上的艺术元素则成了耀眼的幌子,作者可以借此唤起读者对他所下判断的注意。但是,由此不一定能公正地得出纯文学作品只包含准判断的结论。

其次,单凭纯文学作品里有严格意义上的判断尚不能敲定问题。因为此外我们还须考虑判断在文学作品中起的作用,特别是它的出现是否为作者创作失败的标识或他暗藏着与文学艺术不相干的意图。唯有文学作品里有判断而不构成创作败笔,也非明显游离于艺术品的本性,这才能促令我们接受判断存在于作品中并起艺术作用的观点。

第三、我们还应该思考包含陈述句、特别是各种谓语句的文学作品以及它们在作为艺术品的作品结构中施行的不同功能。这些句子通常是描述作品中对象的属性和环境的单称陈述句。有时,它们标指最基础成分,如一个人、一间房、一棵树、一条河、一座山等等。有时,它们述谓更高级单位,如大批和成群。文学作品的单称陈述句施行的功能是构筑准实在世界。它们有两种形式:首先是无人称句,似乎由某个人说出,因为每个句子都是人的构造句子的活动的产物。有时,无人称句甚至由叙述者说出,虽然他自己是作品里的人物(参看卡尔·梅、康拉德的作品和柏拉图的部分对话),但说话不动声色,以至于在叙述过程中,他从我们的视线内消失了。其次,显然由作品里的某个人说出,甚至只由他思忖。史诗和小说里,这样的句子不可胜数。而《文学的艺术品》讨论的戏剧"台词"则包括由剧中人说出口、在作品文本里加上引号的句子。这些作品中的人物说出并加上引号的句子构成了某个对象,并且往往指涉同一个再现的世界中的其他对象。因此,它们对准实在的构筑助益良多,尽管其自身不属于准实在。

除单称和复数谓语句外,还有单称陈述句"有些 S 是 P"和一般陈述句"所有 S 是 P",这些句子总是指涉或高级或低级的对象。一般而言,它们在文学作品中的功能与单称陈述句一样。

最后，文学作品含有特殊意义上的"普遍"谓语句，即哲理性格言，它们不直接而是间接地标指作品里的任何个别成分，例如：

'Tis hard not to love and to love
Is poor consolation when thoughts
By desire deceived sweeten too much
The things which alter must and which must not ...

（Szarzyński）

不爱很难，而在情欲的眼里，
当思想令诸多变幻无常的事体
悦目甜美之时，爱
便不过是可怜的慰藉。

（查辛斯基）

To love and to lose, to want and regret,
To fall in pain and to rise again,
To banish longing and long for its lead,
This is life: nothing and more than enough ...

To search a desert for the only jewel,
To dive in the deep for a dazzling pearl,
Leaving behind us nothing save
Marks in the sand and ripples on the sea.

（Leopold Staff）

爱却可能失去，想得到又怕后悔，
跌入苦痛的深渊，转而东山再起，
赶走刻骨的思念，旋即盼她再来，
此乃生活：虚无一物，又藏纳万有。

踏遍荒漠沙洲只为寻一块美玉，
跳进深渊但求一粒耀眼的珍珠，
在我们身后什么也没留下，
除了沙上的痕爪和水上的涟漪。

（莱奥柏德·斯达夫）

前一组格言要么是基础文本的一部分，要么可能是作品里的一个人说出的。哲理性格言的意义及其与作品再现的世界有关的功能与其他种类的句子的意义和功能完全不同。认清这种功能并不容易，我将以例为证，力图阐明之。不过我们须谨记，这种句子的功能依其所在作品的类型而变化。我们还须谨防匆忙概括，而应限于对具体例证的研讨。

分析例证时，我们应当考察另一个问题。句子的功能或性质，即它是否为判断，不但由句子结构而且由其语境连同作品名称和其他因素决定。感叹号与问号外，我们没有别的符号界定它；因此，如若我们使一个句子脱离其语境，它是否成其为判断便无法决定。由此观之，我们不能以单句为例，而应拿整个作品，或者起码是带有背景并在整体中发挥作用的句子。

我们考察的句子分为以下三组：

一、文本里明确加上引号并由作品里的某个人说出的句子。

二、抒情作品里的句子，如杜贝莱的"幸福啊！尤利西斯壮游时勇往直前……"（Heureux qui comme Ulysse a fait un beau voyage ...）①，查辛斯基的"Tis hard not to love and to love Is poor consolation"（不爱很难，爱便不过是可怜的慰藉），和莎士比亚的"爱不是爱，如果别人变了心，它也要变。"（Love is not love Which alters when it alteration finds ...）②

三、兼性样态作品里的句子。这里我们引用歌德的"做个荷马派，做最末一名也好……"（Doch Homeride zu sein, auch nur als letzter, ist schön ...）

第一组，我们选自维吉尔的作品，由埃涅阿斯说的一段话，此时，他刚到迦太基，观摩朱诺神庙的墙上描绘特洛伊战争的浅浮雕：

---

① 这是法国诗人若阿尚·杜贝莱（Joachim du Bellay, 1522—1560）的十四行诗集《遗恨集》的第31首。——译注

② 这是莎士比亚154首十四行诗的第116首。——译注

constitit, et lacrimans; -quis iam locus-inquit-Achate,
quae regio in terra nostri non plena laboris?
en Priamus, sunt etiam sua praemia laudi,
sunt lacrimae rerum et mentem mortalem tangunt,
solve metus; feret haec aliquam tibi fama salutem-
sic aut. ...

静静站在那儿,眼里噙着泪水,他说道:"哦,阿克特斯,
世上有哪个国家,或哪个地方,没有听说过我们的困难吗?
你看,那是普利安。即使在这里,光荣的仍得到应有的尊敬;
受苦的受人怜悯,短促的人生引起同情。
忘掉一切恐惧吧,知道你被表现在这里,
就可帮助拯救你。"

(曹鸿昭 译)

特别是"受苦的受人怜悯,短促的人生引起同情"这一句,虽然指特洛伊的过去和特洛伊战争,但埃涅阿斯是作为一般判断说出来的,观摩浅浮雕时,他清晰生动地回忆起来了。说出口之际,埃涅阿斯心里当然也认为,这无疑是判断,它以诗歌明喻的形式表现了埃涅阿斯及其伙伴们过去的一段经历,但由于是一般陈述句,这句话也阐明了埃涅阿斯所理解的人类的普遍命运。句子的主旨在埃涅阿斯的过去,对人类命运的概括描述只是丰富作品的一个伴生物。不过,我们不必纠缠于细节:对我们的问题来说,最重要的是,此乃《埃涅阿斯纪》里的一个人物说出的判断,指向的那个再现的世界正是埃涅阿斯生活的世界。作为埃涅阿斯说的一个判断,它还表达了他的心态;观摩浅浮雕之际,他回忆起早先的经历。这样,他的判断襄助我们更好地理解他的性格。

我的文学作品的谓语句是准判断的看法主要适用于非由作品人物说出也不加引号的单称陈述句。人们认为,这些决定再现的世界里的事实、事件和具体对象特性的单称陈述句是直接由作者说出的。不过,这儿需小心谨慎,因为"作者直接"的说法是含混不清的。尽管我们多少能够因为句子确定再现的世界里的事实这一限制条件而避免可能引起的误解,但难点恰恰在于,何时作者

以作者-诗人的身份谈论再现的世界的对象,何时他不扮演这一角色,以非艺术的态度看待独立于他的意识的世界。也可以更精确地提出问题:当作者在诗歌作品里以严格意义上的判断直接表述艺术外的实在时,他放弃了在诗中扮演的角色么?抑或借助这些判断,他不但继续扮演这一角色,而且这种言说活动使他有效地完成角色了吗?

对我来说,似乎这才是问题的关键。但在讨论它之前,我必须强调,既不加引号也非作品中任何人物说出,只适用于作品再现的对象的谓语性单称陈述句不是严格意义上的判断,这种看法并不排除作品中人物说出的句子可能意指与再现的世界里的事物有关的判断。许多文学作品里都有这种判断,唯一的问题是,它们是否像构成作品的基础文本的不加引号的断言那样,有类似的随语境而发生的变更。

虽然就人物而言,他的确在说出判断,但这些判断由作品再现的人物说出意味着,它们只能指涉与再现的世界和说者本人有关的事实。作为诗意想象的产物,人物的视域超不出作品世界,又因为想象,他发现了自己。对必然处于那个世界外的读者来说,所有再现的人物作出的判断只能被当作再现的判断,正如说话者是再现的人物。这些判断不能被当成真实的和实在的,纵然有权在再现的世界里断言与己有关的自主世界的事物,但它们实际上无法有效地把握任何自主存在的东西。这样看来,倘若人们恰当地阅读艺术作品,只能把这样的句子看成再现的人物的观点表达(就我们举的例子而言,代表埃涅阿斯的观点),它们不可能也不应当意指艺术外的实在,要么被接受,要么因为虚假而被抛弃。换言之,这些句子与说的人有关,它们不是可以宣称为真实的判断,而无须考虑谁说与何时说。我们读卢瑟福解释氢原子裂变的论文时,这一文献由论文作者签名并不能使我们得出结论,说他的理论表达了对纯意向性领域的个人看法。相反,它对我们有吸引力的原因仅在于它是严格意义上的判断。在这个世界上,一定条件下,原子或者发生裂变或者不发生裂变,这一观点与卢瑟福的经验无关。唯有一个断言某种事态的句子"把捉住"了真实世界或其他世界里独立于判断行为而存在的事态时,才出现判断。

而文学作品再现的人物说出的判断确乎把握了一部分真实,这真实关乎作品再现的世界。与《埃涅阿斯纪》再现的特定世界有关,"受苦的受人怜悯,短促的人生引起同情"这一句看起来是真实的,其真实性在作品结构中起某种作用,也许是审美作用。不论怎么说,它以一种特殊方式阐释了埃涅阿斯的世界,首先是造成它并非想象的而是真实的世界的印象。它还阐释了埃涅阿斯,因为借助说出那个判断,他作为某个对周围世界作出断言的人物出现在我们眼前。

不过,若想通过给再现的世界打上实存的和特有的标记以保持"受苦的受人怜悯,短促的人生引起同情"这句话的真实性,并使之在其中起认识作用,那么,这个世界必须与《埃涅阿斯纪》里的一模一样。因为倘若我们觉得埃涅阿斯和特洛伊的命运与《埃涅阿斯纪》里"实际"描绘的毫无相同之处,它们便与句子阐明的世界格格不入,句子就显得不真实,"令人不可信",与那个世界有矛盾,此外,它会成为审美上消极不和谐的根源。

那么,这句话的真实性及伴随的审美价值与《埃涅阿斯纪》的其他因素的关系如何呢?作品的戏剧化效果的赢获以及通过用格言表达一部分再现的世界来强化这种效果,悉仰赖它的襄赞。由于这个句子里有非严格意义上的诗的隐喻,它不仅给再现的世界刻上某种标记,而且淋漓尽致地讲述了"催人泪下"的故事(展示了再现的世界及其中人物的命运的悲惨境遇),句子和特殊的物、事、人都获得了审美价值。我们也可以说,这个句子有一种特殊的艺术功能,因为它恰到好处地出现于再现的世界中。倘若是严格的或真或假的判断,与言说条件无关,它还有此作用吗?

在我看来,这样的看法大可质疑。严格地判断实在时,我们大体上不用隐喻,而力图尽可能忠实地形成对实在的判断,即便对此事实视而不见,但一个严格判断将我们与它指涉的实在拉得太近,令我们直接体验或喜或忧的情感,直面实在世界中对象的美丑,这种无遮无掩的交流力度过于强大,致使我们难以会心赏玩真正艺术的特有魅力。纵使凭借某种(非直接的)判断获悉使我们或喜或忧的事件,只有在现实中事情才是如此的信念仍直接而有力地掌控着我们,使我们难以进入严格的审美经验。生活中的赞美对象可以是钟爱者的身材美或某人英雄气概的庄严威仪,但这种体验和我们与艺术品的交流不可同日而语。唯有审美经验能在我们和赞美或讨厌的对象之间拉开距离,因而就算我们忘我地投身于艺术品展现的世界,也不至于产生实际生活中的事实引起的那种绝对的诚心实意感。唯有我们对由判断直接给予或表达的实在不抱坦率、坚定的信念时,这种距离才有可能。我们也许认为此乃艺术的短处,因为它无法唤起我们从对实在世界的经验而得来的所有素朴的信念。但正是这种显见的不足有可能延展出对真实事件的经验难以激起的特殊体验,因为前者伴随着对事实的实在性的素朴无保留的信念,这种事实不是源于感知觉,就是来自有意识的判断行为(产生于逻辑意义上的论断)。

如果我的审美经验分析是正确的,那么像"受苦的受人怜悯,短促的人生引起同情"这样一句话,若是严格意义上的判断,就不可能在《埃涅阿斯纪》里施展艺术功能,而实际上它做到了。惟有弱化对所指的实在的论断和信念,句子方才可能有艺术功能,促令读者进入审美经验,保持适当的有距离感的态度。

由此可见,评论家从语境中割裂出这一句,从别的角度考量它看来是错误的。他们视其为独立自足的单元,有时却不得不把它放回固有的语境里。他们又将其看作对实在世界的判断,毫无理由地认为它出自作者之口,成了作者本人给实在世界下的判断,而非埃涅阿斯对再现的世界的判断。

有两个问题:第一、我们有什么理由说这种判断乃作者对实在的看法?第二、我们有什么权利将其抽离语境,从而改变其义(此时,判断指向某种不同的物事),然后又悄悄地放回去,这样,在整个作品里,那个句子似乎带上了后来给的新义?

毫无疑问,在诗歌作品中,作者说出的判断显然是自己观点的表达。这些句子直接由作者而非任何一个再现的人物说出。不过,可能有别的线索使我们相信,作者只是借主人公之口抒心中的块垒,实际上,他是以作者的身份说出这些句子,表达自己的想法。这样,问题就来了,从有时这样是否一定可以说,每当看到格言表达,我们就有理由认为它是作者的观点(从一个真实人物着眼,不考虑他在诗中起的作用),表达的方式与科学著作的并无二致。设若我们问解说者,他们如何发现作者的确在表达自己的看法,我们会得到令人不满、漏洞百出的回答,说明这些解释有多么武断。正确的方法论原则当然是忠于文本,只有作品本身或作品之外有作者的提示,希望有的句子被人们解读成他的观点的表达,在此证据确凿的情况下,我们才探究作者的隐秘意图。不过,这样一来,艺术品便不再包含作者的真正意图,仅仅成了表达某种观点的托辞,在日记、科学论文、政论这样的书面作品而非文学的艺术品里,它们表达的恰如其分、毫不含糊。

我认为,这也回答了第二个问题。如果要忠实、准确地分析文学作品的话,通过抽离语境、灌注来自别处的内容从而改变句子的含义,绝不是可以接受的方法,而这确乎适合任何其他书面作品,如科学著作等。正因为一定程度上讲句子只是意义的单元,其意义根据句子在特定语境下的内容和所处的位置,以不同的方式得到充实,所以我们必须结合整个语境考虑每个句子。语境还决定句子在作品中施行的功能。特别是,如果一般陈述句确由某个再现的人物说出,那么它肯定是出自人物之口的判断,但指向再现的世界,于是便具有了断言功能,很明显,它只用来表达想象的人物的观点。结合任何艺术外的世界特别是实在世界考量句子的真与假是不允许的,原因在于我们认为,这只是在作文学分析。

但是,这样说并非要否定我们可以阐述与"受苦的受人怜悯,短促的人生引起同情"或类似或相同的句子,将其作为独立自足的整体,考量在诗的隐喻的背后隐藏着什么真义(因为如果我们认为它的确是真实的判断,那么它就是一个怪诞的虚假的句子),重新阐述那样的句子后,再将其作为与实在世界有关的真或假可以确定的判断来研究。我们还可以考虑,维吉尔是否接受这一新判断,甚至在假定我们有充足历史材料来源的前提下,尝试以此判断为基础,构建新的有关实在世界的论断体系,它是维吉尔或任何人都能够接受的人生观。对观念史研究来说,这样的思考非常有趣也十分有意义。不过我们须谨记,这么做,我们便不再把《埃涅阿斯纪》当作艺术品研究,而是另有他图了。这么做,作品只是块跳板,意在想些与阐释文学作品甚少有瓜葛的东西。

在研讨第二组句子前,我们要谈谈有关抒情作品性质的一般观点。

抒情作品,或云句子(构成作品的文本,按照由始至终的动态发展顺序来理解)是一种话语,也是抒情主体的行为样式。就是说,某人的心理结构全由他说出或思索文本的词语得到界定。不过,对其行为的充分描写一定不限于说出的这些话,还包括他的生活和心理结构要素(他在特定场合下的心态,他对句子内容所表达事实的情感反应),这些要素,句子没有明说,但它们仍是句子要表达的。

抒情作品中言或思的人通常被称为"作者"。如果这只是个简称,倒也不赖,可若它指创作诗的真正的作者,这样的说法就须避免,纵然在某些情况下它可能是正确的。单单为求准确和方法上的考量便要求我们区分抒情主体和作品的作者。抒情主体是作品文本所指的纯意向性对象,属于作品再现的世界,而作者是某个真实人物,他创作了作品,可能但不一定要在作品中表达自己。

我们并非从诗的字里行间得悉作者的身份,而是凭旁证了解到,某某人在何种条件下创作了作品。有些情况下,认为抒情主体就是作者说得通,但我们必须有独立的证据,如抒情作品里有一封表达作者感情和心理的信,而这封信正是写给他认识的人的。但也不见得非如此不可,抒情主体大可为虚构人物,作者向他表示同情,或他作为一副面具,作者有意躲在后面。因此,始终区分抒情主体和作者是明智的,只有作了适当调研后,我们才可尝试在抒情主体与作者之间建立联系。即便我们不把作品当成艺术品,而将其视为对作者生平及其心理结构进行心理分析的心理学文献,我们也无权自行其是地认作者为抒情主体。倘若我们不得不确定是否以及何种程度上作者在表达自己而不是人们根据作品里的蛛丝马迹而推断为作者的某个人,我们大半会感到困难重重。要想毫不犹豫地作出推断,我们必须握有一些判断标准,以俾区分何时作者在表达自己,何时抒情主体及其话语属于艺术想象的范畴。

如此看来,抒情作品表现的世界包括:一、抒情主体说的句子,它们构成作品文本,更准确地说,在文本里它们被打上了引号;二、抒情主体;三、构成作品的句子的指称对象;四、句子所表达的抒情主体的生平和心理结构。有时,构成文本的意义这样组构,为的是让整个表现的世界能符号化地表达形而上特质和某种心理状态之间的必然关联,或显示某种形上质素(metaphysical quality)。

想必人们都同意这种看法,抒情作品文本里的句子其实是抒情主体的话语,有事实为证,为了充分地确定下来,一首抒情诗有赖于实际的或想象的吟诵,即要求与抒情主体的心理状态协调的倾听模式和朗读方式,听读样式应和着抒情主体的心理状态,显得"天然本色"。第一人称写的作品尤其如此。

虽然抒情主体有必要在作品里表达自己,但这不是作品具备抒情性的充分条件。戏剧中人物说的话也构成人物行为的一部分,但并不因此就成了抒情作品。若想区别诗歌与戏剧,我们须注意,抒情主体的行为不同于戏剧中人物的行为。抒情主体被动地看待他的环境,采取旁观者而非演员的态度,即令说到过去或未来,涉及动作时也是这样。他的当下活动既包括直截了当的情感反应,也不乏由对过去或现在的沉思而触动的情感爆发。抒情主体心无旁骛地专注自我,听任当前情感波澜的起伏变幻,因为他的举手投足将构成对其所处世界产生影响的动作。在反思性抒情诗中,炽热澎湃的情感不允许有指向主体环境的冷静的以对象为目标的认知活动。

抒情作品的句子指涉的对象和这些句子意指的事态包括抒情主体的生活、心理结构和他的环境,而那个环境的实存样式实质上只是抒情主体的态度和生活的意向性相关项,哪怕抒情主体认为这个世界是实在的。但是,主体并不以"客观"方式将这个世界描述为与他及其情感状态毫不相干的东西,这与史诗作品恰相对照。在史诗,虽然世界也是呈现出来的,的确,必须如此,但描绘背后隐藏的意图的揭示丝毫不依赖叙事者,他发现意图是给定的。然而,抒情主体对其所言所思怎样表达了如指掌,他用习语、隐喻和句子只为了指涉与其实际心理状态相关的环境的某一方面。借用常见但并不准确的说法,抒情诗只给了我们有关实在的"主观"图景。

抒情主体的特殊行为样式表明,他的环境的某一方面是个特定的整体,与史诗或戏剧作品中再现的世界由以显现的整体(Gestalten)不同。这不但体现在抒情作品指涉的物、人、事往往极度简约,要言不烦,而且用来标识个别对象的特征与其说是纯粹作为对象而存在的对象的特征,倒不如说是抒情主体和那个对象间的情感关系的特征,对抒情主体来说,这种关系极为重要。沉潜融化于自己的体验活动,抒情主体口中的对象即是他所见所感的对象。在抒情主体的环境里,这样观照到的对象在整个抒情主体对象层中只起背景的作用。抒情主体的情感才担当重任,它们通常难以用语言界说,而是借由说出的句子的表达功能自然地显露自身。尽管抒情主体认为他言说的"实在"之一面即实在本身,但实际上,他从不言之凿凿地对其环境或任何别的什么下判断。

抒情主体与他倾注了情感的环境难解难分,无法拉开距离,即便领会了其客观属性,也难以对其下判断。倘使他说了一些表面看像论断的句子,也不过是他与环境间毫无隔阂的情感关系的表现而已。

对抒情作品的这两个基本特征的探讨为我们解决问题奠定了基础。抒情作品里的谓语句必须当作加引号的陈述句,不论它是单称的抑或通称的。这些句子乃抒情主体所言,纵然我们不用引号,文本通常不写叙述者,如同史诗里的叙述者。抒情主体说的谓语句不是严格判断,但也不指向作品外的对象。它们是以主观而有关联的方式指涉抒情主体环境的准陈述。我先前讨论过的格言表达了抒情主体对他所处世界的状况的看法。从情感中产生的信念赋予情感和观点的表达以判断的外表。而信念属于抒情主体,即作品对象层里的一个对象,信念以句子表达,而句子指向抒情主体经验的意向性相关项。此外,句子在作品整体中和对作为审美接受者的读者产生效果上所起的作用不同于科学论文里的判断。一般而言，抒情作品由句子组成，而句子产生的基础或者是抒情主体的情态，它向读者展示了具有特定情感重心或充满特殊情感特征的某种质素谐和，或者是抒情主体的心理状态和形而上特质间的某种关系。立足于此，句子从概念上把握质素和谐或形而上特质，并通过给概念下定义，为别的情况下不可能概念化的东西命名。即使整个作品的基调毫无理性可言，它们也是理性意识和理解活动（对通常只从情感上体验的东西加以理解）的一个要素。句子特有的发现之功正在于此，然而这种功用惟有借助强烈的具体的精神状态和作品表达的对读者产生影响的情感才能实现。把这些句子当成严格判断与其说给了抒情作品在人类认知领域以一席之地，如极力主张者认为的，或认识到了作品的"理想"所在，倒不如说，它削弱了诗歌的启发联想之用。更糟糕的是，这样说无异于打破了作品中各种力量的平衡，以支持一种浅薄的理智主义，声言人类的精神深处不需要诗歌，诗不过是种游戏，用批评家或文学阐释者的理论探讨取代它可能更有益处。正因此，虽然不乏种种解释，尽管有些人决意凭非凡的巧智在抒情作品和一般的诗歌中发现判断和完整的哲学体系（他们因此把学术研究变成了二流的诗化伎俩），但想用论文取代真正的抒情诗作仍属徒劳。一首包括或隐含一般判断的诗性灵动的作品在发现人类心理最深层的终极要素间最本质的关联，在使这些关联得到形象化理解方面所起的作用是无与伦比的。此乃反对诗中寻找判断和理论的最佳理由，也是主张领会诗的方法和精蕴之独特性的最佳理由。

有时出现相反的情况，即文学作品里的思想被用来作为抒情主体经验赖以展开的背景。背景的存在影响主体经验的发展进程或者有可能强调经验的某些方面，它们涌现给读者而非直接命名或描绘，只有通过情感体验，才可以进入读者的意识，丰富他的生活。

让我们就此稍作分辨。一首诗因为对某种形而上特质的概念化理解而具有了一定的观念内容，它使作品不受自身特定的具体情境的束缚。诗表现的观念不但在这儿也对一切类似的诗具有典范性。然而，审美地感受作品时，如果我们忠实于它的结构和功能，这个超越诗歌本身的要素，在特定条件下，会为以普遍方式展现自身的事物打开一方视角。这个"某种观念"强化了作品，为其增添魅力和分量，而它本身构不成整体，脱离了作品，也难以用判断表达。如若我们从作品整体分离出"观念",企图凭恃若干表述严格的判断,向读者解释得一清二楚,那么,它非但丧失了在作品中起的本质作用,而且由于不再具备与作品的复调性相协和的特征而变得支离破碎。我们手头只剩下几个空洞而盲目的判断,不靠诗歌给我们的特殊体验方式,这些判断难以理喻。抒情诗中一般陈述句的全部价值和目的恰恰是,因为源自对某种凭艺术手段不可言喻地影响我们的准实在的洞察,它们通过读者的理解活动,丰富了作品整体的复调性。

所以说,抒情诗虽然可以作为对最终导致严格判断的某种形而上特质或审美价值质素群进行一般思考的出发点,但我们切莫忘记,思考时,首先,我们只把文学作品作为起点,抵达的目的地已非文学作品;其次,我们形成了作品没有的新判断;再次,我们不理会作品的本质功能,即不是向读者提供几个有关艺术外实在的普遍判断,而是借由审美对象的具体化,给读者以想象、情感和理解。它们在生活中起的作用恰如纯粹理性认识一样大,尽管非常不同。

为支持我的论点,我将分析阿尔弗雷·德·维尼的《狼之死》(*La mort du loup*)。我的分析限于第三部分,但我希望读者能读整首诗:

1 Hélas! ai-je pensé, malgré, ce grand nom d'Hommes,
 Que j'ai honte de nous, débiles que nous sommes.
 Comment on doit quitter la vie et tous ses maux
 C'est vous qui le savez, sublimes animaux.

5 A voir ce que I'on fut sur terre et ce qu'on laisse.
 Seul le silence est grand ; tout le reste est faiblesse,
 -Ah, je t'ai bien compris, sauvage voyageur,
 Et ton dernier regard m'est allé jusqu'au coeur.
 Il disait : si tu peux, fais que ton âme arrive.

10 A force de rester studieuse et pensive,
 Jusqu'à ce haut degré de stoïque fierté
 Où, naissant dans les bois, j'ai tout d'abord montée.
 Gémiré, pleurer, prier, et également lâche.

　　　　Faire energiquement ta longue et lourde tâche

15 Dans la voie où le sort a voulu t'appeler,
　　Puis, après, comme moi, souffre et meurs sans parler.

唉！我就想，人徒有"人"这个伟大称号，
我们有多么虚弱，我为人感到害臊！
该如何告别生命，告别生命的痛苦，
崇高的兽类，此事只有你们才清楚！
看看身后的名声，看看人世的生活，
只有沉默才伟大，其他事都是软弱。
——哎！我对你很理解，四处游荡的野兽，
而你的最后一眼直钻进我的心头！
仿佛是在说："只要你愿意，你的心灵
只要能认真学习，只要能思考不停，
就可以达到这般坚韧不拔的高度，
我在森林里出生，生来就有此功夫。
呻吟、哭泣和恳求，同样是懦弱无能。
登上命运一定要召唤你去的前程，
尽你漫长、沉重的使命，要不屈顽强，
然后呢，像我受苦和死去，一声不响。"

　　　　　　　　　　　　　　（程曾厚 译）

　　所引 5、6 两行与 13 行含有两个一般陈述句或格言，它们都清楚地解释了前面提到的事件，并且直接端给了读者。作品第一部分甚少抒情成分的叙述主体和第三部分的抒情主体乃同一个人，因此，两句话都由他说出，在文本中加了引号。它们也是抒情主体面对作品里的某些事，尤其是形而上瞬间（包括以这些事为铺垫而表现主人公不屈服于命运的形而上特质）的畅快淋漓的情感抒发。其任务是以概念化的诠释将这一瞬间孤离出来。它们还表达了某种尚未及细言的内容：抒情主体对默默忍受命运的折磨而表现出的英勇气概赞不绝口,心悦诚服。

我觉得我对作品加引号部分的内容进行再创造的尝试不充分也不完善,但原因不单单在于我当作家不够格,主要原因在别的地方。诗歌言说和理论表述、抒情主体坦露心迹的准判断和以判断进行理论阐述之间有着本质区别。就此而言,准判断更有效,诗歌言说比非诗的诠解更意味深长。这个"更"恰是纯粹理性概念不具备的。诗歌作品显现、敞露、揭示直接影响读者的可触可感的质素整体(格式塔)。理论阐述只用概念的方式描述、命名、判断有待命名的东西,于是,在这两种情况下,我们的情感反应便不同。如果我们把句子与作品整体隔裂开,如果我们使其脱离所表现的事实之网,如果我们剥落它的韵律、节奏和其他语境因素,如果我们去掉句子表现的抒情主体的心理,那么,我们可以再自然不过地把这个光秃秃的句子当作严格判断,但如此一来,诗歌那令人心荡神驰的韵味风致便消失得无影无踪了,只剩下查尔斯·拉洛所说的"真理的平淡表达,诗美的乏味说教"(a valeur prosaïque de vérité, et nonlyrique de beauté)。

我在前面引过的莎士比亚十四行诗第116首的句子也可作如是观。我们肯定记得,它是组诗的一篇,要理解它,别的十四行也得读。查辛斯基的十四行诗,实际上,所有哲理性或"象征性"抒情诗,都是这样,当然要假定,它们是货真价实的诗,而非各种问题的观点汇编。波德莱尔和瓦莱里的作品,里尔克《时间之书》里的抒情诗,歌德青年时期的抒情短诗,斯达夫的几首诗均为可用来检验我的论点的有效性的佳例。我们所要做的无非是潜心脉理,把握领会,而不必假道外在因素。

        Schluβstück(Das Buch der Bilder)

        Der Tod is groβ.
        Wir sind die Seinen
        lachenden Munds.
        Wenn wir uns mitten im Leben meinen,
        Wagt er zu weinen
        Mitten in uns.

里尔克的《终章》(《图像集》)

死本伟大之事。
我们终不免一死,
开怀大笑而去。
若觉己身乃生之中心,
死便敢大哭不止,
在芸芸众生间。

　　如同查辛斯基的十四行诗和我先前引过的斯达夫的诗,乍看此诗,除格言外,什么也没有,似乎缺少表现的世界,特别是抒情主体表现的心理状态作为背景。由于句子结构(斯达夫和查辛斯基用了不定式)的缘故,它们看起来无人称,抒情主体似乎消失了。这会使我们认为,这几首诗里有严格判断,而非假似断言。

　　不过,细辨可知,情况并非如此。当然,我们可以凭文本造几个判断,但要害不在这儿。我们非回答不可的问题是,这些严格依语境考量的句子(包括它们的声音、结构顺序、节奏和隐喻运用)是否构成了判断。它们需要被读为严格判断呢抑或执行一种不同的功能?进一步研究表明,斯达夫和里尔克的诗里确乎有个抒情主体,虽然在他们那儿,抒情主体小心翼翼地隐而不现。在两首诗里,我们都感受到了句子表达的主体情感,使其区别于德·维奇尼诗的只有一点,即句子没有投射一个具体的特定的对象情境,它使抒情主体借说出的句子抒发情感。

　　许多文学作品有判断论的拥护者会觉得,设若他们同意我的观点,我所讨论的格言陈述句将完全失去其作为作品结构成分的意义。这是错误的看法,因为有若干理由表明,在哲理诗中,从概念上指涉作品观念的格言陈述句或箴言意义非凡。它们在结构上起着作用,是将整个作品凝聚起来,注入一种对作品的非理性成分起弱化作用的理性成分的基本要素。

　　其次,箴言的意义具有各种审美价值。它们含摄的思想因为简练、机敏、深邃和精微而广受称扬,不消说更微妙的特性,如敏锐、明晰、错杂了。箴言的意义还可以有确当性(aptness)这种特殊审美价值,思想与作品对象层里的东西,特别是与抒情主体的环境及其在环境里的心理状态融汇的天衣无缝。阅读过程中时常令我们茅塞顿开的确当性无疑为许多"真实性"的一种,文学作品有判断论的捍卫者谈到它时总是模棱两可。所有这些特性都含具于文学作品,有时甚至在丰富作品的质素和谐方面起主要作用。还有的作品似乎专用来向读者灌输"思想",它使作品的观念更加明朗。不过,要想让种种价值呈现在对作品的审美知觉中,我们不可以认真地判断构成作品局部或整体的"思想";我们须使句子成为审美知觉的对象,与之保持一定的思想距离。倘若我们径直把句子当作判断,价值便不会展现出来。

然而,如何才能知道,倘若我们采取审美态度,抒情作品的句子应该被当成准判断? 决定性因素主要是说的语调,语调发自抒情主体的情感也表达这种情感。与语调关系密切的是语词的选择和排列,语词的听觉性质,还有,如斯达夫诗第二节里的各种诗的形象。假定选择妥贴得当,这林林总总合起来便在读者那里形成了初始审美情感,以后又发展到审美经验诸阶段,而陈述句变成准判断仅为审美经验过程的一个要素而已。如果有人打算与旁人交流他从对生活的理论沉思得到的判断,他不用像斯达夫那样采用韵文的形式,不需要诗的形象,也犯不着以饱蘸情感的语调表达这一切。他希望我们相信某些事态,为此会使用适当的论证和辩驳;但别指望以作品的魅力打动我们或使我们感到愉悦,他也无法表达令自己心折的情感。

以上所言佐证了我在文章开头所说,即一个句子是判断还是准陈述大半依作品的其他要素及它在整体里所起的基本作用而定。反过来说也对:一部作品是文学艺术而非科学论文或直白报道,并不单由它包含准陈述而定,还要看它具有的许多其他要素和特征以及这些要素和特征的选择所导致的所有层次和阶段的复调和谐,一种审美价值的和谐。但凡我们只关注判断,那么,除了句子的意义及其与作品外的实在的关系外,作品的所有其他要素都对句子或整个作品的价值无足轻重。这样的作品可以用任何自然语言、科学术语甚或逻辑符号写成,只要意义尚保留着,它总是同一部作品,其价值只取决于判断及其所提出问题的含义。而但凡准判断构成文学作品的要素,必须妥当选择作品的所有其他要素和特征,使其与准判断的意义对榫恰切,审美价值质素的复调和谐便会在此基础上形成,无此和谐便无文学的艺术品可言。在此和谐中,句子的意义对文学作品的其他层次具有构成性功能,此外,还作为一个具有自身特殊质素的成分发挥作用。

最后,我们讨论第三组,歌德的诗句:做个荷马派,做最末一名也好。

我承认,说此例乃严格意义上的判断是正确的。不过,它选自《赫尔曼与多洛西娅》的序言,常作为挽歌单独刊行。实际上,它起的作用是作者写给读者的前言,是一封公开信。不可否认,它以六音步写成,采用了各种严格的文学技巧手段,这是它与文学作品沾边的原因;但是,考虑到作为前言所具有的功能,它应当用散文形式写,作者应当直抒胸臆,摘下诗的面具。诗人的主旨是提出几个判断与他的评论者探讨。这样看来,他选择的形式与任务似乎不搭调。但在那个时代,写作前言有个风气,作者半真半谐地直接出场向读者讲话,而此时他已经披上了诗的外衣,不再是现实中的那个人了。虽然这种特殊形式使作品与文艺沾上边,却无法使其包含的判断变成准陈述句。当然,除判断外,作品里确有与整部作品的兼性样态相吻合的准判断。

综观此例,我想说,但凡作品兼有判断和准判断,即整个作品的其他要素和特征不能使判断变成准判断,或反之,不能使准判断变成判断,此时,我们探讨的是众多可能有的兼性样态作品之一种,它多少有点远离纯文学作品。

兼具文学作品性质的作品种类很多,科学论文、报刊文章、政论、书信均是。他们皆有双重特征,需要读者采取类似的双重态度。不论属于哪一种,它们都可分成两类,一类是双重性或边际性源自创作者犯的错误,他们往往不是缺少天赋就是不理解艺术为何物或作品种类很多,其功能与文艺功能大相径庭,他们写一些加上节奏的书目或菜谱;另一类作品虽然也有边际性,但它们堪称艺术精湛卓越的范例,例如斯洛维基的"贝尼沃斯基",柏拉图哲学对话录是另一种与众不同的边际性作品。我不想把时间浪费在代表创作失败的第一类上,第二类我倒打算多说几句。我将从所有可能的种类中拈出两种加以研讨。

一种以柏拉图的"会饮篇"和"斐德诺"为代表。虽然它们结构相同,读法却可有两种。同样一部作品有两种不同的具体化,或读为文学的艺术品,或读作学术论文。这种作品的弱点只有细致分析才能显出来,但在此处这么说已经足够了。我们把"会饮篇"读为文学的艺术品时,单称陈述和普遍陈述都成了加引号的句子,它们由作品中的人物说出,表达了他们的观点。因此,它们是准判断,如果我们考虑到,作为整体,"会饮篇"乃阿波罗德卢斯说的故事,这一点就格外明确。可是,如果我们把"会饮篇"读为一种特殊的学术论文,那么,各种观点都服务于所讨论的问题。它们相互补充或彼此矛盾,而同一问题的可能的答案以及每个人物说的论断都成了严格意义上的判断。因而,谁说的实际上无关紧要,重要的是,它们是陈述真理的句子。首先,我们不能考量苏格拉底表述的观点的价值,我们但须将其作为艺术的或历史的事实接受下来,因为作品也可读为历史记载。在艺术上,我们可以集中分析具有审美意义的观念的细节,其单纯或明晰,原创或肤浅与平庸,委婉曲陈与冗辞滥调。有些观点,如将一个整人劈成两半,一为男一为女,从科学的观点看,这样的神话显得幼稚可笑,经不起推敲。可是,如当我们读"会饮篇"为艺术品,同样是这些观点,因种种理由,似乎看起来很美。真与假在这儿不起作用,反说也对:如当我们把"会饮篇"当作学术论文研究,它可能具有的审美魅力也派不上用场。除了陈述句的真或假之外,没有什么攸关得失,倘使其最重要的陈述句是假的,或即令它们只是论证不够、不大可信,连审美魅力都救不了它。

现在我们讨论斯洛瓦茨基的"贝尼沃斯基"。与"会饮篇"不同,这首诗不允许不一样的解释,而是迫使读者在阅读作品的每个阶段时改变态度。贝尼沃斯基的故事叙述得亦庄亦谐,半纯想象半说实事,冗长的旁枝即各种插曲打断了故事,虽然插曲采用八行诗(ottava rima),具有诗的体式,但它们并不涉及贝尼沃斯基及其多少有点虚构的冒险经历,而是指他活着的时候萦绕在巴黎的波兰政治流亡者心间的各种问题,指他与朋友和敌人之间的各种个人的和文学的纷争。只有我们对斯洛瓦茨基略知一二才能完全理解有些旁枝,但从诗的主题的零碎及其混杂性着眼,转入旁枝的性质并不难解。整体之所以有统一性只因为通篇有一个叙事者,相似的体式,亦庄亦谐的风格。读这首诗的人可以分辨实际叙述和旁枝闲墨间的区别(尽管诗的"实际"主题究竟为何人们众说纷纭),因为叙说贝尼沃斯基时,作为那个故事之一部分的单称陈述句创造了一个独立的诗的实在,纵然贝尼沃斯基的冒险经历发生在某个特殊的地方,而转入的旁枝里的单称谓语句指具体的人与事态,哪怕在多数场合下并不出现这些人的真名实姓。因此,指真人真事的陈述句不但越出作品再现的纯意向性对象的范围,通达艺术外的实在,而且它们也具有明显的判断性质,即便我们并不认为斯洛瓦茨基就是叙述者。然而,斯洛瓦茨基的同时代读者肯定认为是诗人说出这些判断而不考虑作品中的任何诗的要素,事实也确乎如此。如果一个对斯洛瓦茨基的生平与环境一无所知的读者读这首诗,看到叙述者(被当成作品只与贝尼沃斯基有关的那些部分中的人物之一)花时间谈自己、谈朋友,他无论如何都会大感意外的,尽管人们显然不认为他们生活在一个与贝尼沃斯基不同的世界里,但也与贝尼沃斯基没有任何时空上的联系。此外,叙述者清楚地知道,自己不是向我们讲述一个真实的贝尼沃斯基的历史学家,而是正在编织幻想故事的诗人。两组人物或事件没有任何关联,连同贝尼沃斯基与作为诗中人物的人、他与同时代的人之间的对照,一定会使没有掌握间接信息的读者由文本得出结论,有些谓语句应当被读为判断,而另一些则为准判断。因此,在我看来,两种读者都将为整部作品的双重性感到吃惊,尽管对熟稔诗人传记的人来说,这种对比更加尖锐。较之"会饮篇",在一次阅读中不能仅用一种方式读这首诗,因为如果读者想会心赏鉴作品的特性,他必须不停地改变态度。阅读作品的某些阶段时,他须准备好面对借由文本句子意向性地创造出来的纯粹的诗的实在;在另一些阶段,他又须调整自己去适应贝尼沃斯基的真实生活环境。

我决无意否认"贝尼沃斯基"是诗,是一部优点突出、有巨大价值的作品。即便实在世界和诗歌世界间的游移不定都成了它的一个优点,而这完全归功于斯洛瓦茨基的高超的艺术技巧,因为就算其旨趣纯粹在于实际发生的事,我们今天读那些旁逸闲墨也不觉得困扰了。如今,与事实有关的成分变得愈发不重要,而旁逸闲墨具有的纯艺术价值则凸显出来,其结果是,作为判断的句子开始失去意义,露出艺术上似真实幻的一面,而作为整体的作品的统一性也因此得到了加强。

然而,我们要问,虽然处于诗与非诗的交界线上,为什么我们仍把这种作品放在诗的范围内而非范围外。为何我们把"贝尼沃斯基"看作斯洛瓦茨基的杰作之一,实质上也是波兰文学的杰作之一?因为它包含了严格判断?抑或它就是杰作,而不论有无判断?在我看来,应当如何回答这些问题并不困难。即令在"贝尼沃斯基"这样一部兼性样态的作品里,有判断也不是它能否成其为艺术品的决定性因素。倘若呈示这些判断,不凭严格的艺术形式,而以忠实地吻合实在为准绳,整个作品便会变得性质紊乱,要想保持艺术的统一性是不可能的。而另一方面,如若作品全由判断组成,那么,哪怕它有"美观的形式",也不能算作文学的艺术品,其"形式"会因乖张怪异而令我们惊骇。照此看来,如何区别文学的艺术品和不属于艺术的文学作品是确定无疑的。我们应当这么做,不包括任何严格判断的作品放在文学的艺术品内,如果作品里确有这种判断,便把它放在边缘地带,至于具体的作品划入哪一类兼性样态,决定因素是多种多样的。但是,作品的大半不仅由判断组成,而且判断在其整体构成中举足轻重,堪为作品的核心,而此时,别的句子特别是准判断只是说出判断的由头,各种艺术形式要素无非是为了在某种艺术外的实在里更有效地完成判断的手段,那么,这样的作品应当放在文学艺术范围外,纵然它看起来非常像文学的艺术品。我们不应忘记,文学作品里有各种准判断及其"真实"变体。我们可以据此在文学艺术内构建各种分支,然而唯有我们同意说,大部分或所有文学的艺术品只包括准判断而非严格判断,这才有可能。

最后,我想谈两个其他看法:

第一、以上区分是我基于实际观察艺术品所作的论断,它不是应当如何创作文学的艺术品的价值判断或原则表述。

第二、那些主张即使纯文学的艺术品都包括全称或单称判断的人认为,不接受这种看法就等于否认文学对人类生活有基本的积极的影响。在他们看来,这无异于抱着一种形式主义态度,照这种态度,作品内容的意义微乎其微,因此,他们必须反对所谓的"审美主义"。

从我力图作出合理论证的观点得出这样的结论完全是无稽之谈,这一点由我对文学的艺术品的"观念"所作的论述看得很清楚。文学作品的谓语句的性质问题与内容-形式要素,特别是作品观念所起的作用毫不相干,与其有关系的是作品的价值。人们可以赋予作品的内容要素尽可能丰盛的意义(当然,先前实际上已确定是什么构成了作品的"内容"),而同时又承认作品没有严格判断;反之,可以说,文学作品里确有这种判断,而同时又宣称形式(必须清楚地界定)构成了文学作品的唯一价值。因为我们不可以设定,唯当包含真正的判断或者与某些实在对象有关,作品的"内容"要素尤其是作品的观念才对作品价值起作用。以文学作品再现的对象与某种艺术外的实在的相似程度作为文学是否卓越的标准,这样的庸常之见毫无价值可言。然而,倘若文学作品意在使其再现的对象与艺术外的实在里的对象相似,那么,与那些文学作品有判断论的捍卫者意见相反,我们认为,这种判断实际上并不出现在文学作品里。这是因为,真正的判断不指涉与实在对象相似的对象,而仅指向实在对象本身。因此,我们要么同意主张再现的对象与实在间的相像有艺术价值论者的观点,认定这种作品含有准判断,要么接受文学作品有判断的看法,但同时抛弃再现的对象与实在间的相像乃作品价值之源的观点。相像关系表示,相似对象间有区别,但这些区别相对而言非常小,因而无碍于相似性。主张文学作品,比如戏剧或历史小说,指涉的对象与实在对象相像者一定也承认,它们至少与相像的对象有几个不同点。

如若这样的对象出现在文学里,如若读者的注意力转向它们而非实在对象,那么描绘它们的句子一定不能是判断。不然的话,注意力会直指实在对象,而创造出的纯意向性对象将统统消失在读者的视线外。但是,两种情况下的句子都不是纯迈农学派的"假设",即绝无断言能力,因而对其意指的实在不表达任何信念的句子。如果它们是"假设",文学再现的对象将失去所有真实存在的性质,尽管在性质上也许和实在对象相像,但它们无法假装成实在对象,也无法以真实的面目出现,一切艺术幻相都成了泡影。所谓写实作品(不容否认,这是个含糊的术语)根本没有表现力,也决不能提示读者,他正面对某种实在。

文学作品的世界给我们一种实在世界的印象,而"实际上"它并不是,对此的唯一解释是,文学作品的谓语句介于"假设"和判断之间,即它是准判断。换言之,如果有人想接受"写实"作品,认为写实主义有特殊价值,他就必须抛弃文学作品包含逻辑上真实的句子的看法,而如果他仍希望这种作品有真实性,他就必须基于一种与文学中谓语句的准陈述句性质相容的新的真实含义。探讨"真实"的含义已超出本文的范围。

一般的艺术尤其是文学的功能,并不在于凭靠判断教导人们实在世界如何如何,它完成自己的任务并不求助于严格意义上的判断。其主要功能在于显示对象特别是人的资质禀赋与价值之间的可能的和必然的联系,使人能够与影响其情感生活的价值进行直接的交流。这种价值多种多样,它们出现的场合依特定艺术品的内容而定。对价值的体验之所以可能,首先仰仗艺术品引起消费者的审美态度。在作品对消费者产生影响的活动中,准判断是推进审美经验的主要动力之一。艺术在人类生活中的作用是否仅限于此是个我不能在此解决的新问题。

何谓审美判断

[德]史蒂凡·马耶夏克 著

潘华琴 译

(苏州大学 215006)

审美判断是什么,讨论什么,欧洲传统美学领域对这个问题的讨论通常离不开鲍姆加登和康德提出的两种相互矛盾的理论方法。鲍姆加登对这个问题的讨论是建立在对"感官认知科学"的基本思考之上,并于1750年将自己的观点公之于众,称这种审美判断为"美学"。在1739年的《形而上学》中的607到608页,他将"批判美学"看成是一种艺术,一种"培养品味的艺术",甚至是一种"依据感觉做出评判并呈现这种评判的艺术"。因为,鲍姆加登当时的分析只集中在那些以感性特征吸引观众的艺术作品之上,事实上,集中在艺术作品的外在感性形式的精湛技艺上。因此,他可以得出结论:艺术作品的审美判断是一种"感官的判断",也就是"眼睛的判断、耳朵的判断",这种判断以审美对象的本体论特征,即完善和不完善为基础,而我们在感官知觉中是可以体会到这种本体论特征的。他认为,感官体验到的完善,就是"美"。所以当代著名哲学家摩西·门德尔松(Moses Mendelssohn)就从鲍姆加登的理论生发出如下观点:美学就是美的科学,涉及的问题总是艺术所呈现的感性的完善,即审美判断所指涉的艺术品的本体论特征。

康德不同意"美的科学"一说,但与此同时,他也不否认审美判断谈论的是美。众所周知,他反对将审美判断固定在审美的任何本体论特征之上,正如他在《判断力批判》中提出,诸如"什么是美的"这类审美判断与对象的客观属性无关,而仅与评判者自身特定的经历有关。根据康德的理论,如果"愉悦仅与直觉对象的形式理解相关",也就是说,当直觉对象的形式是先于概念判断的、合目的的,而且与我们的概念理解相适应时,愉悦对我们而言就成为可感知的,此时,我们就完成了一次审美判断。因此我们的审美判断说明:我们对事物的形式的体验是与我们的认知判断有关的,即我们是否以愉悦的方式将事物体验为对我们而言合目的和相适应的。根据康德的理论,对直觉与理解之统一性的体验促使我们把触发这种统一性的对象指认为——以一种客观主义的方式来讲——美的,尽管我们实际上只是在谈论自己,谈论我们自己的对某一对象的形式的体验方式。

直到今天,当我们讨论艺术的审美判断究竟是什么的时候,我们仍然无法脱离鲍姆加登和康德所构建的理论框架,那就是审美判断要么与审美对象的客观属性相关,要么与我们的审美经验相关。与所提及的18世纪的理论家们不同,今天的我们可能不再认为审美判断必须将美归因于审美对象。正如维特根斯坦在1938年的演讲中所说:"当我们做审美判断时,我们并不一定要盯着对象惊呼:天哪!它太不可思议了!"而是通常做出更多复杂的、与美毫不相关的阐述。至于现代艺术,我们甚至可能会引用德国艺术理论家康拉德·费德勒在19世纪末谈论视觉艺术时所说的话:艺术恰恰始于对美的克服。尽管如此,当今的我们仍然运用美学概念对艺术作品做出判断。我们不仅说它们是美的,更在形式判断中赋予它们许多审美特质,例如:统一、和谐、完整、死气沉沉、有活力的、或多愁善感的。X是一件和谐统一的作品,Y作品死气沉沉,Z作品富有活力,一点都不多愁善感。当我们对艺术作品做出审美判断时,我们要么像鲍姆加登一样追溯审美对象的细节,要么就像康德一样强调审美经验的某些特定时刻。艺术理论自18世纪以来就被置于这样的选择之中。而在我看来,就算它们不是完全错误的,至少是误导了我们,因为它们阻碍我们认识到:决定审美判断的规则和条件远比鲍姆加登和康德所提出的更复杂。因此,我演讲的主要目的就是更进一步地阐明审美判断的真相。

正如在哲学的许多领域,关注审美判断的语言现实是行之有效的方法。一个重要的例子就是维特根斯坦在1938年关于审美的演讲中提到的:现实生活中,我们并不是简单地盯着事物感叹,哦,太不可思议了!太美了!或多可爱。一个人对着特定事物惊呼"不可思议"并不意味着他对此做出了审美判断。维特根斯坦认为情况正好相反,在现实生活中做出审美判断时,诸如"美丽的"、"精妙的"这种审美形容词根本不起作用。根据维特根斯坦的分析,在审美判断的现实中,"美丽的"、"精妙的"这种表述通常被当做感叹词,主要被那些无法适当表达自己的人使用,因为他们缺乏恰当品评艺术品的能力。比如,在音乐评论中,人们可能会说,"注意这个转调",或"这段乐章不和谐",而不是"美丽的"、"精妙的"。或是在诗歌评论中,人们会说"他对意象的运用很精准"。对维特根斯坦关注相对较少的视觉艺术而言,人们会说"这幅画对事物的描绘很精确",或者说,这幅画为陈旧的符号化母题提供了新的视角,诸如此类。无论如何,这些语言更接近"正确的"、"对的",而不是"美丽的"、"精妙的"。

当然,不是所有的审美判断都具有艺术批判性,都能够就艺术作品的性质、意义和创造性进行评估。更不是所有的审美判断都清楚表明"赞成或反对"。正如我之前所提到的那些例子,许多审美判断仅仅是单纯的描述,只是用统一、平衡、完整、无生命力或有活力等词语来归纳艺术品的审美效果。但是,不管我们在审美判断中说了什么,为了弄清楚支配我们运用审美词汇的复杂的规则和条件,我们必须描述"生活方式"以及与"生活方式"相关的文化和艺术结构。因为,正如维特根斯坦所强调的那样,我们使用审美概念的能力更多地依赖于与我们生活方式相关的文化结构,而非审美对象的属性或我们的审美经验。没有这种文化结构,我们连判断一个事物是否是艺术品都很困难。

审美概念与艺术相关,在一般意义上,我赞同这一观点。但为了能够用审美概念将对象指认为艺术品,人们必须熟悉这些概念使用的文化实践。就像美国哲学家亚瑟·丹托(Arthur Danto)所说的,事物不具有一种特定的"知觉属性"以说明自己就是一件艺术品,具有审美概念所描绘的那些特点。根据丹托的理论,有些事物最初是通过审美判断的解读才被置入艺术品的范畴而成为审美对象的,也就是说,当我们谈论一个对象时,我们把它放在某种艺术语境中去探讨,例如(我们会如此描述)这个(注:指一幅画),这是"具有煽动性的艺术作品"、"反传统的"等等。这么说是因为我们承认它作为艺术品的地位。我们赋予对象的审美特质——这正是我所关注的问题之一——绝不是它们的客观属性,因为对象本身既不是一件"和谐作品"或"划时代作品",也不是"忧郁的"、"沉重的"或"枯燥的"。这种观点为英国哲学家弗兰克·西布利(Frank Sibley)所强调。他在《审美概念》一书中提出,不存在使事物成为艺术品的、具有视觉特征的客观物质,好像"这种物质的量化呈现就可以毫无疑问地证明或授权一个美学概念的应用"。无论一个对象呈现出怎样的特征,不同的美学术语都会以不同的方式阐释它。在观看艺术品时,我们可以说,"这是微妙的、宁静的、病态的或平淡的,但没有哪个美学概念是必须使用的"。我认为,弗兰克·西布利是对的。即使一幅画大块地使用"灰色"或"黑色",那么也不一定非要把这幅画定性为"悲伤的"、"忧郁的",因为如果我们知道画家一开始仅用了黑色,那么我们可能觉得有必要将这幅画解读为色彩鲜明的。这表明:将什么样的审美概念应用在怎样的艺术品之上不仅仅甚至不主要受制于审美对象的物质性感性特征,而是取决于不同的层面:即由文化决定的阐释实践。

要想获得维特根斯坦所强调的有效的审美判断和阐释能力,人们必须熟知文化结构,但要想精确定义这个文化结构却是很难的。大体上讲,这种结构至少应该包括能够将一件艺术品识别为艺术品的所有能力和技巧。一个人若想鉴赏英文诗歌——假设我们同意维特根斯坦的观点——首先他得先懂英文。试想一个不懂英文的俄国人为一首优美的十四行诗所折服,我们可以说他根本什么都不懂。同样,一个不懂格律的人为这首诗所折服,我们也会说他什么都没懂。事实上,我们不会相信这些缺乏技巧的人是在欣赏英文诗歌,无论他如何暗示在听到或读到这首诗时他是怎么震撼。然而,详尽地阐述这种结构知识是非常困难的,因为,正如维特根斯坦所说,因为"审美判断的表达方式在一个时代的文化中发挥着复杂的作用。描述它们的用法或描述一个人带有文化内涵的意图,人们都必须首先描述文化"。因为属于"语言游戏"的美学概念是整个文化。比如,如果一个人想要了解把莫扎特称为音乐神童意味着什么,那么他就需要了解那个时代的男女音乐家或儿童音乐家所举办的演奏会的情况。因为如果在那个时代一个五岁男孩办演奏会、创作交响乐是件普通的事情,那么我们就很难将莫扎特与我们通常所称的"天才"联系在一起。但对这种文化结构的描述是困难的,而且通常也不足以精确到能解释我们的审美语言游戏。

根据维特根斯坦的理论,要想界定构成审美判断能力的文化结构,另一个更大的困难在于,我们所做出的审美评估和审美判断总是随着时间的改变而改变。"我们现在所称的品味在中世纪可能根本不存在。时代不同,审美概念的语言游戏也不同。"所以很难想象中世纪的人能够欣赏杜尚的《泉》,尽管这部作品在西方现代艺术领域引起强烈反响并颇受争议。他可能不会把小便器看成是艺术品——并不是因为这件作品缺乏艺术品的本体论特性,也不是因为中世纪的欣赏者没有特定能力以实行其审美体验,而只是因为它不熟悉这段文化结构:在现代艺术世界的特定艺术话语中,杜尚展示的小便池就可以被看成是艺术。

但有些东西却更为重要。在杜尚的被称作"现成品"的艺术作品（Readymades）中，我们所做的审美判断既不需要依据任何特定艺术本体性的特性，也不需要依靠任何特定的感知属性。事实上，杜尚的《泉》只是展示了一个在商业时代随处可见的小便器，所以任何通过分析艺术品与日常生活用品之本体性差异的尝试都是徒劳的。恰恰相反的是，使杜尚的小便池成为艺术品的关键节点就是展示物恰恰是个小便池，杜尚的本意也就是展示日常生活之物。忽略了这点，也就忽略了杜尚作品的意义所在，即物品只有在展览这一建构性时刻才获得艺术品的身份。

另外，我还必须提及一点，当人们面对审美对象时，人们不会产生特定的审美体验，至少与一个人在1917年参观一间普通男厕所获得的体验没什么区别。当然，这种说法并不意味着我们每个人对同一对象的反应相同，例如，我们在日常生活语境中对对象做出的审美反应和我们在博物馆的展览上对同一对象做出的审美反应就很不一样。在博物馆中，我们会感到震撼，因为我们面对的是西方现代主义的奠基之作。但正如丹托所说，"这只能表明我们的审美反应只是对对象的确认和信仰'功能'。当我们知道摆在我们面前的是一件艺术品，而且是20世纪艺术话语体系中与众不同的艺术品，我们可能就采取了一种尊重并敬畏的态度"。

所以，在挣脱康德和鲍姆加登的误导性影响，以及深入探讨文化结构，即确定何种对象可以被阐释为审美对象的决定性因素这两个问题上，我们有很多可说。然而，我充分意识到，我所说的有些东西似乎是反直觉的。事实上，我的这篇论文是丹托思想的激进衍变。丹托认为：我们在审美判断中赋予对象的审美特性，从某种程度讲，只是与对象相关的历史、人物、地点、原因等一系列知识在特定文化结构中的汇聚。但是，正如某些人所反对的那样，丹托经常例举沃霍尔（Warhol）的"布里洛盒子"（Brillo Box）和杜尚的"现成品"，认为它们艺术，那么其他那些与日常生活相似的作品就不是艺术吗？对大部分既经典又现代的艺术品而言，它们呈现出独特的艺术特征，使我们能够辨别出它们的艺术性，从而选择要使用的美学概念，通过这些特征，我们完全根据它们的视觉特质将其看做审美对象。谁会否认，面对这样的艺术品，那些传统的审美概念诸如"美丽的"、"庄严的"、"令人印象深刻的"显然是适合的呢？当然没人否认。

但我想说的不是这个。我想说的是,我们必须掌握的是决定着某个审美概念之合法性的特定文化结构。在我看来,这点在跨文化视域下更为明显,比如一个土生土长的中国人在解读时也是十分困难的(因为跨越了文化),这和我看到一副中国画所遇到的困难是一样的。我们都需要通过注释来了解彼此的文化。

正因如此,艺术史在撰写时都会尽量提供蕴含在艺术品中的必要的文化信息,以便做出可行的审美判断。每个单个的审美判断都根植于这种决定着阐释活动的文化结构之上。如果我们来看一下艺术批评领域的权威人士对欧洲艺术史上经典之作所做的简单的审美判断,而不是运用抽象的艺术哲学反思,我们可能更容易在这一点上达成共识。这幅作品是马萨乔(Masaccio,意大利画家)在佛罗伦萨的圣玛丽教堂中画的壁画《三位一体》,下面的评论来自贡布里希(Ernst Gombrich)的《艺术的故事》。

这幅绘画在艺术史上具有革命性的意义,贡布里希这样写道:"不仅体现在透视画的技术技巧上,尽管当它问世时一定令人大吃一惊。我们可以想象,当这幅壁画公之于众时,佛罗伦萨人是怎样地惊喜。这幅壁画看起来就像是在墙上凿了个洞,透过这个洞人们看到了一个新的布鲁内莱斯基(Brunelleschi)风格的教堂。但更令他们惊讶的可能是这栋新建筑环绕下的人物,它们是如此简洁而恢宏。如果佛罗伦萨人期望看到一种风靡欧洲的'国际范'风格,那么他们注定会失望。他们看到的人物厚重阴郁而非精致典雅;形式凝固笨拙而非流畅简单;简单雄伟的建筑取代了通常用花朵或宝石所装饰的考究的细节。与他们熟知的作品相比,马萨乔的作品越是观赏性差,就越显得真诚和动人。我们可以看出马萨乔非常欣赏乔托戏剧化的宏伟风格,尽管他并不模仿乔托。圣母指向十字架上的基督这一简单的动作是如此意味深长、令人震撼,因为它是这幅庄严的绘画中唯一的动作。画中的人物,看起来就像雕像一样。"这使贡布里希想起了佛罗伦萨的雕刻大师多纳泰罗(Donatello)。

贡布里希的描述可看做类似评论的典范,它运用了许多审美概念。它谈到马萨乔的作品对观者的影响是"真诚和动人"的。它也提到了审美效果,如画中人物"阴郁"、"厚重"而显得像雕像,画中建筑显得拙朴而恢宏。而且贡布里希还提到——在我看来完全正确——"马萨乔非常欣赏乔托戏剧化的宏伟风格"。现在,如果我们问,这些评论被广泛接受的基础是什么?是否每一个单个审美判断都立足于这幅画的客观属性?那么,我们将惊讶地发现,这根本不是贡布里希评论的重点。与其说他在谈论审美对象的客观知觉属性或对审美对象的审美体验,贡布里希有充足的理由说,他讨论的是其他艺术,即让他的评论模式和审美判断更容易被理解和接受的东西。也就是说,他诠释了对这幅画进行有效的审美评价所必需的文化背景知识。

尽管贡布里希最初的目的是为了向读者解释绘画的意义,但他的描述充满假设。例如,贡布里希甚至没有提到这一现象,即在画的中心位置,被钉在十字架上的男人上方,吊着一位留胡子的老人。从马萨乔设计的画中建筑形象来看,老人的位置非常不合理。相反,贡布里希假设,观看者对三位一体这一基督教符号十分熟悉。也就是说,他假定在他和读者之间共享一种艺术知识,而这种知识对理解他的审美判断是必需的。鉴于这种知识,马萨乔笔下的人物,相比于贡布里希所说的佛罗伦萨人所熟知"国际范",看起来就是"阴郁"、"厚重"的。它们看起来像雕像,并不是绘画中有什么标志性的雕塑特征,而是这幅画令贡布里希想起了乔托,也想起了那个时代的雕塑家多纳泰罗的雕塑风格。贡布里希在我所引用的那段之后就对这位雕塑家进行了探讨。贡布里希说马萨乔的作品是动人的,并不是因为作品本身的缘故,而是与同时代的绘画作品相比,它是如此的与众不同。在他的阐释中,贡布里希展示了一套艺术话语发展史,更确切地说,他展示了马萨乔的作品所处的艺术传统。和其他艺术评论家一样,他做的完全正确。因为只有在这样的背景之下,每个单个的审美判断才是可理解、可被接受的。

对这种话语和传统的熟知,是审美判断得以完成并被理解的关键。我们需要习得这些知识来将作品解释为艺术。正如丹托所写:"将某物看成是艺术,需要的只是一种艺术理论氛围和艺术史知识。艺术是依赖于理论而存在的东西。"因此,我仅为丹托在其主要艺术哲学著作中精心阐发的观点做个概括——艺术品是阐释建构物。没有阐释,就没有艺术。或按照丹托的话来说,就是:"不阐释作品,就无法谈论作品的结构。"

因此,每个阐释行为都是"艺术识别行为"的一部分,这种"艺术识别行为"在作为背景知识的文化结构中对被给予对象进行阐释,使其获得特定含义。当我们有意识地观看和描述艺术作品时,我们就在进行这种识别工作。用丹托自己的例子来说明这一道理:在这幅画的右角,两条腿露出水面。如果观赏者知道这幅画的名称是《伊卡鲁斯坠落的风景》,而且熟悉希腊神话中伊卡鲁斯的故事，那么他就不会把这一场景解释为游泳者的嬉戏，而会把这两条腿看做是伊卡鲁斯从空中坠落后的腿。这幅绘画的意义就会发生重大的改变。这种识别的结果就是，解释者从作品中看到的意义与先前他所看到的完全不同，"整个事情就此改变"。我们可以说，艺术作品的含义就是这种识别性决定的结果，因为它决定了我们是讨论"尼德兰风景"还是"伊卡鲁斯的坠落"，也决定着我们是用"那个时代的典型"或"传统的"这样的审美概念来体验或描述这幅绘画，还是用美学上"与众不同的"和"令人惊讶的"来描述它，因为它打破了欧洲绘画将主角置于画面中心加以强调的惯例。

当丹托最终强调"每种阐释都可以构建一个新的作品"时，他并不是说任何作品都可以随意地被阐释。不是每种解释都能在任何时间任何地点被大家所接受。我们的知识结构为所谓的"随意阐释"设定了界限。根据丹托理论，知识的界限标志了阐释的界限，而知识的界限又缘于处于特定时代和文化背景中的创作者。一副绘画，我们知道它创作于1500年左右的意大利，那么根据我们对生活在那个时代那个区域的艺术家的了解，我们知道这幅绘画不可能被阐释为"夜幕下的北京"，尽管很多视觉形象是可以这样被阐释的。在这个案例中，文化结构知识与我们实际看到的东西甚至是相互冲突的。

康德视角下的全球艺术史：
以印度现代艺术为例

[美]普拉迪普·狄伦 著
胡　漫(上海交通大学人文学院　200240)
谭玉龙(华东师范大学中文系　200241) 译

当我们在思考西方现代艺术与非西方现代艺术关系时，印度艺术史学家帕尔塔·米特(Partha Mitter)的观点值得我们援引。他说："法国哲学家萨特曾指出，超现实主义是被一位黑人(诗人艾梅·塞泽尔 Aimée Césaire)从欧洲人那里借鉴而来的，这位黑人将它出色地用作为世界革命的工具。萨特这一令人钦佩且高深莫测的评论大致概括出了非西方艺术家与国际先锋派之间的不确定的关系，这种关系陷入在一种权威、阶级与权力的复杂话语之中。"[1]甚至米特提出，"文化颠覆"激起了对作为(西方现代主义)衍生物的非西方现代主义的普遍认知，这种现象被他命名为"失败的毕加索"综合症。他还特别指出：

> 英国艺术史学家 W. G. 阿彻(W. G. Archer)曾撰写过一篇颇有影响的关于印度现代主义的报告。他对加加内德拉纳特·泰戈尔(Gaganendranath Tagore)(印度第一位现代主义者)绘画的分析，几乎全篇都在讨论毕加索对泰戈尔的影响。在意料之中的是，阿彻认为泰戈尔是一位立体派画家；换句话说，他的那些基于文化误解的画作仅仅是对毕加索的拙劣摹仿。这种看似无知的结论深受西方艺术史的影响。[2]

---

[1] Partha Mitter, *The Triumph of Modernism: India's Artists and the Avant-Garde, 1922 – 1947*, London: Reaktion Books, 2007, 7.

[2] *Ibid.*

至少从文艺复兴开始,风格影响已经成为现代艺术史的话语基础。而与以往艺术史不同的是——即便是在哲学思维观照下写就的全球艺术史,[①]对艺术风格的溯源通常也只局限在欧洲。但是从威尼斯,到伊斯坦布尔、德黑兰,再到安哥拉,越来越多的证据表明,在艺术与建筑领域内的全球性、多中心的相互影响早在现代初期,即公元 16 世纪晚期,就出现了。[②] 如果建筑、绘画和纺织领域的艺术史学家正在研究伊斯兰、印度与欧洲之间的相互影响的话,那么就会发现欧洲对印度视觉艺术的影响则从贾汗季统治时代(印度莫卧儿帝国第四代皇帝),即公元 16 世纪晚期开始的。[③] 例如,大英博物馆就有一件莫卧儿时期的精美的袖珍藏品,同时我们在印度也发现了 1601 年的圣母与耶稣的画作。[④] 到了 18、19 世纪,我们发现,欧洲对印度传统绘画的影响延伸到了整个印度次大陆。

换句话说,到现代主义在欧洲出现之前,欧洲艺术融入印度造像艺术已经有了一段非常长的历史了。当 20 世纪上半叶现代艺术形式被介绍到印度时,印度艺术家以极大的热情接受并借鉴现代艺术,他们从中吸取的是不同于传统表现形式的视觉词汇和语言。需要着重指出的是,虽然古典主义与现代主义都起源于欧洲,但是前者与植根于古希腊的西方神话般的过去紧密相连。当学院派的古典主义在殖民地的印度被教授时,绘画的主题是印度神话,但是绘画的表现风格却是古典主义。另一方面,现代艺术尝试在发展历程中与过去割裂,这是由爱德华·马奈(Edouard Manet)和印象派画家于 19 世纪 60 年代在法国倡导的,他们第一次要求与古典艺术断绝关系。新的现代主义表现形式提供了一个让艺术家自由发掘表现本地主题与传统的新视觉词汇,当然这种本地主题

[①] David Carrier, *A World Art History and Its Objects*, University Park:Pennsylvania State University Press, 2009.

[②] 可参考 Ebba Koch 精彩的论文 "The Influence of the Jesuit Missions on Symbolic Representation of the Mughal Emperors," in *The Akbar Mission and Miscellaneous Studies*, vol. 1 of *Islam in India:Studies and Commentaries*, ed. Christian W. Troll, New Delhi:Vikas, 1982, 14 – 29, 以及 "Jahangir and the Angels:Recently Discovered Wall Paintings under European Influence in he Fort of Lahore," in *India and the West:Proceedings of a Seminar Dedicated to the Memory of Hermann Goetz*, ed. Joachim Deppert, New Delhi, 1983, 173 – 95. 关于莫卧儿帝国、萨菲王朝、奥斯曼帝国对于意大利艺术、建筑和纺织的影响,亦可参见 Ebba Koch, *Mughal Art and Imperial Ideology:Collected Essays*, New Delhi:Oxford University Press, 2000.

[③] 可参见 A. K. Das, *Mughal Painting during Jahangir's Time*, Calcutta, 1978.

[④] J. P. Losty, *Indian Paintings in the British Library*, 1st ed. New Delhi:Lalit Kala Akademi, 1986.

与传统仍然具有全球视野。虽然殖民主义使一种既是全球的又是区域的多元认同出现,但是不断增长的印度民族主义却在 19 世纪早期登上了舞台。① 印度艺术家们致力于运用自己独特但却现代的,从而具有国际化意识的风格进行绘画创作。这些画家被称为革新派,是他们建立起了印度的现代艺术。②

艺术史一直关注欧美现代主义对不同经验的表现方式,直到最近才有极少数人注意到非西方世界的现代艺术成就,甚至当各种各样的现代主义在西方社会已经甚为明显时,它们通常被视作撰写现代艺术史的一个"问题"。易言之,现代艺术史继续围绕这些艺术形式发源、发展的欧洲为中心来撰写,甚至在西方世界,中心以外的艺术表现形式被视为撰写统一的现代艺术史的一个问题。这样的艺术史仍然束缚在以维也纳和巴黎为中心的欧洲话语中,这一结论可以从一些对有关现代主义的历史话语的标题中轻松获得。例如,细想一下伊雷特·罗戈夫(Irit Rogoff)的史无前例之作《断裂的遗产:德国现代主义的主题与问题》和约瑟·路易·维内加斯(José Luis Venegas)的近著《去殖民化的现代主义:乔伊斯与西班牙的美国小说之发展》。③ 标题中体现出一种张力存在于形式主义表征与文化结构之间,即现代与传统的张力,这种张力以现代主义的姿态从欧洲各地的中心生发并蔓延至全球。

现在艺术史学家、文学家和文化批评家们迫切呼吁重写现代艺术史④,在这些论述中,仍然缺少哲学上的反思,即对"重写历史"这一问题的认识论上的转变。即使是像大卫·卡里尔(David Carrier)这样的对这一现象非常同情的哲学家,也粗暴地套用黑格尔模式,以一种"独立但是平等"的方式来对待,从而忽略了大量的西方与非西方世界相互影响的史实。这种文化交流早在 16 世

---

① Tapati Guha-Thakurta, *The Making of a New "Indian" Art: Artists, Aesthetics, and Nationalism in Bengal*, c. 1850 - 1920, Cambridge: Cambridge University Press, 2007.

② Yashodhara Dalmia, *The Making of Modern Indian Art: The Progressives*, Oxford: Oxford University Press, 1991.

③ Irit Rogoff, ed., *The Divided Heritage: Themes and Problems in German Modernism*, Cambridge: Cambridge University Press, 1991; José Luis Venegas, *Decolonizing Modernism: James Joyce and the Development of Spanish American Fiction*, London: Legenda, 2010.

④ 可参见 Elaine O'Brien, Melissa Chiu, Roberto Tejada, Everlyn Nicodemus, Benjamin Genocchio, Mary Coffey eds., *Modern Art in Africa, Asia, and Latin America: An Introduction to Global Modernisms*, Oxford: Wiley-Blackwell, 2010, 以及 Gerardo Mosquera, Jean Fisher, eds., *Over Here: International Perspectives on Art and Culture*, Cambridge, MA: MIT Press, 2010.

纪资本主义上升和全球化时期以前就已经存在,但是它在此之后才开始增强。换句话说,即便我们重写现代艺术史,但重写艺术史所需的思维方式的根本性转变却仍未获得理论上的表述。

  黑格尔的美学思想,毫无疑问,为非西方美学特别是印度和中国艺术留下了一席之地。[1] 然而,根据黑格尔的史学理论,西方艺术在艺术发展进程中被置于最高成就的地位。因此,"影响"在殖民语境中获得了额外的意味。对阿彻而言,印度艺术家泰戈尔对立体主义艺术语言——这一西方产物的运用,就将自己置于一种依附关系——即殖民地的艺术家模仿殖民者的卓越艺术。用米特的话说就是:

  的确,在非西方世界对西方艺术的接受时,影响已经成为了认识论工具:如果作品离源头太近,那么它折射出一种奴性精神;相反如果模仿得不完美,就是失败。就权力关系而言,非西方世界的艺术家的借用成了低等的标志。相反,欧洲艺术家的借用则被赞许地描述为"亲缘关系",或被否定为"不合逻辑"。正如1985年在纽约现代艺术馆所举办的原始主义的展览所证明的,欧洲艺术家所借鉴的对象要么被认为具有某种"亲缘"关系,要么被视为无足轻重之作。纽约那次展览的副标题是"部落与现代的亲缘关系",将毕加索对非洲雕塑的模仿定性为对原始艺术的形式上的亲近。[2]

简言之,毕加索的完美绝没有受到这种借鉴影响的损害,它与泰戈尔充满印度殖民意味的借用完全不同。

  这首哀歌听起来很熟悉,同时也成为了主导理论、特别是后殖民理论的关注焦点。它关注近三十年来那些引领文化、历史分析的内容。历史学家和评论家们不是没有注意到:这条批评思路其自身涉及权力结构、阶级结构和权威结构,以至于它力图解构(自身)。即便对学者们而言,这(批评思路)也是正确的。他们对后殖民规划(格局)充满同情,并且积极倡导重写能够全面反映帝

---

[1] G. W. F. Hegel, *Aesthetics: Lectures on Fine Art*, 2 vols. Oxford: Oxford University Press, 1998.
[2] Mitter, *Triumph of Modernism*, 7.

国中心之外的人们生活、劳动的历史。例如,迪佩什·查卡拉巴提(Dipesh Chakrabarty)伤心地提到:

> 到目前为止,历史,作为话语,是大学机构的产物,欧洲仍然是所有历史至高无上的理论主题,包括印度史、中国史、肯尼亚史等(也是这样)。这种特殊的方法,使其他的历史变成"欧洲历史"这一宏大叙述的各种变体。从这个意义上讲,印度历史本身处于从属地位;在这种历史的名义下,人们只能表达出从属主题的位置。①

有人会这样推测,艺术史与历史是一样的。但是要是我们改变了艺术史研究和撰写背后的理论又怎么样呢?要是这个问题不仅与19世纪以来形成的西方—非西方的表现领域有关,也与我们关注的那些致力于发展这些关系和表现形式的哲学家有关,那会怎样呢?如果入选的哲学家不是黑格尔或黑格尔学派,而是具有全球视野、能够给予所有人普遍尊敬的康德,或是关注与不同生活方式紧密联系的语言和其他表现形式的维特根斯坦,那会如何呢?那么,我们将不再需要记录连续排列的、不断前进的历史和"失败的立体派"的现象。相反,我们所要做的是尽量理解和欣赏,那些试图表现人们如何改造世界的艺术作品。即使指导他们实践的审美法则是在艰苦的历史环境中习得的或是从别处借鉴的。

罗戈夫(Rogoff)指出,今天,有约两百个双年展和国际艺术展览会在全球范围内举行。它们不止在维也纳、巴黎、纽约和杜塞尔多夫这些人们熟知的地方举行,它们还在沙迦、新德里、伊斯坦布尔和达累斯萨拉姆(坦桑尼亚前首府)举行。② 我们需要的新理论不仅要解释这些现象,还要在国际关系新秩序和业已形成的国际艺术世界中重新书写过去的历史。以印度现代艺术为例,我希望建立一种世界现代主义的理论,旨在用康德和维特根斯坦的理论来解释我

---

① Dipesh Chakrabarty, *Provincializing Europe: Postcolonial Thought and Historical Difference*, Princeton: Princeton University Press, 2000, 1.

② Irit Rogoff, "Geo Cultures: Circuits of Arts and Globalizations," presentation at the University of Illinois, October 8, 2009.

们在西方和非西方世界中所发现的当代艺术的多元性。①

若想在认识论上的重新定位,哲学发挥核心作用。但是当我们查找关于非西方艺术的哲学文献时,我们却没有发现它们与艺术作品本身的联系,甚至还存在对非西方艺术这一概念的质疑。引领这一思想的就是阿瑟·丹托(Arthur Danto),他深受黑格尔艺术哲学的启迪,宣称艺术终结论。② 但与此同时,我们发现艺术品和全球艺术市场正在迅猛发展。虽然一些人发现这些从当代艺术视角出发而提出的观点,在过去的很多年中被给予了特别的重视,但是它们与非西方世界的艺术并没有系统的哲学上的联系。当我们考察这些艺术作品时,大众舆论似乎倾向于全球艺术史根本就不具有真实性与可能性。③ 这种观点大致如下:因为艺术要在一定的历史和理论语境中产生和发展,由于非西方艺术并不存在于艺术史和艺术理论的语境中,所以非西方艺术形式不能被称为艺术。

我们已经看出了,这样的(非西方艺术)历史要么从未存在或者只是最近才出现,当我们讨论非西方艺术时,它们往往被认为是有缺陷的或是派生的,甚至是像哲学家丹尼斯·达顿(Denis Dutton)这样的非西方艺术的拥护者也这样认为。指出,非西方民族持有一种这样的艺术观念:他们认为西方人直到最近才拥有艺术,我们今天所认为的高级艺术是在18世纪才出现的。然而,值得我们注意的是,在这种构想之中,完全没有非西方现代艺术的立足之地。他甚至呼吁,非西方民族必须拥有忠实于他们自己语境的艺术史话语的形式以及教授、提高艺术产品的方式。如果就现代艺术在全球范围内的大量增加的情况而言,丹托的声明让人难以接受,但达顿对非西方艺术出于同情的倡导也是如此。

我在这里展示了这个问题的概要。我所希望建立的"世界现代主义"的概念能够部分解决这些问题。为说明我在这里提出的理论,我将分为三步进行。第一是哲学,第二是史学,第三是生物学。通过康德和维特根斯坦的路径,我倡

---

① Rogoff, *Divided Heritage*.

② Arthur Danto, *After the End of Art: Contemporary Art and the Pale of History*, Princeton: Princeton University Press, 1998. David Kuspit 最近站在后现代的立场表达了相同的观点,见其 *The End of Art*, Cambridge: Cambridge University Press, 2005。

③ 可参见 James Elkins, ed., *Is Art History Global?* New York: Routledge, 2006. 正如前文提到到,即便如大卫·卡里尔这样有同情之心的哲学家,受其背景所限,也无法为接触来自非西方环境中艺术品提供一个"鲁棒理论",见其 *World Art History and Its Objects*.

导适度回归形式主义。我们将在全球现代主义传统中见出连续性,以及为表现和分析特殊的文化和历史留有开放的空间。

在我谈论全球语境中的现代艺术之前,我想谈谈非西方世界拥有艺术这一命题。有人认为,他们(非西方世界)有的只是现有手工品的复制品,其中可能的确展现出非凡的创造力,但并不值得评论,充其量是一种技艺。① 但西方认为艺术是无实用性的,仅为了审美观照而存在。由于大多数非西方文化中的审美产品是以宗教、礼仪或者其他文化实践为目的,所以那些像克什米尔披肩、中东地毯和刚果挂毯都不能被视作艺术而只能是技艺。一些哲学家,如斯蒂芬·戴维斯(Stephen Davies),认为这些也可以是艺术,但是他们想要在审美的高级艺术与艺术之间做出区分。而戴维斯提醒我们,这种区分是在 18 世纪的西方出现的。② 但是在此之前,在西方文化实践之中,创造我们今天所认为的高级艺术的理由与那些生产非西方世界的审美产品的理由是相似的。

基于语言学的哲学文献中的曾有这样的观点,非西方社会中不存在艺术。这个观点的支持者们认为,这些文化(非西方世界)的语言中没有一个词能够确切翻译出西方的"艺术"。但反例却无处不在:例如,印度(地)语中就有一个词"kala"同时具有艺术和技艺的含义,相当于古希腊的"techne"("工艺")这个词。Dutton 基于语言,举了一个生动的例子来说明反对非西方艺术范畴的观点是错误的。他指出,法国人用的"conscience"相当于英文中的"conscience"(良心)和"consciousness"(意识、知觉)两个词。这并不能证明法国人对良心和意识无法区分。

正如前文所提到的,丹托认为:"艺术品与其他物品的区别在于一种理论氛围,在这一氛围中眼睛找不到对象丝毫破绽。"③这就是说,我们需要一种将事物看作艺术的艺术史语境。另外,达顿为非西方艺术存在论辩护道,即使西方艺术史上的方式不能清晰地表达这种(非西方艺术)卓越,但是这也并不意味着在非西方语境中的艺术家的工作不具有卓越的标准。如果一个群体拥有

---

① See Stephen Davies, "Non-Western Art and Art's Definition," and Denis Dutton, "But They Don't Have Our Concept of Art," in *Theories of Art Today*, ed. Noel Carroll, Madison: University of Wisconsin Press, 2000, 199-240.

② Davies, "Non-Western Art and Art's Definition."

③ Arthur Danto, "Artifact and Art," in *Art/Artifact*, ed. Susan M. Vogel, New York: Center for African Art, 1988.

他们尊为艺术的实践,那么这对他们来说一定具有重要意义。"这通常反映出他们投入到创造和感知中的严肃态度。这种态度使他们的艺术风格与其他产品或文化活动相区别。"①

然而,值得注意的是,那些像达顿这样具有同情心的西方哲学家,尽管为非西方艺术形式辩护,但仍然是高级艺术与艺术的区别。换句话说,他们不是否定就是忽略非西方世界的高级艺术的存在,这样做的结果是距离非西方世界的现实越来越远。例如,在印度,人们不会混淆古典音乐与民间音乐的区别;不会将古典梵语戏剧迦梨陀娑(Kalidasa)②与闹坦奇(Nautanki)③或其他民间戏剧等同;更不会分不清楚哪个是在莫卧儿(Mughal)、印度(Hindu)和锡克教(Sikh)贵族授意下创作的微型画,哪个是孟加拉人民(Bengal)的民俗画。正如前文提到的,大多数传统绘画通过殖民主义的经济活动与教化实践进入到全球艺术语境中,为摆脱欧洲艺术规则而搭建起适应现代艺术发展的平台。过去的几十年里,随着全球化进程的深入,对这一平台的需求在当前的全球现代艺术语境中越来越强烈。

此外,与其他哲学家持不同意见的是莫里斯·威茨(Morris Weitz),他运用维特根斯坦的怀疑论(skepticism)和反本质主义(anti-essentialism)理论,在20世纪50年代末、60年代初就已经宣称,较早的现代艺术理论在以下几方面存在失误:(1)主导艺术理论,如由克里夫·贝尔和科林伍德所提出的:大部分艺术理论立足于对特定的西方现代艺术的分析(2)以价值中立的观点思考艺术是不可能的。正如维特根斯坦所言,现实与价值不仅能相互结合,而且自从艺术与特定的生活方式紧密结合以后,艺术便负载了更多的价值④。因此,如果一个理论,既不能承认世界各地都存在艺术实践这一事实,也不考量艺术和艺术理论都与这种独特性相关联,那么它注定是一个失败的审美理论,不能对世

---

① Denis Dutton, "Tribal Art and Artifact," *Journal of Aesthetics and Art Criticism* 51 (1993): 15-32.
② Barbara Stoler Miller, ed., *The Plays of Kalidasa: The Theater of Memory*, New York: Columbia University Press, 1984.
③ Nautanki 是流行于印度(尤其印度北部)的民间传统戏剧类型,它是宝莱坞出现之前,印度北部乡村、城市最受欢迎的娱乐形式。
④ Morris Weitz, "The Role of Theory in Aesthetics," *Journal of Aesthetics and Art Criticism* 15 (1956): 27-35; reprinted in *Aesthetics and the Philosophy of Art: The Analytic Tradition*, ed. P. Lamarque and S. H. Olsen (Oxford: Blackwell, 2004), 12-18.

界艺术语境有所阐发。最后,威茨指出,由于创造性不能与艺术概念分离,因此艺术的概念必须是开放的①。艺术的边界是流动的,甚至没有边界。艺术边界由理论家和理论家所要探讨的作品设定的,我们在众多艺术评论家、理论家和哲学家的主张中看到这点,尤以贝尔、科林伍德和丹托为代表。我们从康德和维特根斯坦的理论出发,发现他们以区域而非民族来划定艺术实践。这一观点在 2009 年伊斯坦布尔举行的包括中亚在内的双年展,和同年在达累斯萨拉姆举办的东非双年展中都得到了印证。鉴于这种情况,威茨提出,我们最好能指出"家族相似性"以及各种艺术之间历史的基因上的联系。我认为,这种方法与康德的世界主义思想相一致,在全球语境中考察现代艺术发挥重要作用。

进一步研究维特根斯坦,如果我们牢记他在评论弗雷泽《金枝》时所阐述的"解释的互定性(interdeterminacy of explanation)",那么我们就能借鉴奎因(W. O. Quine)的翻译不定论(indeterminacy of translation)来论证将艺术分为"西方"和"非西方"是不可能的。卡茨(Jerrold J. Katz)在阐释哲学问题时区分了"有解"与"无解","有解"可以质疑假设但接受前提,而"无解"是连前提的存在都受到质疑②,所以维特根斯坦的《哲学研究》与奎因的论证都是"无解"。尽管如此,卡茨指出,奎因的定位是科学性的,而维特根斯坦却是治疗性的,它改善了事物的表现手法,而这些表现手法最终成为约定俗成的规则。

特别是考虑到世界范围内的艺术实践,我们发现奎因的翻译理论存在严重的不足。他的理论预设了一个封闭的、内在无差别的语言系统。然而这种假设在语言形式处理和社会语言学领域是合情合理的、行之有效的。但从某种程度上讲,艺术语言学领域和艺术实践难以面对这种经验主义的假设。换句话说,奎因的理论就像是企图用一种语言记录多种语言,(缺乏说服力)。

从维特根斯坦的解释理论到奎因的翻译理论,都提醒我们"艺术"这个词的含义存在很大的差异。然而,奎因这样的哲学家提出的意义理论批评要点,也使我们思考人类经验的共享性③。这样做,我们就有可能建立一个非霸权主

---

① For a Wittgensteinian approach to the concept of art, see also Berys Gaut, "Art as a Cluster Concept," in *Theories of Art Today*, ed. Carroll.
② Jerrold J. Katz, *TheMetaphysicsofMeaning* (Cambridge, MA: MITPress, 1992).
③ Dhillon, "The Longest Way Home: Language and Philosophy in Diaspora," *Studies in the Linguistic Sciences* 31.1 (Spring 2001): 181 – 92.

义的全球现代艺术理论,这个理论不是基于寻找让非西方艺术实践最终融入艺术话语之中的方法,也不基于提供已有问题的解决方案,而是要解决问题本身。我们要质疑最流行的艺术理论的前提基础,从黑格尔和黑格尔学派的世界艺术认识论中脱离出来,进入到康德关于全球艺术史的理论之中。

为了把这个问题讲清楚,我们以英语传播为例,正如语言学家布拉·卡克鲁(Braj Kachru)所说,英语现在是世界语言。如果将英语的全球化等同于一套孤立的、霸权的语言系统(在全球的传播),那么就忽视了英语在习得和运用中的创造性。当英语作为整体的语言系统出现时,问题由此而生,亟待解决。在英国、加拿大、美国、澳大利亚这样(说英语)的国家,即便是最简单的英语测试都显示出巨大的差异性,这证明像"澳大利亚英语"、"英式英语"、"美式英语"等术语的使用是合理的,除此之外还有马来西亚、印度、加纳、肯尼亚、不丹、斐济这些国家也说英语。把英语说成是单一系统的世界语言只不过是种简洁的表达方式,如果要(用这一说法)描述具体的语言实践,那么就大错特错了。卡克鲁认为,在认同英语为世界语言的同时也要关注(英语在)特定语境中的特定用法,这在语言学上被精确地概括为"世界英语群"(world Englishes)①。当然,英语伴随殖民进程的深入传播开来,也造成本土文化边缘化、方言消失、甚至是本土审美系统的崩溃等后果。但是,根据维特根斯坦理论,英语在各地的使用必然与当地的生活方式保持同步。

换句话说,语言系统中的语法、语音、语义等的特殊用法,与具体的生活世界紧密相关,正是这些特殊用法才使我们所谓的牙买加英语、肯尼亚英语和印度英语成为可能。这些各种各样的英语,在社会语言学家看来,并非是英国贵族英语的平民形式,其本身就是复杂的语言系统。换句话说,这些英语形式不是语言上的传承,而是涌现在特定的历史语境中(的语言)。与之相类似的是,现代艺术也本有可能通过殖民主义或其他全球化进程进入"非西方"语境中。它的(现代艺术)语音与词汇,也要反映特定文化和历史时期人们的生活方式。对这些进程的识别也可以解决一些对西方理论家、后殖民主义理论家和非西方世界理论家们同样棘手的问题,但立论的主要困难在于是那种优势文化产品被

---

① Braj B. Kachru, Yamuna Kachru, and Cecil L. Nelson, eds., *The Handbook of World Englishes*, Oxford: Wiley-Blackwell, 2009.

认为是出自发源中心地带。

在上世纪之交(19世纪末20世纪初),印度的艺术教育虽然取材于印度传统题材,却仍沿袭了英国经院艺术的写实主义风格。这种教学体制培育了许多艺术家,其中最有名的就是拉贾·拉维·瓦玛(Raja Ravi Varma,1848—1906)。瓦玛在那时颇受印度艺术界和英国艺术界的广泛认可,同时在印度普通民众中也很受欢迎。他的画风在美学上极大地影响了印度早期电影,直到现在,他所创作的形象仍然随处可见,从电影、绘画,到月历牌、午餐盒(都能看到他创作的痕迹)。但激进的民族主义者却批评他的作品对英国亦步亦趋,并且过于教条,流露殖民色彩。由于当时印度国内民主进程的加快和后来的民族独立(的影响),大多数批评家因为瓦玛作品中的精英主义和性别歧视而否定他。激进派指出,瓦玛的作品主要表现社会精英阶层,尤其偏爱再现印度贵族女子(的生活场景),但他笔下的印度贵族女性大多消极忧郁、孤苦无依,具有理想化的殖民倾向,画面矫揉造作,因此他的作品复制了东方颓废主义话语(画风)。另一方面,印度保守派发现了瓦玛绘画的另一个缺点——那就是对印度教神像进行人性化的再现,但最近的一些评论已经淡化了这种批评。例如:印度的艺术教学难免受到英办学院的影响,但瓦玛试图反抗英国学院派的教条规范(的束缚)。瓦玛绘画多取材于印度神话,尤其深受《罗摩衍那》(Ramayana)和《摩诃婆罗多》(Mahabharata)的影响。他确实也画社会精英,但他笔下的女性并不属于上流社会,例如《乞丐之家》(A Family of Beggars)、《挤奶女工》(The Milkmaid),甚至他最著名的《管弦乐队》(The Orchestra),在这些作品中,他构想了一个既包容富人,又保留多种文化遗产的国家空间。通过这种方式,瓦玛希望能够在看似对立的英国教条主义规范和民族审美需求之间找到出路。

一些艺术家已经认识到发展传统艺术的重要性,他们拒绝英帝国的绘画模式,努力振兴前殖民时期的印度绘画和穆斯林绘画之风。阿巴宁德罗纳特·泰戈尔(Abanindranath Tagore,1871—1951,诗人泰戈尔的侄子)是此次振兴运动的代表人物之一,他的代表作《被困兰卡花园的西妲女神》(Sita as captive in the garden of Lanka)取材于《罗摩衍那》,已经成为印度17世纪微型画的经典。另一位代表人物是阿都·拉曼·舒哈代(Abdul Rahman Chuhatai 1894—1971),他的绘画在伊朗颇具影响力。值得注意的是,我们现在谈的是印度分裂前的情况。1947年印度分裂,泰戈尔是印度教徒,故而留在印度。舒哈代信仰伊斯兰教，移民去了巴基斯坦，现已成为巴基斯坦艺术史上乃至南亚艺术史上非常重要的艺术家。即便如此，那时的艺术家们仍致力于寻找不带有殖民色彩的艺术表现形式。格拉德斯通·所罗门（Gladstone Solomon）在1919—1936年间担任巴洛达J.J.艺术学校的校长，他曾抱怨说：

> 现在有一类挑剔的批评家，专门就印度艺术的传统形式方面挑刺。这些批评家公然消极地谈论"西方影响"，但对诸如铁路、摩托、美国电影等这些出现在印度的流行事物却从不反对，他们似乎认为20世纪的印度艺术应该带有5世纪——至少也是17世纪的标识和传统。①

泰戈尔于1913年荣获诺贝尔文学奖，他既拒绝复兴者的"文化寻根"（的提议），又未理睬他所谓的"西方侵略者"。他严厉抨击殖民主义和印度激进的民族主义，使自己远离英、印两国的保守势力。泰戈尔从不拒绝文化借鉴，他所不赞同的是建立在文化产品基础上的东西方不对等的权力关系。他的画如他的诗，均体现出一种既有普遍意义又有文化特色的张力。他游历广泛，与安德烈·纪德、查理·卓别林、阿伯特·爱因斯坦成为朋友，与孟加拉的艺术家贾米尼·罗伊保持着密切联系。米特告诉我们："他亲身体验了包括现代主义在内的德国文化，访德期间，特意停留在魏玛的包豪斯。"②

泰戈尔建议热爱东方文化的乔治·蒙克（Georg Muche），精选一批包豪斯博物馆里的藏品参加1922年在加尔各答举办的"第十四届印度社会东方艺术年展"，这场展出出人意料地成为一个融合世界主义与经验主义的艺术事件。这场展览产生了巨大的影响力，并将一种新的（表达）词汇和语法介绍给了既不想沿袭印度传统，又不想拘泥欧洲教条的印度艺术家，他们在探索个人艺术话语的过程中受到此次展览的启发。③ 在参展的250件展品中，部分展品来自欧洲，比如（此次展览），特别展出了瓦西里·康定斯基（Wassily Kandinsky）和

---

① Yashodhara Dalmia and Salima Hashmi, *Memory, Metaphor, Mutations: The Contemporary Art of India and Pakistan*, Oxford: Oxford University Press, 2007.
② Mitter, *Triumph of Modernism*, 72.
③ 见Anshuman Das Gupta和Grant Watson's 在2008年10月的《艺术月刊》（*The Art Monthly*）中关于这一展出的半虚构性描述。

保罗·克利(Paul Klee)的水彩画。正如米特夸张地说："听起来,丧钟不仅为学院艺术而鸣,也为传统艺术而鸣。"①从历史角度来看,现代主义的语言并未被视为霸权语言,而是为努力构建一个非殖民的现代印度认同提供了一种自由的艺术语言。这种认知为从世界角度思考"非西方"的现代性提供解决方案。

米特提出的"泰戈尔对印度现代主义传统的形成做出突出贡献"的观点被普遍认可,但将泰戈尔视为印度唯一使用这种画风的代表人则言过其实。加加内德拉纳特·泰戈尔是拉宾德拉纳特·泰戈尔的侄子,他从民族主义的生活方式中解脱出来,于1920年转向立体主义创作。从可获得的历史资料中,我们并不清楚他的这种转变是因为亲身经历了现代派绘画,还是仅仅从书刊和杂志上了解到现代派。不管怎样,正如魏玛包豪斯的档案中记载的那样,在1922年的加尔各答,包豪斯馆藏的纸质作品首次在德国以外的城市展出。其次展出了阿姆里塔·谢吉尔(Amrita Sher-Gil)和贾米尼·罗伊的作品。正是罗伊首次提出现代艺术,与以孟加拉传统的帕塔(patta)绘画为代表的传统艺术在形式上有相似之处。罗伊注意到传统民间绘画注重线条、颜色和结构,这些都与欧洲当代形式主义绘画产生共鸣。他进而发展出一种既能表现孟加拉本土传统的田园闲适生活,又能与欧洲先锋派艺术形成对话的独特技法。任何艺术史都一再重申:正如印度现代艺术发展的那样,若想全面掌握现代主义的表达方式,需要沟通个性与共性,(使二者达到统一)。

下面介绍一位更为重要的印度艺术家谢吉尔(Sher-Gil, 1913—1941),她在印度、欧洲两地的艺术圈内学习并创作。她是一名锡克教贵族的女儿,母亲匈牙利裔犹太人,曾是欧洲著名的歌剧演员。谢吉尔成长过程中最重要的时期是在欧洲渡过的,并在法国国立巴黎高等艺术学院(Ecole des Beaux Arts)接受教育。1933年,她回到印度,回到故乡旁遮普,创作了一系列既受高更和梵·高的艺术风格影响,又保存了印度微型画和5世纪阿姜达(Ajanta)、伊罗拉(Ellora)石窟壁画的特点的绘画作品。她对印度现代艺术发展产生了巨大影响,她的成就被印度当代最好的女艺术家安若利·埃拉·梅农(Anjolie Ela Menon)和B.普拉布哈(B. Prabha)以及其他艺术家所认同。遗憾的是,印度当今关于现代艺术的评论,运用后结构主义的再现理论,特别强调生活世界的特

---

① Partha Mitter, *Triumph of Modernism*, 18.

异性。于是将评论的重点放在谢吉尔的性别上,而没有将她看成是重要的艺术家①。要知道,正如她自我评价的那样,谢吉尔的重要性在于她将现代艺术直接带入到印度艺术场域中。即便是艺术史家耶输陀罗·达尔米亚(Yashodhara Dalmia),他虽然已经意识到谢吉尔对印度现代艺术的重要作用,却仍旧将她的作品看作是西方艺术语言与她在旁遮普生活的一种分裂,她的许多作品都以反映旁遮普生活作为主题。达尔米亚认为,"谢吉尔作品中的矛盾性,看起来比两种美学技法的简单融合更引人注意,当她试图将在巴黎学到的技法用于表现传统印度生活时,她似乎被牵引到两个方向"。②另一位艺术史学家G. H. R. 蒂洛森(G. H. R. Tillotson)进一步分析了她作品的二重性,他说:"谢吉尔作品的主题凸显了她对人类深切的同情,但她所使用的技法却属于另外的世界,在那个世界生活的种种感情无所栖居。"③能够做出这样的评价,只能说明我们并不熟悉当时社会的乡村生活方式,那时,阿姆瑞塔在父亲的印度别墅中生活、绘画。在她的画作《三个山地女孩》中,我们可以感受到女孩们忧郁的、悲戚的神情,正在暗示她们不得不顺从父兄们、叔伯们给她们安排的命运。谢吉尔在这些女孩身上寄寓了强烈的女性独立(意识),表达了对女孩子们的深切同情。

　　换句话说,上述担忧都源自所有对"西方—非西方"、"城市—乡村"、"内容—形式"的二元论假设,都可以通过我倡导的世界现代主义的路径得以消解。世界现代主义路径既强调可构建全球艺术世界的基因与历史关系,也凸显形式主义的重要性,同时不放弃文化和历史的特异性。按照谢吉尔的话来说:"我是个个人主义者,创造出了一种新的技法,从传统字面上来看,这种技法不一定是印度的,但它的精神实质将是印度的。在形式与色彩的永恒关系中,我诠释印度,更主要的是,从一个超越情感的层面去诠释印度贫苦大众的生活。"④我们所拥有的是具有包容性的、拥有普遍意义的形式主义,并且它(形式主义)被用来表现事物的特异性,最终形成既是世界的又是本土的独特的表现形式。什么是我们声称的普遍性呢?我会在谈及与人类认知结构相联系的、温

---

① Yashodhara Dalmia, *Amrita Sher-Gil: A Life*, New Delhi: PenguinViking, 2006.
② Dalmia, *Making of Modern Indian Art*, 30.
③ G. H. R. Tillotson, "A Painter of Concern: Critical Writings on Amrita Sher-Gil," *India International Centre Quarterly*, January 1998, cited in Dalmia, *Making of Modern Indian Art*, 31.
④ Dalmia, *Making of Modern Indian Art*, 30.

和的形式主义时,回答这一问题。

成果显著的"进步派"艺术家在早期的艺术实践中,努力寻找一种画风,既能够融合国际观念,又包含强烈的印度民族性。在1947年,一群自称为"进步派"的艺术家来到孟买,在印度脱离英国统治的独立运动中发表了一份印度绘画声明。主要发起人有弗朗西斯·牛顿·苏扎(Francis Newton Souza,1924—2002)、马克布勒·菲达·侯赛因(Mabool Fida Husai,1915—)、席德·海德尔·拉扎(Syed Haider Raza,1922—)、克里希那吉·霍拉吉·阿拉(Krishna Howlaji Ara,1913—1985)、哈里·安巴达斯·加德(Hari Ambadas Gade,1916—2001)、萨旦纳达·贝克(Sadananda Bakre,1929—2007)。他们在声明中表达要挣脱学院派现实主义的束缚,声称正在创造一个独一无二的印度现代派,他们要夺得形象的自主权、自信并大胆地使用巴黎技法,追寻自我表达的方式。用他们中一位著名的画家侯赛因的话来说:"一些J. J. 艺术学校的教授对学生们说:别和这帮人混在一起,他们正在摧毁印度艺术。他们受了外国人的教唆,正在摧毁一切。"①另一位著名的"进步派"人士拉扎写道:

> 对我们而言,真正共同的追求就是有意义的形式。我们表达自己的方式千差万别,在早期我们的看法也各有差异,但共同的目标就是追寻一种重要的形式——一种自己的方式,根据自己的眼光。作品中可能存在各种差异,比如莫迪里阿尼(Modigliani)和苏丁(Soutine)都画裸体,二者的方法和视角完全不同,感受不同,绘画技法也不一样,画家的气质也截然不同,唯一相同的就是对形式的追求。②

这就引起了我们对形式、表达方式、审美价值(就是美)的三者之间关系的思考。千百年来,美一直是美学的核心概念,但是20世纪60年代以来,主要是在后现代和后结构主义艺术理论的影响下,批评家们将他们的注意力投向了具体事物,从社会、历史的角度来塑造或品评艺术作品。理论家们在适度的怀疑和猜忌中看待美这个概念。在这种观点影响下,我们所珍视的是文化上和历史

---

① Dalmia and Hashmi, *Memory*, *Metaphor*, *Mutations*.
② *Ibid.*, 134.

上的独属性,这无疑重蹈了以"真"和"正义"来品评艺术美的覆辙。一种令人深思的康德式的回答可能是一种担忧,那就是"我们能否对我们认为美的事物做出反应"。在康德看来,他与休谟的观点不同,我们当然能做出反应,就像厨师和评论家一样(都会有反应)。而问题是,美是否可以被说成是存在于特定的艺术品或事物之中?近年来,已经出现了"重新思考艺术美"的呼声,比如,在哲学家亚历山大·尼哈马斯(Alexander Nehamas)、罗杰·斯克鲁顿(Roger Scruton)和女性主义哲学家佩姬·布兰德(Peggy Brandt)的作品中,已经要求美的概念恢复到美学范畴中。这些努力当然不意味着脱离事实:伟大的艺术品无不依赖美的评判。我们必须牢记一点,正如之前25年的研究资料表明的那样,除了美以外艺术因为很多原因拥有价值,但这说并不意味着,艺术品的审美性没有哲学探讨的价值。

根据尼克·赞格维尔(Nick Zangwill)的理论,我们区分了评决判断(verdictive judgement)和实体判断(substantive judgement)。评决判断是指让我们说出特定艺术品或事物是美是丑的判断,也就是说,我们依据是否包含美而做出审美判断。这种判断使我们能够说出这个艺术品是否具有审美价值。但我们也会判断某件艺术品或事物是秀美的或阴郁的,用 J. L. 奥斯丁(J. L. Austin)的话说,也有优雅的、俗丽的、和谐的、温暖的、有激情的、犹豫的、尴尬的、悲伤的,这些就是实体评价。实体审美描述的主要作用在于挑出决定审美价值或美的特殊属性。按照赞格维尔的说法就是,"介于非审美属性之凡尘与美的天堂之间"。① 换句话说,赞格维尔坚持认为审美价值是审美性的伴生物。

赞格维尔提醒我们,一些哲学家如肯达尔·沃尔顿(Kendall Walton)和杰罗尔德·列文森(Jerrold Levinson),认为审美价值不只源于审美属性,很大部分源于艺术生产的历史环境所赋予艺术品的其他属性。因此,拜占庭的镶嵌画与罗马的镶嵌画在审美性上没什么不同,而是在它们广义的历史属性上存在不同。丹托在这方面进行了论证,正如我们所看到的那样,在很大范围内,非西方人拒绝艺术。与此同时,对广义审美性(即包括历史、其他因素在内)的关注当然非常重要,但这并没有降低狭义审美性(审美形式属性)的重要性。所有这些都为说明审美价值与广义和狭义的审美性紧密相连。从广义和狭义的审美

---

① Nick Zangwill, *The Metaphysics of Beauty*, Ithaca: Cornell University Press, 2001.

性出发来思考价值。这暗示我们要扩大审美价值所依赖的审美性（的内涵和外延）。

在反对狭义附属关系对审美性的重要性时，我们可以证明，只有两种抽象的、非美学的事物在审美上是不可认知的。这（两种事物）使附属关系变得无关紧要，因为我们可以证明（它们）无用武之地。如果想通过放宽对基本非审美性的限制而使（附属）关系变得简单，那我们就会陷入麻烦之中，因为我们会有"不能将审美性实例化、具体化（即不能描述审美性的表现形态）"的风险。但也有人对这一观点提出反驳，驳论是基于对非审美对象中审美属性的多种表现形态（而提出的）。这种附属关系使各种性质流入一个方向，从底层（非审美）流向附属层（审美），而不是底层（非审美）结构中的某种共同物决定了某种特定的附属性（审美）。审美性的多种表现形态可以源自一种非审美属性。所以，某些事物可以因为它光滑的属性和弯曲的线条而显得优雅，但不是所有光滑的、有弯曲线条的东西都能被称为优雅。赞格维尔指出，我们允许弹性的情况发生在某些特殊审美性的非审美基础上。而且，这样一种方法也可以使审美附属性与一个事实紧密相联，那就是审美性对非审美基础的微小变动非常敏感，我们称之为模糊附属性（vague supervenience）。与纳尔逊·古德曼（Nelson Goodman）这位保守主义者的观点相反，我们可以看出这种模糊的附属性，为古德曼讨论句法、语法稀薄度（repleteness）之间的关系提供了分析性判断。这一理论思路同样为美学转向神经科学提供判断依据。因此，森马·泽克（Semir Zeki）和维兰努亚·拉玛钱德朗（V. R. Ramachandran）的作品，尤其是泽克的作品，提醒我们某些线条和颜色，以及它们之间的空间关系，在构建和欣赏艺术作品过程中比其他的更引人注目。但我们需要时刻牢记，不是每一种非审美性都能造成审美差别。形象化的语境与主要属性引导我们辨别那些非审美性承担审美任务。

另一种驳论是从形而上学或认识论的角度出发，如果这种附属关系将两种性质联系在一起，那么根据我们对其中一种性质的了解，就可以通过推知另外一种性质，但我们不能这么做。因此，在这种驳论中附属性这个论点就是不成立的。但我们针对这种观点指出，这种驳论假定附属性必须承担认识涵蕴（epistemological entailment）。当然，这并不是我们所谈的情况。说的更确切一点，从形而上学的讲，这种附属性是两类属性之间的关系。这种附属性表明，包含审美性的事物，必然也包含一些非审美性。同样，含有非审美性的事物，也包含些审美性,而两种属性之间并不相互解释。考虑到对附属性的认知性地位,它作为知识来源就显得过于简单,然而,它确实具有认识论价值。首先,如果我们获知某样事物既包含非审美性,也包含审美性,并且了解到它的审美性依赖于它的非审美性而存在,那么根据我们的知识,若另一事物也包含相同的非审美性,那么可以推断两事物包含相同的审美性。也就是说,我们需要在整个附属情况中,区分附属性的基础(holds)与特殊附属物的差别。甚至我们要研究的是附属性的基础而非特殊附属物。若想了解道德性、审美性是如何与道德判断或审美判断发生联系的,就要考察它们是如何附庸在自然属性上的。

认知神经学和视神经处理学的发展,为我们提供更为清晰必要的、认识论上的附属物。我们已经看到在神经学家泽克的带领下,神经美学领域开展了一系列令人激动的科研活动,他将此称为神经美学研究。[①] 我们现在尚不能精确地指出审美性与非审美性的决定性关联,但并不意味着我们忽视这种关联的存在,忽视这种关联的结果对审美价值或美(的重要意义)。而且,因为神经处理过程是人类大脑共享的,我们期待找到(艺术)表现的思维模式以及这些模式在不同传统(文化)之间的相关性。[②] 现代艺术,尤其是形式主义艺术,注重线条、色彩、形状、结构,将会成为非常适合的切入点,从中去发现跨传统(文化)的审美词汇之间的共同性,就像我们在贾米尼·罗伊、谢吉尔以及进步派的作品中所看到的那样。

审美形式主义,已陷入重重困难,最好的情况是大家不带感情色彩地讨论后就很快地拒绝了它们。最坏的情况是它们成为随意嘲笑的对象。赞格维尔从一个温和的形式主义者的角度为形式主义辩护,借鉴康德对纯粹美和依附美的区分,他依据审美和非审美的决定性因素来阐述形式主义的特征。康德的观点是,依附美与目的性相关,而纯粹美却没有。若一个物品包含审美性,并且与非审美性相结合。但哪一种非审美性在美学上与审美性相关?这就是形式主义的意义所在:纯粹美,就体现在形式上。

形式的审美性被看成是只由线条、形状、色彩的组合排列决定的。与之相反,非形式性是由艺术品创作的历史和语境决定的。艺术作品中的形式性完全由狭义的非审美性决定,反之,部分非形式的审美性由广义上的非审美性决定。

[①] Semir Zeki, *Inner Vision: An Exploration of Art and Brain*, Oxford: Oxford University Press, 2000.
[②] 见卡里尔在 *World Art History and Its Objects* 提出的反对观点。

极端形式主义者认为,艺术的全部审美性来源于形式,它们被狭义地界定。反形式主义者则认为审美性完全不源于形式,它们被广泛地界定。广义温和的形式主义者认为审美性部分归于形式,部分与形式无关。

但我们不禁要问什么是非形式性呢？仅把事物的非形式审美性,说成是不由狭义的非审美性决定的审美性,是部分由生产作品的历史事实所决定的审美性,这种观点显然是不充分的。赞格维尔说,我们究竟想问的是：哪些历史事实与非形式审美性有关？为什么？形式审美性与非形式审美性之间的关系是什么？它们如何结合？就是因为我们没有问这些问题,所以我们才会认为艺术品要么以形式性显现,要么不以形式性显现。于是进一步认为,艺术作品要么仅有形式性,要么完全没有形式性。根据审美性的讨论重新思考康德对美的区分,我们可以说,一件事物具有依附美,不是因为它履行某种功能的同时是美的,而是因为恰当地、审美地表现了美学目的。顺着这一思路,一件艺术品拥有非形式审美性是因为它历史地沉淀出一些非审美的、社会的、历史的、道德的功能。另一方面,形式性不依赖于事物的非审美功能,确切地说,不依赖于任何功能。康德区分了这两种美。

但仍有一个复杂的层面需要在此做出解释,我们已经注意到了不同的非审美性决定不同的审美性,但另一种情况也是真实的,那就是一件艺术品的审美性经常(或故意)与另一艺术品的审美性相适应。比如：一件艺术品中的依附性的审美性,与由满足二维需求的表达方式所决定的审美性保持密切适应性。这意味着不同的审美性可以在相互融合的基础上混合,共同决定事物的审美性。

温和的形式主义,正如赞格维尔所说,注意到狭义的和广义的属性,关注审美性与非审美性的关系。正如我们所看到的印度现代艺术那样,印度现代艺术立足于康德对纯粹美和依附美的区分,进而超越了极端形式主义和反形式主义(的理论窠臼)。总而言之,在赞格维尔看来,批评贝尔和罗杰·弗莱"忽略或降低绘画作品中表现形式的重要性"的观点是恰当的。但声称"欣赏艺术作品时,除了运用形式感、色彩感和三维空间知识,其他的我们都不要"[1]时,他们就

---

[1] 另参见 Diarmuid Costello 的论文 "Retrieving Kant's Aesthetics for Art Theory after Greenberg: Some Remarks on Arthur C. Danto and Thierry de Duve," in *Rediscovering Aesthetics: Transdisciplinary Voices from Art History, Philosophy, and Art Practice*, ed. Francis Halsall, Julia Jansen, and Tony O'Connor, Stanford: Stanford University Press, 2008, 117-32.

错了。但他们坚持的从形式出发的观点是对的。

综上所述,当我们在非欧洲语境中欣赏现代艺术的时候,我们会把它认为是模仿、文化扩散或滥用现代话语吗?全在于我们带有怎样的哲学定位来进行审美思考。用达米娅(Dalmia)和哈什米(Hashmi)的话来说,"最具相关性的问题是:艺术之间如何借鉴?艺术以何种方式将价值镶嵌其中?"①从世界现代主义角度看,我们正在经历一场世界艺术史运动,考虑到表现形式来源于历史条件和生物因素,所以艺术品有着"家族相似性",但每一个艺术品又都与创造它的独特的生活方式紧密相联。但是,艺术共享的语言使它们在世界范围内流动,正如我们在美国或欧洲举办的展览会上,看得到来自印度、中国、中东、非洲等地的出色的现代艺术一样。

印度的现代主义也属于这一语言体系,它被运用得如此自然,以至于印度当代艺术家都没有察觉或忽视了它与西方艺术史的联系。它发展出了自己的句法、词汇和风格,就像印度英语,在像萨尔曼·鲁西迪(Salman Rushdie)和阿兰达蒂·罗伊(Arundhati Roy)这样的印度顶级作家的笔下(焕发光彩)。印度艺术家相信,他们参与到悠久的历史传统中。借用索萨(Souza)的话来说,"文艺复兴时期画家笔下的男女灿如天使,我则手绘天使显现男人女人真模样",他继续说:

> 正如你所知,毕加索所画的人脸是壮丽的,而我在肖像术方面以一种全新的方式超越了毕加索。那些在毕加索之后放弃肖像绘画的家伙们转而去玩抽象,或去画垃圾桶,借以逃避寻找新的制图术的问题,毕加索挫败了他们并使整个西方艺术界陷入混乱。但当你观摩人脸绘画时,我是唯一一位在他基础上更进一步的艺术家。②

作为世界级的绘画大师,索萨这种对认同的渴望,在其死后人们对他作品的怀念中得到满足。2004年在伦敦泰特现代艺术馆(Tate Modern)中举办了他的纪念性展览。无论我们如何评价他的艺术价值,"世界现代主义"的概念

---

① Dalmia and Hashmi, *Memory, Metaphor, and Mutations*, 134.
② *Ibid.*

给我们一种方法思考它与索萨对自己作品的评价之间的联系。

如果殖民主义伪造了一种语境,使得现代主义流转于全球不同区域,那么最近的全球化又为当代艺术创造了市场,使得世界不同区域成为全球艺术世界的一部分。2007年10月7号的纽约《时代杂志》上有这样一篇文章,题目是:"印度艺术,欣欣向荣,震惊世界"。其中有这样一段文字:

> 印度的艺术界爆发了,像侯赛因或索萨这样的老一辈印度现代主义的画家们的作品,在拍卖会上,卖个几百万美元毫不费力,全球的艺术界都被其迷惑。对中国当代文化的持续痴迷,已经波及它的西南的邻居那里,国际交易商和策展人蜂拥而至,需找新的有才华的作品。仅仅是后续的几周里,至少有几个大型的印度当代艺术展将在意大利、瑞士和美国举行。"

同样深处艺术圈的迪帕克·塔尔瓦(Deepak Talwar)是纽约和新德里几家画廊的代理人,他说:"真正的现代主义艺术史还没有写出来,因为现在它只描绘欧洲和美国(的情况),但这很难成为真正的完整的现代主义艺术史。一百年后的人们,将会耻笑这种极其狭隘的史学观。"

我提议,将"世界现代主义"作为有希望的概念用于重新书写艺术史,因为它致力于对当今流行的理论进行加工和提纯。它能够帮助我们解决艺术史写作中某些特定的线索问题,或理论界的顽固问题。它将帮助我们写一本更为完整的、非东方主义的、非霸权的、面向更广受众的现代艺术史。最终它能够帮助我们打开不同艺术形式的跨文化交流的渠道,从意识形态和世界经济角度看"核心"与"边缘"的争论都显得过时。而美学的发展结果就是返回到康德和维特根斯坦所持有的美学观,而非黑格尔的美学。

美育:跨越感性与情感的人的教育
——评曾繁仁先生《美育十五讲》

张 硕

(华东师范大学 200241)

摘 要:曾繁仁先生长期致力于中国美学的建设和发展之中,在生态美学、美育教育、文艺美学等多个领域建树颇丰。《美育十五讲》是曾繁仁先生三十多年美育研究的集成,从对美育学科基本内涵的界定与阐释到对美育特殊作用、地位、手段的把握与论述,从对古今中外美育思想的关注与阐发,再到对中国新时期美育发展的期待与努力。作者在宏观上把握了美育研究的核心要素,从整体上勾画出了美育研究的基本轮廓与构架,为构建一个美育研究较为完整的理论体系提供了坚实的基础和实现的可能。

关键词:美育 曾繁仁先生 《美育十五讲》

曾繁仁先生的《美育十五讲》是北京大学出版社"十五讲"系列之一,2012年出版至今,在国内美学研究领域引起了广泛关注。本书是曾繁仁先生从1981年以来三十多年美育研究的集成,对美育问题不断思考的成果。作者这次是站在学术发展的最新前沿,对该领域进行了更加深入的思考与研究。可以说,此书的出版,是将我国的审美教育研究推向了一个新的高度。《美育十五讲》一书,主要采用论述与阐释结合的方法,有的篇章以直接论述为主,例如美育本体研究的有关章节,但论述中也结合着对于文献的阐释。本书最大的特点就是全面、新颖。用作者的话说,所谓"全面"就是古今中外均有涉及,而且力求理论与现实的结合以及论与史的统一,并从教育学、美学与心理学三个维度对美育加以论述;所谓"新颖"就是一系列新的理论观点的阐释。全书的主旨是统一的,就是以"美育是包含感性与情感教育的人的教育"为基本立足点贯穿始终。作者对美育研究的最新成果和主要贡献体现在本书的内容安排上,即从对美育学科基本内涵的界定与阐释到对美育特殊作用、地位、手段的把握和论述,从对古今中外美育思想的关注与阐发,再到对中国新时期美育发展的期待与努力几个方面来书写。曾繁仁先生在宏观上把握了美育研究的核心要素,从整体上勾画出了美育研究的基本轮廓与构架,为构建一个美育研究较为完整的理论体系提供了坚实的基础和实现的可能。

一

对一个问题的研究、一个领域的深入,首先要把握其概念的合理内涵与核心要素。曾繁仁先生高屋建瓴,站在历史角度与社会发展的高度,参照鲍姆嘉通、席勒、马克思等人思想中的美育观,并结合自己多年在美学研究领域的丰富经验与独到的美育研究成果,准确地把握住了美育学科的基本内涵与审美特质。曾繁仁先生以清晰的思路首先讨论美育的内涵问题,不仅有利于从整体上认识美育问题,还为美育研究的深入指明了努力的方向。曾繁仁先生指出,美育研究是一种综合性的研究。由于美育介于教育学和美学之间,成为二者的中介学科,但从科学的意义上说,美育还是应属于教育学,是教育学科中具有独立意义的一个重要分支,同时也是我们社会主义教育的根本之道思想之一和不可缺少的方面,因为美育的根本任务和目的都在于培养社会主义新人。作为边缘交叉学科的美育,同美学、心理学、社会学、统计学等都有密切的关系。

首先,作为人文学科的美育,应该体现出"人文主义"的研究精神。曾繁仁先生曾说:"美学与美育作为人文学科应该有自己不同于自然科学与社会科学的研究方法,这就是人学的研究方法。……我们所说的人学的方法就是马克思所说的'莎士比亚化'的方法,从创作来说就是'个性化'的方法,而从审美来说则是具有鲜明个性的体验。发展到后来就是现象学美学提出的审美经验现象学的方法,包含丰富的内容。"[①]先在审美态度上进行改变,在审美主体的影响下,将生活经验上升为审美经验,凭借审美的意向性对审美知觉的构成,最后提炼出审美内涵,即人文精神的审美自由。其次,作为美学学科的美育,逐渐从

---

① 曾繁仁:《试论当代美学、文艺学的人文学科回归问题》,《东方丛刊》2006年第2期。

"艺术"部分的"艺术的作用"中之"审美教育作用"这一小部分,即传统的认识论美学转向现代的人生论美学。德国哲学家海德格尔提出人应当"诗意地栖居"这一重要命题,"所谓'诗意地栖居'可以理解为'审美的生活',从而将美学与改善人类的生存状态紧密相连,也将美学从纯理论的思辨拉回现实人生。这就使美育从美学的一个并不重要的分支走到美学学科的前沿,超越纯理论的'美'、'审美'、'艺术'等"①,这也是新时代美学学科的一个巨大变化。再次,作为教育学学科的美育,对当代人类的整体素质的提升有重要影响。联合国教科文组织1989年12月在我国召开的面向21世纪国际教育研讨会上提出《学会关心:21世纪的教育》,将作为非智力因素的"关心"提至未来世纪教育的中心课题,说明各国教育家共同认识到:我们过去的教育的最大欠缺是没有将教育我们的学生"学会关心"放在重要位置。而所谓学会"关心"是一种同只"关心自我"的人身态度相对应的人生态度,即关心他人,关心社会,关心人类,其中包含浓烈而高尚的情感因素,同美育息息相关。曾繁仁先生认为:感性学与"类似理性思维"就是对人类已经被逐渐湮没的早期"诗性思维"与"象思维"的一种唤醒,使正在走向异化之途的人得以回归其本真的生存与生命状态。曾繁仁先生曾经在一次讲话中谈到:"席勒将'美育'界定为'人性'的自由解放与发展,这不仅突破了近代本质主义认识论美学,奠定了当代存在论美学发展的基础,而且开创了'人的全面发展'和'审美的生存'新人文精神的重铸之路,关系到人类长远持续美好的生存。"②席勒本人也在《美育书简》中提到:"我们为了在经验中解决政治问题,就必须通过审美教育的途径,因为正是通过美,人们才可以达到自由。"曾繁仁先生指出:"席勒的情感美育理论将美学研究从抽象的思辨带到现实生活之中,同时也将康德美学理论中的'自由'从形而上学的天堂带到现实生活之中。他第一次提出了现代社会人性改造的重大课题,并试图通过美育的途径实现人性的改造,构建了完备而系统的美育理论体系,给后世以巨大的启迪与影响。"③

研究马克思主义中的美育问题是曾繁仁先生敏锐的学术眼光的重要体现。

---

① 曾繁仁:《走到社会与学科前沿的中国美育》,《文艺研究》2001年3月。
② 曾繁仁:《论席勒美育理论的划时代意义——纪念席勒逝世二百周年》,《文艺研究》2005年第6期。
③ 曾繁仁:《美育十五讲》,北京大学出版社2012年版,第46页。

首先,马克思主义人学理论及其对美育的人的教育理论的重要意义。马克思主义人学理论明确地界定了美学与美育作为人文学科,"以人为本"是其出发点,人的教育是其核心内容。同时提出了马克思美学与美育观中的"人的教育"理论:人也按照美的规律建造。还批判了资本主义社会人的"非美化":扬弃"异化"。马克思终身的伟大事业之一就是从事对资本主义及其制度的批判,这种批判的深刻性与科学性一直到今天都有重要的价值与意义。其次,马克思对未来共产主义教育与美育思想的论述:人的自由全面发展。马克思将自己的批判矛头直指资本主义制度之下异化的极端严重、工具理性的极端膨胀、人的天性的感觉能力所受到的巨大压制,并揭示了随着私有制的消灭、异化的扬弃,人的感觉能力必将全面复归。在这里,马克思将前面提到的鲍姆嘉通的感性教育包含在自己的人的教育之中,并为其揭示了感性教育复归的必要前提。再次,马克思美育思想的历史唯物论基础:人是社会关系的总和。马克思所说的"人",从来不是抽象的与社会历史相脱离的人,而是处在一定的经济与社会关系中的人。他对费尔巴哈将宗教的本质归结为人的本质的历史唯心论进行有力地批判,为他自己的人学理论所建立的牢固的历史唯物论打下坚实的基础。曾繁仁先生不仅从理论的高度指出了马克思主义中美育思想的内在价值,还用发展的眼光将其放在当下讨论,成为美育研究重要的基石。

二

曾繁仁先生重视美育的作用与地位问题,创造性地提出了美育的作用在于对审美力的培养,对"生活艺术家"的造就等观点,对欣赏美与创造美提出了更高的要求,从自然、社会与自身三个方面培养审美力,以亲和的审美态度努力成为"生活的艺术家"。美育的情感协调地位和"中介"地位是曾繁仁先生多年来对美育研究的重要发现,不仅延伸了美育特殊作用的合理内涵,还有利于从整体上把握美育研究的思路和内容。曾繁仁先生认为,美育的作用在于对审美力的培养,对"生活艺术家"的造就,并创造性地提出美育是一种综合教育,在社会中具有情感协调地位,在教育中具有"中介性"地位。通过对公共艺术教育的有效开展将美育的作用发挥到最大,在自然美、社会美与艺术美的三维视角下将美育教育发展到新的高度是曾繁仁先生在探讨美育的作用与地位之后的合理构想。

曾繁仁先生指出:"审美力是社会主义新人不可缺少的一种能力。审美力是人类文明的标志,它反映了人类最终由物质生产水平决定的对现实生活需要的不断丰富和发展。"①审美力也是一个健全发展的人的心理结构的必要组成部分,人类在劳动实践中首先形成了特殊的"真、善、美"的领域,与"真、善、美"领域相对应,人类也就有了"知、情、意"这样三种掌握世界的能力,或称心理机能。审美力还是确立伟大的共产主义信念的巨大的必不可少的情感动力,事实证明,只有具有较强的、健康的审美力的人,才会无比热爱生活、热爱祖国、热爱人民,才会具有一股为理想奋斗的热情和勇往直前的拼搏精神,才会具有一种强大的为现实美好的理想而努力创造的力量。同时,审美力的培养是为了适应青年一代逐步发展的审美需要。审美需要虽是人类的一种美好的感情要求,但如不引导也有可能走向歧途,变成对某种怪异的"美"的追求,甚至发展到反面,以丑为"美"。特别是一个人的青年时期,既是审美需要强烈发展的时期,又是审美需要极不稳定的时期,很容易被社会上某种畸形的"美"所诱惑而在情感上误入歧途。因此,审美力的培养可以说是一种顺乎规律的事情,是按照人的客观的审美需要自觉地实施教育的必要手段。最后,审美力也是构成美好性格的必要条件。审美力是一种情感判断能力,对于这种情感判断能力的特殊性,我们可以从两个方面来认识,一是从客观方面来说,审美的情感判断反映了人与对象之间特有的审美关系,二是从主观方面来讲,审美的情感判断反映了人对这种特殊的审美关系的主观体验。审美力集中地表现为人的审美体验能力,而审美体验则反映了人与对象之间的一种特殊的审美关系,具体可表现为:审美感知是审美体验的开始、审美联想是审美体验的发展、审美想象是审美体验的深化、审美评价是审美活动的最终完成。曾繁仁先生认为,首先,审美评价是一种寓理于情的特殊的理性评价;其次,审美评价是理性因素在审美体验中的表现;再者,理性因素在审美体验中发挥作用独具特点。对于审美力的培养,主要需要从后天形成的社会性能力、审美对象的选择、健康的审美态度的确立等方面来考虑。

关于美育的地位问题,国内外一直存有争议,尽管国家层面已经将美育作

---

① 曾繁仁:《美育十五讲》,第54页。

为素质教育的有机组成部分,具有"不可代替"的地位,但在学术界仍有"末位论"和"首位论"之争。曾繁仁先生则认为:"美育既不是末位论,也不是首位论,美育由其感性的人的教育之特殊性质决定是一种综合的中介的教育。"①从世界观培养的角度看,美育是一种"综合教育",众所周知,一个社会的主导性世界观作为一种意识形态,是被一定的经济社会形态所决定的。曾繁仁先生指出,美育在社会中的情感协调地位主要体现在以下六点:1. 美育作为社会关系的内在调解器,可使社会生产和社会生活更加和谐;2. 美育可提高全民辨别美丑与善恶的能力,有利于克服不正之风,端正社会风气;3. 美育可丰富人民的精神生活,树立科学的生活方式;4. 美育可形成创造美的巨大动力,产生推动四化建设的积极效应;5. 美育是贯彻教育方针的重要手段;6. 美育是迎接新的技术革命挑战的重要措施。曾繁仁先生认为,美育在教育中的"中介性"地位主要体现在美育与德、智、体三育的关系中。德育旨在培养正确的思想观念和高尚的道德观念,是培养高尚道德情操的重要手段。美育的强烈感染力是一般的理论教育所不具备的,它本身就包含着荣辱感、羞耻心等德育因素。审美力是人的智能不可缺少的方面,审美活动可以调节人的大脑机能,提高学习和工作效率,而且美学知识已成为当代科技工作者知识结构的重要方面。美育与体育作为身心的两个方面是相辅相成的,美同样是体育所追求的目标之一,体育运动本身就包含着美的因素。

三

曾繁仁先生在厘清古今中外美育思想发展脉络的同时,对西方古代"和谐论"与中国古代"中和论"美育思想进行了对比分析,从美学理论形态和美育历史发展的角度阐述了对美育的关注和思考。在中西方现代美育发展过程中,曾繁仁先生重点关注了具有代表性人物的核心思想,为美育的现代化转型提供了丰富有效的借鉴。中西参照,立足传统,以科学有序的逻辑思维从宏观上把握美育问题是曾繁仁先生在本书中主要体现的学术研究方法。国内著名美学研究学者朱志荣教授曾经指出:"人文学科研究首先要借鉴西方的学术方法与规

---

① 曾繁仁:《美育十五讲》,第 67 页。

范,彰显现代学术形态。鉴于人文学科的独特性,要重视和继承中国传统的研究方法,使问题研究既能与国际接轨,又能体现中国特色。"①曾繁仁先生追本溯源,发掘中西方古代美育思想的独到内涵,从美育转向的科学角度审视中西方现代美育思想的发展状况并提出了自己的思考。

关于西方古代"和谐论"的美育思想,曾繁仁先生主要讨论了古希腊罗马的"和谐论"美育思想、卢梭的《爱弥儿》及其"自然人"教育与美育思想、狄德罗的启蒙主义美学与美育思想和德国古典美学的美育思想。他认为,古希腊古典美的内涵是一种静态的、形式的和谐美,代表性的艺术形式是雕塑,这种雕塑美也体现于古希腊时期的史诗与戏剧之中。德国古典美学是西方古典美学的总结与终结,是人类智慧的精华,"审美判断力"、"美在自由说"、"美在创造说"等概念的提出极大促进了美学与美育的发展。曾繁仁先生认为,德国古典美学所包含的以"主体性"为理论根基的美学与美育思想,康德、席勒与黑格尔的美学与美育理论观点一度深深地吸引我们并极具理论阐释力,但我们更应该走出德国古典、发展德国古典,甚至是超越德国古典美学。在谈到西方现代美学的"美育转向"问题时,曾繁仁先生主要讨论了叔本华、尼采、杜威、弗洛伊德、海德格尔、杜夫海纳、伽达默尔和福柯八位具有代表性的西方美学家,他说:"西方现代美学的'美育转向'正应和了时代的需要,填补了人文精神缺失的遗憾。"②

中国古代美育思想主要体现在"天人合一"哲学观、"中和论"思想和"礼乐教化"当中。曾繁仁先生指出,中国古代"天人合一"思想是一种古典形态的"生存论"哲学思想。"天人合一"实际上是说人的一种"在世关系",人与包括自然在内的"世界"的关系。这种关系不是对立的,而是交融的、相关的、一体的。同时,"天人合一"思想还是一种特有的东方式的有机生命论哲学,英国科技史家李约瑟曾在《中国科学技术史》第二卷《科学思想史》中指出,"中国的自然主义具有很根深蒂固的有机的和非机械的性质",这就是中国特有的"有机论自然观"。"中和论"是在"天人合一"哲学观的基础上发展起来的,包括"保合大和"的自然生态之美、元亨利贞"四德"的吉祥安康之美、"中庸之道"的适

---

① 朱志荣:《学术方法》,山西教育出版社 2013 年版,第 59 页。
② 曾繁仁:《西方现代"美育转向"与 21 世纪中国美育发展》《学术月刊》,2002 年第 5 期。

度中和之美、"和而不同"的相反相成之美、"和实相生"的生命旺盛之美等。在与西方"和谐论"的对比中,曾繁仁先生这样说道:"'中和论'与'和谐论'作为中西方古代美学理论形态,各有其优长,可谓'双峰并立,二水分流',在漫长的历史长河中滋养人类的精神和艺术,现在更应通过对话比较,各美其美,互赞其美,取长补短,为建设新世纪的美学做出贡献。"中国古代的"礼乐教化"、"乐教"、"诗教"具有悠久的文化传统,是一种以古代"诗"、"乐"、"舞"等艺术为依托的社会文化传统与政治文化制度。中国古代特有的"中和美"是"礼乐教化"与"乐教"、"诗教"的共同核心。蔡元培和王国维是中国现代美育的奠基者,曾繁仁先生认为,蔡元培倡导"以美育代宗教说",并且全面论述了美育的内涵,包括作用、性质、特点、目的与研究方法等,为美感乃至美育划定了介于现象与实体、知与意、真与善之间的特有的情感领域,从而借助于康德的二元论哲学论证了美育的独特性与不可取代性,为美育作为独立的一翼在教育中的独特地位及其国民教育方针中的地位奠定了理论的基础。王国维的"境界说"为其"心育论"美学与美育理论画了一个圆满的句号,使之成为中国现代美育理论的制高点,为我国当代美育理论的发展奠定了坚实的基础。

四

对新时期我国美育发展的努力和期待是曾繁仁先生作为长期致力于推动中国美学发展的一个有力支点,也是一个学者使命感与责任感的重要体现。探寻美育的发展起源,讨论当下美育的发展现状,都是为了更好地指导和促进未来美育研究的有效提升和发展。曾繁仁先生在《美育十五讲》一书中指出:"新时期以来,我国的美学学科发生了重大变化。就学科结构而言,逐步打破了原有的'美、美感与艺术'老三块结构,逐步突破了原有的认识论美学,走向人生论美学。同时,吸收了与人生美学相关的生命美学、存在论美学、现象论美学、解释学美学等的有益因素,发展出了文化美学、文化诗学、生态美学等新型的美学理论形态。"①

我国经过三十多年的改革开放,实现了大规模的现代化和城市化,在这样

---

① 曾繁仁:《美育十五讲》,第123页。

大的社会背景下,美育以感性教育与情感教育为特点的人的教育的特质凸显出前所未有的重要性,并逐步走到社会前沿。我国新时期美育发展大致经历了四个阶段,曾繁仁先生回顾新时期美学发展的历程,总结道:"对于美育的重要性是提高认识,并确保其在国家教育方针中应有的地位,加强课程建设是发展美育的关键环节,同时还要强化教师队伍的建设。"在面对我国美育事业的未来发展问题时,曾繁仁先生提出了四点意见:第一,进一步从战略高度加强美育作为人文教育以及建设高水平教育重要性的认识;第二,进一步把握审美教育智性与非智性二律背反的特殊规律,不断提高审美教育水平;第三,很好地应对正在蓬勃兴起的消费文化、大众文化、视觉文化与网络文化的新形势,确立"有鉴别地面对与接受"的文化态度;第四,尽快使美育进入"教育法"与"高等教育法",从法制的角度对美育的实施予以保证。

总而言之,曾繁仁先生的《美育十五讲》为我们打开了通往美育教育之路的一扇大门,他带有一种明确的问题意识,对当代我国社会与教育所面临的问题作出了自己的回答。就像他在书里写到的,"通过独特的视角探讨一种不同于'应试教育'的'人的教育',从美育的基本理论、西方美育发展、中国美育发展与当代美育四个部分共十五讲论述了美育的'人的教育'的特性及其丰富内涵,希图通过美育的强化,从一个重要侧面贯彻这种'人的教育'的重要理念并提出改革'应试体制'的思路,开创中国教育的新天地"。我们衷心祝愿曾繁仁先生能够在美育研究中发现更有价值的合理内涵,将中国美学与美育教育研究推向一个更高的层次。

稿　约

《中国美学研究》是以研究中国古代美学为主,兼及心理美学、西方美学等著译的学术集刊,每年出版2期,分别于每年6月、12月由商务印书馆出版,国内外公开发行。

本刊欢迎名家和中青年学者赐稿,对于青年硕博士生乃至民间高手的优秀论文,也同样欢迎。来稿请注明单位和联系方式。

论文注释请一律使用脚注。注文按照作者、文章篇名、文章发表的期刊名、期刊出版年份及期号、页码顺序撰写,如:李扬:《论艺术的现代性》,《文艺研究》,2008年第3期。如引文为著作,注文则按作者、译者、著作名、著作出版机构名、出版年、页码撰写,如:[美]门罗·C.比厄斯利著,高建平译:《西方美学简史》,北京出版社2006年版,第35页。

来稿可直接发送至《中国美学研究》电子邮箱 zgmxyj@163.com。